U0150962

无人机飞行安全与管理

主　编　沈威力
副主编　朱晓辉　孙永生　王家隆
参　编　王安永　杨志瑞　潘卫军　刘延来　林晓宇
　　　　孟祥飞　郭　培　王玉柱　卢　咏　沈　桐
　　　　秦　天　赵晨辉　沈　扬　王里付　唐　科
　　　　段涵特　李亚娟　王　琦　刘卫香

机械工业出版社

随着我国无人机产业的快速发展，无人机飞行安全与有效管理成为现实而紧迫的问题。本书重点围绕民用无人机安全管理现状和存在的问题，攻关关键技术，研究提出五条应对措施：第一，通过系统梳理国内外无人机管理现状，厘清概念内涵，为行业发展及有效管理提供理论支撑；第二，通过分析无人机对飞行安全、公共安全和空防安全的影响，梳理总结当前管理存在的矛盾与问题；第三，通过总体设计管理系统架构，探索攻关无人机合作监视、感知避撞、身份识别、电子围栏、综合反制等关键技术；第四，通过加强顶层规划设计，研究提出我国无人机全流程管理目标思路和对策措施；第五，通过分析解读国家《无人驾驶航空器飞行管理暂行条例》，为合法合规飞行提供政策指引，营造科学飞行、安全飞行氛围。

本书力求体现无人机飞行安全与管理的理论指导性、制度规范性、实践操作性和普及推动性，既可为无人机产业良性发展、科学管理、高效服务提供理论指导和决策参考，也可为航空院校、职业教育、专业培训机构以及广大无人机爱好者提供学习帮助。

图书在版编目（CIP）数据

无人机飞行安全与管理/沈威力主编. —北京：机械工业出版社，2024.1

ISBN 978-7-111-75095-6

Ⅰ.①无… Ⅱ.①沈… Ⅲ.①无人驾驶飞机—飞行安全 Ⅳ.①V279

中国国家版本馆 CIP 数据核字（2024）第 035260 号

机械工业出版社（北京市百万庄大街 22 号 邮政编码 100037）
策划编辑：侯宪国　　　　　　　责任编辑：侯宪国　邵鹤丽　王振国
责任校对：张亚楠　薄莴钰　　　封面设计：张　静
责任印制：单爱军
北京虎彩文化传播有限公司印刷
2024 年 4 月第 1 版第 1 次印刷
169mm×239mm · 23.5 印张 · 2 插页 · 454 千字
标准书号：ISBN 978-7-111-75095-6
定价：198.00 元

电话服务　　　　　　　　　　网络服务
客服电话：010-88361066　　　机　工　官　网：www.cmpbook.com
　　　　　010-88379833　　　机　工　官　博：weibo.com/cmp1952
　　　　　010-68326294　　　金　书　网：www.golden-book.com
封底无防伪标均为盗版　　机工教育服务网：www.cmpedu.com

从世界上第一架无人机问世，至今已过百年。我国无人机产业虽然起步较晚，但军民两翼齐头并进，发展迅猛，已在全球市场占有较高份额，技术和制造能力处于世界先进水平，开始成为中国制造的一张重要名片。随之而来的无人机科学、安全、高效管理问题逐步提上日程，需要我们认真研究解决。

一、研究背景

无人机产业发展方兴未艾。近年来，随着科学技术的进步和市场需求的不断增长，无人机制造成本不断下降、性能持续提升，我国无人机逐步从军用和高端商用走向大众市场，呈现井喷式发展态势，已成为衡量国家航空工业和信息化水平的一个重要标志，对促进新兴产业发展、激发社会经济活力产生了巨大的推动作用。其中消费级产品稳居国际第一梯队，份额约占全球的70%，形成了比较完整的无人机研发、生产、销售、应用体系，中航程、中高空、长航时无人机技术接近国际先进水平，轻小型无人机技术水平和产销量走在世界前列。应用领域已从传统的军事领域，向航空测绘、环保监测、农林植保、物流运输、电力巡线、应急救援、反恐维稳、消费娱乐等国民生产、生活的各个领域拓展，取得了巨大的经济和社会效益，应用潜能加速释放，产业前景十分广阔。

无人机管理问题矛盾突显。从管理现状来看，用于军事、警务等领域的无人机用户数量有限、群体相对固定，从研制生产到运行使用比较规范，安全风险基本可测可控。但民用无人机由于生产成本低廉、获取渠道多元、操作使用简便等，存在着数量增长快、违规飞行多、管理处置难等问题，对国家公共安全、飞行安全甚至空防安全构成威胁。如何有效加强监管，既能满足国民经济快速发展对无人机的刚性需求，又能让其安全有序发展，是一个无法回避的问题。

国家层面高度重视。无人机管理涉及国家空防组织、军航民航协调、法律规章制定等多个方面，需要政府和军队统筹规划，统一组织协调。对此，党和国家领导人多次对无人机飞行安全和管理问题做出批示，国家层面建立了无人机管理部际联席会议工作机制。2023年6月28日，国务院、中央军委公布《无人驾驶航空器飞行管理暂行条例》，自2024年1月1日起施行。这为促进产业良性发展、加强无人机管理、优化空中交通服务提供了规范，指明了方向和目标，需要充分利用军民融合发展契机，整合各方力量，多维度、多侧面进行系统深入研究，解决无人机，特别是民用无人机管理问题，尽快形成理论研究、政策法规、管理系统等有效管理措施用以指导实践。

二、研究现状

通过文献检索和梳理研究发现，目前介绍无人机及其系统本身的研究成果比较多，主要集中在发展历史、基本性能、操控使用、作战应用及民用行业的应用等方面。从无人机管理角度展开研究的专著比较少，主要有：李春锦、文泾编著的《无人机系统的运行管理》（北京航空航天大学出版社 2011 版），陈金良主编的《无人机飞行管理》（西北工业大学出版社 2014 版），孙明权编著的《无人机飞行安全及法律法规》（西北工业大学出版社 2018 版），廖小罕、许浩主编的《无人机运行监管技术发展与应用》（科学出版社 2020 版）等，此外在专业期刊、互联网、专业论坛等还有一些关于无人机管理方面的学术论文和情况综述。围绕无人机飞行安全、研发生产、登记注册、空域运行、管理系统、违规处置、教育培训等方面全流程管理、系统性综合研究的论著还比较缺乏。

三、本书定位

本书重点围绕民用无人机发展现状和存在的问题，攻关管控关键技术，研究提出管理措施，重点突出无人机管理的理论指导性、制度规范性、实践操作性和普及推动性。一是通过系统梳理国内外无人机管理现状，厘清概念定义内涵，为行业发展及实施有效管理提供理论支持；二是通过全面分析无人机对飞行安全、公共安全和空防安全的影响，提出当前管理中存在的重难点问题；三是通过总体设计管理系统架构，攻关突破合作监视、感知避撞、身份识别、电子围栏、综合反制和大数据分析等关键技术；四是通过加强顶层规划设计，分析管理需求，发展信息化管理手段，研究提出我国无人机全流程管理目标思路和对策措施；五是通过分析解读《无人驾驶航空器飞行管理暂行条例》，为合法合规飞行提供政策指引，营造科学飞行、安全飞行氛围，为行业良性发展、科学管理、高效服务提供理论指导。本书既可为军、民航无人机管理部门提供决策参考，也可以作为培训教材，为航空院校、职业教育、专业培训机构以及广大无人机爱好者提供学习帮助。

四、研究历程与致谢

随着无人机产业及空管形势要求不断发展，如何深入研究最新进展，不断丰富完善相关内容，是我们经常要面对的问题。在本书编写过程中，得到国家空管领导机构直接指导，编写组主要成员参与了《无人驾驶航空器飞行管理暂行条例》前期征求意见稿的纲目设计、理论研讨、条文撰写、意见征询等具体工作，条例成果为本书编写起到了方向引领作用。为进一步提高图书质量，初稿完成后，我们书面征求了中国工程院樊邦奎院士、陈志杰院士，南京航空航天大学胡明华教授、空军研究院孙建所长、知远战略与防务研究所王克格研究员等专家的意见。特别是国家空管委办公室原处长朱时才、国家空域管理中心高工陈峰、北京航空航天大学王英勋教授、空军研究院冯社辉主任、空军西安飞行学院陈益富同志等国内空管和无人机领域专家，对本书的编写提出了非常具体的意见和建议。同时，本书还得到了国家空域管理中心和中国电科第十五研究所的指导与帮助，在此一并表示衷心的感谢！随着 2023 年 6 月 28 日《无人驾驶航空器飞行管理暂行条例》的正式发布，我们又围绕新条例对书稿进行了修改和完善。由于无人机飞行安全与管理问题涉及面广、技术复杂多样、行业领域发展迅速，很多方面仍有待进一步探讨。

本书提出的论点、设想、措施等很多都是动态变化的，一些法规标准也在不断更新完善之中，对于书中存在的不足之处敬请读者批评指正。本书在编写过程中，还参考借鉴了公开出版发布的相关法规标准、政府文件、领域专著、研究论文、新闻报道等已有成果，在此向这些成果的作者、编者、译者表示衷心感谢！

沈威力
二〇二三年十月二十六日于北京西北旺

目录

中篇　无人机管理系统与技术

上　篇

无人机安全与管理

第一章
无人机管理概念

无人机是现代航空技术与信息技术交叉发展的产物。由于历史发展、应用领域、专业视角、语言文化等方面的原因，当前有关无人机或无人驾驶航空器的概念变化交错、名称繁多，容易造成认识理解上的模糊与偏差，因此有必要对相关概念做出比较、阐释和界定。

一、无人机概念分析

概念作为人思维的基本形式之一，反映客观事物一般的、本质的特征。无人机概念直接关乎国家法规立法起点、管理职责区分、研发标准制定、人员教育培训、运行服务管理、违法违规查处等工作，因此需要对无人机及相关核心概念进行研究分析，消除认识分歧，给出规范定义。通常所说的无人机概念主要包括无人机、无人机系统两个方面，我们先从表述入手研究其定义内涵。

（一）国外无人机的概念

1. 英文表述方式

从 1917 年世界上出现第一架无人机开始，就诞生了无人机的概念。使用场合不同，称谓也不尽相同，常见的英文表达主要有：

- Drone
- UA，Unmanned Aircraft
- PA，Pilotless Airplane
- RPV，Remotely Piloted Vehicle
- RPA，Remotely Piloted Aircraft
- UAV，它一般有 5 种不同全称，分别为：

  Unmanned Aerial Vehicle

  Unmanned Air Vehicle

  Unmanned Aerospace Vehicle

Unmanned Airborne Vehicle

Uninhabited Aircraft Vehicle

2. 概念表述及内涵梳理

从英文表述方式上看，除含义明确的"无人"外，无人机的"机"主要是指飞机、直升机中的"机"或通常所说的"航空器"，这是区别于陆上、水下无人机器和设备最重要的一点。从字面意思上看，无人机与无人驾驶航空器的表述基本上是一致的。英文表述方式的不同，直接反映了无人机发展过程中对它的应用与认知的过程。总体来看，有关国家目前给出的概念基本一致，但在具体指代上存在一些差异。

无人机出现时最早作为靶机用于军事领域，一般使用"Drone"一词代表靶机。Drone 单词本身也突出了其军事用途。2013 年 10 月上映的美国影片 Drones，在内容上体现了这一含义。近年无人机产业飞速发展，许多国家加大了针对性立法工作，但概念使用并不统一，甚至存在较大差异。不同表述方法，代表了各个国家对无人机的不同认识。

美国不同机构在不同场合使用过多种表述方法，使用最多的是 Unmanned Aircraft 和 Unmanned Aerial Vehicle。美国航空工业协会出版的《无人机和遥控驾驶飞机术语》中的 UAV，全称是 Unmanned Aerial Vehicle，指用于非体育娱乐，机上无驾驶员的飞机、飞艇、动力升力机（结合固定翼飞机和直升机特点的新机型）及旋翼机。美国联邦航空局（FAA）在《无人驾驶飞机系统和可选有人驾驶飞机的适航认证》⊖中对无人机的定义是：一种用于或将用于在空气中飞行的装置，装置上没有机载驾驶员。FAA 民用航空法规第 107 部《小型无人驾驶航空器系统》中主要使用 UA 和 UAS，定义则更为明确：在航空器运行过程中不能在航空器内部或运营航空器上直接进行人为干预。美国国防部对军用无人机按照重量、飞行高度和速度的不同，分为 5 个等级。第 1、2、3 级为"小型无人机系统"，使用 SUAS，Small Unmanned Aerial System；第 4、5 级定义为"遥控无人机"，属中高端无人机，使用 RPA，Remotely Piloted Aircraft。

英国、德国直接使用无人驾驶航空器系统的定义，德国还明确无人驾驶航空器系统不包括娱乐使用的无人驾驶航空器和模型航空器。

法国同时使用无人驾驶航空器系统和遥控航空器系统的定义，其《民用无人航空器空域使用规定》中，无人机指没有任何机载驾驶员，由驾驶员控制而运转的航空器。自动驾驶航空器，是指在飞行前或飞行过程中根据编程自动转变轨迹，并且在无遥控驾驶员干预下进行飞行的航空器。

⊖ Airworthiness Certification of Unmanned Aircraft system and Optional Piloted Aircraft（8130.34D），2017-09-08.

日本使用 Drone 和 RPA 两个定义，其《航空法》对无人航空器/无人机的定义是：在结构上为不可乘坐的机器，可通过遥控或自动操控实现飞行，重量超过 0.2 千克⊖。

印度 2018 年颁布的无人机管理法规中使用遥控航空器、自主航空器、模型航空器、无人驾驶航空器 4 种表述。

以色列民航局（CAAI）对无人机的定义是，具有一个或多个发动机，运行时并无搭载驾驶员与乘客，可能会进行超视距运行，并且没有高度限制的飞行器或航空器。

欧洲涉及无人机系统的立法机构主要是欧洲航空安全局（EASA）和欧洲航空安全组织（EUROCONTROL）⊜，在较长时间中并没有统一的称谓。通常欧洲议会使用 Drone，欧盟委员会使用 RPA。欧洲航空安全局既使用 Drone，也使用其他表述。如 2015 年颁布的《无人机运行概念》一文中，就同时使用了 UA、RPA 等表述；在另一文件⊜中使用 Drone 的同时，也在关键词中提到了 RPAS、UAS、UAV。2022 年 11 月欧盟委员会《无人机战略 2.0》⊗中，则在一个文件标题中同时使用了 Drone 和 Unmanned Aircraft 两个不同的名称。国外媒体更是频繁地使用 Drone，比如无人机战争（Drone Warfare）、无人机产业（Drone Industry）等。

国际民航组织（ICAO）给出的概念比较明确，但边界有些模糊、内涵有交叉。1944 年在芝加哥签署的《国际民用航空公约》，首次提到 "Pilotless Aircraft"。公约中文译本将其译为无人驾驶航空器。随着无人机可以通过程序控制进行飞行，Pilotless Aircraft 逐步被 Unmanned Aircraft（无人驾驶航空器）代替。2011 年第 328 号通告《无人驾驶航空器系统》中的定义是：在运行时机上没有驾驶员操控的航空器。2015 年 ICAO 印发的《遥控驾驶航空器系统手册》（Doc 10019），研究了无人驾驶航空器分类，如图 1-1 所示。文件给出的无人驾驶航空器、遥控驾驶航空器、自主航空器、模型航空器等概念，相互之间主从、并列关系明显，但也存在遥控驾驶航空器分别与自主航空器、模型航空器的内涵有交叉的情况。其中，遥控驾驶航空器与模型航空器的交叉，主要是休闲娱乐型遥控驾驶航空器；遥控驾驶航空器与自主航空器的交叉，主要是执行自主飞行的遥控驾驶航空器和执行遥控飞行的自主航空器。这些交叉，增加了管理上的复杂性。

⊖ 引自日本政府公共关系办公室网站《有关无人机的飞行规则》，2019-09.

⊜ 简称欧控，亦称欧洲航行安全组织。

⊜ Introduction of a regulatory framework for the operation of drones. （A-NPA 2015-10）. 2015-07-31. https：//www. easa. europa. eu/document-library/notices-of-proposed-amendment/npa-2015-10 # group-easa-downloadseasa. europa. eu/document-library/notices-of-proposed-amendment/npa-2015-10 # group-easa-downloads.

⊗ A Drone Strategy 2. 0 for a Smart and Sustainable Unmanned Aircraft Eco-System in Europe. EUROPEAN COMMISSION. Brussels，2022-11-29.

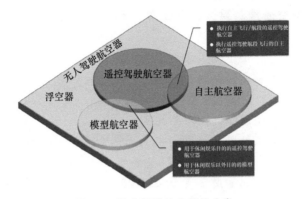

图 1-1 无人驾驶航空器的分类

在 328 号通告、10019 号文件和 2020 年、2023 年第三第四版无人驾驶航空器系统空中交通管理架构文件中，ICAO 均使用了 Unmanned Aircraft，并做了定义，即指没有机载驾驶员操控的航空器，中文对应概念是无人驾驶航空器。由于"Aircraft"包含了"Aerial vehicle"一词的含义，ICAO 弃用了 Unmanned Aerial vehicle（UAV）名称，使用 Unmanned Aircraft（UA）的表述方式，点出了该类航空器的两个最重要特征，即必须为航空器，且无机载驾驶员操控。这一概念既包括驾驶员能够随时介入操控的无人驾驶航空器，也包括驾驶员不能随时介入操控的无人驾驶航空器。

与之配套，支撑"无人""载具"运行需要控制站、数据链、遥测、通信和导航等配套设备，由此引出"无人载具系统"即无人机系统的概念，具体表述主要有：

- UAVS：Unmanned Aerial Vehicle Systems
- UAS：Unmanned Aircraft Systems
- RPAS：Remotely Piloted Aircraft Systems

（二）国内无人机的概念

我国无人机研究制造始于 20 世纪 50 年代末[○]，时间上晚于西方国家，所以关于无人机名称的出现和释义主要源于西方，普遍认同国际民航组织的定位及解释，即无人机或无人驾驶航空器是航空器的一种类型，是相对于有人驾驶航空器概念而存在的。

○ 1969 年，北京航空学院（现北京航空航天大学）受领了高空无人侦察机研制任务，于 1972 年制造出 2 架"无侦-5"无人侦察机并成功首飞。1973 年，中央批准北京航空学院为无人机设计总体单位，官方文件开始使用无人机这一名称。

1. 国家空中交通管制委员会办公室《无人驾驶航空器飞行管理暂行条例（征求意见稿）》(2018 年 1 月)

无人驾驶航空器，是指机上没有驾驶员进行操作的航空器，包括遥控驾驶航空器、自主航空器、模型航空器[⊖]等。遥控驾驶航空器和自主航空器统称为无人机。即无人机是无人驾驶航空器的主体，与模型航空器共同构成无人驾驶航空器（见图 1-2）。

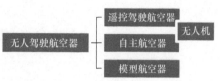

图 1-2　无人驾驶航空器定义示意图

2. 国务院、中央军事委员会《无人驾驶航空器飞行管理暂行条例》(2023 年 6 月)

无人驾驶航空器，指没有机载驾驶员、自备动力系统的航空器。

无人驾驶航空器系统，指无人驾驶航空器以及与其有关的遥控台（站）、任务载荷和控制链路等组成的系统。其中，遥控台（站）是指遥控无人驾驶航空器的各种操控设备（手段）以及有关系统组成的整体[⊖]。

与前期征求意见稿相比，本条例为了避免概念上的交叉与歧义，在附则中明确了模型航空器的概念，不再明确无人机的概念表述。因模型航空器没有机载驾驶员，有自备动力系统，因此属于无人驾驶航空器。

3. 中国交通运输部《民用航空空中交通管理规则》(2017 年 9 月 29 日公布，2018 年 5 月 1 日实施)

无人驾驶航空器，指没有机载驾驶员操纵的航空器。

4. 中国民用航空局《民用无人驾驶航空器系统空中交通管理办法》(2016 年 9 月 21 日发布)

无人驾驶航空器，指没有机载驾驶员操纵的民用航空器。这一表述突出了文件本身"民用"的特征。

民用无人驾驶航空器系统，指民用无人驾驶航空器及与其安全运行有关的组件，主要包括遥控站、数据链路等。

遥控驾驶航空器，指由遥控站操纵的无人驾驶航空器。遥控驾驶航空器是无人驾驶航空器的亚类。

遥控驾驶航空器系统，指由遥控驾驶航空器、相关的遥控站、所需的指挥与控制链路以及批准的型号设计规定的任何其他部件构成的系统。

⊖　目前，模型航空器主要由国家体育总局专项管理。本书探讨的主要是以遥控驾驶航空器和自主航空器为主体的无人机的管理，除主要使用"无人机"表述外，对一些文件法规中"无人驾驶航空器"的表述方法仍然原文照录，在一些必要的行文中也使用"无人驾驶航空器"这一术语。

⊖　国务院、中央军事委员会《无人驾驶航空器飞行管理暂行条例》(2023 年 6 月 28 日发布，2024 年 1 月 1 日起施行) 第 2 条、第 62 条。

自主无人驾驶航空器系统，指不允许驾驶员介入飞行管理的无人驾驶航空器。

5. 中国民用航空局《民用无人机驾驶员管理规定》(2018年8月31日发布)

无人机（UA：Unmanned Aircraft），指由控制站管理（包括远程操纵或自主飞行）的航空器。

无人机系统（UAS：Unmanned Aircraft System），指无人机以及与其相关的遥控站（台）、任务载荷和控制链路等组成的系统。

6. 中国民用航空局《轻小无人机运行规定（试行)》(2015年12月29日发布)

无人机（UA：Unmanned Aircraft），指由控制站管理（包括远程操纵或自主飞行）的航空器，也称远程驾驶航空器（RPA：Remotely Piloted Aircraft）。

无人机系统（UAS：Unmanned Aircraft System），也称远程驾驶航空器系统（RPAS：Remotely Piloted Aircraft Systems），指由无人机、相关控制站、所需的指令与控制数据链路以及批准的型号设计规定的任何其他部件组成的系统。

7. 中国民用航空局《民用无人驾驶航空器实名制登记管理规定》(2017年5月16日发布)

民用无人机，指没有机载驾驶员操纵、自备飞行控制系统，并从事非军事、警察和海关飞行任务的航空器，不包括航空模型、无人驾驶自由气球和系留气球。

8. GJB 5433—2005《无人机系统通用要求》

无人机（Unmanned Aerial Vehicle），指由动力驱动、机上无人驾驶的航空飞行器的简称，通常由机体、动力装置、航空电子电气设备等组成。

9. GJB 6703—2009《无人机测控系统通用要求》

无人机（Unmanned Aerial Vehicle），指由动力驱动、机上无人驾驶的航空器，包括无人飞机、无人直升机和无人飞艇。

10. GJB 2019—1994《无人机回收系统通用要求》

无人机（Unmanned Aircraft），指机上无驾驶员，通过无线电遥控或机载预编程序控制飞行的飞机。

11. 学术界

李春锦、文泾编著的《无人机系统的运行管理》中的定义是，飞机内没有驾驶员，又具备对其本身进行控制的航空器。

陈金良主编的《无人机飞行管理》中的定义是，无人机是一种由动力驱动、机上无人驾驶、可重复使用的航空器的简称。无人机系统是无人机及对要完成既定任务的无人机所需的控制、支持和保障需要的装置、信息和人员的整体，是无人机和能够使无人机进行滑跑、起飞、发射、飞行和回收着陆所需的装置和设备，以及能完成无人机任务目标的设备的组合。

中国民航大学和空军工程大学空管领航学院课题组编的《空管行业术语》[⊖]中的定义是，无人驾驶飞机，指具有一定动力装置，通过人工遥控设备、机载自主控制系统进行操纵，重于空气的不能载人的航空器械，简称无人机。

二、对无人机的认识理解

（一）与无人驾驶航空器的关系

无人机与无人驾驶航空器到底是什么关系？我们在行文中是使用无人机还是使用无人驾驶航空器？

目前，国内相关政策规定、术语标准和权威解读中，存在同时使用无人机和无人驾驶航空器两个名称的情况。如 2013 年 11 月，中国民用航空局飞行标准司发布的《民用无人驾驶航空器系统驾驶员管理暂行规定》，使用的是"无人驾驶航空器"；2016 年 7 月、2018 年 8 月两次修订时均改为《民用无人机驾驶员管理规定》，即使用的是"无人机"。中国民用航空局 2016 年第三季度出台的文件，空管行业管理办公室承办的《民用无人驾驶航空器系统空中交通管理办法》，使用的仍是"无人驾驶航空器"。

2023 年 7 月 10 日，深圳市公安局根据 2023 年 6 月 28 日发布的《无人驾驶航空器飞行管理暂行条例》更新的《个人无人机空域申请流程及注意事项》文件，使用的仍为"无人机"这一术语；2023 年 7 月 31 日，商务部、海关总署等《关于对无人机相关物项实施出口管制的公告》，使用的亦是"无人机"。这表明，"无人机"这一概念在我国生产制造、行业应用和大众日常生活中扎根很深。国家有关部委官方文件、国家标准及很多地方政府出台的规章均使用了这一概念。特别是军队和军工企业长期认同无人机这一名称，在已颁布施行的相关政策制度，以及工具书中多有体现。2017 年以来，我们通过广泛调研得出，大家普遍认为"无人机"这一概念指代明晰，与有人驾驶航空器、模型航空器的边界划分清楚，表述简明、形象，包容性、拓展性强，具有很强的汉语词汇特点，富有中国特色，没有疑义。

虽然 2023 年发布的《无人驾驶航空器飞行管理暂行条例》明确了"无人驾驶航空器"这一概念的主导地位，但并不妨碍"无人机"概念的继续传播与使用。如在后续国家立法时引入、界定并规范其内涵外延，将对解决概念混乱问题产生积极影响，并对产业发展具有重要意义。

⊖ 此书作者署名虽标注为国家空管委办公室编，但主要还是代表了院校的学术观点。国家空管委办公室. 空管行业术语 [M]. 北京：星球地图出版社，2013.

总之，我们认为无人机是无人驾驶航空器的下位概念，是其最主要的组成部分，在很大程度上可以使用"无人机"代替"无人驾驶航空器"；无人机、模型航空器以及无人驾驶自由气球等浮空器，都是无人驾驶航空器的组成部分。航空器分类及组成关系如图1-3所示。

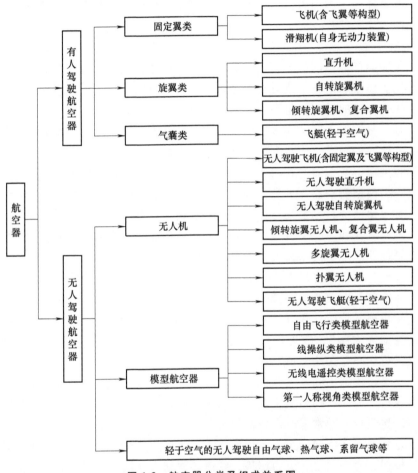

图1-3　航空器分类及组成关系图

（二）无人机与模型航空器的关系

无人机、模型航空器都属于无人驾驶航空器，均具有自身无机载驾驶员操控的典型特征。两者虽有相似点，但用途、性能、管理部门、控制原理等存在明显不同。

1. 相似点

一是大类属性相同。无人机与模型航空器均具有机内无驾驶员驾驶的典型特征，可认为同属无人驾驶航空器，是航空器大家族的主要成员。

二是外形和结构特征相似。无人机与模型航空器大多借鉴了飞机（直升机）的基本设计原理和内核结构，因此外形大多相似。特别是低端无人机和中高档模型航空器，仅从外观上看难以区分彼此。2017 年 4 月成都双流机场发生无人机严重扰航事件后，国内曾掀起肇事航空器是模型航空器还是无人机的纷争，也从侧面说明了这一特征。

2. 差异性

一是性能指标不同。无人机具有自行导航性能，飞行平台升力面积和重量大小无限制。模型航空器不具有自行导航性能，升力面积和重量大小均有限制。其中，有无自行导航性能，是两者的核心差异。

二是平台构型不同。无人机由飞行平台、动力系统、飞行控制系统、任务载荷系统、地面控制系统、数据链系统等组成，技术含量明显高于模型航空器。无线电遥控类模型航空器通常由飞行平台、动力系统、视距内遥控系统组成。第一人称视角类模型航空器（亦称穿越机）[⊖]相较无线电遥控类模型航空器，增加了第一人称视角系统；自由飞行类模型航空器通常仅有飞行平台；线操纵类模型航空器由操纵装置和飞行平台组成，多用于锻炼培养动手制作能力和操控能力。

三是操控原理不同。无人机主要通过程序设定或断续无线电操控飞行，甚至全自主飞行，而且具有机上飞行姿态信息反馈至地面操控站的能力，形成了上行和下行双链路。而无线电遥控类模型航空器和第一人称视角类模型航空器只能由人工直接目视并持续使用无线电遥控设备实现飞行。可以说，"无人机有大脑，模型航空器无大脑"，模型航空器比无人机"笨"很多，只要操控者不持续操控，其飞行状态就无法保持。

四是飞行范围不同。无人机通常具有超视距飞行能力；模型航空器无法超出操控员视线。为此，模型航空器通常采取飞行营地管理模式，俗称"圈养"；无人机可广域飞行，通常采取远程监控管理模式。

五是基本用途不同。无人机用途广泛，既可用于军事、公安、海关，还可用于农林植保、遥感测绘、电力巡检、物流运输和大众娱乐等场景。模型航空器一般只用于航空体育运动、航空科普教育、手工创新制作等，只允许携带体育运动任务载荷，且禁止载人。

六是安全风险不同。模型航空器与无人机对国家安全、飞行安全、地面安全均可能造成一定风险，但风险大小存在明显差异。在国家安全方面，模型航空器不具有自行导航性能，自身重量限制在一定范围，对国家安全威胁较小；无人机具有自行导航性能且允许携带任务载荷，对国家安全构成较大威胁。在飞行安全

⊖ 对第一人称视角模型航空器和第一人称视角无人机的区别与管理见本书第十六章特殊机型管理方法。

方面，模型航空器飞行高度相对较低且在视距内运行，对有人驾驶航空器飞行安全威胁较小；无人机与有人机飞行空域融合难度大，空域使用矛盾突出，且不易监视掌控。在地面人员安全和可能造成财产损失方面，由于模型航空器没有自行控制能力，多无旋翼保护装置，对地面人员及财产安全构成的威胁明显大于同等重量和飞行速度的无人机。此外，两者空中状态稳定性存在重大差异，模型航空器基本不存在侵犯他人隐私的可能，而无人机侵犯他人隐私的案例很多。

七是管理办法不同。模型航空器强调动手制作和持续操纵，通常禁止从事经营活动，无需制造管理、成品质量管理，也无须进出口和实名登记管理，操控资质和无线电管理相对简单，不涉及国籍登记问题，总体属于国内法律规范事项，多由国家体育总局会同有关部门负责管理。无人机管理注重全生命周期和全流程监管，有的还需国籍登记，需要多部门联合监管。

八是问世时间不同。自由飞行类和线操纵类模型航空器问世时间远早于飞机，无线电遥控类模型航空器也有很长的历史。无人机比有人驾驶飞机晚 10 年左右。我国航空工业虽然较长时间落后于航空强国，但模型航空器技术始终处于世界先进水平。

（三）对无人机概念的认识分歧

虽然官方文件对无人机提出了不同的表述方式，但总体来看，我国现行法律法规对无人机概念没有权威界定，加之无人机名称是汉语特有词汇，以致多年来各方对无人机和无人驾驶航空器等概念的认识存在分歧。主要表现在以下几方面：

1. 《中华人民共和国民用航空法》授权立法条款限制了法规引入无人机概念

《中华人民共和国民用航空法》⊖第 214 条规定："国务院、中央军事委员会对无人驾驶航空器的管理另有规定的，从其规定。"它决定了《无人驾驶航空器飞行管理暂行条例》名称中只能使用"无人驾驶航空器"，即其规范对象是无人驾驶航空器而不是无人机。实际上，在保持法规名称不变的前提下，把无人机作为无人驾驶航空器下位的管理对象进行监管并无不可。

2. 引入无人机概念有悖航空器概念体系

有观点认为，《中华人民共和国民用航空法》所用核心概念均为航空器及类似名词。因此宜沿用"器"而不宜出现"机"。这一观点忽视了两个事实：第一，航空领域立法实践过程中，存在引入法律条文未曾出现概念的情况，如《中华人民共和国民用航空法》虽然没出现飞机、滑翔机等概念，但处于下位的

⊖ 《中华人民共和国民用航空法》1995 年 10 月 30 日第八届全国人民代表大会常务委员会第十六次会议通过，1996 年 3 月 1 日起施行。2021 年 4 月 29 日第十三届全国人民代表大会常务委员会第二十八次会议第六次修正。

《中华人民共和国飞行基本规则》却引入了上述概念；第二，无人机名称在我国已具有广泛深厚的立法基础，社会大众期盼立法规范无人机概念，充分体现法律语言为民服务的理念。新修订的《中华人民共和国民法典》将"居间合同"一词改为"中介合同"，就体现了遵从现实的理念，也使条款内容更接地气。

3. 模型航空器与无人机划清界限妨碍行业创新发展

有观点认为，为了促进模型航空器行业发展和激发青少年创新能力，应允许模型航空器安装飞控系统这一无人机常用部件。虽然其出发点是积极向上的，但由于模型航空器安装飞控系统后就具备了自行导航性能，飞行能力和安全风险随之发生重大改变，不再符合公认的模型航空器定义。因此，可以不限制模型航空器安装飞控系统，但改造后应遵守产品质量管理、注册登记管理、强制保险管理、改造改装限制等无人机管理规则，而不能再享有制造改造自由、产品质量自管、注册登记豁免等模型航空器的政策。把两者混为一谈，很容易导致管理混乱、互怼互怨。

4. 无人机包括所有无人驾驶机械

个别观点认为，无人机因有"机"的表述，则既可指无人驾驶航空器，也可指地面行驶的无人车、水面航行的无人船（舰、艇）、水下潜航的无人潜航器、太空运行的飞行器，甚至包括巡航导弹、亚轨道无人飞行器等。现实情况是，无人车、无人船（舰、艇）、无人潜航器、巡航导弹、太空运行的飞行器均不是航空器；无人车、无人船（舰、艇）分别由传统的车、船派生而来；无人潜航器的名词由"潜艇"派生而

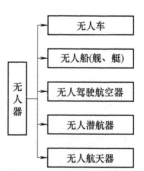

图1-4 无人器的分类

来，美国将无人潜航器定义为预设程序的小型潜艇[⊖]；在太空或亚轨道运行的飞行器脱离了大气层；巡航导弹属攻击性武器弹药。因此，地面行驶、水面航行、水下潜航、太空运行的无人驾驶机械（机器），以及巡航导弹、亚轨道无人飞行器等，均与无人机的概念边界清晰，不存在概念理解或管理应用的分歧。如需将除巡航导弹以外的上述机械给定新名称，可统一称为"无人器"或"无人驾驶器"。无人器的分类如图1-4所示。

5. 无人机是无人驾驶飞机（直升机）的简称

由于无人机的问世晚于飞机和直升机，因此一种观点认为，无人机概念是相对于传统飞机[⊖]、直升机概念而产生的，把其中的"机"理解为近似于飞机、直

⊖ 2018年7月11日《解放军报》文章也将无人潜航器称为无人水下航行器。

⊖ 一般定义，飞机不包括滑翔机、直升机、航天飞机。《中国航空百科词典》编辑部. 中国航空百科词典 [M]. 北京：航空工业出版社，2000.

升机等航空机械的简称或省略语，类似于战斗机、运输机、机场等名词中的"机"之义。这种理解具有一定道理，但忽略了航空器还有多旋翼、扑翼、倾转旋翼、气囊等其他构型，存在以偏概全的瑕疵。

（四）无人机及其系统的定义

1. 无人机

综合分析无人机概念各种表述方式和基本分类模式以及存在的不同观点可以得出，无人机及其系统的概念之所以呈现纷繁交错的现象，主要是由无人驾驶航空技术发展、应用领域、分类管理等多种因素交织造成的。表现在遥控与自主、民用与军用、人在回路与不在回路等的区别；无人驾驶航空器以其更大适用范围开始占据正式用语的主体地位，但无人机作为其主要组成部分，拥有更多的支持者；各类法规标准和指导文件更多的是从规范管理对象出发，具体确定某个范畴的概念。虽然《无人驾驶航空器飞行管理暂行条例》给出了简明的官方定义，但主要还是从强化宏观管理、避免具体争议的视角出发的，有待细化探讨。

因此，明确"无人机"及其系统的概念，应从规范描述"无人载具"这类事物在一定时间范围内一般的、本质的特征出发，综合"无人"的内涵、"载具"的现实指向与基本外延，是否有动力进行驱动，提炼相关概念：**无人机是指没有机载操控员、利用动力驱动、通过遥控指令与控制链路操控的航空器**。

以上定义并未限定"可重复使用、自备动力装置、重于空气"等条件。可重复使用的限定，主要目的是排除巡航导弹和火箭，因巡航导弹和火箭不属于航空器范畴，故可不做强调；自备动力装置的限定，虽然能够直接把无人驾驶自由气球和系留气球排除在外，但存在把无人滑翔机排除在外的不足，也可不加限定；重于空气的限定，目的是排除无人驾驶自由气球和系留气球等浮空器，但容易将无人驾驶飞艇排除在无人机之外。鉴于现行法规不适用于对无人驾驶飞艇的管理，加之无人驾驶飞艇通常具有位置自行保持飞行功能，视作无人机管理简便可行，故可不限定无人机必须重于空气。未来修订相关法规时，可充实完善无人驾驶飞艇管理条款，不把无人驾驶飞艇视作无人机，而是将之与无人驾驶自由气球、热气球、系留气球等统称为"浮空器"。相关分类结构如图 1-5 所示。

2. 无人机系统

无人机系统（或称无人驾驶航空器系统），一般包括无人机、地面控制站、通信与数据链路，以及必要的任务规划系统、发射与回收装置、载荷系统等

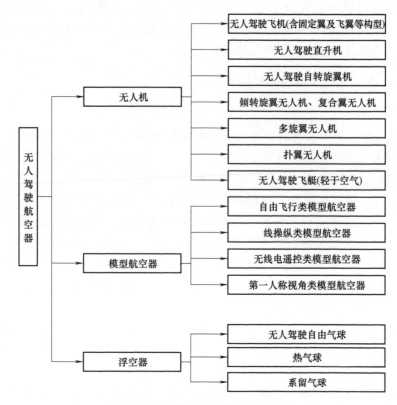

图 1-5　无人驾驶航空器分类结构图

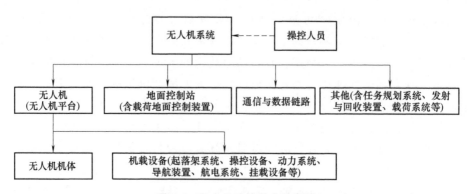

图 1-6　无人机系统组成示意图

（见图 1-6）。它体现了无人机从"单纯硬件航空器"到"硬件航空器+软件控制系统"的发展过程，并辅以一系列外在的控制链路以实现飞行活动。这主要针对大中型无人机，而日常消费娱乐级无人机系统要简单得多，其地面控制站通常是简便的遥控器或是手机终端，通信和数据传输链路就是移动网络和手机信号。

综上，我们可将无人机系统定义为：**无人机系统[○]是指由无人机及其相关控制站（台）、指挥控制链路和保障设备，以及操控员构成的系统。**

无人机系统的含义更加清晰明确。虽然也存在无人驾驶航空器系统的概念，但建议尽量少用，因无人驾驶航空器家族中的无人驾驶自由气球、系留气球、自由飞类模型航空器等，均为单一平台运行，不存在依赖系统才能运行的情况，在某些场合会产生歧义。同时，无人机系统是当前无人（无人驾驶器）系统的主体组成部分，可以区别于其他无人车系统、无人船系统、无人潜航器系统、无人航天器系统等。

（五）关于操控人员的定义

在无人机操控使用人员的表述上，主要有驾驶员、飞行员、遥控驾驶员、机长、操控员、操纵员、操作员、操作手，以及民间常用的飞手等表述方式。在官方法规和文件中，近年来主要表述为驾驶员，如《无人驾驶航空器系统空中交通管理办法》《民用无人机驾驶员管理规定》等。

《民用无人机驾驶员管理规定》第 4 条定义：无人机系统驾驶员，是指由运营人指派对无人机的运行负有必不可少职责并在飞行期间适时操纵无人机的人；无人机系统机长，是指在系统运行时间内负责整个无人机系统运行和安全的驾驶员；无人机观测员，指由运营人指定的训练有素的人员，通过目视观测无人机，协助无人机驾驶员安全实施飞行，通常由运营人管理，无证照要求。2021 年 12 月 23 日，中国民用航空局飞行标准司发布《民用无人驾驶航空器操控员管理规定（征求意见稿）》，为官方首次使用"操控员"的表述文件。其定义是：由运营人指派对无人机的操控负有必要职责并在飞行期间适时操控无人机的人。此外，对无人机机长的定义为，在无人机系统飞行时间内负责整个无人机系统运行和安全的操控员。

《无人驾驶航空器系统空中交通管理办法》第 20 条附则中对驾驶员的定义是：由运营人指派对遥控驾驶航空器的运行负有必不可少职责并在飞行期间适时操纵无人驾驶航空器的人。同时，它还定义了观测员：由运营人指定的训练有素的人员，通过目视观测遥控驾驶航空器协助驾驶员安全实施飞行。

《中华人民共和国民用航空法》第 39 条规定："本法所称航空人员，是指下列从事民用航空活动的空勤人员和地面人员：（一）空勤人员，包括驾驶员、飞行机械人员、乘务员；（二）地面人员，包括民用航空器维修人员、空中交通管制员、飞行签派员、航空电台通信员。"以上航空人员共 7 类，在名称上只有驾

○　通常情况下，无人机与无人机系统是不可分的。为表述方便，本书多以无人机代称无人机及其系统的概念。

驶员、飞行机械人员两类与无人机相关人员接近，但无人机的操控使用人员显然不是空勤人员，如果使用"驾驶员"这一称谓，那么他就属于空勤人员，是在机上进行驾驶和操控的，这与"无人"就矛盾了。而《四川省民用无人驾驶航空器安全管理暂行规定》第11条使用了中和的说法：操作人员（含驾驶员）对民用无人驾驶航空器飞行安全负直接责任。

从中文表达方式上看，"驾驶"一词，通常指人在机舱、车厢等内部手动直接操纵飞机、车辆等，因此在相关人员的定义上，我们更倾向于使用"操控员"这一称谓，主要指通过程序、手动、语音等方式控制无人机，或当其自动飞行时能够监控飞行轨迹并进行干预的人员。未来无人空中交通成熟后，机上成员身份更多的是"乘客"，大多数并不直接进行操控；如果直接操控，那么它就变成有人驾驶飞机或空中汽车，又可称之为驾驶员了。

国务院、中央军事委员会《无人驾驶航空器飞行管理暂行条例》（2023年6月28日发布）第16条，正式将其命名为民用无人驾驶航空器操控员（简称操控员）。

对于民用消费娱乐级无人机使用者，"飞手"这一通俗称谓，也有其存在的合理性。本书主要使用"操控员"的表述方式，同时为与现有部分法规文件以及国内外航空资料相统一，部分仍保留"驾驶员"的表述方式[⊖]。

（六）创新中国特色英文表述方式

无人机是最具中国汉语特点的名词，被国人广泛接受和使用，从内涵上看与英文"Drone"基本对应。在对外交往中，当与广泛认同Drone概念且指代主体与我国所称无人机基本一致的国家交往时，可使用Drone；当与广泛使用RPA概念的国家交往时，我们亦可使用RPA或RPAS，并补充说明其不包括模型航空器和自主航空器；当与其他国家交往时，我们可以使用UA或UAS，并说明不包括模型航空器。通过上述衔接方法，确保指代一致、沟通顺畅。

针对现阶段国际上对无人驾驶航空器领域核心概念并未形成统一定义的现实，我国对外交往时可因情施策。基于我们对无人机概念内涵的理解，可以适时创新推出我们自己的无人机英文表述方式。如借鉴我国确定航天员英文称谓的经验，既不采用美、英等国的"Astronaut"，也不采用俄罗斯的"Cosmonaut"，而是结合汉语拼音特点，单独创造了"Taikonaut"一词，指代中国航天员。该词已获得国际普遍认同并被《牛津词典》收录，其前缀就出自"太空"的汉语拼音。

⊖ 官方文件中较早涉及"操控"表述的是，2019年6月教育部研究确定《中等职业学校专业目录》新增补46个专业中包括了无人机操控与维护。

据此，我们建议使用英文"Wrene"指代中文"无人机"的概念，主要考虑是：

- Wrene 词形和发音引伸自 Drone，通过宣传解释易于被使用英语国家理解和接受。
- Wrene 为 Wu+ren+e 组合的简化形式，即汉语拼音 Wu ren，以及字母 e 指代的 equipment（工具、设备）、engine（发动机），比较贴合"无人机"一词的字面意思。

在中国民用无人机产业处于世界领先地位的大背景下，创新具有中国特色的英文表述方式，有利于展现中国特色的无人机产业发展及服务管理理念，在无人机概念、思想、规则等领域开创一片新天地，引领世界无人机核心概念，体现中国观念制高点，展现空管领域新时代中国特色社会主义的文化自信。

三、无人机类型划分

从问世起，百年发展历程和不同功用，使无人机家族在外观、重量、续航时间、飞行距离、飞行高度、升力产生方式等方面多有不同，产生了多种不同的分类方法。

1. 按使用性质和归属分类（见表 1-1）

表 1-1　按使用性质和归属分类

类型	特征
民用无人机	主要指用于民用航空活动的无人机
国家无人机	主要指用于民用航空活动之外的无人机,包括执行军事、海关、公安等飞行任务的无人机

2. 按飞行重量及飞行特征分类（见表 1-2）

表 1-2　按飞行重量及飞行特征分类[一]

类型	特征
微型无人驾驶航空器	空机重量小于 0.25 千克,最大平飞真高不超过 50 米,最大平飞速度不超过 40 千米/小时,无线电发射设备符合微功率短距离技术要求,全程可以随时人工介入操控的无人驾驶航空器
轻型无人驾驶航空器	空机重量不超过 4 千克且最大起飞重量不超过 7 千克,最大平飞速度不超过 100 千米/小时,具备符合空域管理要求的空域保持能力和可靠被监视能力,全程可以随时人工介入操控的无人驾驶航空器,但不包括微型无人驾驶航空器

[一]　国务院、中央军事委员会《无人驾驶航空器飞行管理暂行条例》（2023 年 6 月 28 日发布，2024 年 1 月 1 日起施行）第 6 章附则第 62 条。

（续）

类型	特征
小型无人驾驶航空器	空机重量不超过 15 千克且最大起飞重量不超过 25 千克,具备符合空域管理要求的空域保持能力和可靠被监视能力,全程可以随时人工介入操控的无人驾驶航空器,但不包括微型、轻型无人驾驶航空器
中型无人驾驶航空器	最大起飞重量不超过 150 千克的无人驾驶航空器,但不包括微型、轻型、小型无人驾驶航空器
大型无人驾驶航空器	最大起飞重量超过 150 千克的无人驾驶航空器
农用无人驾驶航空器	最大飞行真高不超过 30 米,最大平飞速度不超过 50 千米/小时,最大飞行半径不超过 2000 米,具备空域保持能力和可靠被监视能力,专门用于植保、播种、投饵等农林牧渔作业,全程可以随时人工介入操控的无人驾驶航空器

3. 按任务半径分类（见表 1-3）

表 1-3　按任务半径分类

类型	特征
超近程无人机	活动半径一般在 10 千米以内
近程无人机	活动半径一般在 200 千米以内
中程无人机	活动半径一般在 200~800 千米
远程无人机	活动半径一般在 800 千米以上

4. 按飞行高度分类（见表 1-4）

表 1-4　按飞行高度分类

类型	特征
超低空无人机	飞行高度一般在 100 米以下
中低空无人机	飞行高度一般在 100~7000 米
高空无人机	飞行高度一般在 7000~15000 米
超高空无人机	飞行高度一般在 15000 米以上

5. 按机翼结构分类（见表 1-5）

表 1-5　按机翼结构分类

类型	特征
旋翼无人机	主要利用旋翼产生的升力飞行,包括多旋翼/多轴无人机、无人直升机等
固定翼无人机	包括一般类型固定翼无人机、扑翼无人机和伞翼无人机
复合翼无人机	一般为多轴与固定翼相结合的无人机
无人飞艇(飞船)	通过艇囊中填充氦气或者氢气所产生的浮力以及发动机提供的动力进行飞行

6. 按留空飞行时间分类（见表1-6）

表1-6 按留空飞行时间分类

类型	特征
短航时无人机	留空续航时间一般在10小时以内
长航时无人机	留空续航时间一般在10小时以上

7. 按控制模式分类（见表1-7）

表1-7 按控制模式分类

类型	特征
遥控无人机	由地面人员通过发送无线电指令控制飞行高度、速度、航向等参数,完成预定飞行计划和工作任务
半自主无人机	有地面控制指令时按控制指令飞行,无地面控制指令时按预编程序指令飞行
自主无人机	按预先输入的程序指令,自动飞行并执行预定任务,也称为时间程序控制型无人机
兼备式无人机	同时具有遥控式、自主式和半自主式功能的无人机

8. 按作战方式分类（见表1-8）

表1-8 按作战方式分类

类型	特征
战术无人机	主要包括固定翼无人机和垂直起降旋翼无人机,作战半径一般在20~200千米,续航时间一般在6~10小时
战略无人机	主要指中高空长航时无人机和高空长航时无人机

9. 按投放方式分类（见表1-9）

表1-9 按投放方式分类

类型	特征
火箭助推发射无人机	在发射架上借助固体火箭助推器动力零高度发射起飞。火箭助推发射装置可以车载或船载,其展开或撤收简便、迅速,所需发射场地小,适合在前沿地区、山区或舰船上使用
空中投放无人机	由有人驾驶飞机(母机)把无人机带到空中,当飞到预定高度和速度时,在指定空域起动无人机发动机后投放
手抛发射无人机	由单人手持抛掷发射起飞
自主起飞无人机	像有人机一样利用机场跑道滑跑起飞或利用自身旋翼产生升力垂直起飞

10. 按降落方式分类（见表1-10）

表1-10 按降落方式分类

类型	特征
自主降落无人机	像有人机一样利用机场跑道滑跑降落或利用自身旋翼产生的升力垂直降落

（续）

类型	特征
伞降/气囊回收无人机	使用无人机携带的降落伞或者气囊完成降落
撞网撞线回收无人机	使用拦截网或者拦截绳索、支架、缓冲器等设备完成降落

11. 按发动机类型分类（见表 1-11）

表 1-11　按发动机类型分类

类型	特征
电动无人机	使用电池提供空中飞行动力
混合动力无人机	使用电池或燃油提供空中飞行动力
燃油动力无人机	使用燃油提供空中飞行动力

12. 按管理方式分类（见表 1-12）

表 1-12　按管理方式分类

类型	特征
开放类无人机	空机重量上限 0.25 千克且设计性能满足一定要求,以微型机为主
条件开放类无人机	空机重量不超过 4 千克(最大起飞重量不超过 7 千克)且运行性能满足一定条件,以轻型无人机为主
管控类无人机	除微型、轻型无人机之外的其他类型无人机,即审定类无人机

四、无人机管理概念分析

对无人机实施管理,国际民航组织早有要求。1944 年签署的《国际民用航空公约》第 8 条规定:任何无人驾驶而能飞行的航空器,未经一缔约国特许并遵照此项特许的条件,不得无人驾驶而在该国领土上空飞行;缔约各国承允对此无人驾驶航空器在向民用航空器开放地区内的飞行加以管制,以免危及民用航空器。全球无人机交通管理协会⊖认为,无人机空中交通管理是一个由利益攸关方和技术系统在互动中协作的系统,根据规则在它们自己之间及与空中交通管理之间,保持无人机安全间隔,并在非常低的高度上,提供高效有序交通流。总之,当代无人机管理的概念内涵更加丰富。

⊖ 即 Global UTM Association（简称 GUTMA）,是总部位于瑞士的非营利性组织,由无人机系统及无人空中交通管理相关方组成,旨在促进无人机系统在全球空域系统安全、可靠和高效运行;至 2022 年 12 月,成员分布在 30 多个国家和地区,拥有波音、空客等企业成员 63 个,其中我国大疆创新、安擎科技等即为其成员。

（一）管理的特殊性

无人机作为一种比较特殊的航空器，既有与其他航空器类似的特点，也有较为特殊的使用和管理要求：一是数量大，在航空技术发展和市场需求共同推动下，数量和规模呈井喷式增长，在经济社会和军事领域的应用日趋广泛。二是生产门槛低，占市场大头的民用无人机技术要求不高，生产制造门槛较低，质量参差不齐。三是销售流通方便，尤其是民用无人机价格从几百元到几十万元不等，销售渠道多元，购买几乎没有限制。四是使用管理特殊，与有人机相比，无人机具有使用方便、机动灵活等特点，具有潜在安全风险，管理比较复杂。实施科学规范的管理，既是维护飞行安全、空防安全和公共安全的需要，更是保证产业健康发展、市场规范运行、促进军事经济社会发展的需要。为此，对无人机的管理必须兼顾体现国家安全利益、社会经济效益、民众需求权益，突出系统性、强制性和服务性综合管理的理念。

（二）管理的概念

广义上讲，无人机管理是对无人机研发设计、生产制造、销售流通、运行管理、报废销毁等各个环节实施的全流程管理与控制；狭义上讲，主要是对其在空中运行时实施管理与控制。本书所研究的无人机管理，侧重于广义上的管理。

（三）管理架构

无人机管理涉民航、工信、公安、工商、体育和军队等多个部门、多个领域，范围广、链路长、环节多、交互强，确保全流程安全、有序、高效，是一个世界性难题，也是国家产业发展和安全管理面临的现实挑战，必须深入贯彻党和国家领导人有关指示要求，按照国家、军队关于行业建设发展、运行管理的法规标准和政策意见，围绕无人机系统管理架构（见图1-7）涉及的方方面面，坚持综合统筹、军民融合，坚持问题导向、创新驱动，坚持疏控并举、确保安全，真正实现军地警民一体、产售用处一体、全体系全流程管理。

（四）核心：飞行○管理

无人机全体系全流程管理，涉及大、中、小等多种类别，农业、电力、安

○　在空管领域也称为空管运行，即根据国家航空法规和有关国际公约，对领空内或国际授权的空域范围内飞行进行管理、管制、提供服务等活动的总称，主要工作是受理飞行申请，监督飞行动态，进行管制协调，通报飞行情况，调配飞行冲突，实施飞行指挥，处置特殊情况，提供情报服务，查证不明空情和违规飞行，对遇险航空器提供搜寻救援服务。国家空管委办公室编．空管行业术语［M］．北京：星球地图出版社，2014：132.

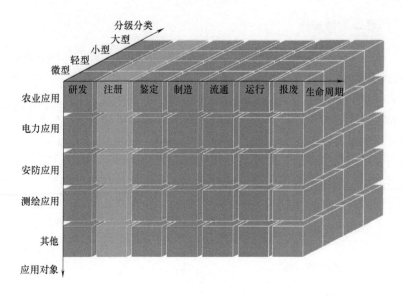

图 1-7　无人机系统管理架构⊖

防、测绘等多个应用领域，研发设计标准化、生产制造合法性、销售流通规范化、适航准入严格化、运行使用安全性、应急处置及时性等全寿命周期，其中核心阶段是飞行管理。作为航空器的根本属性决定了无人机只有在空中飞行时，才可能展现价值、取得效益以及造成危害。空中交通管理有空中交通服务、空域管理、空中交通流量管理三个部分组成（见图 1-8），实际上都是以飞机和飞行为

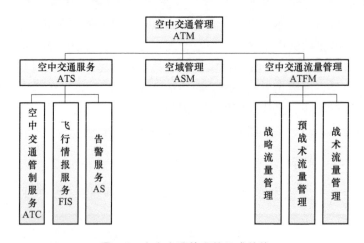

图 1-8　空中交通管理的组成结构

⊖　工业和信息化部等. 无人驾驶航空器系统标准体系建设指南（2017—2018 年版）［R］. 2017.

核心的。因此，飞行管理作为确保无人机安全使用的最终落脚点，是无人机管理的核心和主体。总体上，可以划分为静态管理和动态控制与服务。

1. 静态管理

通过建立规范飞行行为的法规标准，督导、检查并控制飞行前各项条件符合飞行规范和要求，保证飞行活动顺利实施。具体内容包括：①通过建立健全无人机飞行管理法规、技术标准条件，不断完善顺畅、有序、高效、安全的制度机制；②通过完善分类管理模式，优化飞行申请程序，增强指挥、控制、通信和"感知—避让"能力，提高飞行服务保障效率；③通过完善空域使用规则、划设专用飞行空域乃至逐步融入国家空域系统，调整空域使用需求和冲突，开展风险和使用管理评估，促进空域资源融合共享，提高空域使用效能；④通过拓宽信息宣传渠道、完善培训教育体系、加强人员教育培训、组织考核颁发技术和飞行工作执照等，监督检查相关人员按章依规组织飞行情况，依法实施违规处罚；⑤通过建设运用网络化、智能化管理系统，跟踪探测和软硬打击手段，以及地面空中专业处置力量，提高管理手段和支撑能力建设等。

2. 动态控制与服务

飞行过程中，依据有关法规程序，规范并控制飞行行为，使其符合飞行要求。通过实时协调、动态调整、特情处置等方式，减少或消除飞行冲突，为无人机独立飞行乃至无人机/有人机混合运行，创造并保持良好的空中飞行环境，确保飞行顺畅、有序、高效、安全。具体内容包括：①通过审查批准无人机飞行计划申请，提供适合无人机安全飞行的空域或航线；②监督飞行计划的执行，根据空域飞行动态、飞行特点和飞行性质，指挥飞行活动，实施飞行调配；③提供有关飞行资料、天气和情报服务；④协助处理飞行中遇到的各类突发情况，必要时进行强制降落、干扰或击落等反制行动。

基于"无人"的固有属性，无人机飞行主要基于地面操控员或预装程序通过指挥控制网络发出的数字化指令。这从根本上改变了传统空中交通管理与有人驾驶飞机、飞行员的关系，无人机、操控员、管制员与空中交通服务之间的需求、服务、责任、角色等之间的互动关系，开始发生革命性的变化，为无人机飞行管理提供了新的空间。

第二章
无人机发展历程

在军事需求的推动下，无人机自 20 世纪初诞生以来，经过几十年缓慢的发展，到 20 世纪末进入爆发式增长时期，并从军事领域迅速向民用领域拓展。随着电子技术和控制技术的快速发展，微轻型无人机全面进入日常生活，成为航空产业的新生力量，开始改变并影响着社会生活的方方面面。

一、航空史初期的无人机

无人机起源于第一次世界大战期间。战争中航空器的军事用途崭露头角，使用规模逐渐扩大，随之而来的是有人驾驶飞机的损失和飞行人员伤亡持续攀升，研制一种既能杀敌又能自保的无人飞机成为现实需要。1914 年，英国启动"AT 计划"，开始研制使用无线电操纵的无人驾驶轰炸机，并于 1917 年进行了两次飞行试验。虽未能完全取得成功，但已向世界宣告无人飞机的诞生。与英国无线电操纵原理不同，美国海军"空中鱼雷"和陆军"凯特琳虫"（分别于 1917 年和 1918 年研制成功，可承载炸药 136 千克和 82 千克）的控制方式较为原始，它通过预先计算飞抵并打击目标发动机所需要的转数，控制飞机飞行距离，当达到预定转数时即停止运行，而后机身连同炸弹一起炸向目标。

第一次世界大战结束后，军事上的需求不再迫切，军用飞机大量退役，无人机发展失去了内在动力。此后随着经济的恢复和发展，英国重启"AT 计划"，并于 1927 年研制出"喉"式单翼无人机，在"堡垒"号军舰上试飞成功，此无人机可装载 113 千克炸弹，由无线电控制发射，小倾斜角滑轨滑行起飞，能够在自动驾驶仪控制下以 322 千米/小时的速度，按照预定路线和高度飞行 480 千米，引起了航空界的轰动。

20 世纪 30 年代，无人靶机开创了无人机应用的新领域。第一次世界大战中血的教训和有人驾驶飞机超强的作战性能，使多国军队更加重视防空问题。当时，为训练提高部队防空作战能力，通常采取由有人驾驶飞机拖带靶机的方法，供地面和空中防空力量进行射击训练。但防空火炮射击精度不高，稍不留神就会误伤甚至击落用于拖带的有人驾驶飞机。为此，美、英等国开始研究使用遥控无人机作为靶机进行防空训练。1933 年，英国费尔雷公司成功将"女王"双翼飞机改装成无人驾驶靶机，开始在防空训练中担当重要角色。随后，负有盛名的美国的"火蜂"和澳大利亚"金迪维克"靶机相继问世。无人靶机的快速发展，同步带动了无人机遥控遥测、飞行控制与导引、发动机小型化、发射与回收等技术以及相关专用设备的进步，为无人机全面快速发展奠定了基础。

第二次世界大战爆发后，军事上对无人靶机的需求激增。世界军事强国制造了数以千计的靶机供军队使用。除靶机之外，美国还研发了一种有人/无人混合武器——由于当时遥控系统性能还不足以让一架大型无人机顺利起飞，飞行员必须先通过直接操控，使其达到一定高度和航向后，再起动遥控装置，然后设定炸药引信后跳伞离开，而后与之配合的有人机接管无人机的控制权再遥控引导其实施作战。

二、1945—1990 年的飞行探索

第二次世界大战后，随着电子技术的进步，无人机在执行更为复杂的作战任务方面显示出其特有的优势，开始受到越来越多的关注。改装的退役飞机和专门设计的小型无人机，开始用作射击靶机或担负空中侦察、武器试验等特殊任务，并逐步取代部分有人驾驶飞机，成为一种不可忽视的新型航空装备。

战后冷战期间，无人机主要作为训练靶机或敌军雷达的诱饵。20 世纪 60 年代，美国 U-2 高空战略侦察机在苏联上空被击落和飞行员被俘事件，让美国决定加快无人侦察机研制工作，无人机开始执行侦察与情报收集等任务。

越南战争中，无人机从"处处挨打"的靶机直接参与作战行动，上演了战争应用处子秀。1962 年，美政府指定美国瑞安公司将靶机改装成能够执行侦察任务的无人机，代替有人驾驶飞机执行任务。90 天后，上千架"火蜂"靶机被改装成无人侦察机，对高情报价值或对空防御严密目标实施侦察，总计飞行3435 架次，执行高空和超低空照相侦察、电子窃听、无线电通信干扰、抛撒金属箔条护航、投放宣传品等任务。其中，回收 2873 架次，战损率 16%，间接减少了约 560 架有人驾驶飞机和 1200 名飞行人员的损失。同期，美国研制的 QH-50C 反潜无人机是第一种旋翼无人直升机，也是第一种武装无人机，可搭载一枚MK-57 深水炸弹或 2 枚鱼雷，在驱逐舰上起降执行反潜巡逻任务。20 世纪 60 年代后期，美国空军通过在 C-130 运输机上遥控 AQM-34 "火蜂"无人机，成功实现了有人机和无人机的混合编队飞行。

越南战争中的良好表现，令美、英等军事强国重新发现了无人机的潜在优势，开始重新定位无人机的军民用途，研发生产受到了广泛重视。无人机在沉寂

了十几年后又进入了一个发展新时期。

1973 年，美国国家航空航天局开始研制气象探测型无人机，用于边远地区的高空大气探测，澳大利亚、日本、韩国等国气象部门，在极地、海洋、火山等上空进行了大量气象探测试验，用以测量温度、湿度、风速、气压等气象参数。

1979 年，美国陆军启动"天鹰座"计划，首次开始无人机系统研制之路。微电子、光电技术和计算机技术爆炸式发展，为无人机的发展提供了物质基础。日本是最早将无人机应用于农业的国家之一。20 世纪 80 年代，雅马哈公司首创植保无人机。同期，以色列首创集中使用无人机进行侦察、情报搜集、跟踪监视和火力打击等活动战术，此后美国和以色列在局部战争中多次使用军用无人机，引发全球对无人机的关注，世界各国开始进入无人机研发领域。1982 年，在以色列和叙利亚之间进行的贝卡谷地空战中，以色列军用无人机出色完成侦察、干扰、诱饵欺骗和反火力打击等任务，让全世界意识到无人机卓越的军事价值，由此掀起了无人机高速发展的热潮。

三、1990 年后加速发展

（一）军事应用一马当先

1. 多种型号登上战争舞台

1991 年海湾战争只持续了 42 天，其中 38 天为空中进攻。以美国为首的多国部队投入了 200 多架无人机，仅"先锋"无人机就执行任务 533 架次，飞行 1638 小时，使用密度之大可谓前所未有，无人作战平台开始成为军事行动中减少人员伤亡、提高作战效能的重要手段。

海湾战争后，主要得益于微电子、通信、新材料及推进系统等技术的成熟和应用，加之几场局部战争中的良好表现，使各国充分认识到无人机在战争中的军事价值，竞相把高新技术应用到无人机的研究与发展上，续航时间、通联能力、传输速率、自动驾驶技术等快速发展。

美国"捕食者"无人机（见图 2-1）的研制成功，预示着无人机系统发展迈入了现代化时期。1995 年 8 月底，美军空袭波黑塞族武装前曾派出 80 架次"捕食者"无人机对战场实地侦察，所提供的准确目标信息为摧毁塞军 70% 的防空设施、作战指挥系统、40% 的弹药库，提供了重要保障。1999 年科索沃战争中，以美国为首的北大西洋公约组织再次大量使用无人机。仅美、德、法三国无人机就飞行约 4000 小时，美军"掠夺者"无人机在战区上空全时段侦察监视和投掷袖珍炸弹，"先锋"无人机用于补充侦察和战损评估。2001 年阿富汗战争中，各型无人机集中亮相，美军首次派出攻击型"捕食者"无人机，装载"地狱火"

导弹对 115 个阿富汗地面目标实施了打击。此后伊拉克战争中，美军使用"察打一体"无人机对伊拉克各种"时敏目标"和高价值军事目标实施精确打击，取得了骄人战绩。

基本情况	中文名称	捕食者(MQ-1)	类型	单发涡轮固定翼
	生产厂家	美国通用原子航空系统公司	主要用途	中空长航时察打一体
主要性能	发动机	1台ROTAX914F涡轮增压发动机	翼展	14.8米
	最大起飞重量	1020千克	巡航速度	135~165千米/小时
	实用升限	7625米	续航时间	约40小时

图 2-1 "捕食者"无人机及主要性能指标

"全球鹰"则是当前世界领先的远程、长航时无人侦察机的代表（见图 2-2）。

基本情况	中文名称	全球鹰(RQ-4A)	类型	单发涡扇固定翼
	生产厂家	美国诺斯罗普·格鲁门公司	主要用途	执行远程、高空、广域、持久的情报侦察与监视
主要性能	发动机	1台AE3007涡扇发动机	翼展	35.4米
	最大起飞重量	12131千克	巡航速度	635千米/小时
	实用升限	19825米	续航时间	约32小时

图 2-2 "全球鹰"无人机及主要性能指标

2. 独立行动创新作战模式

2020 年 1 月 3 日，伊朗特种部队高级指挥官苏莱曼尼少将遭美军无人机袭击。执行此次行动的"死神"MQ-9 无人机，是美现役最先进的中高空、长航时、"察打一体"型无人攻击机，具有载弹量大、打击速度快、续航时间长等特点，满足了此次集侦察、跟踪与打击一体化作战的需要。该机机长 11 米、翼展20 米，高度 3.8 米，最大起飞重量 4760 千克，作战半径 1852 千米，挂载副油箱，最长可在空飞行 42 小时，可以同时挂载 4 枚"地狱火"反坦克导弹，具备装载联合直接攻击弹药和"响尾蛇"空空导弹的能力。无论白天还是黑夜，即使在数千米高空也能对地面人员和车辆进行精确识别，全方位多维度获取战场态势信息并锁定目标。此外，该无人机通过微波直连和卫星中继两种通信方式，使操作人员在万里之外的美国本土就能完成任务。

2020 年 9 月，阿塞拜疆和亚美尼亚两国为争夺纳卡地区控制权爆发冲突。在地面进攻受阻的情况下，阿塞拜疆出动无人机展开空中打击，击毁亚美尼亚多套防空系统。亚美尼亚也出动自杀式无人机，对阿塞拜疆军队的坦克装甲车辆进行俯冲攻击。此后数日，双方无人机你来我往相互打击，使这场冲突成为第一次大规模使用无人机进行攻防作战的战争，尤其是阿塞拜疆投入了数量众多、不同型号的无人机，在前线地带实施了一系列精确打击行动，取得了显著战果，给亚美尼亚带来了重大的人员装备损失，为己方赢得了一定的战场优势。而 2022 年爆发的俄乌冲突中，无人机更成为战场上的重要角色。

3. 作战运用多维一体

随着技术的进步，无人机已经从最早的靶机发展到了集监视、侦察、预警、评估、攻击、通信中继等多种功能于一身的重要武器装备，其作战运用主要体现在以下五个方面：

（1）侦察监视 侦察监视是无人机的传统任务。在阿富汗战争、伊拉克战争和利比亚战争中，美军大量使用装备光电、红外以及合成孔径雷达传感器，具备图像侦察、信号侦察等多种能力的无人机，为精确打击敌方目标提供了强有力的情报支援，有效弥补了侦察卫星轨迹相对固定且间隔时间较长、有人驾驶侦察机滞空时间相对较短等不足，有力保障了后续打击行动。

（2）火力打击 无人机已经成为空中精确火力打击的新型力量，多次在战争中发挥重要作用。

（3）目标引导 在海湾战争中，美军多次使用"先锋"无人机，对伊军的兵力调动以及火力部署实施全天候侦察监视，并由无人机指挥舰炮、地面火炮和飞机对目标进行打击。伊拉克战争中，美军多次使用无人机对伊军机动部队和移动目标，特别是对"飞毛腿"导弹进行实时跟踪，为反导武器提供情报支持。

（4）物资投送 进行物资投送，是无人机在军事领域应用的一种新的方式。2011年12月17日，美军在阿富汗战场上首次利用"卡曼K-MAX"无人机，将战场急救用品和武器弹药运送到前线阵地，首次完成无人机战场物资投送任务。

（5）作战评估 通过对打击目标进行毁伤效果评估，将信息反馈给相关作战部队，为实施后续行动提供情报依据。利比亚战争中，美军"全球鹰"无人机充分发挥其高空长航时的优势，对北约实施火力打击的效果与毁伤程度进行及时评估，确定目标毁伤级别和打击效果，并将信息传送至指挥机构，为美军制订下一步作战计划提供依据。

（二）民用领域如火如荼

在世界相对和平大背景下，无人机从军事领域向民用领域转型成为必然趋势。相关技术的进步大力推动了无人机快速发展，各种创新技术不断涌现，动力系统、新能源、新材料、通信、导航等技术不断突破，降低了研发成本和行业门槛，无人机不再"高大上"，高中低、大中小各型无人机同步推进，特别是中低端无人机领域的参与者大大增加。2013年起，亚马逊公司强化无人机送货计划，收购欧洲顶尖计算机视觉团队为无人机提供更好的避障能力，研发并测试了多款机型。2014年，英特尔公司投资收购多家无人机软硬件企业。2015年后，索尼联合其他企业成立了Aerosense无人机公司，Facebook太阳能无人机问世，高通公司基于骁龙处理器技术推出无人机专用芯片。大疆、腾讯、小米等公司相继推出无人机产品。2016年，德国Volocopter公司无人机载人试飞成功，全球首款全自动载人无人机亿航184发布，为城市空中交通开启了新篇章。

近年来，全球无人机市场规模持续增长。截至2022年5月，美国注册无人机865505架，其中商业用无人机314689架，娱乐用无人机538172架。美国研究机构Grand View预估，2025年全球无人机市场规模将达到843.1亿美元，是2019年的3.2倍，并从传统的军用领域向国民生产生活的各个领域深入拓展。农业领域是无人机最大、最成熟的市场之一。在日本，平均每三碗大米中就有一碗是靠无人机喷洒农药种出来的。2014年1月，美国联邦航空局正式批准无人机用于农作物检测，在麻省理工学院《科技评论》杂志评选出的"2015年十大最具突破性的科技创新"中，农业无人机名列榜首。中国是无人机大国，特别是民用轻小型无人机居于世界领先地位。2020年后，无人机在十数个典型场景应用中开始投入大规模商业运营，世界无人机产业快速发展和应用领域拓展已成为当代航空业最为瞩目、发展最快的领域之一。

四、我国无人机发展现状

我国无人机起步于 20 世纪六七十年代。随着国际局势的发展变化和科技多元化应用，尤其是微电子、导航、控制、通信等技术的推动，使我国无人机在保持军事属性的同时，应用领域不断拓展，在国际市场占有重要地位。

（一）总体情况

我国军用无人机始于越南战争期间。我国在击落的入侵美军无人驾驶高空侦察机残骸的基础上，开始研制国产无人机，也就是后来的无侦-5 型无人机。该机 1980 年定型，1981 年装备部队，从此拉开了我国无人机发展的序幕。进入 21 世纪，随着信息化技术快速发展，我军无人机地位迅速攀升，朝着侦察打击一体、独立无人作战系统、长航时隐身侦察等方向转型，军用无人机产业也得以迅速发展。历次大型航展上，我国无人机都大放异彩，"翔龙""暗剑""刀锋""WJ-600""翼龙"等多种型号无人机备受关注。

应用领域开始从传统的军事领域，向航空测绘、地质勘探、环保监测、遥感测绘、农林植保、物流运输、新闻采访、航空摄影、体育运动、电力巡检、减灾救灾、应急救援、反恐维稳、公安执法乃至消费娱乐等国民生产、生活的各个领域拓展，高空、高速、中远程、长航时、大载荷等军用技术逐渐向民用领域渗透，大量企业进入民用无人机生产领域，以深圳大疆创新公司为代表的中国企业，既是中国民用无人机产业的领头雁，也是世界消费级无人机的引领者（图 2-3

基本情况	中文名称	大疆精灵3型	类型	电动四旋翼
	生产厂家	中国深圳大疆创新科技有限公司	主要用途	中低空侦察、航拍、监视等
主要性能	动力装置	6000mAh锂充电电池	对角线距离（含桨）	0.59米
	最大起飞重量	1.28千克	巡航速度	小于8米/秒
	实用升限	小于2000米	续航时间	23分钟

图 2-3　使用广泛的大疆"精灵 3"型无人机及主要性能

为其产品之一）。

从国家顶层设计到地方战略规划，自上而下都为无人机行业发展创造了有利环境。持续扩大低空空域开放，并在华东、西南、西北等地区开展无人机试验区建设试点，为行业发展提供了有利条件。在航空技术发展和市场需求增长的共同推动下，数量和规模呈爆发式增长，经济社会效益不断提升。截至2023年3月31日，我国实名注册无人机99.29万架，民用无人机制造企业2121家，实名登记无人机型号2946个，年累计飞行时间超过2000万小时，年产值超过1000亿元。根据工业和信息化部发布的《关于促进和规范民用无人机制造业发展的指导意见》，到2025年我国民用无人机产值预计将达到1800亿元，年均增速超过25%。

我国消费级无人机居国际第一梯队，逐步成为"国家名片"，是当前大众创业、万众创新的典型行业。根据工业和信息化部2017年统计数据，我国无人机主要出口地区是美洲和欧洲，分别占总销量的39.6%、39.0%，几乎是总产量的五分之四。

（二）产品分类统计分析

工业和信息化部曾依据分类标准[○]，对无人机产品分类情况进行了统计分析，总体情况是：

平台构架：主要分为多旋翼、固定翼、无人直升机、单旋翼、浮空器。其中，多旋翼、固定翼、无人直升机分别占产品种类的64.0%、24.5%和10.6%，其产量占三者总产量的98.1%、1.8%和0.1%。在多旋翼消费级无人机迅猛增长带动下，民用大型固定翼机型研发制造呈现快速发展趋势。

空机重量和最大起飞重量：以最大起飞重量小于或等于1.5千克的机型为主，虽然只占产品种类的6.0%，但总产量占到91.3%。Ⅲ级[○]占产品种类的71.1%，但其产量仅占1.3%。这表明小重量的消费级无人机是当前我国无人机的主体（见图2-4）。

最大设计使用高度：在150~1500米之间的占总产量的81.5%，15~150米之间的占总产量的15.0%，即设计使用高度在1500米以下的占总产量的96.5%（见表2-1、图2-5）。

○ 数据引自工业和信息化部2017年统计数据，分类标准指中国民用航空局飞行标准司2015年12月29日发布的《轻小无人机运行规定（试行）》中的标准。

○ Ⅲ级指空机重量大于4千克且小于或等于15千克的无人机。轻小无人机运行规定（试行）[S]. 2015-12-29.

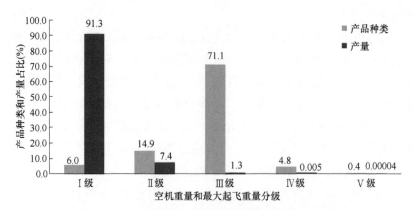

图 2-4　无人机空机重量和最大起飞重量产品种类和产量占比

表 2-1　最大设计使用高度分级表

级别	最大设计使用高度
Ⅰ级	最大设计使用高度≤15 米（相对高度）
Ⅱ级	15 米（相对高度）<最大设计使用高度≤150 米（相对高度）
Ⅲ级	150 米（相对高度）<最大设计使用高度≤1500 米（相对高度）
Ⅳ级	1500 米（相对高度）<最大设计使用高度≤15000 米（标准气压高度）
Ⅴ级	最大设计使用高度>15000 米（标准气压高度）

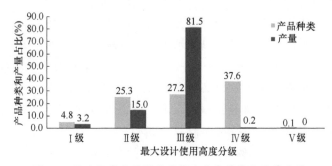

图 2-5　无人机最大设计使用高度产品种类和产量占比

操控距离：大于 1.5 千米且小于或等于 15 千米的占总产量的 79.8%，小于 1.5 千米的占 20.0%，也就是说，小于或等于 15 千米的产品达到了产品总量的 99.8%。

续航时间：小于或等于 2 小时的占产品总量的 98.8%。

自主起降：支持自主起降的机型占产品总量的 94.2%。

导航制式：主要包括 GPS、北斗、惯性导航、地磁、视觉定位、双目避障、激光红外流等 19 种类型。其中 GPS、北斗和卫星导航占据主导地位，多种导航模式相结合的多模导航制式较为普遍，如 GPS/北斗双模制式等。

测距方式：主要包括雷达、GPS、超声波、激光红外、声纳、微波、双目、DGNS、遥测、北斗、对地光流等 21 种类型。雷达、GPS、超声波和激光红外是主要测距方式，多种测距方式相结合的多模测距方式较为普遍，如气压计/雷达双模制式等。

身份识别：具备身份识别的机型占产品总量的 88.6%。

电子围栏[⊖]：具备电子围栏功能的机型占产品总量的 94.1%。

操控方式：主要分为人工遥控、自动控制和自主控制。人工遥控是必备功能，自动控制其次，自主控制最少。操控方式呈现多种方式融合现象，如人工/自主的手自一体操控方式以及遥控飞行/半自主增稳/全自主飞行相结合的操控方式。

安全防范措施：主要包括一键迫降、自动悬停、失控返航、在线监控、主动避障、低电量返航和降落伞等 7 项措施。一键迫降、自动悬停、失控返航、主动避障和低电量返航是主要应急操作措施。

动力能源：可分为电动机、活塞式发动机（汽油、柴油、甲醇、氢气、汽油机油混合等）、涡轮发动机（涡喷、涡桨和涡轴发动机）、混合动力（油电混合）、转子式发动机（汽油等多种燃料）和固体火箭发动机等 6 个类型，电动机和活塞式发动机是主要动力源。

网络方式：主要包括移动网络、Wifi、卫星、蓝牙、无线电、自组网、微波等 15 种方式。不支持联网的机型只占产品总量的 9.2%，即不足十分之一。移动网络和 Wifi 是主要网络方式。

（三）轻小型机运行情况

从数量上看，轻小型消费级无人机是我国民用无人机的主体，其飞行时长、飞行架次均占绝对优势。

飞行高度：运行高度在 0~5 米（含 5 米）的飞行小时数占总飞行小时数的 23.35%，5~10 米（含 10 米）的飞行小时数占总飞行小时数的 15.99%；10~15 米（含 15 米）的飞行小时数占总飞行小时数的 10.91%。即飞行高度在 15 米以下的飞行小时数达到了总飞行时间的一半。这可能有新手多、复飞多的原因，也可能包括农业植保等专业领域特定的飞行需求。

⊖　电子围栏，是指为阻挡即将侵入特定区域的航空器，在相应电子地理范围中画出特定区域，并配合飞行控制系统保障区域安全的软硬件系统。对于空机重量大于 4 千克且小于或等于 116 千克且起飞全重不大于 150 千克的无人机、可 100 米之外超视距运行的空机重量 4 千克以下的无人机及无人飞艇应安装并使用电子围栏。中国民用航空局飞行标准司.轻小无人机运行规定（试行）[R].［2015-12-29］.

运行高度大于 120 米的飞行小时数占总飞行小时数的 7.69%，虽然比例并不高，但因绝对架次多，是无人机运行管理的主要对象。从我们了解的情况看，如在航拍场景中，为了取得较好的拍摄效果，在实际飞行中很多轻小型机，甚至微型机飞行高度都达到或超过 500 米。

运行速度：小于或等于 1 米/秒（含等于 0 的）的无人机占总飞行小时数的 82.1%，运行速度小于或等于 5 米/秒（18 千米/小时）的无人机飞行小时数占总飞行小时数的 91.64%。

运行时段：主要是日间运行。上午峰值在北京时间 10 点 30 分到 11 点，下午峰值在 15 点到 15 点 30 分。运行集中于这一时间段，表明主要为工作性质的使用。

第三章
无人机对安全的影响

军用无人机作为当代武器装备体系的重要组成部分，已多次在局部战争和武装冲突中展现了巨大的价值。民用无人机虽然不像军用机型直接影响国家空中安全，但由于研发厂家众多、生产成本低廉、获取渠道多元、操作使用简便等原因，存在数量增长快、违规飞行多、管理处置难等问题，对现行空管体系提出了严峻挑战，已经成为国家安全⊖的潜在威胁。

一、影响民航飞行安全

同大部分与公共领域发生关系的产品一样，无人机的不当使用必然会与民航飞行产生直接冲突，所涉及的飞行安全问题主要指无人机对有人驾驶飞机造成的飞行干扰、冲突乃至空中相撞的危险。

（一）影响民航航班起降飞行

我国大多数民用机场建在城市近郊，飞机起降航线临近或穿越城区上空。如果无人机在机场净空区⊖和起落航线附近飞行，存在与其他飞机碰撞的可能，将对正常飞行的航班造成最直接的威胁。主要原因：一是大多数民用无人机飞行高度低、体积小、速度慢，机动性强，不易被雷达发现，对于大中型民用飞机来说难以采取避让措施。二是出于技术、成本、机体尺寸等考虑，绝大部分无人机没有安装大中型商用飞机配备的"机载防撞系统（ACAS）⊜"，无法通过信号询问/

⊖ 2015 年 7 月 1 日施行的《中华人民共和国国家安全法》第 2 条指出：国家安全是指国家的政权、主权、统一和领土完整、人民福祉、经济社会可持续发展和国家其他重大利益相对处于没有危险和不受内外威胁的状态，以及保障持续安全状态的能力。第 15—34 条将国家安全任务划分为政治安全、人民安全、国土安全、军事安全、经济安全、文化安全、社会安全、科技安全、信息安全、生态安全、资源安全、核安全等。

⊖ 机场净空区是为保证航空器起飞、着陆和复飞的安全，在机场周围划定的限制地貌和地物高度的空间范围。国家空管委办公室编. 空管行业术语［M］. 北京：星球地图出版社，2014：44.

⊜ 美国的系统通常使用 TCAS，而国际民航组织通常使用 ACAS。

应答的信息交互方式对周边空域进行监测。三是受技术条件制约,无人机机载传感器视野较为狭窄,环境感知能力有限,存在无线控制信息链路时延,地面人员进行远程遥控时有滞后性,难以及时察觉、判明周边空域危险情况而主动进行有效避让。

民航客机飞行速度快,与任何物体发生碰撞都会造成严重的后果。据测算,一只重0.45千克的鸟与一架飞行速度为960千米/小时的飞机相撞,可产生21.6万牛顿的冲击力;如果鸟的重量增加至1.8千克,那么产生的冲击力将会超过普通炮弹。很多无人机重量超过1.5千克,通常由质地坚硬的材料制成,如果与高速飞行的飞机相撞,会造成强大的破坏力,使民航客机结构严重受损。一旦吸入飞机发动机,更有机毁人亡的危险。如在起降过程中发生碰撞,由于机场区域通常为人员密集区,可供处置突发情况的高度底、时间短,可能会带来更大的连带损失。

无人机与民航客机危险接近或进入民航净空保护区的情况已经多次出现,仅2017年上半年就连续发生多起。2017年1月15日17时许,杭州某市民使用无人机在萧山新街镇拍摄了附近空中经过的多架民航客机。浙江省公安厅机场公安局调查发现,他拍摄的地点距萧山国际机场8.5千米、高度450米,属于净空保护区范围:以机场跑道中心线为基准,两侧各10千米,跑道两端各20千米组成的区域。2017年2月6日16时,一架无人机闯入我国台湾台北松山机场管制区,导致该机场暂停航班起降55分钟。受影响的6个航班中,除发现无人机的一架军用飞机外,其余5架皆为民航客机。4月13至26日,成都地区连续发生9起无人机飞行扰航事件,给民航航班和旅客生命安全构成严重威胁。仅21日14时至17时,双流机场就先后出现3架无人机扰航,直接导致58个航班备降、4架飞机返航、100%航班延误、超过1万名旅客滞留。

国外无人机干扰民航飞行事件也时有发生。2015年8月9日,有4架美国民航航班飞行员均报告称,在新泽西州纽瓦克机场着陆时,发现附近有一架无人机在空中飞行。而此前不久,纽约肯尼迪国际机场也有一架小型无人机与民航班机擦肩而过,最近距离只有30米。2017年1月5日17点15分,莫桑比克航空一架波音737-700型客机从首都马普托起飞后与一架无人机发生碰撞。幸运的是撞击产生的危害并不大,飞机安全着陆,机上无人受伤。这是目前有记录的世界上第一起民航客机与无人机空中相撞事故(见图3-1)。

(二)威胁通用航空飞行安全

无人机作为通用航空的重要组成部分,对其他通航飞机飞行的潜在威胁比运输航空更大。通用航空是低空空域的主要用户,而大部分无人机飞行高度都在1000米以下,非常容易误入通航飞行航线,直接影响其正常飞行,甚至造成空中交通事故。

2014年7月7日凌晨,美国纽约一架警用直升机进行巡逻飞行时,在600米高度与两架无人机相遇，警用直升机通过紧急规避，才避免了空中相撞。2016 年 8 月 26 日 19 时45 分，一架民用小型无人机在英国伦敦北部恩菲尔德上空与一架名为"英吉利亚 2 号"的EC145 直升机近距离相遇，后被定为 A 类事件，认为存在"严重的相撞风险"。当时直升机正在返回机场途中，却发现一架无

图 3-1　莫桑比克航空客机与无人机发生
相撞造成机头破损

人机与其在同一高度飞行，相距不到 30 米。当时直升机的飞行高度约 580 米，速度 220 千米/小时。

　　在我国全面推进低空空域管理改革、大力发展通用航空的背景下，低空空域安全成为影响改革与发展的重要问题。诸如孔明灯、动力伞、无人机等"低、慢、小"目标，都是威胁通用航空和低空飞行安全的重要因素。就绝对数量和形成的空中威胁而言，无人机越来越成为通用航空潜在的"空中杀手"。

（三）降低空管运行服务效率

　　空管运行是根据国家航空法规和有关国际公约，对领空内或国际授权的空域范围内的飞行进行管理、管制、提供服务等活动的总称，泛指飞行管制、航空管制、空中交通管制、空中交通服务等，是空管最基本的工作。日常空管运行承担着飞行申请受理、飞行动态监督、实施管制协调、调配飞行冲突、进行飞行指挥、处置空中特情、防止空中空地相撞，以及对遇险航空器提供空中救援等工作，任务非常紧张繁重。大量轻小型民用无人机如果未经申请报批而在空中进行"黑飞"，可能造成更改航线、跑道关闭、航班延误等问题，严重影响空中交通秩序，大大增加空管服务强度，减小空管运行容量，降低空管运行可靠性和效率。

⊖　国家空管委办公室编. 空管行业术语［M］. 北京：星球地图出版社，2014：132.
⊜　目前常说的"黑飞"，主要是从通用航空违规飞行引出的。在《无人驾驶航空器飞行管理暂行条例》发布前，合法合规组织无人机飞行的基本依据是《中华人民共和国飞行基本规则》："所有飞行必须预先提出申请，经批准后方可实施。""黑飞"的四个标准：第一是飞行员有没有经过培训，有没有航空器驾驶执照；第二是使用的飞机有没有生产合格证，有没有在民航部门进行注册登记；第三是有没有报批飞行航线并按计划飞行；第四，是否进入了禁飞区或其他限飞空域。只要满足其中一条，都属于"黑飞"，无人机的"黑飞"实际上也是参照了这一标准。

大中型无人机虽然可以通过申请报批与有人机共域运行，但因其人机分离、依赖遥控链路干预等固有特点，也给管运行带来了新的挑战。对无人机的管制指令必须通过空中交通管制员与无人机操控员之间的有线或无线通信链路传递，管制指令的执行依赖于无人机操控员与无人机之间的无线通信链路。当受到电磁环境、地理条件、天气因素等方面影响时，容易发生通信链路延迟、质量下降，甚至中断，致使管制指令丢失、错误或响应延迟，降低空管运行可靠性。同时，无人机依赖通信链路进行飞行控制的特点，也导致其容易发生控制中断、被恶意劫持或利用等问题，管制员需要额外执行应急程序或者依靠辅助设备完成对无人机的应急处置，这将增加管制员的工作负荷，降低空管运行服务效率。

（四）干扰无线通信数据链路

2015 年 4 月 15 日，工业和信息化部专门分配 840.5～845MHz、1430～1444MHz 和 2408～2440MHz 频段用于无人机系统。无人机遥控和数据传输时，可能会对与此频率相近的其他电子设备造成一定干扰。民用飞机的控制系统、自动导航系统、起落装置、通信等航电设备，涉及频率频带较多，可能受到在机场、航线等限飞区域飞行的无人机控制信号干扰，对飞行安全构成威胁。特别是在飞机起飞和降落阶段，一旦出现信号干扰，极易造成飞机系统故障甚至失去控制，这也是飞机起降阶段要求旅客关闭电子设备的重要原因。

同样，当多架无人机在相邻或同一个空域飞行时，一套系统的射频发射功率对其他系统接收机而言，也可以看作是干扰源。当一架无人机接收到其他系统辐射的射频功率大于其接收灵敏度时，该系统可能就会受到干扰，直接影响遥控响应或数据信息接收。依靠 GPS 导航的无人机，如接收到相同频率的射频，就会干扰到无人机的定位功能；保持机体平衡功能的陀螺仪，当接收到与其固有频率一致的信号时，也可能造成机体失衡失控。遥控信号和数据链路受扰后很容易导致无人机失控，即使带有自动回收功能，也难以保证自动安全返回。

二、影响社会公共安全

无人机通用性强、操作简单，仅需更换不同功能模块就可执行多种任务类型，加上自身安全防护性差，容易遭到第三方入侵控制，存在被用于违法偷拍、监控、测绘，甚至实施恐怖袭击的风险，已成为公共安全的重要威胁。

（一）威胁核心敏感区域

无人机优越的中低空飞行性能，可以轻松地飞越围墙、高楼等地面障碍物进行拍照摄像，甚至可以直接飞抵重要目标上空停留窥探，获取目标区域人员活动的规律和位置信息。如果管理防范不善，一些有意或无意远程遥控的无人机，可以轻易闯入政府机关、重要设施、重大活动现场等区域，成为潜在安全隐患。网上曾有报道，2014年5月31日，一架不明无人机曾误入北京中南海区域。国外也多次发生无人机进入核心敏感区域的事件。2015年1月、5月，先后有两架微型无人机坠落在白宫附近。2015年4月22日上午，一架轻型无人机坠落在日本首相官邸房顶，机身上安装有摄像头，标有辐射标识，有关部门还从机体中检测出了微量的放射性物质。据统计，1995—2014年，全球共发生针对政要的疑似无人机携炸药、化学或生物武器的恐怖袭击达上百起，仅有16起被破获。

欧洲国家核电厂上空频频出现来历不明的无人机。2014年10月起，法国核设施上空发生20多起无人机入侵事件。2014年底，比利时一座遭破坏的核反应堆重新启用后，隔天遭微型无人机探访。2015年1月28日，一些无人机飞到法国西海岸布雷斯特军港锚地附近。作为五个核大国之一，该锚地是法国的重要核武器军事基地，驻有可水下发射核导弹的核潜艇。

（二）存在涉恐安全隐患

目前市场上主流的1.5千克级民用无人机载荷超过400克，可以轻而易举地改装成小型"武装无人机"，通过携带炸弹、有毒或易爆等危险品，低空隐蔽接近或高空垂直下降，操控投掷爆炸物、抛洒易燃物，以"自杀性"袭击等方式对政府机关、军事设施、信息枢纽等重要目标进行遥控攻击，成为新的空中威胁。如恐怖分子利用无人机对节日庆典、体育场馆等大规模人群集聚场所抛洒不明液体、有毒烟雾等，极易引发恐慌，造成踩踏事件，带来严重后果。2013年9月，时任德国总理的默克尔在参加竞选活动演讲时，一反对派成员操纵微型无人机在其身前降落。这起事件虽未造成人身伤害，但给重大活动安保带来的威胁却不容忽视。

多年来，无人机作为恐怖袭击武器多在理论性层面，但中东恐怖组织真正将其变成了现实威胁。曾在伊拉克活动的伊斯兰国（ISIS），将无人机改装成可以投掷炸弹的"小型轰炸机"并用于实战。据库尔德媒体Rudaw报道，投掷爆炸物的无人机已经导致平民伤亡，幸运的是至今ISIS尚未用它们投放化学武器（见图3-2）。2018年8月4日，委内瑞拉总统马杜罗在首都加拉加斯出席一场纪念活动时，遭到3架携带C4炸药的无人机攻击，造成国民警卫队7人受伤。而以色列航空防务系统公司研制的"翠鸟"自杀式无人机，能够携带2千克炸药对固定和移动目标进行打击，是专用的攻击式无人机。2023年5月3日，两架小型无人机袭击了俄罗斯首都莫斯科的克里姆林宫，这是世界上首次使用轻小型无人机对联合国五常国家首脑机构进行的袭击，无人机恐怖袭击的威胁现实而紧迫。

（三）扰乱社会公共秩序

目前，越来越多的民用无人机在城市附近的低空飞行，对市政交通、城市建筑、过往行人和居民隐私等构成了现实威胁。主要包括以下三方面：

（1）事故冲击　中小型无人机本身安全性比较差，易受大风、暴雨等突发恶劣气候条件影响；无人机操控具有一定的技术难度，发生故障、操作不当时，操控员对现场态势的感知、判断和处理等能力不足可能造成人为差错，成为事故诱因；在

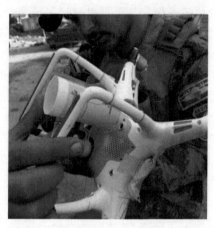

图 3-2　伊拉克士兵检视俘获的无人机

遇到故障或者其他紧急情况，特别是控制通信链路中断时，很难进行有效的应急处置。"炸机"⊖几乎是每个消费级无人机玩家都遭遇过的噩梦，不但可能"机毁"，也很可能"人伤"。电商公司利用无人机运送小件包裹，飞行途中遇到的树木、电线等障碍物都会影响货物投递的准确度，货物掉落或无人机故障坠落可能砸到行人。一旦在人群密集场所坠机，将会对人民群众生命财产安全造成危害，大中型无人机事故可能直接造成人员伤害。2015 年 6 月，江苏南京一架无人机航拍时，因机翼撞上高压线而坠入地铁露天轨道，导致正在疾驶的列车紧急制动，刹车后车头距散落的无人机零部件仅有两三米。2018 年 5 月 9 日，北京通州区一个小男孩在广场游玩时被一架坠落的小型无人机砸伤⊖。2021 年 7 月 11 日，一架无人机掉落在南京火车站附近的铁轨上，所幸当时没有列车经过，高铁线路 2.7 万伏高压线形成的高压强磁场很可能造成无人机失控坠机。

国外也多次发生类似事故。2015 年 6 月，美国西雅图一架无人机撞上一栋建筑并坠毁，造成一位女性头部受伤。为了确保人员密集场所的安全，美国联邦航空局颁布了禁止无人机进入体育场的禁令，违反者将被处以罚款以及面临一年监禁。2017 年 11 月 4 日，在日本大垣市一个公园里，一架重 4 千克，在活动中分发糖果的无人机突然坠落，造成 6 人受伤。

（2）噪声扰民　部分消费娱乐型无人机的使用者从自身爱好出发，无视周边群众利益，在居民区和人群密集地点飞行，有时为了拍摄夜景在深夜飞行。此

⊖　炸机原是航模术语，现一般指无人机因操作不当或机器故障等导致无人机不正常坠地，损伤严重，从而导致完全无法飞行。

⊖　康佳. 天降横祸，幼童被无人机砸伤脸 [N]. 北京晨报，2018-05-12.

类不恰当时段和地点的飞行，会形成噪音干扰。甚至还有人春节期间在无人机上挂载烟花爆竹，在空中进行飞行燃放，造成了很不好的影响。

（3）偷窥隐私　无人机可以轻松越过围栏、围墙、树木、高楼等障碍物进行拍摄，具有很大的隐蔽性。高清拍摄技术与无人机的结合，使得无人机能在极短时间内提供大量实时、清晰的画面和视频信息。即使一些中低端民用机型，也都开始配备完善的飞行拍摄、摄像稳定和影像实时回传系统，具有定点巡航、跟随、环绕拍摄等功能，所搭载的数码摄录设备普遍具有 2000 万以上像素、4K 分辨率的照相和摄像功能，可以通过远程遥控和镜头光学变焦，对 2 千米甚至更远距离目标进行偷拍及同步回传；红外相机、热传感器、运动传感器和面部识别技术，能轻松采集个人敏感信息，定位个人行踪；并具有快速处理和在线共享功能，进一步扩大了侵犯公众隐私的可能性。2017 年 2 月 15 日 21 时，一架无人机在安徽合肥某高校女生宿舍楼阳台外盘旋，疑在进行偷拍。一个胆大的女孩从宿舍拿来一把笤帚驱赶，无人机才飞离了现场[⊖]。在美国加利福尼亚州和佛罗里达州，越来越多的人向警察抱怨，带有摄像头的无人机，堂而皇之地飞到庭院上方或窗户附近进行窥探。

（四）进行非法航拍测绘

当前，安装有多种类型航拍测绘设备的无人机，已成为一种高效的航拍测绘工具，可以拍摄制作精细度很高的各类区域图、地形图、目标成果图、数字地表模型等。如某型无人机可以通过 SDK 软件开发工具包，实现对任意区域的 3D 地图重建。这些航拍测绘成果，既可以用于国家经济建设，也可能成为敌方重点窃取的潜在目标。一些国外的商业或军事机构，打着旅游摄影、资源调查等的名义，使用无人机对我国政治核心、重大活动、重点部位等进行偷拍测绘，收集军事地理信息、窃取重要机密，严重危害了我国的国家安全。2014 年，一名巴西籍人员赴三峡坝区坛子岭，利用无人机进行非法航拍和采集敏感地理信息，被我国相关人员发现和控制。

民用无人机还可以用于军事侦察，刺探军队兵力部署、武器装备配置，搜集目标建筑结构、周边地形、交通网络、要害部位等核心情报。通过分析这些信息，就可以找出部队的行动规律、防卫中的薄弱环节。虽然并非每次航拍都是具有敌对性的，但其潜在威胁不可不防。

（五）用于非法歪曲宣传

利用无人机方便灵活、可以搭载不同类型载荷的特点，不法分子可用其抛撒

⊖　刘晓平. 高校女生宿舍疑遭无人机偷拍［N］. 合肥晚报，2017-02-18.

非法宣传品，挂载扬声装置，通过远程遥控方式在敏感时期、敏感地区实施非法宣传、鼓动煽动、引发恐慌、扩大政治影响，制造不和谐因素。江苏南京、徐州等地曾破获非法组织企图利用无人机投放反宣材料、空飘反动宣传品的案件。此外，一些非政府组织也曾利用无人机开展环境调查，获取相关环保信息，鼓动群众不正当维权，攻击我国环境污染等问题。

国外也多次发生此类事件。2014 年 10 月，欧洲杯足球赛球场上空曾因出现一架悬挂政治性标语的轻型无人机，引发现场球迷激烈冲突。2015 年 3 月，阿富汗在一次地方选举中，极端组织通过无人机在选区附近抛撒宣传极端思想的传单，试图蛊惑人心扰乱选举。

（六）协助违法犯罪活动

利用无人机载重运输能力，能够进行重量小、价值高的违禁物品运输。无人机可以根据预先设定路线和利用地形条件，飞越边境、关卡和各类执勤警戒线，从空中潜行躲避地面检查，成为不法分子走私和运输违禁品的新工具，为警方打击和管控违禁品带来了新的挑战。美国缉毒署估计，走私者每年使用无人机穿越美墨边境成功运送毒品超过 150 次；2013 年，美国佐治亚州有 4 人在监狱附近操纵无人机，向监狱投放香烟等物品；2015 年 1 月 22 日，美国和墨西哥边境地区一架运送毒品的小型无人机因超载而坠毁。近年来，泰国和英国也有类似案件报道，有人使用微型无人机偷运大麻、移动电话和武器。此类情况在我国也初露端倪。如 2016 年上半年，福州某监狱上空就常有目的不明的无人机在深夜出现，并在监舍、办公楼及警卫中队营区上空盘旋⊖，成为潜在安全隐患。

（七）实施无线窃密劫持

随着无人机种类越来越多，数量越来越大，在"互联网+"时代，它不可避免地开始成为网络安全新的切入点。无人机主要通过信息窃取和无线劫持来进行窃密。

信息窃取。无人机遥控和数据传输数据链存在安全隐患是主要原因。当前，无人机主要采用预编程与"人在回路"遥控相结合的控制方式，出于成本考虑通常不会采用先进的加密手段，这就存在被人为干扰破解甚至欺骗的可能。2011年 12 月，美国 RQ-170 "哨兵"无人机曾被伊朗俘获，尽管细节内幕不详，但是美军数据链遭伊方破解的可能性很大。利用无人机搭载伪基站设备飞行，可以在短时间内轻而易举地获取周边一定范围内的手机、平板电脑、通过 Wifi 联网计算机等电子设备的隐私信息。英国一实验室的技术人员就开发了一种手机隐私窃

⊖ 郭米乐. 民用无人机对武警值勤目标的安全威胁及应对措施 [J]. 武警学术，2016，(12)：29.

取无人机，可以在飞行中向手机发送经过伪装的网络信号。当手机自动连接时，无人机就能窃取用户保存在手机或平板电脑上的隐私信息，并利用智能移动设备的 MAC 地址识别所截获的移动电子设备。实验显示，该无人机在不到 1 小时的飞行中，获得了数百部移动设备的网络名称和 GPS 坐标，以及一些网站的用户名和密码[⊖]。而对于军用无人机信息的窃取，则更具价值。敌方或黑客可以通过网络进入其通信和数据链路，窃取收集各类情报信息。

无线劫持。随着电子对抗和密码破译等技术的发展，无人机通信控制链路在技术上面临着不断被破解、被渗透的挑战。大部分民用无人机采用全球定位系统导航方式，对 GPS 导航信号高度依赖，由于 GPS 系统信号是未加密的开放信号，因此民用无人机"天生就不安全"。2012 年 6 月，美国得克萨斯州立大学的一个研究团队仅用约 1000 美元就研制出一套简易电子欺骗设备，通过发送虚假 GPS 信号，成功劫持了一架民用无人机。今后，犯罪分子很可能会利用控制链路漏洞来干扰或劫持民用无人机。2016 年中央电视台主办的"3·15 国际消费者权益日消费者之友专题晚会"上，也展示了黑客利用无线射频识别信号，通过无线信息劫持技术，快速控制无人机使其脱离机主控制的事例。

三、影响国家空防安全

军用无人机拓展了空中力量的边界，对国家空防系统的影响直接而明显，世界各军事强国都开始有意识地主动加强研究应对。从国土防空的角度看，绝大部分民用无人机不具有主动威胁能力，对空防系统不构成重大威胁。但由于无人机数量众多、操作简便、使用灵活、隐蔽性强、飞行线路可精确预设并自主飞行，具有较强的隐蔽性和攻击能力，开始成为军队日常防空中不得不认真思考和应对处置的重要问题。

（一）影响飞行训练安全

部队日常战备训练中，低空、超低空训练课目是飞行训练的重要组成部分。在军用机场周边飞行的无人机，飞行空域与部队训练空域经常存在交叉重叠，很容易产生飞行冲突，甚至空中相撞，特别是易对主要在低空、超低空飞行的直升机构成严重威胁。2015 年 11 月，一架"无人机 500 米高空偶遇战斗机"的视频在网上热传。视频中，一架多旋翼无人机在某城市上空悬停拍摄，几乎与一架已经放下起落架、准备着陆的战斗机相撞，两者高度相仿，最近时距离仅数百

⊖ 邢燕腾，田宏林."黑飞"的无人机：一种新型窃密威胁［J］.信息安全，2015，（12）：53.

米[○]。虽然准备降落的固定翼飞机速度有所下降，但如果两个相对速度较大的物体在空中相撞，其冲击力仍将造成灾难性后果。2021年2月2日14时许，某科技公司员工使用民用无人机，在四川宜宾高县附近上空违规进行航空影像拍摄飞行。该无人机未按规定登记、粘贴标志，未进行飞行报备，飞行轨迹和高度严重影响到了附近军用飞机的训练安全，后被地方公安部门依据《四川省民用无人驾驶航空器安全管理暂行规定》进行了查处。因此，在军事飞行训练计划实施前，如何合理规划训练航线，对无人机进行有效监管，防止无人机与有人机之间、以及无人机相互之间发生碰撞，开始成为部队飞行训练不得不考虑的重要因素。

（二）增加对空监控压力

多年来，我国传统安全威胁与非传统安全威胁并存，来自空中的威胁是我国面临的主要威胁。对于有人驾驶飞机、大中型无人机、巡航导弹等目标，经过多年建设，我国已构建了由太空卫星、空中预警机、陆海基雷达等组成的对空监视网络，形成一整套高度戒备、快速高效的防空体系，能够对其进行有效监控、防范和应对。建国70多年来，安全平静和平的中国领空从一个侧面反映了这一点。但用于平时对付中小型无人机，也有其固有弱点：以陆海基雷达网为主的监控体系低空监视能力有限，无法对低空、超低空飞行的中小型无人机进行有效探测和敌我识别，难以实时掌握低空动态，出现空中不明情况概率大大增加。如其有意进行违规飞行，或敌对势力利用无人机在低空、超低空实施侦察监视、骚扰或进行小规模定向攻击等敌对活动，我国对空监视网络、防空作战体系和军民航空管部门，很难对其实施快速有效的监控和处置。

（三）干扰空防战备秩序

无人机成本低廉、操控简单、起降方便，使用团体和个人数量快速增长，业余玩家可能在不知不觉中成为"不明空情"的制造者，甚至被敌对势力和不法分子利用，成为国家空防战备秩序的新威胁。查证处置无人机肇事，已成为各国军队日常保证空防安全和空中秩序的重要任务。

按照我国现有规定，对未经批准而起飞或升空的航空器，有关单位必须迅速查明情况，采取必要措施，直到强迫其降落[○]。"宁跑百次空、不漏一次情"。为了确保空防安全，各级部队对无人机、空飘气球等不明空情均需组织多个指挥机构和值班部队，迅即提高战备状态，动用歼击机或直升机升空查处，每次处置持

○ 马意翀. 距战斗机仅数百米，无人机"黑飞"成风［N］. 新华每日电讯，2015-11-16（3）.
○ 《中华人民共和国飞行基本规则》第37条。

续时间几小时甚至十几小时，大大消耗了军队空防战备资源。2013 年，北京一家航空科技公司承接了河北三河机场项目的航拍测绘工作，12 月 29 日上午，该公司 3 名员工在未经申报的情况下，操纵一架无人机在平谷区马坊镇石佛寺村南的公路上空进行航拍飞行。这架无人机翼展 2.6 米，机身长 2.3 米，高约 0.6 米。据媒体报道⊖，11 时 28 分发现不明空情后，北京军区空军指挥所立即命令航空兵及地空导弹兵部队做好战斗准备，并派出 6 支地面小分队前往目标出现区域查明情况。后起飞一架武装直升机前往查证，发现目标为一架白色无人机。12 时左右，为防止目标飞入北京首都机场并闯入北京市空中禁区，根据上级命令，空中分队占据有利位置，使用霰弹枪对目标实施攻击，无人机盘旋滑落于北京市平谷区某地，直升机随即发现地面有 3 名人员和一台车辆。公安部门赶到现场后，将地面人员、车辆和违规飞行器控制⊜。这次紧急处置动用了大量人力物力资源，导致相关民航客机延误，并严重影响了我军空防值班系统的正常运行。

国外也多次发生此类事件。2010 年 8 月 2 日，美国海军所属的一架 MQ-8B "火力侦察兵"无人机，在飞行试验中由于软件故障与地面操控员失去联系，闯入华盛顿周边禁飞空域。在军方准备下令战斗机起飞将其击落时，地面人员通过另外的地面遥控站进行软件修正，才重新控制这架无人机飞回试验场。美军还曾发生过几起低空无人机与直升机相撞的事故，而在中高空，无人机也曾险些与 AC-130 武装运输机相撞。

随着无人机技术和产品大规模应用，一些民用无人机通过改装加载爆炸装置，通过集群式运用，开始作为一种新型的空袭兵器，成为防空系统的新威胁。2018 年 1 月 5 日，叙利亚境内武装分子利用 13 架轻小型无人机，装载爆炸物对俄罗斯驻叙利亚赫迈米姆和塔尔图斯的军事基地展开集群式攻击，俄罗斯防空系统发现后击毁 7 架，控制 6 架⊜。而当前军事强国大力研发的大规模无人机蜂群式进攻作战战法，至少对现在的空防体系来说，还是无解的存在。民用无人机加改装和专门的军用无人机，作为一种重要的作战手段和展现的作战样式，开始成为现代空防的重要威胁，必将会给未来空防作战带来新的变化和挑战。

⊖ 李云虹. 无人机"黑飞"VS 法律 [J]. 法律与生活，2015，(6 下)，8-9.

⊜ 2014 年 4 月 13 日，北京市平谷区人民法院以"过失以危险方法危害公共安全罪"一审判处 3 名被告有期徒刑 1 年 6 个月，缓刑 2 年。

⊜ 叙利亚武装分子首次用无人机攻击俄驻叙空军基地 [N]. 解放军报，2018-01-10.

第四章
国外无人机管理情况

从全球范围看，早期由于民用无人机技术相对不成熟，各国普遍采取非常严格的监管限制措施。近年来，随着技术进步和认知水平的提高，各国逐步放宽无人机管理措施，减少相关限制，纷纷研究推出相关政策规定，以适应无人机快速发展的大趋势。据不完全统计，目前已有美国、日本、以色列、澳大利亚、加拿大、南非、乌克兰、新加坡等约 20 个国家和欧盟组织，颁布并施行了民用无人机管理法规，国际民航组织也提出了分类管理的建议。

一、建立分类管理模式

世界上多数国家普遍对无人机实施分类管理，但标准各异，甚至差别较大。有的国家按运行风险分类，有的国家按重量分类，还有的按动能大小分类。在此基础上，形成具体的管理措施。

（一）按运行风险分类

负责欧盟各国民用航空安全领域监管的欧洲航空安全局（EASA），按照"在安全上不留余地，在保障行业发展上尽量提供足够的政策灵活性"的要求，将无人机分为开放类、特许类和审定类，并明确配套监管政策⊖。

国际民航组织无人系统规则制定联合体⊖（JARUS）也提出了类似的分类标准。其《无人航空器系统运营分类》提出了一种基于风险的无人航空器系统管理方法，描述了无人航空器系统运行分类的概念，并将无人航空器系统运行分三类：

⊖ 《关于无人驾驶航空器系统和无人驾驶航空器系统第三国运营人》（欧盟委员会第 2019/945 号授权条例）、《关于无人驾驶航空器运行规则和程序》（欧盟委员会第 2019/947 号实施条例）。中文文本见中国民用航空局空管行业管理办公室 2020 年 4 月 21 日发布的《国外无人驾驶航空器系统管理政策法规》。

⊖ 无人系统规则制定联合体（JARUS）由国际有关的行业专家、学者组成，邀请美国联邦航空局、欧洲航空安全局等世界 50 多个国家民用航空局参与，专门研究制定无人机系统相关规章和建议。

A—开放类（低风险运行）：风险非常低的无人机运行类型，通常在指定的管制区域之外飞行，在视距范围内（通常为500米范围）飞行高度不高于120米或者150米，与地面其他人员保持安全距离并与其他空域用户隔离运行，尽量最小化航空监管部门的参与。对于此类运行，主要通过运行限制来降低风险（如地理围栏、视距内运行要求），因此不需要适航审定，也没有针对运营商和飞行员的资质要求，运营人对无人航空器系统安全运行负责。航空器系统只要满足欧盟《技术协调与标准化新方法》指令，获得欧盟安全认证标志，或者符合其他等同的性能要求并获得认证即可。A类运行禁止超视距飞行，不得在人口稠密地区飞行，更不得进入管制空域或者管制机场。

B—特许类（特定风险运行）：A类和C类之间的类型，特许类无人航空器系统运营运行场景丰富，难以制定统一的标准，不能满足开放类的要求，具有一定的风险，需要通过额外的限制或通过对设备和人员能力提出更高要求来降低风险。对于B类运行，不再进行单独的航空器适航、人员证照、通信链路等方面的审核，或者发放单独的许可、执照、合格证，而是根据使用环境和任务进行全面的安全风险评估，确保该类无人航空器系统以可接受的风险水平运行，评估内容包含设计要求、运行限制、人员资质认定等，方式是由运行人进行安全风险评估，确定风险控制措施，并由航空主管方进行审查和批准。

C—审定类（高风险运行）：如果无人航空器系统要进入管制机场、管制空域等融合区域飞行，其运行的风险上升到类似于正常有人驾驶航空器运行风险水平，将被归为审定类。该类无人航空器系统可能是复杂运行环境下的高度复杂系统，仅通过运行限制的手段无法有效降低风险。需要对其进行全过程的适航管理，可能包括型号设计批准（型号合格证）、适航审定、飞行手册、持续适航文件、生产批准以及其他相关的传统载人航空批准内容。

无人系统规则制定联合体将风险定义为安全风险和其他风险，在安全风险中主要考虑了地面人员、其他空域用户和关键设施。针对无人航空器运营中可能造成的风险大小，给出了三类运营类别以及相应的缓解措施，以与运行风险成正比的方式进行监管（见图4-1）。

（二）按单机重量分类

英国民用航空局按照重量将民用无人机划分为小型无人机（0～20千克）、轻型无人机（20～150千克）、大型无人机（大于150千克）。

法国综合考虑《芝加哥公约》、欧洲航空安全局相关规章和本国相关法律等，将无人机分成A类、B类、C类、D类、E类、F类、G类共7类，与其他国家的管理体系有很大不同。其中：

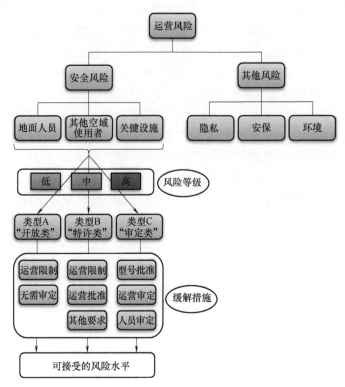

图 4-1 无人航空器系统运营分类

A 类：重量不超过 25 千克的模型航空器；任何重量不超过 150 千克的线控类模型航空器；总重量不超过 1 千克、用于娱乐或竞赛，起飞后跟随大气流动飞行、不需要操控员干预、飞行时间不超过 8 分钟的无人航空器。

B 类：A 类以外的模型航空器。

C 类：起飞重量在 150 千克以内的线控航空器，非模型航空器。

D 类：非模型、非线控航空器，最大起飞重量不超过 2 千克，且当为惰性气体航空器时，总重量（包括自重和负荷）小于 2 千克。

E 类：非模型航空器，不属于 C 类或 D 类，最大起飞重量小于 25 千克，或者对于惰性气体航空器总重量（包括自重和负荷）小于 25 千克。

F 类：非模型航空器，且在 C 类、D 类、E 类以外，起飞重量在 150 千克以内。

G 类：非模型航空器，且非 C 类、D 类、E 类、F 类，该类飞行器在得到许

⊖ 同时，不带动力或包括单一动力且符合下列条件的航空器：热能发动机排量小于等于 250 毫升，电动机总功率不超过 15 千瓦，涡轮螺旋桨总功率不超过 15 千瓦，喷气式发动机推力不超过 30 牛顿，无燃料情况下的推力/重量比不超过 1∶3，热空气动力加载瓶气体总重量小于或等于 5 千克。

可的情况下，可以进行视距外飞行。

总体来看，各国普遍采取的管理方式是：基于运行风险、重量维度，辅以场景设置进行分类或管理，并不断摸索完善。各种分类方法都有自己的特点和优势，加之新型无人机层出不穷，因此世界各国的分类标准并不统一。目前看，正在向风险大小分类模式聚焦，采取重量、高度、速度多项指标进行综合分类管理。

二、明确管理内容要求

由于无人机行业领域新、运行特点各异、认知水平参差不齐，各国普遍存在市场先行、监管滞后、法规出台缓慢的问题，已颁布施行的政策规定标准差异较大，但总体脉络都是着眼急需、突出安全、疏堵结合。

（一）管理对象

多数国家根据无人机重量和用途确定监管对象，通常界限数值为 0.25 千克、25 千克（55 磅）、150 千克，其中 25 千克为宽松管理政策的上限（英国定为 20 千克）。同时，各国普遍对超小型无人机给予豁免，净重上限多为 0.25 千克（以色列 0.3 千克、日本 0.2 千克）。

美国规定⊖，对 0.25 千克⊖以下的无人机不做管理要求，对最大起飞重量小于 25 千克的非娱乐用途无人机给予开放管理，对公共用途无人机按照《2012 年联邦航空局现代化和改革法案》即 Public Law 112-95 中第 334 节进行管理（无人航空器系统需取得联邦航空局颁发的"豁免或授权证书"），对航空模型只限娱乐活动不授权商业使用，对其他无人机可按特定无人航空器系统特殊规则取得豁免。同时，轻小型无人机主要在 122 米以下的 G 类空域运行，小于 25 千克的轻小型无人机也可以进入 B 类、C 类、D 类、E 类空域运行，但必须经过空中交通管理中心允许。

加拿大规定，重量大于 2 千克，小于 25 千克，用于娱乐用途的无人机无需取得飞行证书；非娱乐用途或重量大于 25 千克的需取得飞行证书。

⊖ 出自 2016 年 6 月 FAA 颁布的联邦航空规章 107 部（Part107）《小型无人驾驶航空器系统》。

⊖ 确定 0.25 千克的原因主要是基于安全风险评估的结果。2015 年底，美国 FAA 无人机系统注册工作组（RTF）航空规则制定委员会（ARC），主要从"无人机撞到人的头部"导致的安全问题出发，建议消费级无人机实施强制性注册的最低重量门槛为 0.25 千克，最终为 FAA 采纳。工作组研究显示，一个具有 80 焦耳动能的物体在撞击到人体头部时，会有 30% 的概率导致死亡。根据这一结果，结合 25 米/秒的撞击速度，倒推合理的重量标准是 0.25 千克。同时，通过估算小型无人机平均系统失效时间概率，并假设其在人口密集城市地区飞行，得出地面人员死亡风险为 $4.7×10^{-8}$，即每 2000 万飞行小时导致地面人员死亡概率小于 1 人。这个概率比商业航空危险程度高出 10 倍，但比通航风险水平安全 1000 倍，因此认为这是"一个合理的可接受的风险级别"。

澳大利亚规定，重量 2 千克以下无人机无需遥控操控员证书；重量 2~25 千克的无人机只在个人领地上空进行特定用途飞行，且遵守标准作业规定时无需证书限制；使用重量 25~150 千克无人机需要具有遥控飞机驾驶执照；更大型无人机不仅需要操控员具有执照，无人机也应取得适航证。

日本规定，重量不大于 0.2 千克的无人机免受《航空法》限制。

法国规定，重量不大于 25 千克，用于实验或测试的无人机，只要遵守飞行规则，通常无需特别许可；用于商用等特定用途且重量小于 150 千克的无人机需要接受国内监管。

德国规定，使用 5 千克以上不超过 25 千克的无人机应报所在州的航空部门批准；使用重量小于 5 千克的无人机可一次性获得有效期 2 年的一般性飞行许可。

波兰规定，重量 25 千克以下的无人机无需登记，25 千克以上的无人机需要登记并有使用限制。

（二）登记与标识

美国规定，重量在 0.25~25 千克的所有非娱乐用途无人机必须实名登记注册，商业用途 0~25 千克无人机均须注册。内容包括拥有者姓名、住址、通信地址、电子邮箱等信息，完成注册后可取得证书和注册码，并将注册码粘贴在无人机上。用户拒不登记，可能会面临巨额罚款甚至监禁。

以色列明确，民航应建立登记标识制度，覆盖私有无人机和公司无人机，且应安装防火标识号牌。

南非规定，在该国登记的无人机视为拥有南非国籍，必须刻印识别号牌，内容包括国籍、登记信息等，并对号牌的颜色、字体、安装位置等细节做出规范。

法国规定，获得适航认证的无人机将有身份标记，该标记需贴在航空器机身上；如果航空器尺寸过小，民航部门可允许航空器不贴身份标记；对不需适航认证的无人机，需在机身注明 "This aircraft is operated by _____" 字样，填写操作人员姓名、地址和电话号码。

德国规定，0.5 千克以上的无人机均需进行登记。

瑞典规定，所有无人机必须标识操控员的姓名、电话号码、飞行许可证号（需要飞行许可证的无人机）或登记号。

欧洲航空安全局（EASA）要求从 2020 年开始，无人机必须在欧洲当局注册。

（三）人员资质

美国规定，娱乐休闲类无人机操控员须为年满 13 周岁的美国公民或永久居民；商用无人机操控员必须年满 16 周岁，持有操控员资格证并通过美国国土安全部交通安全管理局审查认证。或持有美国联邦航空局 Part 61⊖ 驾驶证,并在之前 24 个月内完成飞行审查。

以色列规定,无人机飞行人员必须满足同有人机飞行人员在国籍、居留权、公司注册地、主要营业地等方面相同的限定条件;商业飞行还需具备相应装备和在特定区域起降的授权。

澳大利亚规定,无人机操控员必须完成相应培训,积累最低飞行小时数,取得相应资格证明。希望获得大型无人机(或娱乐性小型无人机)运营证的实体必须具备安全使用无人机的相应设施、作业程序和人员。

南非规定,无人机操控员执照申请人应年满 18 周岁,具备健康状况证明,通过相应培训、无人机实际操作考试、无线电考试、英语水平测试、安全背景审查和犯罪记录审查等。

欧盟规定,"开放类"和"特许类"遥控驾驶员最低年龄应为 16 周岁,最大起飞重量小于 0.25 千克的无年龄要求。成员国可采取基于风险情况降低最低年龄:运行"开放类"无人机的最多降低 4 岁;运行"特许类"无人机的最多降低 2 岁,若成员国降低最低年龄,则这些遥控驾驶员仅能在该成员国的领土内运行。

法国规定,"特定(商业)活动"无人机操控员,需具备有人机飞行理论知识证书,并经过无人机实际操作培训;操作飞行水平投影距离达 1 千米的无人机操控员,需要具备有人机飞行执照和飞行经历;除拖曳式无人机外,重量大于 25 千克的无人机操控员,必须经过民航部门的实际飞行考试。

德国规定,重量为 5~25 千克的无人机操控员需具有相关理论知识、飞行经验或能提供相应培训证明。

波兰规定,重量为 2~150 千克的商用无人机操控员必须经过体检,通过理论和实际操作考试,具有相应保险,方可获得民航局发放的资质证书;证书分视距内飞行和视距外飞行两种,申请视距外飞行资质证书还要通过专门培训课程。

瑞典规定,无人机操控员应掌握欧洲航空安全局制定的飞行安全标准,重量 7 千克以上的无人机视距内飞行应年满 18 周岁,视距外飞行应年满 21 周岁且不满 67 周岁,并具备健康状况证明,必要时还应向瑞典交通署证明曾通过了无人机相关培训。

(四)空间限制

在地理区域管理上,各国一般不允许无人机在人员聚集区上空飞行,限制在军事设施、机场区域、监狱、核电站等敏感区域飞行。如美国禁止商用无人机和娱乐类无人机在 133 个美国军事基地上空飞行,首都华盛顿哥伦比亚特区禁止无人机在罗纳德·里根国际机场 24 千米半径内飞行,五角大楼、政府设施的上空

⊖ 美国联邦航空局规章:飞行员、飞行教员和地面教员部分。

也不允许飞行。法国、以色列、瑞典等国还要求，未经许可不得在历史纪念区、国家公园和自然保护区飞行。在飞行高度限制上，多数国家规定轻小型无人机飞行高度限制在真高 120 米以下，美国明确小型无人机飞行高度不得高于 122 米，法国、韩国、日本、泰国、瑞士等国明确为 150 米以下空域。在运行时段要求上，美国、日本、澳大利亚等国禁止轻小型无人机在夜间运行。在禁飞区域上，美国、以色列等国制订有详细的无人机禁飞区域明细，明确禁飞区域的地理坐标及高度上下限数据等。法国和瑞典发布了无人机禁飞区域地图。

（五）视距内飞行要求

各国关于无人机保持在操控员视线范围内的规定不尽一致。美国规定，娱乐休闲类无人机与商用小型无人机飞行时均必须保持在操控员视线内；必须给所有航空器让出航路；地速不得超过 160 千米/小时。英国规定，重量小于 20 千克的无人机操控员应与无人机保持直接、不使用辅助设备的视觉接触，足以监视其飞行轨迹及其与其他飞机、人员、车辆、船只和设施的相对关系，以避免相撞。瑞典规定，重量小于 7 千克的无人机通常应保持在操控员视线内飞行。日本要求 0.2 千克以上无人机操控员，应随时监视无人机及其周边环境影响。澳大利亚、新西兰、南非等国规定，无人机进行视线外飞行均需事先获得许可。

2017 年，我国一位网民以用于消费娱乐的无人机为主体，通过网络咨询了超过 200 个国家和地区的无人机政策，得到了 109 个国家和地区的回应，其将各国对消费级娱乐类无人机具体规定分为四类，基本反映了国际上对无人机管理的总体情况[一]。

第一类：无需汇报，自己注意安全，避开禁飞区即可，约占 75%，如欧洲大多数国家、澳大利亚、新西兰、墨西哥、新加坡等。

第二类：简单注册即可飞，约占 5%，如中国、爱尔兰、斐济等。

第三类：注册门槛有一定高度，约占 10%，如意大利、直布罗陀、以色列、波黑等。

第四类：完全禁飞，或者门槛比较高，约占 10%，如俄罗斯、法国等。

三、出台管理规划和法规标准

（一）明确发展规划

1. 美国

在总共 50 卷的《美国联邦法规》中，第 14 卷为航空航天类，其中第 107 部

一 饶丽冬. 为了旅拍，他发了 513 封邮件询问 242 个国家和地区的无人机政策 [N]. 南方都市报，2017-9-15.

对小型无人机基本要求和飞行操作要求做出了规范；超出第 107 部监管的无人机，需要额外的认证和审批。

2012 年，美国出台的《2012 年联邦航空局现代化和改革法案》，旨在要求联邦航空局（FAA）构建无人机系统融入美国国家空域系统的顶层框架，设置定义、民用无人航空器系统集成国家空域系统、特定无人航空器系统的特殊规则、公共用途无人航空器系统、安全性研究、对模型飞机的特殊规章等内容，初步规划了美国无人机管理的方向。

2013 年 11 月，联邦航空局（FAA）发布《民用无人机系统融入国家空域系统路线图（第一版）》，阐述了将民用无人机系统融入国家空管系统所需要的行动和考虑，也为除 FAA 外的其他政府机构、工业领域规划各自工作提供了目标指引。路线图从 2013 年至 2026 年，通过适应、融合、演进三个阶段，主要包括适航认证、人员认证、地基感知避让、机载感知避让、控制与通信、无人机系统运行规章、试验场所、空中交通互操作性等方面（见图 4-2）。

2023 年 5 月 3 日，联邦航空局发布城市空中交通（UAM）[⊖]运行概念 2.0。这是一份主要针对未来空中出租车和其他先进空中交通（AAM）运行空域和程序的新蓝图。明确城市空中交通（UAM）最开始将限制在较低飞行速度，使用现有的路线和基础设施，如直升机停机坪、早期的垂直起降机场，飞行员在需要时与空中交通管制员进行通信。随着运营数量增加，空中出租车将在主要机场和市中心垂直起降机场之间的空中廊道上飞行。这些空中廊道将从简单单向路径逐步发展为复杂的双多向航线，并可以连接越来越多的垂直起降机场之间的航线。

2023 年 7 月 18 日，FAA 发布 Innovate2028：先进空中交通（AAM）计划 V1.0，计划于 2028 年前实现 AAM 规模化运营。该规划对 AAM 的概念定义是：AAM 是一种运输系统，使用无人机、电动飞机或电动垂直起降飞行器等先进飞行器，在管制和非管制空域内在两点之间空运人员和货物。该规划计划通过最大限度地利用现有的通航运行程序和基础设施，为 AAM 日常服务奠定基础；提出了相关部门应如何对 AAM 飞机和飞行员进行适航审定、认证、空域准入、飞行员培训、基础设施建设、保障运行安全等领域需要解决的问题和相应的工作建议；纲要还设计了起降场建设规划指南，列出了关键的系统集成目标和实施顺序。主要内容包括：运营、适航审定、基础设施、电网、安全、环评和社区参与等。

2. 欧洲

欧洲航空安全局（EASA）根据"航空系统组块升级"（ASBU）要求，按照 ASBU 整体时间节点规划了欧洲无人机融入国家空域的阶段性目标和计划（见表 4-1），目标涵盖运行、法规标准以及系统能力层面，同时对各阶段使用的运行环境/阶段、运行场景进行了设定，并对各阶段目标对于 ASBU 相应阶段整体性能

⊖ 美国国家航空航天局（NASA）在《城市空中交通空域整合概念和考虑因素》中对城市空中交通（UAM）的定义是，城市内适用于载人飞行器和无人飞行器系统的安全高效交通运作方式。

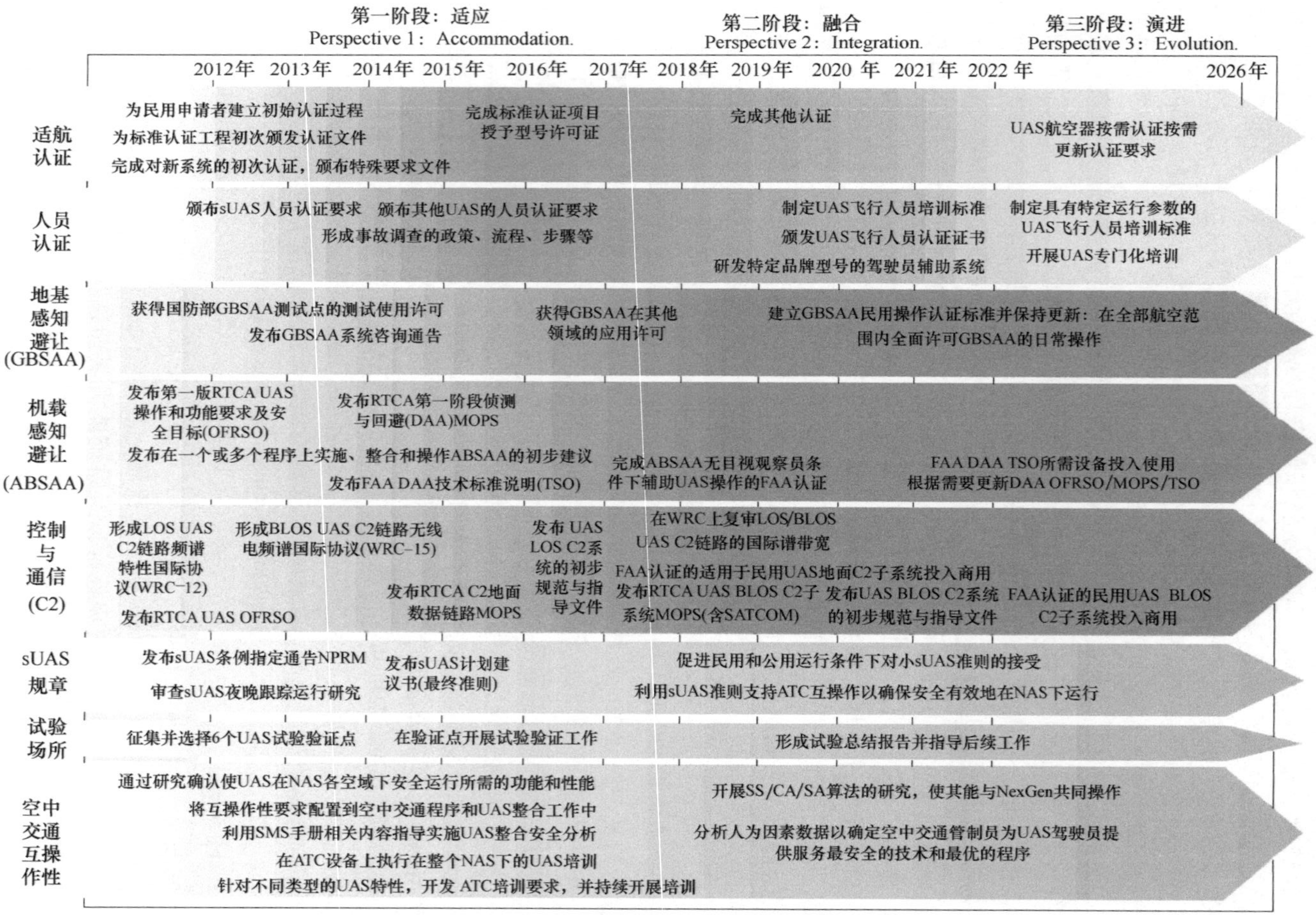

第一阶段：适应　Perspective 1: Accommodation.　第二阶段：融合　Perspective 2: Integration.　第三阶段：演进　Perspective 3: Evolution.

2012年　2013年　2014年　2015年　2016年　2017年　2018年　2019年　2020年　2021年　2022年　2026年

适航认证
- 为民用申请者建立初始认证过程
- 为标准认证工程初次颁发认证，颁布特殊要求文件
- 完成对新系统的初次认证
- 完成标准准认证项目 授予型号许可证
- UAS航空器按认证要件更新认证要求

人员认证
- 颁布UAS人员认证要求
- 颁布其他UAS操作的人员政策、流程、步骤等
- 形成事故调查的初步政策
- 研发特定型号牌型的无驾驶员辅助系统
- 完成其他认证
- 制定UAS飞行人员培训标准
- 颁发UAS飞行人员认证证书
- 制定具有特定运行参数的UAS飞行人员培训标准
- 开展UAS专门化培训

地基感知避让 (GBSAA)
- 获得国防部初始GBSAA测试点的测试使用许可
- 发布GBSAA系统咨询通告
- 获得GBSAA在其他领域的应用许可
- 建立GBSAA民用操作认证标准并保持更新：在部航空范围内全面许可GBSAA的日常操作
- 在部航空范围内全面许可GBSAA的日常操作

机载感知避让 (ABSAA)
- 发布第一版RTCA UAS操作和功能要求及安全目标(OFRSO)
- 发布在一个或多个程序上实施
- 发布RTCA第一阶段侦测与回避(DAA)MOPS
- 整合和操作ABSAA的初步建议
- 发布FAA DAA技术标准说明(TSO)
- 完成ABSAA无目视观察员条件下辅助UAS操作的FAA认证
- FAA DAA TSO所需设备投入使用
- 根据需要更新DAA OFRSO/MOPS/TSO

控制与通信 (C2)
- 形成LOS UAS C2链路频谱特性国际协议(WRC-12)
- 发布RTCA UAS OFRSO
- 形成BLOS UAS C2链路无线电频谱特性国际协议(WRC-15)
- 发布RTCA C2地面数据链路MOPS
- 发布UAS LOS C2系统的初步规范与指导文件
- 在WRC上复用LOS/BLOS UAS C2链路的国际协调带宽
- FAA认证适用于民用UAS地面用C2子系统投入商用
- 发布RTCA UAS BLOS C2子系统MOPS(含SATCOM)
- 发布民用UAS BLOS C2系统的初步规范与指导文件
- FAA认证的民用UAS BLOS C2子系统投入商用

sUAS规章
- 发布UAS条例草案NPRM
- 审查UAS夜鹰跟踪运行研究
- 发布UAS计划建议书(最终规则)
- 促进民用使用和公用运行条件下对小sUAS准则的接受
- 利用sUAS准则支持ATC互操作以确保安全有效地在NAS下运行

试验场所
- 征集并选择6个UAS试验验证点
- 在验证点开展试验验证工作
- 形成试验总结报告并待后续执行

空中交通互操作性
- 通过研究确认使UAS在NAS各空域下安全运行下所需的功能和性能
- 将可操作性要求配置到空中交通程序和UAS整合安全分析中
- 利用现有SMS手册将相关内容指导实施UAS整合
- 在ATC设备上执行
- 针对不同类型的UAS特性，开发ATC培训要求，并持续开展培训
- 开展SS/CA/SA算法的研究
- 分析人为因素数据以确定空中交通管制员以
- 开展人为因素数据研究，使其能与NexGen共同操作，使能与NexGen共同操作制员为UAS驾驶员提
- 供服务及确保安全的技术和最优化的程序

图 4-2　美国民用无人系统融入国家空管系统发展路线规划（FAA 2013）

表 4-1　欧洲无人机融入国家空域的阶段性目标和计划

阶段	目标		适用的运行环境/阶段	运行场景设想	对 ASBU 相应阶段性能需求影响
ASBU-1 阶段：Block 0（2013）-Block 1（2018）	运行	1. UAS 视距内运行常态化，包括具备较高安全性能的民用、军用和国家无人机在城市和人口密集区域上方的运行 2. 无人机可能进入 A 类、B 类和 C 类空域运行，但不能完全按照标准进离场程序运行在主要的终端区、机场或者繁忙航路运行 3. 允许为偏远地区提供通信网络或者执行其他作业任务的无人机在高度 FL600 以上高度飞行 4. 超视距运行条件不具备 5. IFR 运行或演示飞行需要在此阶段无法实现，但是演示/验证的 VFR 飞行可以实现 6. 常规的 VFR 运行在此阶段无法实现	1. 机场（滑行、起飞和着陆），隔离运行 2. 终端区（进场和离场），区别于现有的标准进离场程序 3. 航路，考虑与传统的商业运行到起点航路飞行有极大不同	1. 视距内运行（VLOS）：视距内运行可以进入所有类型空域，而且一般从机场或者城市区域上空开始。城市空域和人口密集的临时或固定区域上空限制可用于无人机运行 2. IFR 运行：部分无人机可在特定条件下采用 IFR 运行，但须具备一定的探测和感知避让能力。采用 IFR 运行的主要是民用飞行，可应用于所有无人机进离场运行将按照有飞行阶段，少部分无人机进场运行将采用 IFR 运行方式飞行。IFR 运行从货运点或危险品货运繁忙机场或者输，而且只允许无人机在复杂空域内运行 3. VFR 运行：初始 VFR 无人机运行开始实现，主要是军用无人机运行，而且目前将不会采用常规的运行方式 4. 超视距与 VFR 运行非常相似，距运行与障碍物的躲避有特定的需求，于超视在 ASBU-1 阶段将会有大量此类型飞行	ASBU-1 的预期性能要求将不会受到设想的运行场景的影响。DAA 解决方案可能有助于提升有人机的运行安全
	法规标准	无人机运行相关标准和规章、最低性能标准和最低运行性能标准等相关文档开始制定，尚未完成			
	系统能力	1. 低空 UAS 运行支撑系统（U-Space）初步实现 2. DAA 系统开始有效运行 3. 标准、完整的 DAA 解决方案尚未形成			

（续）

阶段	目标		适用的运行环境/阶段	运行场景设想	对ASBU相应阶段性能需求影响
ASBU-2阶段：Block 1(2018)-Block 2(2023)	运行	1. 不同交通流类型的无人机采用IFR飞行规则在各类空域类型的运行，不包括某些空域性能需求划定的不允许无人机运行的空域，这些空域可能包括机场、终端区以及欧洲空域的瓶颈须区域 2. 初始的VFR运行可以基于成熟的DAA系统以及简化的空域类型实现；低高度运行能够完全由UAS运行系统支撑 3. 各类无人机用户能够完全将VLOS和无人机运行集成到日常运行中 4. BVLOS运行将会进一步深化，而且很有可能进入人口密集区域，同时也适用于货物运输	1. 机场（滑行，起飞和着陆） 2. 终端区（进场和离场） 3. 航路，考虑与传统的商业运行到点航路飞行有极大不同 4. 洋区	1. 视距内运行（VLOS）：视距内可以实现常规化运行 2. IFR运行：民用无人机将在所有阶段实现IFR运行，但仍不允许在某些空域性能需求限制条件的区域运行。采用IFR运行的无人机将对点对点在军民航混合运行的空域环境中运行。机场的空域将按照对有人机的方式运行 3. VFR运行：初始的VFR无人机运行将主要在远离其他空域用户的区域运行。DAA解决方案将提供安全保障进一步为VFR的运行提供安全保障 4. 超视距运行（BVLOS）：BVLOS运行开始在远离地区运行，采用此类方式运行的无人机可能在机场或者偏远地区的发射站，先以VLOS运行起飞一段时间后再按照BVLOS运行	UAS运行将完全满足ASBU-2的性能需求，而且不会对其产生不好的影响，DAA系统将能够较好地提升UAS运行的安全性能 UAS将必须换成3D/4D航速
	法规标准	所有无人机运行需要的规章制度和文档已经制定完毕，并且能够用于无人机采用基于不同交通流类型的DAA解决方案实现在各类空域的运行			
	系统能力	1. UAS将与欧洲单一天空管计划兼容，并将成为广域信息管理系统的一部分 2. DAA系统较为成熟 3. 完整的DAA解决方案形成，无人机可以基于DAA解决方案实现IFR运行			

需求的影响进行了分析。

2016 年，欧洲航空安全组织（EUROCONTROL）联合研究小组参考欧洲无人机管理发展规划，发布了 U-Space 运行概念，通过提供一系列定位和信息服务，为大规模无人机运行提供安全高效的信息服务。主要包括：数据管理、环境感知和交通管理，重点是无人机注册、识别、飞行计划、飞行审批、实时航迹跟踪、航空气象信息服务等，以及有人机和空中交通管理部门间的交互问题。U-Space 在每个阶段推出一系列服务，并对前一阶段的服务进行升级（见图 4-3）。

第 1 阶段为基础服务，主要包括电子注册、电子识别和预战术地理围栏等。主要目标是识别无人机及其操控员，并向其提示已知的限制区域。通过这些基础服务，可以实现更高效的无人机运行，并将视距内常规运行的范围扩展到城市环境，而超视距运行将在受限制的条件下逐步放开。

第 2 阶段为初始服务，主要包括支持无人机运行安全管理的一系列服务，同时将实现无人机与 ATM/ATC 和有人航空最初级的交互，低空运行的范围将扩大到部分管制空域。尽管会受到一定限制，但部分无人机超视距运行将成为常规活动。

第 3 阶段为高级服务，主要目的是支撑在人口密集的复杂区域开放新型或增强型应用和任务类型，如城市空中交通等。通过采用新技术，自动化故障检测与规避能力以及更可靠的通信手段，提高无人机在各类环境下的运行数量，增强与 ATM/ATC 和有人机的交互能力。无人机运行在该阶段将实现大幅度增长。

第 4 阶段为完全服务，重点是实现无人机与 ATM/ATC 和有人航空的交互，并通过高水平的自动化能力实现 U-Space 的完全运行能力。

图 4-3　欧洲 U-Space 实施计划

2022 年 6 月 30 日，围绕快速发展的城市空中交通无人驾驶空中出租车，欧洲航空安全局（EASA）发布了《城市空中出租车运营规则》提案，这是全球首次发布的相关综合性监管提案，目的是促进城市空运新生态体系的良好发展，实现经欧盟认证的无人机和垂直起降飞机的安全运营，并使运营商具备在单一欧洲空域中安全运营垂直起降飞机的能力。该提案补充了无人机系统运营、欧洲无人机交通管理系统 U-space 及有关垂直起降飞机认证等方面内容，也是对欧洲航空安全局关于垂直起降港设计指南的有力补充。作为首个针对垂直起降飞机运营领域的监管提案，将为空中出租车和制定运营规则提供参考。

2022 年 11 月 29 日，欧盟委员会发布了《无人机战略 2.0：建立灵敏可持续的欧洲无人机生态系统》[一]。该战略明确了欧洲大规模商业无人机运营路线，促进 27 个国家集团无人机服务使用的多样化，制定了欧洲无人机市场发展愿景。该战略设想到 2030 年，无人机服务将成为欧洲生活的一部分：民用无人机在适用法律框架内提供紧急服务、测绘、成像、检查和监视等；创新空中交通服务，如空中出租车，为乘客提供定期运输服务，最终实现运营的完全自动化；强调民用和国防无人机之间的协同效应，并增强反无人机能力和系统弹性。为无人机运营提供良好的监管制度和服务环境，欧盟委员会启动的 19 项运营、技术、规则等举措主要是：采用通用的适航规则，以及远程和 eVTOL 载人电动垂直起降飞机飞行员的新培训要求；资助创建在线平台以支持利益相关者和行业实施可持续的创新空中交通；制定战略无人机技术路线图，确定研究和创新的优先领域，减小现有战略依赖性，避免出现新的依赖性；定义自愿网络安全认证无人机标签的标准等。

（二）颁布法规标准

近年来，世界很多国家针对无人机管理问题，颁布了多项法规标准，以提升无人机管理能力。

1. 美国

2016 年 6 月出台《小型无人航空器系统运行和审定》（Part 107，也称 107部），主要针对 0.25 千克以上、25 千克以下的非娱乐用途无人机系统的管理。2019 年 12 月 31 日，联邦航空局（FAA）颁布了《无人机身份远程识别规定》[二]，将轻小型无人机按照身份信息传输要求分成三大类，包括标准类型、受限使用类型和无远程识别设备三类，规定了每类无人机性能要求、需要传输的信息元素及性能指标，另外还规定禁止轻小型无人机使用 ADS-B out 功能和二次应答机设备。2020 年 6 月，发布《无人机系统标准化路线图（2.0 版)》。

2. 欧洲

早于 2004 年，欧洲航空安全局（EASA）就基于 ICAO 建议发布了 150 千克

⊖ A Drone Strategy 2.0 for a Smart and Sustainable Unmanned Aircraft Eco-System in Europe. EUROPEAN COMMISSION. Brussels，2022-11-29.

⊖ Remote Identification of Unmanned Aircraft Systems.

以下轻型无人机系统政策，将轻型无人机分为三类管理，而大于 150 千克的由 EASA 统一管理。2019 年，EASA 发布无人机系统法规 2019/945 和 2019/947，其中 2019/945 主要针对无人机制造厂商，2019/947 偏向于无人机操控员。2022 年 12 月，《在欧盟航空系统中引入无人机系统运行和城市空中交通的监管框架》第四版，进一步明确了无人机融入国家空域系统管理要求。2021 年 12 月公布《开发支持 U-space 监管的可接受的合规方法和指导材料》[⊖]。随着 U-space 系列监管框架（EU）2021/664、665、666 陆续生效，U-space 于 2023 年 1 月 26 日在整个欧洲正式实施。

2016 年 3 月，欧洲航空安全组织（EUROCONTROL）发布《RPAS ATM CO-NOPS》文件，提出了关于无人机融入空中交通管理体系的短期和长期规划，明确了短期目标是在七年内保持现有空管体系不变，完成无人驾驶航空管理调整适应，重点包括发布短期的 ATM 安全标准文件，分享机构专家资源，维护机构策略。长期目标是完成机构整合，包括将遥控驾驶航空器系统融入空管体系，与空域系统中其他成员相同对待。同时，欧盟国家必须在 EASA 无人机法律法规框架下，修改本国相关法规。

此外，英国 2009 年在 1982 年版《国家航空法案》的框架下制定了《空中航行法规》，并于 2016 年对其进行了补充和修改，该法规是英国管理无人机的主要法律依据。

（三）研发管理系统

美国通过加强无人机交通管理系统建设，推进无人机管理规划和法规落实。为提高无人机运行安全和效率，2014 年，美国国家航空航天局（NASA）提出并开始规划设计拥有实时通信、导航和监控能力的无人机交通管理系统 UTM，即 UAS Traffic Management。它可以通过 GPS 和无线网络进行互联网连接，相互协同规划航线和空中避障，而且在交通拥堵或者恶劣天气时，还可接收到系统发出的警告。2016 年 4 月 22 日，NASA 和 FAA 同时组织 22 架无人机成功进行了 UTM 测试。

通过一系列技术研究与项目发展，2018 年 3 月 FAA 发布了 UTM 运行概念 V1.0 版，指出 UTM 将专注于 122 米以下 G 类非管制空域的运行。要求超视距运行的无人机接入 UTM 系统，鼓励视距内飞行的无人机接入 UTM 系统，以了解其计划飞行路线附近其他无人机的运行情况。

2020 年，FAA 在前期技术研究与试验验证的基础上对 UTM 运行概念 V1.0

⊖　Development of acceptable means of compliance and guidance material to support the U-space regulation. EASA. Notice of Proposed Amendment，2021-14. 2021-12-16.

版进行了修订与完善，形成了 UTM 运行概念 V2.0 版。在此 UTM 架构中（见图 4-4），左侧由 FAA 负责，主要包括飞行信息管理系统（FIMS）和部分的注册、认证和授权信息。右侧由工业部门开发和应用，主要包括数据提供商、无人机服务提供商（USS）、无人机运营商和公共安全相关方。USS 是整个架构的核心，有三个主要作用：通信桥梁、空域需求、容量平衡和数据存档。FIMS 将空域信息通过 USS 传递给无人机运营商，无人机运营商通过 USS 反馈无人机飞行计划。数据提供商为无人机运营商提供天气、地图等数据，可以通过 USS 中转，也可以直接与无人机运营商通信。

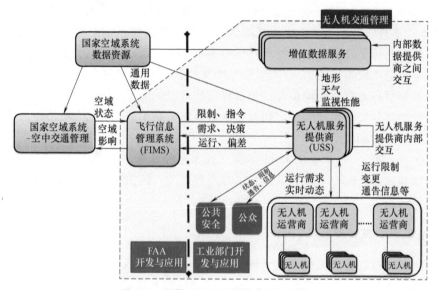

图 4-4　美国 UTM 运行概念 V2.0 版

为了保证无人机顺利融入国家空域，FAA 分阶段明确项目研究内容，主要包括间隔保持、感知与避让、认证、通信、人机系统一体化、集成测试评估等子项目和 UAS 实验计划。通过仿真、实飞测试，验证相关概念、算法、技术架构、标准等，以及进行多种关键技术综合应用集成验证，有力支撑了 UTM 系统建设。

NASA 设想了两种可能类型的 UTM 系统。第一种类型为可移动便携式系统，可以用于保障精准农业和救灾等运营。第二种类型是固定式系统，可为某一区域提供连续覆盖以支持低空飞行作业。这两种系统都需要持续的通信、导航和监视能力。

为了推进 UTM 系统建设，NASA 规划了四个等级的技术成熟度，并设立了时间节点。其中，技术成熟度Ⅰ于 2015 年 8 月完成测试，实现低密度空域的视距内信息共享，满足农业、消防和基础设施监控使用；技术成熟度Ⅱ于 2016 年 4 月完成测试，可以实现超视距运行、跟踪低密度的操作、分享飞行意图、具备电子围栏等功能；技术成熟度Ⅲ于 2018 年 1 月完成试验，主要验证常态超视距运行、空中防撞、规避静态障碍物等技术，以及人口密集区对无人机跟踪能力；技术成熟度Ⅳ于 2019 年 3 月起进行试验，主要验证自主无人机系统在城市复杂环境中高密度运行，包括跟踪和定位、规避动态障碍物等技术能力，并能支持无人机新闻采集、包裹运送、私人消费，以及大规模应急需求等一系列应用。

四、提出国际指导建议

国际上对于无人机的管理很早就有了提法。1944 年 12 月 7 日在美国芝加哥通过的《国际民用航空公约》，专门为无人驾驶航空器设立了第八条："任何无人驾驶而能飞行的航空器，未经一缔约国特许并遵照此项特许的条件，不得无人驾驶而在该国领土上空飞行。缔约各国承允对此项无人驾驶的航空器在向民用航空器开放的地区内的飞行加以管制，以免危及民用航空器。"由于时间尚早，此条公约也仅是宏观性的总体描述。

（一）国际民航组织推荐标准

国际民航组织（ICAO）作为联合国的专门机构和政府间国际组织，是制定国际无人机（无人驾驶航空器）飞行规则，协调各国规则的权威国际平台。为了以安全、高效的方式将无人机融入全球航空体系，ICAO 于 2007 年成立了无人机研究小组，协助 ICAO 秘书处编制标准和建议措施、空中导航服务程序和民用无人机指南，支持无人机安全和高效地进入非限制空域。

2011 年，ICAO 发布了 328—AN/190 通告，期望无人机进入非限制空域并实现一体化，鼓励各成员国根据自身经验提供信息，协助国际民航组织研究关于无人机的政策。

2014 年，ICAO 成立遥控驾驶航空器系统专家组，聚焦并协调遥控航空器系统的相关工作，推动遥控航空器的发展，制定相关标准、建议措施、流程和指南，在保持现有有人驾驶航空安全水平的前提下，推动遥控航空器系统安全、高效的融入非隔离空域[⊖]和机场。

2015 年，ICAO 组织了遥控航空器系统研讨会，发布了《遥控驾驶航空器系统（RPAS）手册》，确立了国际上针对无人驾驶航空器的监管基础框架，确定了关于无人驾驶航空器系统的工作重点和路线，是国际民航组织后续工作和各成

⊖　隔离空域，指专门分配给无人驾驶航空器系统运行的空域，通过限制其他航空器的进入以规避碰撞风险。引自中国民用航空局空管行业管理办公室．民用无人驾驶航空器系统空中交通管理办法．第 20 条术语定义，2016-09-21．

员国制定国内规则的重要指导。

2015 年后，ICAO 无人机研究小组对《芝加哥公约》19 个附件进行逐一修订。2021 年 3 月，ICAO 通过了新的及经修订的标准和建议措施（SARPs），推动遥控驾驶航空器系统在国际运行安全和互操作性方面取得重要进展。新的条款与《芝加哥公约》附件 8《航空器适航性》相关，涵盖遥控驾驶飞机、直升机以及遥控站的审定要求，作为基础型的国际标准和建议措施，是颁发遥控驾驶航空器及其所需部件型号合格证和适航证的依据。ICAO 计划继续在《芝加哥公约》各附件中，增加无人机系统相关内容。

2020 年、2023 年第三、四版无人驾驶航空器系统空中交通管理架构文件[⊖]中，ICAO 均描述了典型 UTM 系统的架构和核心能力。它包括 UTM 系统的总体有效性、安全性和效率；登记注册和身份识别系统；UTM、ATC 和潜在有人驾驶航空器之间的通信兼容性；探测和避撞（DAA）能力；地理围栏类系统（益处、限制、约束等）；协同工作能力（与其他系统和其他成员国）；架构的适应性；基础设施的性能要求（包括对现有基础设施的依靠）；频谱（可用性、适宜性、安保性等）；以及网络安全等。任何此类 UTM 系统，近期应能与空中交通管理（ATM）系统相互配合，远期实现与 ATM 系统融合；无人驾驶交通的引入和管理以及相关的 UTM 基础设施的开发，不应对现有 ATM 系统的安全或效率产生负面影响；需要一个共同的架构来促进全球 UTM 系统之间的协调，并提供一种逐步融入 ATM 系统的方法。这将使制造商、服务提供人和最终用户等，都能够安全和有效地发展，而不影响现有有人驾驶航空系统。

（二）无人系统规则制定联合体管理建议

无人系统规则制定联合体（JARUS）是由各国航空主管当局推荐专家形成的专家智囊团。目的是形成一套关于遥控驾驶航空器系统认证、安全融入空域和机场系统的技术、安全和运行要求的建议；目标是协调制定轻型无人航空器系统合格审定、运行要求和限制的规章，向各国航空管理机构推荐指导性资料，避免重复性工作。

自 2007 年成立以来，JARUS 陆续在无人驾驶航空器的适航审定、通信、指挥与控制、人员执照等方面出台了一系列文件，主要有：

- 《轻型无人航空器系统合格审定规范建议》
- 《无人航空器系统运营分类》
- 《特许运行风险评估指导材料》

⊖ Unmanned Aircraft Systems Traffic Management（UTM）—A Common Framework with Core Principles for Global Harmonization，ICAO，2020.12，2023.01.

- 《A 类无人驾驶航空器运行要求》
- 《轻型旋翼航空器系统适航清单》
- 《遥控驾驶航空器系统指挥控制链接所需通信性能概念》
- 《遥控驾驶航空器系统驾驶员执照和能力建议》
- 《遥控驾驶航空器系统安全评估》

这些文件，对于各航空管理机构起草形成各自的管理法规、标准，避免重复性工作，提高各国无人航空器系统管理规则的协调性，具有重要意义和参考价值。

第五章
我国无人机管理情况

我国对无人机管理问题十分关注，国家层面成立了无人驾驶航空器管理领导小组及工作组，实施了无人机实名登记制度，出台了无人机驾驶员管理规定，公布了 173 个民用运输机场的净空保护区范围，制定了地理围栏、接口数据规范等行业标准[⊖]，政策法规、指导意见、技术手段同步发展，与国际步伐基本一致。但总的来看，与无人机产业和应用爆发式增长相比仍有差距。

一、无人机管理法规

在我国，无人机相关的法律法规主要由法律、行政法规、部门规章和行业管理制度等构成基本管理框架。

（一）法律

《中华人民共和国民用航空法》，1996 年 3 月 1 日实施。该法从 1995 年制定，2009 年 8 月第一次修正到 2021 年 4 月第六次修正，均没有民用无人机飞行管理相关条文，也未涉及生产制造、适航审定、人员培训、注册登记等内容，只是简要提到"国务院、中央军事委员会对无人驾驶航空器的管理另有规定的，从其规定"。其他与无人机管理相关的法律，主要有行政处罚法、贸易法、保险法等，也很少涉及相关内容。

（二）行政法规

《中华人民共和国飞行基本规则》。国务院、中央军事委员会 2000 年 7 月 24 日公布，2001 年 7 月 27 日第一次修订，2007 年 10 月 18 日第二次修订。规则除提到"升放无人驾驶航空自由气球"外，未涉及无人机飞行相关内容。

⊖ 无人驾驶航空器管理领导小组及工作组由中国民用航空局 2018 年 5 月 23 日成立，信息引自 2018 年 3 月 22 日中国民用航空局在北京主办的民用无人驾驶航空器发展国际论坛。

《民用航空空中交通管理规则》（CCAR—93—R5）。交通运输部 2017 年 9 月 29 日公布，2018 年 5 月 1 日实施。本规则是组织实施民用航空空中交通管理的依据，各级民用航空管理机构和从事民用航空活动的单位和个人，以及在我国飞行情报区内活动的外国航空器和飞行人员均需遵守。第 18 章专门设节明确无人机空中交通管理有关问题，但只简要说明民用无人机飞行活动应当遵守国家有关法律法规和民航局的规定，无人机在民用航空使用空域内活动、管制单位向无人机提供空中交通服务应当遵守国家相关法律法规和民航局相关规定等，内容表述比较宽泛。

《通用航空[⊖]飞行管制条例》。国务院和中央军事委员会联合发布，2003 年 5 月 1 日开始实施。主要目的是促进通用航空事业发展，规范通用航空飞行活动，保证飞行安全。条例提到了升放无人驾驶自由气球相关活动，没有针对无人机从事通用航空活动的内容。

《中华人民共和国无线电管理条例》。国务院、中央军事委员会 1993 年 9 月联合发布，2016 年 11 月修订。主要目的是维护空中电波秩序，有效利用无线电频谱资源，保证各种无线电业务的正常进行。其中第 36 条明确，航空器设置、使用制式无线电台应当符合国家有关规定，设置、使用非制式无线电台的管理办法，由国家无线电管理机构会同国务院有关部门制定。未涉及无人机无线电相关工作频率、功能等管理使用问题。

《民用航空飞行标准管理条例》（征求意见稿）。民航局 2016 年 3 月首次公布，2021 年 5 月再次征求意见。在第一版第 2 章"航空器的运行"中，首次将"无人机"作为单独一节写入条例。明确提出 1.5~150 千克的无人机、距受药面不超过 15 米的植保无人机、无人飞艇，无需向民航主管机构申请运行许可证，但是需要安装或内置电子围栏，并接入无人机云系统，接受主管机构的监督。此外，此类无人机的航空人员需要经过专业培训，并持有相应证件和技术资格。而在 2021 年新版中，则又去掉了无人机相关内容。

《无人驾驶航空器飞行管理暂行条例》。国务院、中央军事委员会 2023 年 6 月 28 日发布，2024 年 1 月 1 日起施行。是目前最权威、系统、全面的无人机管理法规。

（三）部门规章和行业管理制度（见表 5-1）

我国主要民用无人机相关规章制度和技术标准，主要分为综合、飞行活动、航空器、人员等，并根据发展情况不定期更新，具体可参看工业和信息化部、交通运输部民航局官网等相关网站。

⊖ 条例第 3 条明确：通用航空，是指除军事、警务、海关缉私飞行和公共航空运输飞行以外的航空活动，包括从事工业、农业、渔业、矿业、建筑业的作业飞行和医疗卫生、抢险救灾、气象探测、海洋监测、科学实验、遥感测绘、教育训练、文化体育、旅游观光等方面的飞行活动。

表 5-1　无人机相关规章制度、管理文件和标准规范

政策规章、管理文件和标准规范	颁布/修订时间	颁布单位
《通用航空飞行管制条例》	2003 年 1 月	国务院、中央军事委员会
《民用航空使用空域办法》	2004 年 5 月	原民航总局
《民用无人机空中交通管理办法》	2009 年 6 月	民航局
《关于民用无人机管理有关问题的暂行规定》	2009 年 7 月	民航局
《关于加强和改进通用航空管理的意见》	2010 年 9 月	原总参谋部、公安部、民航局等八部委
《关于深化我国低空空域管理改革的意见》	2010 年 11 月	国务院、中央军事委员会
《民用无人机适航管理工作会议纪要》	2012 年 1 月	民航局
《民用无人驾驶航空器系统驾驶员管理暂行规定》	2013 年 11 月	民航局
《关于无人驾驶航空器系统频率使用事宜的通知》	2015 年 4 月	工业和信息化部
《轻小无人机运行规定(试行)》	2015 年 12 月	民航局
《民用无人驾驶航空器系统空中交通管理办法》	2016 年 9 月	民航局
《警用无人驾驶航空器管理暂行规定》	2016 年 9 月	公安部
《民用无人驾驶航空器实名制登记管理规定》	2017 年 5 月	民航局
《无人机围栏》(行业标准 MH/T 2008—2017)	2017 年 10 月	民航局
《关于促进和规范民用无人机制造业发展的指导意见》	2017 年 12 月	工业和信息化部
《民用无人驾驶航空器经营性飞行活动管理办法(暂行)》	2018 年 3 月	民航局
《关于公布民用机场障碍物限制面保护范围的公告》	2018 年 5 月	民航局
《国务院办公厅关于促进通用航空业务发展的指导意见》	2018 年 8 月	国家发改委、民航局
《民用无人机驾驶员管理规定》	2018 年 8 月	民航局
《基于运行风险的无人机适航审定指导意见》	2019 年 1 月	民航局
《特定类无人机试运行管理规程(暂行)》	2019 年 2 月	民航局
《无人机系统控制和其它安全关键通信空地链路无线电设备》(技术标准)	2019 年 6 月	民航局
《无人机云系统数据规范》(行业标准 MH/T 2011—2019)	2019 年 10 月	民航局
《轻小型民用无人机飞行动态数据管理规定》	2019 年 11 月	民航局
《民用无人机产品适航审定管理程序(试行)》	2020 年 5 月	民航局
《民用无人机系统适航审定项目风险评估指南(试行)》	2020 年 5 月	民航局
《中高风险无人直升机系统适航标准(试行)》	2020 年 5 月	民航局

（续）

政策规章、管理文件和标准规范	颁布/修订时间	颁布单位
《民用无人驾驶航空试验基地（试验区）建设工作指引》	2020 年 5 月	民航局
《民用无人驾驶航空试验基地（试验区）管理办法》	2021 年 3 月	民航局
《城市场景轻小型无人驾驶航空器物流航线划设规范》	2022 年 8 月	民航局
《民用无人驾驶航空法规标准体系构建指南 V1.0》	2022 年 8 月	民航局
《民用轻小型无人驾驶航空器物流配送试运行审定指南》	2022 年 8 月	民航局
《无人机物流配送运行要求》（行业标准 JT/T 1440—2022）	2022 年 9 月	交通运输部
《民用无人驾驶航空器系统适航审定管理程序》	2022 年 12 月	民航局
《民用无人驾驶航空器系统适航审定分级分类和系统安全性分析指南》	2022 年 12 月	民航局
《民用无人驾驶航空器系统安全要求》（国家标准 GB 42590—2023）	2023 年 5 月	市场监管总局、国家标准化管理委员会
《无人驾驶航空器飞行管理暂行条例》	2023 年 6 月	国务院、中央军事委员会
《关于对无人机相关物项实施出口管制的公告》	2023 年 7 月	商务部、海关总署等
《关于对部分无人机实施临时出口管制的公告》	2023 年 7 月	商务部、海关总署等
《民用大中型无人直升机系统飞行性能飞行试验要求》（国家标准 GB/T 42856—2023）	2023 年 8 月	市场监管总局、国家标准化管理委员会

1. 综合类

《关于民用无人机管理有关问题的暂行规定》。民航局 2009 年 7 月 9 日发布。明确我国无人机适航管理是对无人机做适航检查而不做适航审定，暂不办理标准适航证，无人机办理Ⅰ类特许飞行证，即对于无人机研制企业来说，当前取证为Ⅰ类特许飞行证，而非标准适航证；民用无人机在飞行时必须办理"临时登记证"和"特许飞行证"。

《轻小无人机运行规定（试行）》。中国民用航空局飞行标准司 2015 年 12 月29 日发布。该规定从无人机定义、分类、驾驶员、飞行、空域、无人机云等角度全面覆盖了无人机运行的各个环节。主要内容：给出了无人机等相关名词规范的定义或内涵；按重量将无人机分为 7 类；在驾驶操作方面，明确了机长的职责权限以及驾驶员资格要求；对飞行前准备、飞行限制区域、视距内运行、视距外运行等进行了规定；明确了民用无人机使用说明书、仪表、设备和标识要求；明确了民用无人机管理方式包括运行管理和运营人管理；提出"无人机云"管理平台概念及基本内容，并对提供商条件做了说明；单独给出植保无人机及无人飞艇运行要求。

《民用无人驾驶航空器运行安全管理规则》（征求意见稿）。民航局 2023 年 8 月 3 日发布。全文包含总则、操控员安全操控要求、登记管理、适航管理、空中交通管理、运行管理、法律责任和附则 8 个部分。正式稿发布后，将成为《无人驾驶航空器飞行管理暂行条例》的重要补充。

2. 飞行活动类

《民用航空使用空域办法》。2004 年 5 月，原中国民用航空总局发布，2004 年 6 月 26 日生效。分为总则、空域分类、空中交通服务区域、空域规范、空域数据、空域使用程序和附则共 7 章，主要规范民用航空活动相关空域建设和使用。

《民用无人驾驶航空器系统空中交通管理办法》。2016 年 9 月，中国民用航空局空管行业管理办公室发布。明确组织实施民用无人驾驶航空器活动的单位和个人，应当按照规定申请划设和使用空域，接受飞行活动管理和空中交通服务。其中第 2 条明确，本办法适用于依法在航路航线、进近（终端）和机场管制地带等民用航空使用空域范围内或者对以上空域内运行存在影响的民用无人驾驶航空器系统活动的空中交通管理工作；第 4 条明确，民用无人驾驶航空器仅允许在隔离空域内飞行。

《民用无人驾驶航空器经营性飞行活动管理办法（暂行）》。2018 年 3 月 21 日，民航局运输司发布，2018 年 6 月 1 日起实施。规范了最大空机重量 0.25 千克（含）以上无人驾驶航空器开展航空喷洒、航空摄影、表演飞行等作业类和无人机培训类经营活动的企业准入、申报流程、飞行活动、监督管理等多个方面。该办法对载客类和载货类经营性飞行活动暂不适用。

3. 航空器类

《民用无人机适航管理工作会议纪要》。2012 年 1 月 13 日，民航局适航审定司颁发。文件明确了单机检查程序，制定具体检查单和检测方法；以具体环境下安全飞行为标准，以确定使用限制为重点，颁发 I 类特许飞行证；已经受理的项目，在审查过程中进行试验和验证飞行时，按程序条款办理相应用途类的特许飞行证。经过民航局授权，2013 年 12 月，民航华东局向潍坊天翔航空工业有限公司的 V750 无人直升机颁发了特许飞行证，这是中国首架获得特许飞行证的民用无人直升机，为民用无人机适航管理工作提供了借鉴。

《关于无人驾驶航空器系统频率使用事宜的通知》。2015 年 4 月 14 日，工业和信息化部⊖印发。明确规定了 840.5 ~ 845MHz、1430 ~ 1444MHz 和 2408 ~

⊖ 2015 年 3 月，国家无线电管理委员会根据《中华人民共和国无线电频率划分规定》及频谱使用情况，制定的《无人驾驶航空器系统无线信道配置及无线电设备射频指标要求》同样明确了这一无人机专用频段。

2440MHz 为无人机专用频段，对无人机研发生产与使用具有重要意义。

《警用无人驾驶航空器管理暂行规定》。2016 年 9 月 12 日，公安部印发。规定明确了警用无人机的管理机构和执法执勤、应急救援等任务，对人员分类与资质、登记管理、使用审批、飞行监控、维护管理等方面进行了规范。

《民用无人驾驶航空器实名制登记管理规定》。2017 年 5 月 16 日，民航局印发。规定要求从当年 6 月 1 日起，个人购买的最大起飞重量为 0.25 千克（含 0.25 千克）以上的无人机，须在"中国民用航空局民用无人机实名登记系统"上实名登记，未实名登记擅自飞行的，将被认定为"黑飞"。规定还公布了 155 个机场保护范围。

《关于促进和规范民用无人机制造业发展的指导意见》。2017 年 12 月 6 日，工业和信息化部印发。意见围绕民用无人机安全性和技术水平，强调推进国家级统一的管理平台建设，建立民用无人机可识别、可监控、可追溯的技术管理体系，同时完善标准体系和检测认证体系，建立一批有资质的专业服务机构。

《基于运行风险的无人机适航审定指导意见》。2019 年 1 月 23 日，民航局适航审定司颁发。明确建立基于运行风险的无人机风险等级划分方法，开展无人机适航审定分级管理，依照"工业标准→行业标准→适航标准"的路径，建立我国自主的无人机适航标准体系。厂家满足体系要求、无人机符合适航标准后，可颁发适航证件。同时依托实名登记系统，并结合民航局无人机运行管理系统（UOM）建设无人机审定模块，实现全流程网上申请和批复。2020 年后，陆续发布《民用无人机系统适航审定项目风险评估指南（试行）》《高风险货运固定翼无人机系统适航标准（试行）》《中高风险无人直升机系统适航标准（试行）》《民用无人驾驶航空器系统适航审定管理程序》等文件，从管理思路、指导原则、实施路线图等多个方面，对基于运行风险的无人机适航审定进行规范。

4. 人员类

《民用无人机驾驶员管理规定》。2018 年 8 月 31 日，民航局飞行标准司以咨询通告的形式发布（AC—61—FS—2018—20R2）[⊖]。目的是规范无人机驾驶人员管理，主要内容包括目的、适用范围、定义、执照与等级要求、无人机系统驾驶员管理等内容，并在附件中明确了执照与等级的条件、理论和实践考试的一般内容标准、考试点管理办法等内容。与 2016 版相比，修订的主要内容包括调整监管模式，完善由局方直接负责执照颁发的相关配套制度和标准，细化执照与等级颁发要求和程序，明确由行业协会颁发的原合格证转换为局方颁发执照的原则和方法[⊜]。

⊖ 2013 年 11 月 18 日，民用航空局曾发布《民用无人驾驶航空器系统驾驶员管理暂行规定》（AC—61—FS—2013—20）；2016 年 7 月 11 日曾发布《民用无人机驾驶员管理规定》（AC—61—FS—2016—20R1）。

⊜ 参见第六章第四部分（三）证照培训体系。

5. 其他

《关于加强和改进通用航空管理的意见》。2010 年 9 月，中国人民解放军原总参谋部、公安部、民航局等八部委印发，主要明确了加强通用航空监管的措施办法。

《两用物项和技术出口许可证管理目录》。2015 年 8 月，商务部和海关总署联合公告，用于约束部分无人机的出口。该文件对高空飞行、续航时间长于 1 小时、超视距范围运行的无人机或无人驾驶飞艇进行出口管制，对于主流的民用消费类无人机产品没有大的影响。

《关于对无人机相关物项实施出口管制的公告》。2023 年 7 月，商务部、海关总署等联合公告，明确了对无人机出口的新管制措施。该公告细化了2015 年文件的技术要求，对特定无人机设备、荷载、部件（包括发动机、红外成像设备、合成孔径雷达、激光器、无线电通信设备等）规定了具体明确的技术指标。

二、地方政府法规

（一）基本情况分析

近年来，各地方政府在国家针对性立法暂缺情况下，依据现行法律法规进行了无人机立法方面的探索和尝试，根据本地情况或重大活动需求，研究制定地方性法规，取得了明显成效。如在世界互联网大会、G20 峰会期间，杭州市政府以政府令的形式颁布了临时管理规定；云南省颁布了《云南省民用运输机场保护条例》《昆明市人民政府关于加强昆明国际机场净空保护区域管理的若干规定》等法规，严格规定了在机场净空保护区域内违规施放无人驾驶升空物体的限制措施。这些地方性法规的共性特征是：

一是管理对象针对性较强。各地颁布的无人机管理文件，大多将监管对象集中于民用无人机，明确限定为"从事非军事、警务、海关缉私飞行任务的航空器"。这一特点是当前无人机管理形势决定的，符合地方立法应有的针对性、灵活性。为了有所侧重，一些管理规定进一步将监管对象限定为一定重量区间的无人机，比如深圳市限定"最大起飞重量大于等于 0.25 千克、小于 7 千克"，浙江省限定"最大起飞重量 25 千克以下"，四川省限定"最大起飞重量大于 0.25千克（含 0.25 千克）"等。

二是管理内容贴近现实需求。地方立法以当地无人机运行使用实际情况为驱动，虽然不具有国家层面立法的体系性，但其内容都是日常管理中急需规范的事项。比如政府及各部门的职责、飞行管理、禁止或限制飞行的区域、对操控员的要求、禁止使用无人机从事的行为等较为核心的内容，基本抓住了当前无人机管理的主要矛盾，与现实需求贴得比较近。

当然，这些地方法规在形式和内容上也存在一些值得商榷的地方：一是体例和形式多有不同，有管理规定、管理办法，也有管理通告。二是在禁飞管理方面比较严苛，有"一刀切"的倾向，提供的适飞空域比较少、限飞空域比较多，灵活性、开放性不足。三是在服务方面相对不足。现有的新机注册、计划申请、情况报告等要求比较严格，更突出了"管理"方面的内容，而对无人机作为航空飞行组成部分所应有的适飞空域、计划审批、飞行情报保障等方面的服务比较有限等。

（二）部分法规情况

由于全国各地对无人机管理政策各不相同，特选以下几个地区作为代表。

1. 辽宁省

2017 年 9 月 13 日，辽宁省以省政府名义下发《关于加强无人驾驶航空器管理维护公共安全的通告》，明确了辽宁省的禁飞区域，对维护公共安全和空中飞行秩序提出了要求。通告提出辽宁空管部门将划设一定范围的可飞空域，及时对外发布、简化报备手续，供航空爱好者升放无人机。明确的禁飞区包括：全省各地公布的民用机场净空保护区；全省各军用机场净空保护区；政府机关、军事机关、军事设施、外国使领馆、水电油气设施、危化品单位等重要地区；机场车站、港口码头、景点商圈等人员稠密区域；大型活动、重要赛事现场，以及政府临时公告的禁止飞行区域。通知未对无人机的重量、分类等进行明确。

2. 四川省

2017 年 8 月 18 日，四川省以省政府名义发布《四川省民用无人驾驶航空器安全管理暂行规定》。规定明确提出对 0.25 千克（含）以上民用无人机进行管理，并对生产制造、销售、登记注册、净空保护区、飞行计划报批、驾驶员证照、应急处置、法律责任等无人机管理各流程节点进行了规范要求。规定明确了民用无人机五类禁飞区域：民用机场和军用机场净空保护区域；军事管理区、监狱、发电厂及其周边 100 米范围内；铁路和高速公路、超高压输电线路及其两侧 50 米范围内；大型军工、通讯、危险化学物品生产储存、物资储备等重点防控目标区；省和市（州）人民政府公告的临时管制区域。

此版规定发布前的 2016 年 9 月 1 日，西部战区空军参谋部、民航西南地区管理局、民航西南地区空中交通管理局、四川省公安厅联合发布了《关于加强全省军民航机场净空区域安全保护的通告》，明确涉及 12 个区县的双流国际机场净空保护区内，未经军民航空中管制部门许可，禁止"进行无人驾驶航空器、航空模型等飞行活动"。民用机场净空保护区域是指距机场跑道中心线两侧各 10 千米、跑道端外 20 千米以内的区域；军用机场净空保护区域是指距机场跑道中心线两侧各 15 千米、跑道端外 20 千米以内的区域。凡开展通用航空飞行活动，应当提前向军民航职能部门提出申请，经批准后方可实施。

3. 广东省

2017 年 7 月 5 日，广东省发布《关于加强无人机等"低慢小"航空器安全管理的通告》。与其他省市的区别主要是将无人机扩展为"低慢小"航空器。通告指出：

一、本通告所称的"低慢小"航空器是指飞行高度低于 500 米、飞行速度小于 200 千米/小时、雷达反射面积小于 2 平方米的飞行目标，主要包括无人机、轻型和超轻型飞机、轻型直升机、滑翔机、三角翼、滑翔伞、动力伞、热气球、飞艇、航空航天模型、空飘气球、孔明灯等。

二、在本省行政区域内使用无人机等"低慢小"航空器，须遵守有关法律、法规、规章和管理规定，履行适航资格、飞行资质、计划申报等相关手续。

三、严禁在以下区域的上空飞行无人机等"低慢小"航空器：

（一）机场净空保护区（机场跑道中心线两侧各 10 千米、跑道两端各 20 千米范围）以及民航航路、航线，高速和普通铁路、公路以及水上等交通工具运行沿线、区域；

（二）党政机关、军事管制区、通信、供水、供电、能源供给、危化物品贮存、大型物资储备、监管场所等重点敏感单位、部位及其设施；

（三）大型活动场所、公民聚居区、车站、码头、港口、广场、公园、景点、商圈、学校、医院等人员密集区域；

因现场勘察、施工作业、航空拍摄等工作需要，确需在上述区域飞行无人机等"低慢小"航空器，有规定需提前申报批准的，须按规定获得批准后开展作业。

四、违反规定在上述区域内飞行的，公安机关依法采取紧急处置措施；构成犯罪的，依法追究刑事责任；尚不构成犯罪，有违反治安管理行为的，依法给予治安管理处罚。

深圳市作为国内无人机的主要研发生产和应用基地，出台了诸多相关管理政策。2019 年 1 月，市政府审议通过了《深圳市民用微轻型无人机管理暂行办法》，并于同年 3 月 1 日起实施。

4. 海南省

《海南省民用无人机管理办法（暂行）》，2020 年 5 月 1 日起施行。管理办法明确在飞行申请方面，微型无人机、轻型无人机和植保无人机在管理空域内飞行，小、中、大型无人机飞行均需申报飞行计划；飞行计划实施者需在飞行前 1

日 15 时前，通过海南无人机综合监管试验平台[⊖]提出飞行计划申请，监管试验平台应当于飞行前 1 日 21 时前反馈批复结果，经批准后方可实施；申请并获得批准的飞行计划实施者应当在起飞 1 小时前通过综合监管试验平台申请放飞，获得放飞许可后方可飞行。规定通过释放空域、放管结合，进一步推进低空空域开放，划设了无人机适飞空域，微型无人机、轻型无人机和植保无人机在适飞空域内飞行，均无需申报飞行计划，同时通过一站式申报，简化了申报审批流程。

5. 湖南省

2023 年 1 月 28 日，重点围绕安全管理方面，湖南省政府发布《湖南省无人驾驶航空器公共安全管理暂行办法》。该办法明确，公安部门对本行政区域内无人驾驶航空器实施备案管理。无人驾驶航空器生产、销售、经营、培训机构信息由工业和信息化部、市场监管等部门组织统计，并推送同级公安部门；产品信息由生产、销售、经营、培训单位及时主动向所在地公安部门备案；生产、销售、经营、培训、使用单位和个人，应当及时将本单位、本系统和个人无人驾驶航空器和操控员信息向管辖地县级公安部门进行备案和信息共享。

公安部门对在党政机关、监管场所和重大突发事件、大型活动、保卫任务等关系公共安全的重要单位、设施、场所及周边飞行的无人驾驶航空器实施严格管理。根据距离核心区域范围远近，分级采取预警、警告、管控等措施：距离核心区域 500～1000 米为预警区域，200～500 米为警告区域，200 米以内为管控区域。县级以上人民政府应当建立无人驾驶航空器安全管理应急处置机制，建立与军民航、相关职能部门、行业协会间的联动机制，完善应急处置预案，充实专业力量和相关保障，加强日常培训考核，定期开展应急处置演练；操控员对无人驾驶航空器飞行活动直接负责，遇到紧急情况时应当采取应急措施防止危及地面人身及财产安全。公安、应急管理等部门配合飞行管制、民航部门依法开展无人驾驶航空器飞行安全意外事故的调查处置工作。

6. 北京市

为了加强北京地区"低慢小"航空器管理，2010 年《北京市民用机场净空保护区域管理若干规定》开始实施。2017 年 2 月，首都机场划设了机场净空保护区，提示无人机不能在净空区内飞行。其净空保护区呈南北长、东西窄的近似

⊖ 平台是由海南省人民政府按照国家空管委办公室有关规定建设的具备监视和必要管控功能，通过互联网提供服务的系统。其中，中国民用航空局无人驾驶航空器空管信息服务系统（UTMISS）为平台重要组成部分。海南无人机综合监管试验平台纳入海南通航飞行服务站运行管理体系，由海南金林通用航空研究院有限公司负责系统维护和运行。从事无人机飞行的单位或个人，需按照中国民用航空局《轻小型民用无人机飞行动态数据管理规定》（AC—93—TM—2019—01）的要求，向 UT-MISS 报送无人机实时飞行动态数据，可通过 www.utmiss.com 在线提交飞行申请并查看批复信息。

矩形，覆盖了顺义、通州、朝阳、怀柔、昌平 5 个区，面积约 1057.6 平方千米。为维护北京地区空中安全、杜绝各类违法违规飞行活动发生，每次重大活动前均会发布对无人机等"低慢小"航空器进行管理的通告。如每年"两会"前北京市公安局都会发布《关于加强北京地区"低慢小"航空器管理工作的通告》。2018 年通告明确：自 2018 年 3 月 2 日零时至全国"两会"闭幕次日 12 时期间，在本市行政区域内，高度从地面至无限高，划设临时空中限制区，禁止单位、组织和个人进行一切体育、娱乐、广告性飞行活动和施放气球活动。对于其他性质的飞行活动，应当经军队、民航空中管制部门批准后，方可实施。同样，2021年 6 月 17 日北京市公安局发布了《关于加强中国共产党成立 100 周年庆祝活动期间北京地区"低慢小"航空器管理工作的通告》，明确了类似的管理内容和要求。

三、国家专项法规分析

对于无人机管理问题，社会上存在宽松引导、管大放小、严管严控等多种不同声音。由于无人机种类繁多、技术复杂、使用需求差异大，必须合理分类、管放结合、有序引导、科学规范，促进无人机产业良性发展。通过多方努力，作为国家专项法规的《无人驾驶航空器飞行管理暂行条例》（以下简称《暂行条例》）于 2018 年初向社会公开征求意见，2023 年 6 月 28 日正式发布。全文共 6章 63 条，全面规范了无人驾驶航空器飞行管理的有关问题。通过分析研究，我们感到其重点把握了以下几个方面：

（一）总体思路原则

研究设计所遵循的总体思路是军民融合、管放结合、空地联合，实施全生命周期设计、全类别覆盖、全链条管理，在积极维护国家安全、公共安全、飞行安全前提下，促进无人机产业及相关领域健康有序发展。一是安全为要，确保军民航飞行安全、重要目标空中安全，科学统筹管理与使用、安全、发展的关系，扭住质量标准、登记识别、人员资质、运行空域等关键环节，最大限度降低安全风险；二是创新发展，准确把握无人机运行特点规律，借鉴国际通行做法，着力在分级分类、空域划设、计划申请等管理措施上取得突破，以管理理念和管理方式创新促进产业健康发展；三是问题导向，以解决当前无人机运行管理存在的矛盾问题为出发点，广泛调查研究，深挖症结根源，提出破解之策，切实增强法规的针对性和可操作性；四是管放结合，对不同安全风险的无人机明确不同的管理办法，从大中型、小型、轻型、微型以及农用型，管理方式渐次放松，管住该管的，放开可放的，既维护安全又为社会公众提供便利；五是齐抓共管，明确界定职能任务，明晰协同关系，构建形成统一高效、责任落实、协调密切的常态化管理格局；六是科学民主，采取集体研究、专家审议、问卷调查等方式，广泛听取管理层及社会面的意见，最大限度凝聚共识，确保法规落地见效。

（二）主要研究方向

创新管理理念。创新是引领发展的第一动力。民用无人机发展应用适应了航空市场多元化的趋势，适应了社会劳动生产升级换代的需要，适应了人民对美好生活的向往，是新时代、新业态、新技术、新市场的重要体现。法规顺应时代潮流，充分认清简单套用通航管理办法必然抑制市场发展、过于宽松又易导致安全隐患增多等现实，疏堵结合，管放有度。突出了具有中国特色的无人机科学管理之路，借鉴共享单车管理、物流车辆管理等成功做法，通过推进一体化综合监管服务平台加强系统监管，逐步形成出厂有登记、使用需注册、运行可监视、事后能追溯的全过程监管体系，充分体现机制上的创新、制度上的松绑、程序上的简化。

把准立法定位。无人机在生产、登记、运行等方面的特殊性，使其管理工作既要考虑与有人机的共性特征，也要契合自身特点，否则难以形成长效机制。《暂行条例》将民用航空法、飞行基本规则、通用航空飞行管制条例等现行法律法规，作为设计的基本依据，依据《立法法》关于行政法规的有关条款，协调立法部门授权，避免了与上位法律的可能冲突和与平行法规的可能矛盾。国外无人机立法也曾遇到类似问题，2015 年美国联邦航空局制定颁布专项管理规章，由于注册登记违反上位法律被航空用户起诉而败诉。为解决立法依据问题，在修改《中华人民共和国民用航空法》前先行制定行政法规，既避免了与上位法律及平行法规之间的矛盾冲突，也可为相关部门据此细化制定管理规则提供依据。

界定概念分类。无人驾驶航空器品类繁多、内涵丰富。针对运行时可能产生的风险，结合航空器生产制造、操控员资质条件、空域运行基本需求等情况，主要以重量为基本指标，结合速度、升限和活动范围等要素，分为微型、轻型、小型、中型和大型五类以及农用型。鉴于微型、轻型无人机数量占主体，是管用矛盾焦点、社会关注热点，也是《暂行条例》管理的重点，因此针对社会广泛存在的产品概念不清、叫法不一的现状，《暂行条例》明确了隔离飞行、融合飞行、分布式操作、空域保持能力等具体定义。对于模型航空器，虽然在飞行高度、速度、机体重量等方面，与部分无人驾驶航空器存在相似之处，但在构造、用途、操控方式等方面存在较大差异，各国普遍将其归于体育部门管理，我国长期以来也采取类似做法。因此《暂行条例》授权国务院体育主管部门会同有关空中交通管理机构，工业和信息化部、公安部门、民用航空主管部门另行制定管理规则。

（三）重点关注环节

《暂行条例》立足长远，充分研究各国管理特点，紧密结合中国国情，既着眼当下矛盾，又放眼未来发展，设计比较周密完备。

合理划设空域，疏导社会需求。我国在社会制度、空管体制、发展主要矛盾等方面与国外均存在较大的差异。例如，我国的空域均为管制类空域。《暂行条例》充分尊重现有的空域管理特点，在维持整体制度不变的情况下，对 120 米、50 米的安全高度进行了突破，向轻型无人机和微型无人机释放 120 米以下、50 米以下的空域，在保障安全的前提下，疏导了正常合理的飞行需求。

应用技术手段，优化计划申请。民用无人机，特别是微型与轻型无人机的操作使用准备时间普遍比较短，无固定起降点，飞行量巨大，应用较为广泛，传统通航式管理模式已不能适应当前发展需求。《暂行条例》综合考虑无人机产品特性、飞行量、飞行目的、用户使用习惯等多种因素，提出微型、轻型、小型无人驾驶航空器在适飞空域内的飞行活动，以及常规农用无人驾驶航空器作业飞行活动，无需提交飞行活动申请。通过技术手段，减少用户负担，提升管理效率。

强调信息透明，顺畅沟通渠道。在信息报送方面，《暂行条例》提出微型、轻型、小型无人驾驶航空器在飞行过程中应当广播式自动发送识别信息；除微型以外的无人驾驶航空器实施飞行活动，操控人员应当确保无人驾驶航空器能够按照国家有关规定向一体化综合监管服务平台报送识别信息。在管制空域方面，具体范围由各级空中交通管理机构按照国家空中交通管理领导机构的规定确定，由设区的市级以上人民政府公布，民用航空管理部门和承担相应职责的单位发布航行情报，同时明确细化了飞行活动申请的内容、批准权限，改变了过去用户知情难、申请难、合规难的痛点。

把握特点规律，减少运行限制。《暂行条例》通过对产品安全性能进行前置设定，尽量减少后端用户的使用限制。例如，摒弃了部分其他国家限定视距内运行的粗放式管理思路，亦没有做出夜间禁止飞行的限定，而是充分考虑实际需求，只明确在夜间或者低能见度气象条件下飞行的，应当开启灯光系统并确保其处于良好工作状态。顺应技术发展规律，要求轻小型和农用型无人机应具备空域保持和可靠的被监视能力，除微型机外应能够向一体化综合监管服务平台报送识别信息，建立了更加开放高效的运行模式。

规范资质管理，提高安全保障。《暂行条例》从运行风险、操作难度、使用目的、使用成本等方面出发，提出小型、中型、大型无人机的运行需要操控员取得执照；微型和轻型无人机在适飞空域飞行无需持有执照，只要熟练掌握有关机型操作方法、了解风险警示信息和有关管理制度即可。一方面敦促用户掌握必备的理论知识与实操技术，提升了安全运行率；另一方面大大减轻了普通消费者的培训成本负担。

此外,《暂行条例》还对生产适航、强制保险、销售备案、身份标识等多个关键管理问题进行了阐释,是科技领域政府管理创新的重要实践。

四、合法飞行流程要求

根据《无人驾驶航空器飞行管理暂行条例》,基本流程包括:购买、登记激活、投保责任保险、取得操控员执照、飞行活动申请、起飞确认和飞行实施等 7 步。同时,根据无人驾驶航空器类别、是否实施经营性飞行活动、使用空域性质等不同情况,部分流程步骤可以简化。如一般大众用户参与度最高的微型、轻型无人机在适飞空域内的娱乐飞行,通常在遵守相关行为规范和避让规则的前提下,只需完成购买、登记激活、熟练掌握操控方法和管理制度、飞行实施等 4 步。按《暂行条例》梳理简明流程要求如下:

(一) 进行实名登记(第 10 条)

民用无人驾驶航空器所有者应当依法进行实名登记。

(二) 申请合格证(第 11 条)

使用除微型以外的民用无人驾驶航空器从事飞行活动的单位应当具备相关条件,并向国务院民用航空主管部门或地区民用航空管理机构申请取得民用无人驾驶航空器运营合格证。使用最大起飞重量不超过 150 千克的农用无人驾驶航空器在农林牧渔区域上方的适飞空域内从事农林牧渔作业飞行活动,无需取得运营合格证。

(三) 投保责任险(第 12 条)

使用民用无人驾驶航空器从事经营性飞行活动,以及使用小型、中型、大型民用无人驾驶航空器从事非经营性飞行活动,应当依法投保责任保险。

(四) 操控小、中、大型机需要执照(第 16 条)

操控小型、中型、大型民用无人驾驶航空器飞行的人员应当具备完全民事行为能力;接受安全操控培训,并经民航管理部门考核合格;无可能影响操控行为的疾病病史,无吸毒行为记录;近 5 年内无受到刑事处罚记录等条件,并向国务院民航主管部门申请取得相应民用无人驾驶航空器操控员执照。从事常规农用无人驾驶航空器作业飞行活动的人员无需操控员执照,但应经培训和考核合格后取得操作证书。

（五）操控微型、轻型机无需执照（第17条）

操控微型、轻型机飞行的人员，无需取得操控员执照，但应当熟练掌握操作方法，了解风险警示信息和有关管理制度。操控轻型机在管制空域内飞行的人员，应当具有完全民事行为能力，并按规定培训合格。

（六）管制空域与适飞空域范围（第19条）

真高120米以上空域，空中禁区、空中限制区以及周边空域，军用航空超低空飞行空域，机场以及周边一定范围的区域；国界线、实际控制线、边境线向我方一侧一定范围的区域；军事禁区、军事管理区、监管场所等涉密单位以及周边一定范围的区域；重要军工设施保护区域、核设施控制区域、易燃易爆等危险品的生产和仓储区域、可燃重要物资的大型仓储区域；公共基础设施及周边一定范围的区域；需要电磁环境特殊保护的设施及周边一定范围的区域；重要革命纪念地、重要不可移动文物及周边一定范围的区域等上方空域应当划设为管制空域。具体范围由各级空管机构确定，由设区的市级以上人民政府公布。未经空管机构批准，不得在管制空域内实施无人驾驶航空器飞行活动。管制空域范围以外的空域为微型、轻型、小型无人驾驶航空器的适飞空域。

（七）隔离飞行与融合飞行（第22条）

无人驾驶航空器通常应当与有人驾驶航空器隔离飞行。根据任务或飞行课目需要，警察、海关、应急管理部门的无人机与本部门、本单位的有人机在同一空域或同一机场区域的飞行；取得适航许可的大型无人驾驶航空器的飞行；取得适航许可的中型无人驾驶航空器不超过真高300米的飞行；小型无人驾驶航空器不超过真高300米的飞行；轻型无人驾驶航空器在适飞空域上方不超过真高300米的飞行等，经空管机构批准可以进行融合飞行。

（八）利用综合监管服务平台（第23条）

国家空管领导机构统筹建设无人驾驶航空器一体化综合监管服务平台，对全国无人驾驶航空器实施动态监管与服务。

（九）飞行活动申请（第26条）

除《暂行条例》第31条另有规定外，组织飞行活动的单位或者个人应当在拟飞行前1日12时前向空管机构提出飞行活动申请。在固定空域内实施常态飞行活动的，可以提出长期飞行活动申请，经批准后实施，并应当在拟飞行前1日12时前报空管机构备案。

（十）申请内容（第 27 条）

组织飞行活动的单位或者个人、操控人员信息以及有关资质证书；无人驾驶航空器类型、数量、主要性能指标和登记管理信息；飞行任务性质和飞行方式；起飞、降落和备降机场（场地）；预计飞行开始、结束时刻；航线、高度、速度和空域范围，进出空域方法；指挥控制链路无线电频率以及占用带宽；应急处置程序等。

（十一）飞行计划确认（第 30 条）

已获批单位或者个人组织飞行活动的，应当在计划起飞 1 小时前向空管机构报告预计起飞时刻和准备情况，经空管机构确认后方可起飞。

（十二）无需申请情况（第 31 条）

微型、轻型、小型无人驾驶航空器在适飞空域内的飞行活动；常规农用无人机作业飞行活动；警察、海关、应急管理部门在其驻地、靶场等上方不超过真高120 米的空域内的飞行活动，但需在计划起飞 1 小时前经空管机构确认等，无需向空管机构提出飞行活动申请。

（十三）飞行行为规范（第 32 条）

依法取得有关许可证书、证件；实施飞行活动前做好安全飞行准备，及时更新电子围栏等信息；实时掌握飞行动态；保持必要安全间隔；微型机应当保持视距内飞行；夜间或者低能见度条件下飞行应开启灯光；超视距飞行应掌握飞行空域内其他航空器的飞行动态，采取避免相撞措施等。

（十四）避让规则（第 33 条）

避让有人驾驶航空器、无动力装置的航空器以及地面、水上交通工具；单架飞行避让集群飞行；微型无人驾驶航空器避让其他无人驾驶航空器等。

（十五）禁止行为（第 34 条）

违法拍摄军事设施或其他涉密场所；扰乱单位工作秩序或者公共场所秩序；妨碍国家机关工作人员依法执行职务；投放含有违反法律法规规定内容的宣传品或者其他物品；危及公共设施、单位或者个人财产安全；危及他人生命健康，非法采集信息，或者侵犯他人人身权益；非法获取、泄露国家秘密，或者违法向境外提供数据信息等。

五、管理系统建设及试点应用

（一）无人机综合管理平台

2018 年，民航局启动无人驾驶航空器空管信息服务系统（UTMISS）建设，陆续开通深圳⊖和海南两个试点区域。它是民航局为掌握民用无人机飞行活动，为民用无人机飞行提供空域、计划、安全评估等方面服务，实现与相关监管部门协同管理的信息化系统，是民用无人机运行管理的窗口⊖。能够提供限飞空域划设、空域信息共享、飞行计划申请、飞行信息提示等服务。从事无人机飞行的单位或个人需要按照《轻小型民用无人机飞行动态数据管理规定》的要求，通过 www.utmiss.com 在线提交飞行申请并查看批复信息。同期，上海推出了智能无人机管理服务系统（https：//gaj.sh.gov.cn/wrj/），济南推出了"济南市民用无人驾驶航空器飞行管理服务系统"等，可以进行信息核录、飞行计划申报等一系列操作。

2019 年，民航局整合现有监管系统功能，启动无人机综合管理平台（UOM）建设，目标是形成全国统一的无人驾驶航空器一体化综合监管服务平台。平台围绕行政管理、运行管理、部委协作、社会服务 4 方面职能，融合各管理部门间信息交互需求，重点关注无人机运行安全、效率、效能及可扩展性，实现民用无人机注册登记、人员资质、航空器适航、空域动态和静态管理、飞行计划和航空情报等基础服务功能，逐步实现基于 UOM 平台的行业安全监管，构建"行业管理+社会管理"框架，探索建立完善低空交通管理体系，为未来通用航空器与无人机低空融合运行提供制度与技术探索。具体体系结构和数据采集传输关系设想如图 5-1、图 5-2 所示。

（二）典型试点应用

2017 年以来，国内针对无人机飞行管理、无人机经营许可、多场景适航和机场限制空域无人机管理等问题开展了一系列试点验证工作，并取得初步进展。

深圳地区无人机飞行管理试点。由南部战区、民航中南管理局、深圳市人民政府共同组织，2018 年 11 月发布《深圳地区无人机飞行管理实施办法（暂行)》，配套推出深圳地区无人机飞行综合监管平台。该试点以飞行管理为核心，

⊖ 2023 年 7 月 10 日，深圳市公安局根据 2023 年 6 月 28 日《无人驾驶航空器飞行管理暂行条例》迅速更新了《个人无人机空域申请流程及注意事项》，见深圳市公安局网站政府信息公开栏目。

⊖ 中国民用航空局空管行业管理办公室. 轻小型民用无人机飞行动态数据管理规定（AC—93—TM—2019—01）[S]. 2019-11-05.

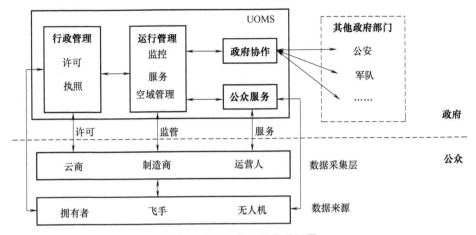

图 5-1　UOM 体系结构关系图

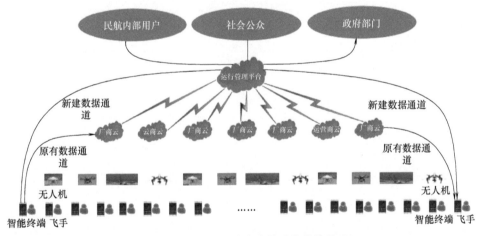

图 5-2　UOM 飞行动态数据采集传输关系

涵盖空域管理、无人机管理、公共安全管理等内容，依托监管平台实现飞行快捷审批、航迹实时可见、管理快速查证、综合信息发布等，验证军地联动、统一高效、责任落实、协调密切的常态化管理格局。

江西省赣州市无人机物流配送应用试点。针对赣州高低起伏的丘陵地貌带来的物流配送难问题，2017 年 10 月，民航华东地区无人机物流配送试点项目启动。2018 年 3 月，民航华东管理局为顺丰速运（集团）有限公司颁发了"无人机航空运营（试点）许可证"，顺丰在试点空域内累计试验飞行约 8300 小时，为探索建立符合实际需求，区别于运输航空和通用航空的无人机物流运行平台，制定无人机物流末端配送管理标准，满足无人机产业发展和安全管理需要提供了支撑。

陕西省无人机物流配送经营活动试点。2017 年 11 月，民航局批复陕西省使用无人机开展物流配送经营活动试点项目，探索无人机物流配送管理模式和制度规范；研发无人机物流配送运营监管信息系统；构建相关安全生产标准体系，推动制定安全运营标准；研究提出无人机运行空管安全评估、空域划设和保障服务的措施方法等。京东获得了民航局颁发的终端物流运营许可证，采用旋翼轻小型无人机、大中型无人机实施试点飞行超过 13000 架次、距离 7.6 万千米、时长 4094 小时，形成《末端物流无人机安全运行手册》。

无人机适航审定试点。根据 2019 年 1 月民航局适航审定司印发的《基于运行风险的无人机适航审定的指导意见》，探索货运无人机、巡线无人机、载人无人机的适航标准和审定方法，进行各类运行场景下的风险分析。天域航通公司 Y5、朗星公司 AT200、航天时代飞鸿-98、易瓦特巡线无人机等进行了适航审定试点。亿航智能协助民航局开展了载人无人机运行分析、适航标准制定和验证等工作。

第六章
无人机管理问题

近年来，由于存在管理法规欠缺、产品谱系繁杂、购销渠道多元、性能参差不齐、空域管理严格、人员资质欠缺等原因，对无人机的管理和服务明显落后于发展需求。虽然相关部门做了大量工作，但问题仍然存在。

一、管理规范不健全，法规制度未成体系

伴随着无人机快速发展，普遍存在的疑问是：无人机研发有什么标准？生产上有什么限制？企业、机构和个人购买不同机型需要什么条件？买到后在什么时间、什么地点、什么空域可以飞？要飞找谁申报批准？等等。这些问题对于大部分无人机使用者来说，都是心中的一个个问号。特别是《无人驾驶航空器飞行管理暂行条例》出台前，相关无人机管理服务的政策法规、标准规范、管理模式滞后于行业发展与日常使用需求。

（一）行业规范不健全

民用无人机作为快速发展的新兴产业，行业规范标准滞后于市场发展的困境日益显现。现有规定和标准大多由民航主管部门或行业协会制定，研究设计、生产制造、科研试验、市场准入、运行使用、适航许可、监视管理等环节缺乏统一的、系统的、强制性的国家标准和行业法规，无法满足无人机全流程监管需求。

1. 标准体系不健全

2017 年，国家标准委、工业和信息化部、民航局等联合发布《无人驾驶航空器系统标准体系建设指南（2017—2018 年版）》，明确了无人驾驶航空器系统标准体系建设的总体要求、建设内容和组织实施方式，提出无人驾驶航空器系统标准体系框架，以指导相关标准体系建设工作。此后，我国制定了近百项相关标准，涵盖无人机设计、生产、应用多个方面。虽然进步明显，但仍存在体系不健全的问题。一是成型标准数量少，涉及专业领域比较狭窄，基础性、通用性和关键技术标准缺失，不能满足研制生产及运行管理需求。如缺乏无人机身份识别码

标准、统一的轻小型无人机产品质量认证标准、大中型无人机适航认证标准，以及针对无人机运行的飞行安全间隔标准等。二是有的权威性不足，操作性不强，指导牵引作用不明显。1995 年的《无人机通用规范》（GJB 2347—1995）颁布比较早，主要是针对军用或测绘等领域专用无人机。2015 年后，中国无人机产业联盟先后出台的《民用无人机系统通用技术标准》《固定翼无人机系统通用技术标准》《单旋翼直升无人机系统通用技术标准》等，只是行业协会的指导标准，不具有强制性。到底由哪些部门、机构来颁布标准，如何强制落实制度机制尚不明确。三是编写设计中针对性还不强。通常参考有人驾驶飞机设计手册和有关标准规范进行研究设计，对无人机平台机体结构、飞行特征、可靠性、电磁兼容性等与有人机不同特点考虑的还不充分。四是权威标准体系内容需要进一步协调。前述国家标准委等颁布的标准体系建设指南，侧重于无人机系统本身。为了与民航现有管理体系相衔接，2022 年 8 月，民航局颁布《民用无人驾驶航空法规标准体系构建指南 V1.0》，构建了"初始适航""运行"和"经营"三个方面分块结构，涉及面更广，角度上有所区别，标准设置上有所交叉。

2. 生产制造管理不规范

2020 年 3 月 20 日，工业和信息化部《民用无人机生产制造管理办法（征求意见稿）》面向社会公开征求意见。根据该办法，工业和信息化部负责实施民用无人机生产制造的行业管理，对民用无人机产品开展唯一识别码管理，制定相关生产制造标准，建立民用无人机生产制造产品信息系统，为顺利推进无人机生产制造管理工作的奠定了良好的基础。但多年来因长期没有正式法规，无人机生产制造管理不规范的现象仍然存在。国内一些行业协会和核心企业虽然自行在产品生产、运行监管方面出台了一些管理办法，但也是局部的、有限的。体现在制造、销售和使用的管理要求针对性不强，管理对象与责任主体不清晰。源头管理缺失，缺乏适当的准入制度，生产制造门槛低，没有明确的生产监管部门和生产资质要求，也缺少对无人机用自动驾驶仪等核心设备制造、销售与应用的全流程监控，部分机型和核心部件可能流入战乱地区。生产企业数量规模难以准确统计，如一些科研机构为了适应市场需要和对外经营采用了不同的名称。总体上处于群雄逐鹿、优胜劣汰、优化组合的大发展、大跃进阶段。

把适航证作为无人机特别是大中型无人机飞行许可的前提条件，可能会遏制行业快速发展。《中华人民共和国民用航空法》第 34 条明确："设计民用航空器及其发动机、螺旋桨和民用航空器上设备，应当向国务院民用航空主管部门申请领取型号合格证书。"第 35 条明确"生产、维修民用航空器及其发动机、螺旋桨和民用航空器上设备，应当向国务院民用航空主管部门申请领取生产许可证书、维修许可证书。"这些条文主要针对传统航空器更新迭代速度慢、涉及人员生命安全等情况，所以制定了非常严格的适航制度，而无人机自身鲜明的特点需要相应的法规予以规范。《民用无人驾驶航空器系统适航审定管理程序》等文件的发布和《无人驾驶航空器飞行管理暂行条例》出台，初步解决了这一问题。

3. 产品技术和质量把控不严格

很多无人机生产企业主要从市场需求出发依据自己的标准生产，研制过程缺少严格规范的控制与管理，导致产品质量良莠不齐。不少企业以采购零配件组装形式进行无人机研制生产，缺乏自主创新能力，产品没有质量保证；在市场因素驱动下，系统设计中更强调成本、重量、功能和性能等因素，部分厂商在元器件、原材料的选用上多采用成本较低的商用标准件，而不是航空标准元器件和材料，进一步降低了产品质量和可靠性；由于重量和电源功率限制，无人机系统冗余技术应用受到限制，稳定性和可靠性得不到保证；缺少区分不同类别无人机功能配置、指标限制和技术参数标准，操控系统电子地图中飞行高度、水平区域、机场及其他禁飞区等特殊地域也没有强制性标准，不仅导致飞行风险不受控，也对实现统一的、标准化的无人机运行管理造成障碍。如何统一监控产品质量、落实产品国家强制标准，如何规范产品材料、工艺以及企业资质，都需要进一步研究。

4. 终端销售制度不明确

无人机销售渠道通常分为网上和网下。购买并未区分限定不同的销售对象、使用主体和飞行用途，对商家尚未明确统一规范的销售资质；占市场主体的消费娱乐类无人机购买方便，销售渠道多元，一手交钱、一手交货或者货到付款，不需要提供任何资质证明，购买几乎没有门槛。2017年5月《民用无人驾驶航空器实名制登记管理规定》，落实了实行强制实名注册登记和机主身份认证，对销售端并无影响。军用与民用无人机的界限日益模糊，许多民用无人机可以经过改装用于军事目的，而对购买方没有明确的限制性措施。

对于航空器进出口管理问题，《中华人民共和国民用航空法》第37条明确："出口民用航空器及其发动机、螺旋桨和民用航空器上设备，制造人应当向国务院民用航空主管部门申请领取出口适航证书。经审查合格的，发给出口适航证书"，"租用的外国民用航空器，应当经国务院民用航空主管部门对其原国籍登记国发给的适航证书审查认可或者另发适航证书，方可飞行。"对比以载人为主要目的的运输航空器，如果把适航性和适航证书作为进出口无人机的前提条件，对于数量庞大，以个人消费娱乐和中小规模商业性活动为主的消费级无人机是不太合宜的。

（二）空管法规不完善

近年来，针对无人机飞行监管，工业和信息化部、交通运输部、民航局等已经制定出台国家层面无人机适航、注册、无线电频率使用、空域管理、运行管理、无人机操控员培训等空管法规多部，不断规范管理无人机运行，但仍存在法规不健全、不完善、效力不高、系统性不强等问题。

1. 民用航空法规针对性不强

大中型军用无人机作为国家航空器，主要通过内部航空管制规定，纳入现行航空管制保障体系。而民用无人机的关键词是"民用"，应当遵守我国民用航空器基本法规，如《中华人民共和国民用航空法》《中华人民共和国飞行基本规则》等。这些权威法规，由于起草时间和时代背景的原因，主要是针对传统有人驾驶航空器制定的，基本没有考虑无人机运行特性，缺少有关空域划设、计划申请、飞行间隔等专门针对民用无人机管理的条款[○]。有关条文要求如果推及无人机，直接导致大多数无人机飞行处于违法违规的边缘。

《中华人民共和国民用航空法》第 214 条明确："国务院、中央军事委员会对无人驾驶航空器的管理另有规定的，从其规定。"作为上位法规，它表明如无专项规定，无人机的航空活动将主要遵守这一法规。同时，这一法规将民用航空活动区分为公共航空运输和通用航空两大类。从分类上讲，无人机不属于公共航空运输，只能列入通用航空管理，而无人机飞行是否全部属通用航空本身就是问题。该法第 145 条明确："通用航空，是指使用民用航空器从事公共航空运输以外的民用航空活动，包括从事工业、农业、林业、渔业和建筑业的作业飞行以及医疗卫生、抢险救灾、气象探测、海洋监测、科学实验、教育训练、文化体育等方面的飞行活动"；第 146 条明确："从事通用航空活动，应当具备下列条件：（一）有与所从事的通用航空活动相适应，符合保证飞行安全要求的民用航空器；（二）有必需的依法取得执照的航空人员；（三）符合法律、行政法规规定的其他条件。从事经营性通用航空，限于企业法人。"第 147 条规定："从事非经营性通用航空的，应当向国务院民用航空主管部门备案。从事经营性通用航空的，应当向国务院民用航空主管部门申请领取通用航空经营许可证。"

按上述规定，在当前无人机还未用于公共航空运输的情况下，所有无人机飞行活动均应归为通用航空。一般认为，将具有一定任务载荷或者升空高度、航程、速度达到一定标准的大中型无人机，纳入通用航空产业较为合理，把轻小型消费娱乐类无人机纳入通用航空显然并不合理。如把其归为通用航空，就需事先获得从事通用航空活动的资格且拥有取得执照的操控人员，这很难适用于数量庞大的消费娱乐类无人机。

[○] 2007 年修订的《中华人民共和国飞行基本规则》，仅在第 27 条提到"气球"等有关无人驾驶航空器问题："升放无人驾驶航空自由气球或者可能影响飞行安全的系留气球，须经有关飞行管制部门批准。具体管理办法由国务院、中央军事委员会空中交通管制委员会会同国务院民用航空主管部门、中国人民解放军空军拟定，报国务院、中央军事委员会批准实施。"

　　2018 年 5 月 1 日实施的《民用航空空中交通管理规则》，虽然在第 18 章专门设节明确无人机空中交通管理有关问题，但也只用模糊的语言，要求民用无人机飞行活动应当遵守国家有关法律法规和民航局的规定，无人机在民用航空空域内活动、管制单位向无人机提供空中交通服务应当遵守国家相关法律法规和民航局相关规定。2021 年 4 月 1 日生效的《通用航空空管运行规定》第二条"本规定适用于除公务飞行和无人驾驶航空器飞行以外的通用航空飞行活动"，明确将各种类型的无人机排除在通用航空之外。2022 年 7 月 1 日起施行的《通用航空安全保卫规则》，在第二条中亦将无人机排除在外："本规则适用于在中华人民共和国境内依法设立的通用航空器运营人在境内开展的除使用无人驾驶航空器之外的通用航空活动，以及与上述通用航空活动相关的单位和个人。"以上管理规定表明，一般的中小型无人机飞行活动并未纳入通用航空范畴。

2. 空管法规仍待完善

　　2009 年后，我国行业主管部门制定颁发了《民用无人驾驶航空器系统空中交通管理办法》《民用无人机驾驶员管理规定》等多个文件，对无人机管理做出了积极探索，但这些规定多为暂行、试行的行业指导性规定，约束力和可操作性存在局限，难以实现对无人机飞行的有效管理。《轻小无人机运行规定（试行）》《民用无人机驾驶员管理规定》定性为"咨询通告"，《民用无人驾驶航空器系统空中交通管理办法》定性为"管理文件"，都不是严格意义上的管理法规。

　　《民用无人驾驶航空器系统空中交通管理办法》第 2 条指出，"本办法适用于依法在航路航线、进近（终端）和机场管制地带等民用航空使用空域范围内或者对以上空域内运行存在影响的民用无人驾驶航空器系统活动的空中交通管理工作。"第 4 条指出，"民用无人驾驶航空器仅允许在隔离空域内飞行。"这就将大量在非隔离空域、未对民航空域产生影响的消费娱乐类轻小型无人机飞行排除在外，大大缩减了法规的适用和管理范围。同时，管理办法明确了无人机运行评审和隔离空域运行制度，涉及适航文件和隔离空域划设标准等问题尚需完善具体细则。

　　《通用航空飞行管制条例》第 4 条明确，关于"从事通用航空飞行活动的单位、个人，必须按照《中华人民共和国民用航空法》的规定取得从事通用航空活动的资格"；第 41 条规定，从事通用航空飞行活动的单位、个人违反本条例规定，有下列情形之一的，由有关部门按照职责分工责令改正，给予不同级别的处罚或依法追究刑事责任：未经批准擅自飞行的；未按批准的飞行计划飞行的；不及时报告或者漏报飞行动态的；未经批准飞入空中限制区、空中危险区的。这些规定缺乏轻小型无人机的针对性，也不适用于大多数的消费级无人机从事的通用航空相关活动。

《无人驾驶航空器飞行管理暂行条例》的出台，为进一步健全完善无人机相关法规提供了基本依据。

3. 法规宽严尺度不一致

《民用无人驾驶航空器系统空中交通管理办法》第5条提出，无人机如要在民用航空使用空域内飞行，需要满足最大起飞重量小于或等于7千克、昼间飞行、飞行速度不大于120千米/小时等10项条件并通过地区管理局评审，管理要求比较严。

《民用无人机驾驶员管理规定》明确，空机重量小于0.25千克的Ⅰ类和单机小于4千克或起飞全重小于7千克的Ⅱ类民用无人机，由系统驾驶员自行负责，无需执照管理；《民用无人驾驶航空器系统空中交通管理办法》第5条明确，民用无人驾驶航空器最大起飞重量小于或等于7千克，无需通过评审。但目前市场上的消费级无人机基本都属于小于7千克的Ⅰ类、Ⅱ类产品，即绝大部分民用无人机管理，实际处于不需要办证的真空地带，管理尺度施之过宽。

《通用航空飞行管制条例》规定，利用航空器进行航空摄影活动的单位、个人，必须在提出飞行计划申请时提交有效的任务批准文件。而对无人机而言，空中摄影是无人机最基本、使用率最高的应用，拥有海量的民间爱好者。如果要求每一次飞行都提交飞行计划和批准文件，显然存在管理过严的问题。

除条文差异外，由于多年来国家、行业无人机管理法规与地方政府相关管理规定等多头发布、滚动修订、并行执行等特点，仍然存在权限区分不明、内容相互矛盾、前后要求不一致的问题。

4. 空域管理规定不完善

主要表现在三个方面：一是《民用无人驾驶航空器系统空中交通管理办法》第10条，主要基于传统航空用户需求、地域因素和通航飞行特点，明确"为其单独划设隔离空域，明确水平范围、垂直范围和使用时段。"这种设隔离空域运行的方式，大大限制了无人机的使用范围。对于普通用户而言，空域划分、空域申请、周围可用航路和其他空域的安全间隔标准等不明确，更难以为个人用户单独划设空域。二是现行《中华人民共和国飞行基本规则》《中华人民共和国飞行间隔规定》，没有明确无人机与有人机的安全间隔标准，在实际空域管理中难以保障飞行安全。三是民用无人机主要是在低空空域飞行，而我国低空空域管理相关法规还未正式出台，《低空空域使用管理规定》（征求意见稿）也未专门考虑无人机低空空域分类管理问题，只提及无人机"飞行计划按管制空域相关规定申请办理，通常不得与有人驾驶航空器在同一空域组织飞行"。总体来看，完整系统的针对民用无人机的规章及管理体系尚不完善，从而造成实际飞行中无法可依、有法不依、执法困难的问题。

（三）飞行管理比较严

《中华人民共和国飞行基本规则》第 35 条规定"所有飞行必须预先提出申请，经批准后方可实施"，这对以消费级为主体的数量庞大的民用无人机来说显然难以适用。

1. 资质登记复杂

需向民航地区管理局申请非经营性通用航空登记，提交飞行、维修人员资质和无人机相关证照（国籍登记证、特许飞行证等），与起降机场签订保障协议（自建起降点亦需事先完成对通信、导航、监视等能力的审定）。

2. 空域和飞行计划申请烦琐

按照通用航空管理无人机，飞行申请流程主要参照通用航空审批模式执行，采用一事一批的方法。无人机使用人或研发生产单位每次飞行，都应向当地航管部门提出申请，取得任务核准、机场使用和空域批复后再组织飞行。但一般管制部门只受理企业用户的飞行计划申请，而不受理个人用户的飞行计划申请，导致个人用户申请程序烦琐、效率较低、合法飞行困难。虽然部分地区试点建设了飞行管理系统，但也仅是试点性质或局部的。

3. 提前时限要求高

无人机飞行准备时长普遍短于有人机，消费级无人机飞行起降时刻、地点、环境更为随意，完全按照有人机关于空域、计划等申请的时限要求，在前一天 15 时前向当地航空管制部门申报飞行计划并不现实。

4. 计划批复比较困难

由于大多数民用无人机无需或未经适航、安全性认证，而《通用航空飞行管制条例》要求从事通用航空飞行活动，必须取得通用航空活动资格，而且对于消费级无人机，现行管制平台难以使用探测手段主动发现识别，管制部门批复飞行计划存在很大困难。特别是严管时期可能全面禁飞，遇有国家重要会议、大型集会、国际赛事等重大活动和敏感时段，通常采取"捂在地面不让飞"的粗放式管理，由公安部门发布公告或通知禁止本地区全域或特定空域飞行。这类强制性管理方式，只适用于重大安保活动期间，并不适合常态化管理。它与人民群众日益增长的无人机使用需求产生直接矛盾，严重影响制约了无人机大规模运用和行业发展，也不利于人民群众培养正确的航空理念、树立正确的航空意识。

5. 空管保障力量不足

无人机飞行频次高、区域广、需求大，航空管制部门现有编制主要服务于有人机飞行管理，保障大量无人机运行监管工作面临巨大挑战。2017 年 4 月，因双流机场无人机扰航事件频发，西部战区空军曾公开了飞行计划申请热线，实际结果是难堪重负。这些因素导致许多人知难而退，不愿意按规矩办事，多数无人机特别是轻小型无人机，实际大多处于"黑飞"状态。

6. 商业运行审批严格

2015 年 12 月 30 日，民航局就《使用民用无人驾驶航空器系统开展通用航空经营活动管理办法》向社会征求意见，提出无人驾驶航空器开展经营必须具备 10 个条件，特别是要求具备通用航空经营许可、无线电台执照、适航证三个许可证引发巨大争议。很多人认为这三个许可证是一个"死循环"。因为要取得经营许可后，才能到工商注册登记，但要取得经营许可，需要拥有无人机，但是没有工商登记，却无法开立银行账户对外付款购买无人机。目前许多无人机属于个人所有，比如做农业植保的农业合作社及农民，与通航的运营企业不同，要求取得经营许可后再进行工商注册，没有可操作性。2018 年 3 月 21 日该文件以《民用无人驾驶航空器经营性飞行活动管理办法（暂行）》正式出台，将基本条件简化为一个经营许可证。总的来看，简单照搬"通用航空"办法，想让无人机合法合规高效地飞起来并不顺畅⊖。

2024 年 1 月《无人驾驶航空器飞行管理暂行条例》实施后，为解决上述矛盾问题提供了法规依据，但具体贯彻落实还有许多具体工作要做。

二、多头分散管理，缺乏统筹协调

无人机作为新兴快速发展行业，数量庞大繁杂，大众化、领域化使用趋势明显，其从研制生产、销售使用到安全管理，涉及生产制造、适航审定、行业标准、空域管理等多个环节，军队、民航、公安、体育、气象、工商等多个部门，国家空防组织、军航民航协调、法律规章制定等多个方面，其属性与许多部门单位职能存在交叉，基本处于名义上"有分工"与实际上"难合力"的管理状态。

（一）监管界限模糊，责任主体不明

无人机管理涉及领域广泛，需要国家多个相关部门协同管理。目前，民用无人机管理责任区分主要依据国务院办公厅下发的《关于促进通用航空产业发展的

⊖ 美国甚至有更极端的例子。美国新罕布尔州"House Bill 97"无人机治理法案，对商业无人机治理堪称史上最严。除了与美国联邦航空局（FAA）治理条例内容部分重叠外，该法案还明确：在没有得到相关基础设施所有者书面同意的情况下，不得在该区域水平 152.4 米（500 英尺）、垂直 121.9 米（400 英尺）的距离内操作飞行；无人机不得靠近相关基础设施并与其接触；不得使用无人机在一定距离范围内对相关基础设施或该设施的操作人员进行干扰；无人机严禁挂载武器。最严无人机法案出台：基建所有者书面同意才能飞［EB/OL］.［2017-01-23］.

指导意见》(国办发〔2016〕38 号)，规定民航局负责建设通用航空安全监管平台，实时监控飞行动态；工业和信息化部负责民用无人机无线电频率规划管理；军队负责空中查证处置违法违规飞行活动，公安部门负责"落地查人"，严厉打击"黑飞"等违法违规行为，确保低空飞行安全有序。实际效果是管理部门多、职能分散、协调复杂、效率不高。"重战时轻平时、重处罚轻管理、重事后轻事前、重大中型轻微小型"的问题普遍存在。

　　各监管单位需要有切实的监管力量和技术手段，才能有效保证对无人机实施有效监管。由于民用无人机爆发式增长，现在全国平均每日飞行约 3 万~4 万架次，民航、公安、军队等都没有专门的相关监管力量，也无法做到对大量低空飞行的无人机进行实时动态监控，机构设置、监管力度、监管范围、监管经验等都不足以应对长期实时的监管任务。同时，由于缺乏相应的质量标准和事故鉴定机构，一旦发生事故，责任往往难以明确。

　　针对缺少国家层面统一组织协调无人机安全管理情况，2016 年国家层面建立了无人驾驶航空器管理部际联席工作机制，成员单位包括军地 28 个司局级单位。在这一机制基础上，无人机的监控，主要是军地多部门联合兼管，各自分管一个领域。由于这个机制的成员单位分属各个行政体系，均为司局级，且没有明确具体职责，实际运行中遇到一些问题难以落实责任主体。

（二）监管机制不顺，协调效率不高

　　从日常运行看，轻小型无人机日常飞行以及大中型无人机任务运行，运营资格涉及民用航空主管部门负责的行业资质审核，空域运行涉及军民航空管部门负责的空域申请批复，安全监管涉及地区监管部门，审批协调环节很多。

　　从处置流程看，对于应对处置无人机空中突发情况，高效常态化军地联合处置机制和责权统一的指挥协同关系尚不健全，信息共享链路也未打通，管控力量分属不同体系单位和部门，遇有突发情况难以在短时间内实施快速联合应对处置。一旦出现违法犯罪倾向或者失控、偏离预定飞行程序等异常情况，地方公安部门协调查证和判明目标性质难以快速完成，直接影响应对处置效率。

　　从现实应对看，大多违规无人机信息往往是群众直接上报给公安机关，民航、部队等部门无法第一时间获得线索；公安机关既缺乏处置违规飞行的明确法律依据，也受限于处置能力。如果找不到无人机操控员，就只能再通知民航、部队等部门协助处理，造成时间延误，导致违规无人机已不见踪影或已造成实际危害。

　　监管力量发展不平衡也影响着监管效率。无人机监管在一线城市、省会城市等相对较为重视，也较为严格。北京市规定在国家法定特殊日期、重大会议期间，以天安门广场为中心 200 千米范围内禁止一切飞行活动，平日要在五环外远

离繁华区域飞行。但国内很多地方，对无人机的管理还缺乏相关规定，甚至重大活动安保工作中也没有相应的管理和防范措施。

（三）监管力度较弱，惩处力度不足

2024 年 1 月《无人驾驶航空器飞行管理暂行条例》实施前，我国缺少专门针对无人机违法违规行为的处罚细则，行政处罚缺乏法律依据。《中华人民共和国民用航空法》等法律法规和管理细则，主要适用于正规载人航空器从研制生产到运行使用全过程，对于正规航空公司或合法程序审批备案的飞机有明确的规范要求。但对全面开花、随意升空的危险"黑飞"行为，处罚规定过于笼统，无法上升到国家法律的层面进行监管，造成严重后果时只好给予行政处罚，法律的权威性、针对性、威慑力和细节调控力不足。

《民用无人驾驶航空器系统空中交通管理办法》没有对无人机违规飞行方面的惩处规定。比较接近的是《通用航空飞行管制条例》第 41 条：如发现违规飞行，先进行批评劝阻，不听劝阻的可给予警告；情节严重的，处 2 万元以上 10 万元以下罚款，并可给予责令停飞 1 个月至 3 个月、暂扣直至吊销经营许可证、飞行执照的处罚；造成重大事故或者严重后果的，依照刑法关于重大飞行事故罪或者其他罪的规定，依法追究刑事责任[⊖]。

如果造成扰乱单位秩序和公共秩序等后果的，可依照 2012 年修订的《中华人民共和国治安管理处罚法》第 23 条规定，以扰乱单位秩序和公共秩序进行处罚。情节严重并造成严重后果、严重损失的，可以按照《刑法》第 114 条、第 115 条，以危险方法危害公共安全罪或过失危害公共安全罪立案查处。新的治安管理处罚法涉及了专门针对无人机违法飞行处罚的相应条款，但还在修订之中，颁布实施需经一定立法程序。

在管理机制上，空管部门不是无人机等违法飞行的执法部门，没有行政执法权，不能作为查处违法飞行的执法主体。具体执行主要是通过公安机关，对"黑飞"等行为给予罚款或行政拘留的处罚，影响较小的多没有受到有效惩处。2013 年 12 月北京非法航拍事件进入法律程序，涉案人员被判刑 1 年 6 个月，缓刑 2 年，是无人机"黑飞"判刑首例。法院认为，郝某等 3 人在未经有关部门许可、且未取得无人机驾驶员资质的情况下，擅自操纵无人机进入首都空中管制区，造成严重后果，已经构成以过失危险方法危害公共安全罪。这一事件历经一年多时间才最终以"过失以危险方法危害公共安全罪"进行判决，而国内其他被查处的"黑飞"情况大多仅是被行政处罚。

面对无人机飞行的潜在危险，如何厘定违规飞行事件性质，是对执法者专业

⊖ 《通用航空飞行管制条例》（国务院第 371 号令），2003-01-10.

素质的新考验。既不能因为没有发生事故就豁免其可能担负的法律责任，也不能人为夸大威胁。《无人驾驶航空器飞行管理暂行条例》正式出台，为执法方依法依规处置违规飞行提供了法理依据。

在全民反恐的大背景下，美国在这方面的处罚力度比较大。民事处罚最高为2.75万美元，刑事处罚最高25万美元，甚至可能面临3年监禁。2017年1月，美国FAA与芝加哥一个主要提供航空摄影和数据服务的公司就无人机违规飞行事件达成和解。该公司在未获得政府特别许可的情况下，在人群密集地区进行了无人机航拍飞行。根据最终和解协议，公司同意支付20万美元罚款，并制作一份公益广告，专门宣传无人机安全问题[一]。而依据我国新出台的飞行管理暂行条例，相关处罚亦可高达50万元[二]。

三、监控手段未成体系，应对处置比较困难

长期以来，对无人机特别是在中低空飞行的轻小型无人机，缺乏成体系的、有效的监控技术手段。近年来一些单位研究开发了融多种手段于一体的综合监控系统，特别是4G、5G移动通信技术的发展提高了对消费娱乐类无人机的控制与监管的能力。但总体来看，看不远、看不全、辨不清、查处难的问题仍然比较突出。

（一）难以事前掌握

主要有三方面原因：一是轻小型无人机起飞、释放和回收随意性大。一般对起降场地要求不高，有一个相对空旷的空域即可。有的采用手抛放飞，有的利用滑轨发射放飞，有的垂直起飞。即使需要滑跑起飞的无人机，有一小块相对平整的场地或公路，就能满足起降需求，空管部门很难连续掌握其飞行动态。二是无人机飞行未纳入现有空管体系。传统空管模式中，管制人员可以通过多种途径与有人机飞行员直接沟通，而无人机操控员与管制单位通常难以建立及时有效的通讯联系，无法对其进行"面对面"的管制指挥。包括大中型无人机的控制站、数据链系统和其他支持设备在内，大部分无人机及其地面测控设备，未与空管系统实现信息交联和互通，空管部门无法提前掌握无人机的飞行计划，跟踪后续飞行状态。三是一些企业研发的无人机管理"云系统"，只能在无人机升空后跟踪掌握其飞行动态。

[一] 美国严厉打击无人机黑飞：一家公司违规被罚20万美元［EB/OL］．［2017-01-18］．
[二] 国务院、中央军事委员会《无人驾驶航空器飞行管理暂行条例》（2023年6月28日发布，2024年1月1日起施行）第49条。

（二）难以探测发现

目前，我国空管已具有较强的独立监视能力，构建了以不依赖目标提供信息的一次雷达，以及通过询问和飞机应答获得信息的二次雷达为主的监控网络。但很多地区低空空域的雷达、通信等基础设施尚不完备，存在着对低空、超低空小型动态目标实时监控能力弱，难以满足低空监控需求的问题，更难以做到全国低空全覆盖。对空监视信息获取手段优缺点见表6-1。

1. 一次雷达难以发现低慢小目标

一次雷达通过向空中定向辐射电磁波，检测空中目标电磁波反射确定目标位置。经过多年建设，我国已经形成了较为完备的以脉冲多普勒体制为主体的一次雷达监视网络，基本实现主要民航运输航路航线 8400 米以上空域连续稳定监视。但一次雷达发射的多个波束拥有不同的仰角，对千米以上高度覆盖较好，在低空和顶空区域易形成盲区。且多工作在 S 波段，可检测的目标等效截面积大于 2 平方米，测距精度 120 米左右，不能满足无人机在繁忙空域的低空监视要求。因此，除少量大中型无人机外，对飞行高度仅有百余米的中小型无人机，动态监控比较困难。

2. 中小型无人机大多未安装二次雷达应答机

二次雷达系统包括发射和接收装置，飞机上必须安装应答机，以检测地面雷达的询问脉冲信号并发送一个不同频率的应答信号，实现一问一答的过程，从而管制员可以获取飞机二次雷达应答机代码、飞行高度、飞行速度、航向等相关参数。其优点在于：具有识别码，可以和 ATC/ATM 系统中的飞行计划相关联，具有高度码和应急标志等；受地杂波和气象杂波的影响较小；以较小的发射功率实现较远的探测距离。但二次雷达应答机普遍采用中小规模集成电路和分立元件设计，体积较大，中小型无人机由于自身体积和成本的原因，大多数没有或无法安装，也就难以对它实现有效监视。

表 6-1 对空监视信息获取手段优缺点

序号	监视手段	优点	缺点
1	一次雷达	可主动探测获取大中型无人机位置信息，中高空监视效果较好	监视范围有限，地面设施建设投入大，对小型、低空无人机监视能力较差
2	二次雷达	与中高空空管保障监视手段相同，地面设施设备可以共用	无人机需要加装机载二次应答机，低空监视覆盖不足，不能监视非合作目标
3	ADS-B	与低空空域空管保障采用的监视手段相同，地面设施设备可以共用，低高度监视覆盖较好	无人机需要加装 ADS-B 设备，地面设施建设投入大，不能监视非合作目标，使用明码保密性和防欺骗能力较差
4	北斗导航系统	使用北斗导航系统获取定位信息后，可直接通过北斗数据链回传，地面设施建设投入小，飞行监视范围大	北斗数据链信道带宽和用户数量有限

3. ADS-B 自动相关监视技术[⊖]存在技术盲点

ADS-B 广播式自动相关监视技术，是通过数据链以广播方式周期性向一定范围内的其他飞机或地面站，发出或接收标识、位置、高度、速度和其他应用数据信息，供航空管制人员对飞机状态进行监控的技术。较传统二次雷达监视，ADS-B 系统具有运行维护成本低、监视效率高的优点，总的成本约为二次雷达的十分之一，而且可以提供比二次雷达更多的目标信息，实现空地、空空和地地监视，获取目标位置精度更高，更新频率更快。

但用于无人机监视，主要有以下四个方面的缺点：一是无法监视未安装相关设备的轻小型无人机。ADS-B 技术采用主动广播信息技术体制，无法获取未装备 ADS-B 设备的无人机飞行信息。二是监视范围受限。ADS-B 通信电磁波传输为视距传输，监视范围取决于无人机飞行高度及地面站接收站天线高度。由于无人机飞行一般高度较低，限制了监视范围。三是通信数据链压力大。国际民航组织推荐的 1090MHz S 模式扩展电文数据链（1090ES），采用选择性询问、双向数据通信，存在数据链资源紧张、与传统设备相互干扰的问题，随着无人机规模数量快速增长，将进一步加重 ADS-B 数据链工作负荷，在极端情况下可导致通信中断，监视性能下降的情况。四是易受到干扰和电子欺骗。由于 ADS-B 技术协议公开，其身份识别和位置信息都可以通过编程实时控制。因此，不法用户可以利用该技术特点，伪造身份、制造假目标假航迹，使探测监控失效。

4. 自身特征不利于被探测发现

无人机及其飞行活动固有的小型、隐身、灵活、随机等特征，增加了对其探测跟踪和预警的难度。主要表现在：一是机身小巧。由于无需操控员位于机舱内操作，大多数无人机都比有人机体积小得多，从而减小了反射面积，降低了被雷达探测的概率。二是留空时间短、飞行高度低。受地球曲率和地面障碍物遮蔽影响，雷达波难以直接照射到目标，影响了及时发现和有效反应。三是飞行速度较慢。有些无人机的飞行速度甚至低于雷达检测门限，类似于鸟类的飞行，导致脉冲多普勒体制雷达自动将其过滤。四是大部分为非金属复合材料制造，除部分机型框架结构使用航空铝材外，机体大多采用碳纤维复合材料和工程塑料，具有流

⊖　ADS-B 的全称是 Automatic Dependent Surveillance-Broadcast。最初是为越洋飞行的航空器在无法进行雷达监视的情况下，利用卫星实施监视所提出的解决方案。ADS-B 分为两类：发送（OUT）和接收（IN）。其中，发送（OUT）是 ADS-B 的基本功能，它负责将信号从航空器发送方经过视距传播发送给地面接收站或者其他航空器。接收（IN）是指航空器接收其他航空器发送的 ADS-B OUT 信息或地面服务设备发送的信息，为机组提供运行冲突警告、避撞策略、气象等信息。

线型外观，进一步缩小了雷达反射面积，增加了监测难度。

即使美国这样技术先进的国家，也同样存在对低空无人机难以进行有效监控的问题。2006 年 5 月，伊朗使用一架无人机对在波斯湾巡航的"里根"号航母实施空中侦察。该无人机在"里根"号航母上空盘旋了 25 分钟后才被美军发现。虽然美军派出 4 架舰载战斗机和 2 架直升机进行拦截，但这架无人机最终还是安全返回本国基地。

（三）难以识别验证

由于多数无人机飞行速度较慢，目标所呈现的回波特征易与鸟群、电磁干扰、气象干扰等相混淆，雷达难以辨别真伪；低空无人机目标回波信号常常淹没在地物杂波干扰中，使雷达不易分辨实际目标，即使能够发现也多是时隐时现，难以形成连续航迹；对于未进行注册、安装应答机或敌我识别设备的无人机，即使能够探测到，也无法对其属性进行识别和身份验证。同时，多种类型无人机在外形特征和材料使用上十分相近，机载系统多采用模块化设计，可搭载不同的设备来执行不同的任务，特别是当识别系统受到干扰不能发挥作用时，仅仅通过雷达信号或外观特征，几乎无法分辨目标性质和任务类型。当空中出现大批各种用途的无人机时，目标识别和威胁程度判断更加困难。

（四）难以应对处置

对于无人机空中突发情况的处置，主要基于军队和空管监控信息，以地方公安力量和军队防空力量为主。

地方公安力量缺乏有效管理手段。由于探测识别困难，缺少飞行活动相关信息通报渠道，军地长效联动机制缺乏，对于进入重点地区、机场净空区、人口稠密区和有违法犯罪倾向的无人机，一旦出现失控、偏离预定飞行程序等空中异常情况，协调查证和判明目标性质难以快速完成，直接影响地空联合处置效率。很多地方公安系统没有能够将其拦截、驱逐、控制、击毁的手段和装备，遇有情况难以快速反应和有效反制。

军队防空力量效费比太低。其平时主要以日常防空作战为主，只能兼顾保障重大任务期间核心地区临时部署及防控，无法满足无人机常态管理需要。完全依托军事力量查证处置，出动作战飞机和直升机进行迫降和击落，也存在效费比不高、浪费防空资源的问题，犹如"高射炮打蚊子"，效率低、不经济且不安全。由于无人机等低慢小航空器速度一般仅有 100～200 千米/小时，而歼击机由于速度过快，发现目标后难以连续稳定跟踪，基本不具备查处能力；若使用空空、地空红外制导导弹对付目标，由于无人机体积小、多为螺旋桨发动机，红外特性弱，难以跟踪和锁定目标，不易构成发射条件；即使通过目视发现，使用高炮、航炮或导弹射击，又存在目标被弹面小、命中率低、处置成本很高的问题；而且，和平时期在人口密集的城市上空进行强力处置，也存在管理过度的问题。

四、培训体系不完善，飞行安全隐患多

无人机升空飞行，涉及自身飞行安全、空管部门负责的运行安全、政府监管部门负责的公共安全和军队战备值班系统负责的空防安全，四个方面的安全内涵和责任主体各不相同。其中，负责飞行组织实施的操控员对安全飞行负有直接责任。

（一）操控技能和安全知识欠缺

操控能力素质和飞行知识直接影响飞行安全。作为无人机的从业人员，应具备相关的航空法规知识、空管常识、飞行技能和安全知识，但很多相关人员不具备或者缺乏相关专业知识，成为影响飞行安全的潜在因素。

1. 使用群体快速增长，稀释了操控员队伍的专业性

无人机使用人员队伍由最初的专业航空人员、航空爱好者，迅速向非航空领域人员扩展。这些人员中，除了少量行业应用级无人机操控员外，大部分没有经过相关培训，不具备相关专业知识，成为安全飞行的隐患。

2. 专业操控人员所需良好的思想、技术、心理和身体等综合素质比较欠缺

与传统航空器不同，无人机及其系统属于高科技产品，与操控人员和所处环境共同构成了完整的人—机—环境系统，通过远程遥控、人机分离的模式完成。动态变化的空中情况和实时任务管理，对操控员的智力水平、判断决策及人机协作能力提出了很高的要求，需要相关人员具备良好的安装调试、维护操作、系统配置、精准操控等专业知识，对飞机和飞行环境灵敏感知的能力，以及特殊情况的应对处置能力。很多人未经过正规培训，缺乏相关知识，遇有空中突发情况时，难以及时判明周围空中情况，并迅速有效进行应对处置。

3. 高强度工作影响操控品质

虽然无人机操控员不像有人机飞行员那样，时刻面临生命安全及空中安全问题，但是精神高度集中、信息处理强度高、工作负荷大等因素，所造成的精神和脑力负荷相对较高等现实问题，会直接影响其对无人机的操控品质和飞行安全，特别是对一些远程长航时飞行操控更是如此。美军曾对3种无人机进行安全性调查，其中"捕食者"每10万飞行小时"A"级事故率为32次，"全球鹰"为7.59次。其中大部分事故都由"人为因素"导致。如2004—2006年，共有15架"捕食者"无人机坠毁，其中12架无人机事故是由于人为过失造成的。相比

之下，有人机安全性要高得多，如 F-16 型战斗机每 10 万小时事故率只有 3.5 次[⊖]。

（二）多数人员不具备飞行资质

《中华人民共和国民用航空法》第 40 条明确：航空人员应当接受专门训练，经考核合格，取得国务院民用航空主管部门颁发的执照，方可担任其执照载明的工作。第 42 条明确：航空人员应当接受国务院民用航空主管部门定期或者不定期的检查和考核；经检查、考核合格的，方可继续担任其执照载明的工作。无人机操控人员作为行业相关人员，应该遵守上位法规的要求。可以认为，在《民用无人驾驶航空器系统驾驶员管理暂行规定》发布之前，除部分专业人员外，大部分无人机操控员均属于无证驾驶，很多是"说明书"玩家，即仅仅通过使用说明书、网络学习、老手经验传授等方式，完成自我培训。这一规定推动我国无人机进入持证飞行阶段。

2016 年、2018 年修订后的《民用无人机驾驶员管理规定》在飞行资质要求上，与前一版本基本相同。规定以下三种情况无人机系统驾驶员自行负责，无需执照管理：一是在室内运行的无人机；二是 Ⅰ 类无人机（即空机和起飞全重小于等于 0.25 千克）、Ⅱ 类无人机（即起飞全重小于等于 7 千克）；三是在人烟稀少、空旷的非人口稠密区进行试验的无人机。目前 7 千克以下是无人机数量最大的群体，因此，实际上大部分无人机使用人员没有经过专业培训。

据统计，2017 年底我国无人机驾驶员合格证总数只有 24407 本[⊖]，其中固定翼机型合格证 2121 本，直升机机型 1343 本，最主要的多旋翼机型合格证 20833 本，主要分布在生产研发企业、相关应用单位和大专院校等。到 2020 年底合格证总数增长至 88944 本（其中固定翼机型 3673 本、直升机机型 2043 本、多旋翼机型 81092 本、垂直起降固定翼 2130 本、飞艇 6 本）[⊜]。2022 年底增加至 152795 本。虽然逐年大幅增长，但与无人机百万级的保有量相比仍不成比例。随之而来的是人员素质参差不齐，操作技能缺乏，专业知识不足，飞行安全意识、国家空

⊖ 美军无人驾驶航空器飞行事故分类标准与有人驾驶飞机相同，按照美国空军条令（编号 AFI91-204）《安全调查与报告》执行。具体分类标准如下：A 级事故，导致以下一项或多项结果的事故：造成 100 万美元以上的损失；造成人员死亡或者完全丧失行动能力；造成飞机损毁（无法修复）。B 级事故，导致以下一项或多项结果的事故：造成损失在 20 万～100 万美元；造成人员丧失部分行动能力；造成三人以上受伤住院治疗。C 级事故，导致以下一项或多项结果的事故：造成损失在 1 万～20 万美元；造成人员受伤而且超过 1 个工作日不能工作，或者造成职业病。D 级事故，导致以下一项或多项结果的事故：造成损失在 2000～10000 美元；造成人员伤害在 C 级标准以下。

⊜ 中国民用航空局飞行标准司. 中国民航驾驶员发展年度报告（2017 年版）[R]. [2018-02-09].

⊜ 中国民用航空局飞行标准司. 中国民航驾驶员发展年度报告（2020 年版）[R]. [2021-03-11].

防意识淡薄，时常出现未经申请擅自飞行、破解飞行控制模块、随意改变飞行计划等现象，扰乱了空中秩序，甚至引发飞行冲突，成为潜在的安全隐患。

（三）证照培训体系尚待整合健全

无人机操控员的技术培训和资质认证，是无人机安全管理的重要一环。缺乏飞行资质的原因，除法规的强制性要求不足外，重要原因是无人机及其系统的培训体系尚不健全，当前无人机培训体系主要呈现官方资质管理牵引、多头并举教育培训的局面。2013 年和 2016 年民航局发布的两个民用无人机驾驶员管理规定，明确了无人机驾驶员主要由行业协会或民航局管理，其中的行业协会是指全国性的行业协会[一]。近年来，为进一步深化民用无人机驾驶员执照管理模式改革，落实国家相关要求，增加考试资源供给，优化考试服务质量，充分调动社会化管理资源，民航局建立了民用无人机操控员执照考试管理服务提供方机制，全国主要有中国航空器拥有者及驾驶员协会、深圳市大疆创新科技有限公司、中国地理信息产业协会和中国民航飞行员协会等。

2014 年和 2015 年民航局以通知形式，明确主要由中国航空器拥有者及驾驶员协会（简称 AOPA），按照相关法律、法规及规范性文件，负责在视距内运行的空机重量大于 7 千克以及在隔离空域超视距运行的无人机驾驶员的资质管理，民航局飞行标准司负责对 AOPA 的管理工作进行监督和检查[二]。中国 AOPA 授权相关机构进行培训，2017 年底共有 199 家无人机培训机构经 AOPA 审定具有培训资质[三]。考试合格者颁发《民用无人驾驶航空器系统驾驶员合格证》（实体证件）。

经过前期探索实践，2018 年 9 月 1 日起，无人机驾驶员资格管理由民航局全面负责，训练考核合格后由民航局颁发《民用无人机驾驶员执照》（电子执照），分为视距内、超视距和教员 3 个驾驶员等级，根据无人机种类分为固定翼、直升机、多旋翼等 7 个类别等级，考试内容标准与原 AOPA 证相同，并可增发《民用无人驾驶航空器系统驾驶员合格证》实体证件，即"一考双证"——执

[一] 实施无人机系统驾驶员管理的行业协会须具备以下条件：A. 正式注册五年以上的全国性行业协会，并具有行业相关性；B. 设立了专门的无人机管理机构；C. 建立了可发展完善的理论知识评估方法，可以测评人员的理论水平；D. 建立了可发展完善的安全操作技能评估方法，可以评估人员的操控、指挥和管理技能；E. 建立了驾驶员考试体系和标准化考试流程，可实现驾驶员训练、考试全流程电子化实时监测；F. 建立了驾驶员管理体系，可以统计和管理驾驶员在持证期间的运行和培训的飞行经历、违章处罚等记录；G. 已经在民航局备案。中国民用航空局飞行标准司. 民用无人机驾驶员管理规定（第 6 点）［S］.［2016-07-11］.

[二] 中国民用航空局. 关于民用无人驾驶航空器系统驾驶员资质管理有关问题的通知（民航发［2015］34 号）［S］.［2015-04-23］.

[三] 中国民用航空局飞行标准司. 中国民航驾驶员发展年度报告（2017 年版）［R］.［2018-02-09］.

照和合格证。

在前期试点基础上，2020 年底中国 AOPA 正式成为民航局民用无人机驾驶员执照管理服务提供方。截至 2022 年 6 月，经过中国 AOPA 审定合格并正在运行的民用无人机驾驶员训练机构超过 400 家。其颁发的合格证自动转换为民用航空局无人机驾驶员电子执照（见图 6-1），原证所载明的权利一并转移至该电子执照。持有民航局执照或 AOPA 合格证，可以使用对应类别、级别的无人机进行商业飞行，向空军及航管部门申报飞行空域时作为人员证照凭证。

图 6-1　电子执照样图

慧飞无人机应用技术培训中心由大疆创新公司创立，拥有分校 10 个、合作院校 6 所，主要专注于航拍摄影、农业植保、电力巡检等职业技能培训，设航拍、植保、巡检、测绘、安防 5 个专业，开设无人机航拍摄影、农业植保、电力巡检、应用通识，以及无人机公安消防和传媒行业应用等培训课程。考核合格由慧飞培训中心与中国航空运输协会通用航空分会、中国成人教育协会航空服务教育培训专业委员会，联合颁发《UTC 无人驾驶航空器操作手合格证》。持证人员可以进入慧飞培训中心的人才库，通过慧飞设立的就业部门获得就业机会。近年来陆续为新华社、国家电网、各地公安局等众多单位提供了培训服务。

与国家体育总局相关联的中国航空运动协会（ASFC），通过传统的航空模型协会指导建立的培训机构组织固定翼、直升机和多轴飞行器驾驶员培训，其第一批考核认定单位有北京市模型运动协会、山西省航空运动协会等 20 余家。这些协会再授权航空俱乐部、航模科技公司等进行具体培训工作，合格者颁发《遥控航空模型飞行员执照》。拥有此执照，可以操作起飞重量 25 千克以下的航模

（必须遥控器操作、视距内飞行、飞行距离 500 米以内、高度 120 米以下）。

2019 年，随着国务院《国家职业教育改革实施方案》的出台，我国出现了人社部和教育部两个体系下的职业技能等级证书。在无人机方面，人力资源和社会保障部相继发布了无人机驾驶员、无人机装调检修工等新职业，并委托有关部门制定新职业国家职业技能等级标准。国家职业技能等级证书 COSL，由人社部门备案的评价机构依据职业技能标准或评价规范进行考核评价，对合格者授予无人机驾驶员、无人机装调检修工职业技能等级证书。通常分为五个等级：初级、中级、高级、技师、高级技师。教育部发布的无人机职业技能等级证书分为初级、中级、高级共三级，分别是无人机操作应用、无人机航空喷洒、无人机检测与维护、无人机拍摄、无人机摄影测量、无人机组装与调试、无人机驾驶、物流无人机操作与运维（初级、中级）和植保无人飞机职业技能等级证书。

此外，中国地理信息产业协会（CAGIS）和中国民航飞行员协会（ALPA）分别于 2020 年 11 月和 2022 年 6 月，分别成为民用无人机操控员执照考试管理服务提供方。

总的来看，《民用无人机驾驶员管理规定》并未明确培训工作的统一认证标准、教学训练体系、审定核准教材、培训组织程序、证照分类等级等具体要求。由于多方培训颁证，市场化推进造成目前培训体系、培训内容不统一不规范，教学基础水平良莠不齐等问题，效率和质量难以保证，培训工作的系统化、规范化、标准化有待进一步细化完善。加上市场利益诱惑和业务交叉模糊，容易造成培训和认证行为不规范，给参训专业人员和无人机飞行爱好者带来困扰。

同时，《无人驾驶航空器飞行管理暂行条例》明确了培训要求，但未涉及培训体系建设。只提到部分机型需要"按照国务院民用航空主管部门的规定经培训合格"，以及农用机型"按照国务院民用航空、农业农村主管部门规定的内容进行培训和考核，合格后取得操作证书。"相关培训体系建设仍需整合健全。

中　篇

无人机管理系统与技术

第七章
无人机管理系统架构

　　无人机管理系统是面向无人机运行服务与管理目标，集空域管理、飞行安全管理、公共安全管理、公共信息服务于一体，支撑军航、民航、政府（公安、工信、市场监管等）多部门的无人机综合监管体系运行的设备设施及网络环境的总和。无人机管理系统框架和技术架构设计的合理性，将直接影响无人机服务管理方的内部协同效率和面向无人机用户提供服务的能力。

一、无人机管理系统要素

（一）主要目标

　　无人机管理系统的主要目标是有效维护和促进无人机运行安全，维护空中交通秩序，提高空域使用效率，实现无人机在规定空域内"安全""高效""智慧""协同"的运行。

　　"安全"是无人机管理的底线要求。无人机在国家领空范围内执行任务飞行和作业飞行，需要各监管方从无人机生产、使用、管理等方面进行全生命周期的管理，分类施策，将飞行安全风险、公共安全风险和国家安全风险降低到可接受的安全水平。

　　"高效"是指科学安排无人机与无人机、无人机与有人机之间的飞行秩序，合理分配无人机空域用户与其他空域用户的用空顺序和空域使用的优先级，使其顺畅融入国家空域系统并高效运行，最大程度减少无人机之间、无人机和有人机之间的相互干扰和冲突，降低无人机飞行和服务保障的运行成本和时间成本，实现无人机空域运行的经济性、飞行服务的高质量和空域资源的高利用率。

　　"智慧"是指无人机管理任务的实现需要智能化技术支撑。它是无人机管理服务高质量发展的技术保障，随着无人机数量增加和应用领域拓展，无人机管理技术高度依赖人工智能、大数据、区块链等新技术以提升服务保障能力。

　　"协同"是指无人机监管方和运营方之间的协同发展，需要军队、国务院工业和信息化主管部门、国务院市场监督管理部门、公共安全管理部门、民航主管部门、地方政府和飞行服务机构之间充分协调，密切配合，建立协同决策机制，共享监管信息和飞行动态，确保无人机在各方协作下高效安全运行。

（二）典型应用场景

目前，民用无人机的应用场景主要包括专业航拍、农林植保、电力巡检、地理测绘、防火灭火、海事监管、航空物探、物流运输、通信中继和空中交通等，是无人机管理系统的主要服务领域。

（1）专业航拍 用于执行各类空中拍摄任务。一般由轻小型无人机执飞，飞行方式主要为在视距范围内的特定区域飞行，伴随不定位置的固定悬停，飞行区域主要在郊区或城市。在空中作业过程中，无人机操控员按照预先设定的飞行路径进行航拍。为了提高图像效果和清晰度，经常需要在一定范围内调整飞行高度。

（2）农林植保 用于农田作物喷药。通常由中小型无人机执飞，携带 25～40 千克的药箱载荷，飞行高度 30 米以下。可采用多架无人机同时执飞，一般起飞点离作业区域很近，飞行前无须进行空域与计划的审批。飞行区域主要在农村种植地上方，飞行路线多为 U 型。

（3）电力巡检 由无人机携带可见光/红外相机等载荷进行，主要用于山区、海岛、农村电力线路的巡检。主要使用无人直升机、大型固定翼无人机和中小型无人机，在半径 100 千米左右范围的电力通道内巡视。无人直升机的巡检任务通常为 220 千伏及以上的交、直流线路，大型固定翼无人机的巡检任务通常为具备起降条件的远程特高压、超高压线路通道，中小型无人机一般执行 220 千伏以下输电线路的精细巡检。电力巡检对无人机的典型指标要求为续航时间大于 3 小时，最大巡航速度不小于 150 千米/小时，悬停升限大于 2000 米，测控半径大于 100 千米，飞行高度一般为 180～600 米。中小型无人机巡检飞行速度相对较慢，悬停较多，飞行高度随杆塔高度变化，通常距地面高度 150 米以下。其飞行路径沿输电线路规划，通常比较固定。

（4）地理测绘 小型无人机多用于大比例尺、小区域地理测绘或应急测绘，具有机动灵活、高效快速、作业成本低等特点；大型无人机多用于大面积地理测绘，可解决小型应急测绘无人机续航时间短、工作模式单一、多云雾天气无法获取影像数据等局限，实现长航时、多载荷、多云雾条件下影像快速获取，以及影像快拼、视频数据地空同步实时传输等。大型无人机测绘作业范围可达 300 千米，按照测绘质量要求分区进行，飞行路径完整覆盖分区，一般采用往复栅格的飞行路径，飞行高度与重叠率要求和测绘目标地区的海拔高度变化相关，一般在 1000 米以下低空作业。

（5）防火灭火　从任务类型上看，可分为无人机战略火情监测和战术火情监测。具有卫星中继或多机中继通信的长航时大型无人机是实现大面积、远距离战略火情监测的有效手段，用于在林区等广域范围内进行大面积火灾巡查，飞行高度 3000～10000 米，为了实现搜索覆盖，其飞行路径常为往复栅格，航时可达数小时[⊖]。战术火情监测及控制通常是在火情重点区域内进行火场态势建模、火情监控或定点灭火，一般采用轻小型无人机，飞行高度数百米，飞行路径可为往复栅格、环形盘旋或定点悬停，实时回传火场图像，并可搭载灭火设施实施定点灭火。

（6）海事监管　使用大型无人机和中小型旋翼无人机用于海上巡逻执法、调查取证和应急处置，实现空中广域海上监视、海上搜寻与救助、海上船舶监管（AIS）、船舶溢油排污监视、航标巡查、航道测量和海上实时话音通报等，弥补巡逻船视程短、巡检速度慢、反应不及时、难以把握整体态势、无法实时有效跟踪和取证难等不足。天津、广东及长江等多个海事局先后开展了多项无人机海事应用的课题和空中巡航监测试验。"彩虹 4"固定翼无人机实现了国产中大型无人机的首次海事公务飞行，"彩虹 5"型无人机针对复杂多变的海洋局势和海洋环境进行了特殊设计。在近岸、港口或航道的近程海事巡逻或近距离的取证常用中小型旋翼无人机，其具有智能跟踪、超清拍照、位置共享等能力，携带方便，机动性强，适合复杂环境下的海事监管飞行。无人机海事监管飞行路径具有一定的机动性，除在任务区域内按预定路线巡查飞行外，当发现目标时，需要机动追踪并下降飞行高度进行取证。

（7）航空物探　通常采用大中型无人机执飞，具有续航时间长、速度快、效率高等特点，可克服不利地形及气候条件限制，在短期内获取大面积地区的探测资料，在地址填图、区域地质构造研究、矿体探查等方面发挥重要作用。从2009 年开始，我国开始在嫩江、克拉玛依、喀什等低山地区开展无人机物探项目[⊖]，一般巡航速度为 200 千米/小时左右，在距地面 120～180 米高度稳定飞行，作业半径 2000 千米，作业时间 20 小时，较好解决了我国青藏高原大中比例尺地球物理工作效率低的问题。

（8）物流运输　主要用于城市或者偏远地区包裹、物资等的投送，通常采用支线货物运输与终端物流接驳结合的方式。2018 年 5 月，中国民用航空局出台文件指出，鼓励传统方式与新业态融合发展，支持物流企业利用无人机等提供

⊖　2013 年，我国 Z5 型无人机在内蒙古大兴安岭首次执行护林作业，最大巡航速度 160 千米/小时，飞行时间 4 小时。

⊖　2015 年，中国地质调查局组织多家科研单位共同完成了世界上第一套"彩虹 3"中型无人机航空地球物理综合测量系统；2019 年，"彩虹 4"大型无人机也进行了物探专用改装，同时搭载航磁、航重等多种物理探测设备，在西北某地区完成了航空物探试验飞行。

航空物流解决方案，推动新兴商业模式健康发展⊖。目前大型无人机支线货物运输距离主要是 100~1000 千米⊜，作业需求主要集中于西部地区，使用货物集散地附近民用支线机场或通用机场，采用点到点航线，飞行高度 2000~5000 米，飞行速度 180~360 千米/小时，一日数班。终端物流一般采用轻小型无人机，主要应用于偏远农村地区。飞行距离通常在 3 千米以内，隔离空域视距外自主运行，执飞时间一般不超过 1 小时，通常沿预先规划路线飞行到指定配送点下降到距地面 1 米的高度，卸载货物后沿原路返回。

（9）通信中继　大型无人机可作为应急通信保障的空中通信中继平台，解决基础设施交通损毁、孤岛地区、偏远地区等恶劣条件下的全天候通信和数据传输问题，应对地震、洪水、火灾等因灾害通信中断情况。国产"翼龙"无人机搭载无线通信基站设备，可从数百千米外的机场起飞，在海拔 3000~5000 米高度，在半径 3 千米的范围内以 100 千米/小时左右的速度沿环形路径持续盘旋，实现超过 50 平方千米范围内、长达 35 小时稳定连续信号覆盖⊜。高空长航时太阳能无人机可提供持久数据中继和 4G/5G 通信，实现区域全覆盖不间断态势感知和中继通信服务，未来亦可作为"空中移动 WiFi"基站，飞行时间数月甚至数年，为偏远地区或海岛提供便捷、廉价和响应迅速的移动通信和互联网接入服务㉿。

（10）空中交通　以无人机为载体的空中交通运输体系，由不同载荷能力、不同构型的无人机运输平台组成，分为远程小型客运无人机和低空短途载人无人机，未来城市空中交通（UAM）是其主要应用场景。远程小型客运无人机是指采用大型固定翼无人机进行航程较远的私人或公务飞行，主要使用点到点航线，飞行高度 2000~5000 米，最大飞行速度 350 千米/小时左右。低空短途载人无人机主要用于城市空中交通，即城郊通勤、城镇摆渡和区域旅游观光等，通常采用多旋翼大型无人机，飞行高度一般在几十到数百米，点到点或小范围盘旋飞行，速度 100 千米/小时左右，飞行时长不超过 1 小时。我国研发的载人级自动驾驶

⊖ 中国民用航空局发展计划司. 民航局关于促进航空物流业发展的指导意见（民航发〔2018〕48号）〔R〕. 〔2018-05-11〕.

⊜ 中国邮政速递物流水陆两栖无人机、京东京鸿、顺丰 FH-98（运 5B）和 AT-200 等大型固定翼货运无人机已开展多次验证并逐步进入应用阶段。

⊜ 2021 年 7 月河南特大水灾期间，翼龙-2H 应急救灾型无人机于 7 月 21 日 14 时 22 分从贵州安顺黄果树机场起飞，18 时 21 分进入巩义市米河镇上空，执行 5 小时侦查和通信中继任务。它通过融合空中组网、高点中继技术，实现图像、语音、数据互联，可以定向恢复 50 平方千米移动公网通信，建立覆盖 15000 平方千米的音视频通信网络。截至 23 时 20 分，累计接通用户 3572 个，产生流量 2089.89M。

㉿ 2017 年，我国彩虹太阳能无人机成功完成 20000 米以上高空飞行试验，飞行时间 15 小时，飞行速度 180 千米/小时。

无人机[⊖]已在国内外部分区域开展试运行。

（三）飞行使用空域

一定范围的空气空间称为空域，内陆国家的空域通常指本国领空，沿海国家的空域通常分为领空和非领空。空域具有自然属性和社会属性，其中社会属性是空域区别于空气空间的根本属性[⊖]。空域作为国家的战略资源，蕴藏着极大的国防和经济价值。无人机种类和作业应用场景决定了其所使用的空域。结合民用无人机微、轻、小、中、大型的分类要求所总结的飞行场景与空域使用及运行模式的对应关系见表 7-1。

表 7-1　无人机飞行场景与空域使用及运行模式对应关系表

序号	飞行场景	无人机类型	现阶段的一般空域使用需求	常用运行模式
1	专业航拍	微、轻、小型	管制空域/适飞空域内 • 120 米高度以下;部分数百米 • 柱状空域 • 视距内飞行	隔离运行
2	农林植保	小、中型	适飞空域内 • 30 米高度以下 • 矩形/多边形空域 • 视距内飞行	隔离运行
3	电力巡线	小、中、大型	隔离空域 • 180~600 米高度 • 管道空域 • 视距外飞行	隔离运行
4	地理测绘	小、大型	隔离空域 • 1000 米高度以下 • 矩形/多边形空域 • 视距外飞行	隔离运行/ 融合运行
5	防火灭火	小、中、大型	隔离空域/融合空域 • 3000~10000 米高度 • 柱状空域 • 视距外飞行	隔离运行/ 融合运行

⊖ 我国亿航公司的"亿航 216"型机实用升限 1000 米，续航能力 15~40 分钟，最大飞行速度 130 千米/小时；印度的 Produk Frogs V2 载人无人机时速 100 千米/小时，最大飞行高度可达 2400 米。

⊖ 陈志杰. 空域管理理论与方法［M］. 北京：科学出版社，2012.

（续）

序号	飞行场景	无人机类型	现阶段的一般空域使用需求	常用运行模式
6	终端物流	微、轻、小、中型	隔离空域/管制空域 • 100 米高度以下 • 柱状空域 • 视距外飞行	隔离运行
7	海事监管	小、中、大型	隔离空域/融合空域 • 3000 米高度以下 • 多边形/柱状空域（可能机动） • 视距外飞行	隔离运行/ 融合运行
8	航空物探	中、大型	隔离空域 • 120～180 米高度 • 柱状空域 • 视距外飞行	隔离运行
9	支线物流	中、大型	隔离空域 • 8000 米高度以下 • 点到点航线 • 视距外飞行	隔离运行/ 融合运行
10	通信中继	大型	隔离空域/融合空域 • 3000～5000 米高度 • 环形空域 • 视距外飞行	隔离运行/ 融合运行
11	空中交通	大型	隔离空域/融合空域 • 2000～5000 米高度 • 点到点航线 • 视距外飞行	隔离运行/ 融合运行

（四）管理系统节点

依据国家无人机分级分类管理和无人机综合监管的指导思想，结合无人机飞行场景与空域使用及运行模式，无人机管理系统是依赖无人机管理运行各节点，辅以不同空域范围内微、轻、小、中、大型无人机作业场景和 C2 链路、4G/5G 蜂窝网络技术、卫星中继通信，基于 ADS-B、4G/5G 蜂窝监视技术以及无人机管理运行信息系统的大型复杂巨系统，无人机管理系统运行全景视图如图 7-1 所示。

无人机管理系统的主要服务对象为国家无人机和民用无人机，涉及的责任主体包括空域管理单位、管制单位、空管运行保障单位等运行管理单位，国家空管顶层机构、民用航空主管部门、工业主管部门、市场监督管理部门、公安部门以及无线电管理机构等国家级行业主管部门，低空飞行服务单位、机场运行保障单位、空防警戒部门等外部相关方。无人机管理系统涉及的主要运行节点如图 7-2 所示，所涉单位之间的运行交互关系如图 7-3 所示。

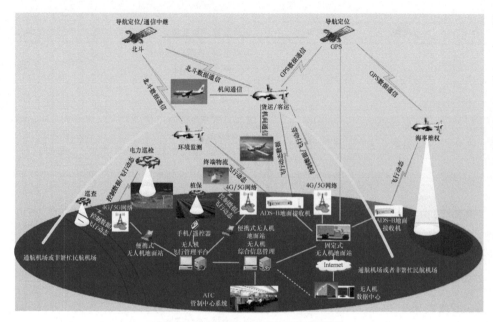

图 7-1 无人机管理系统运行全景视图

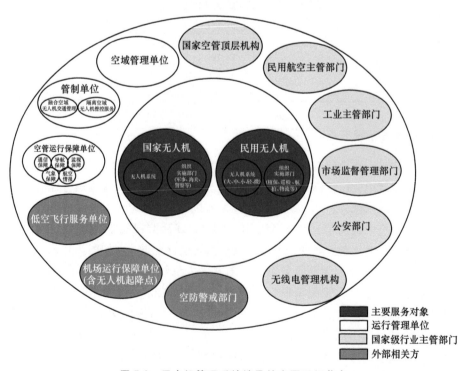

图 7-2 无人机管理系统涉及的主要运行节点

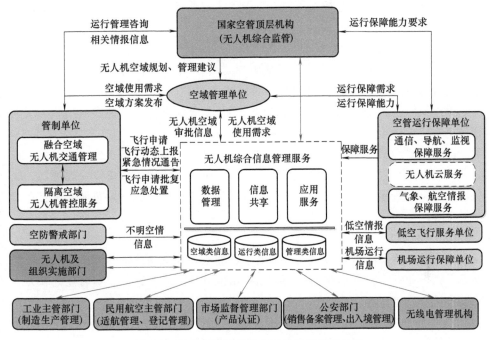

图 7-3　无人机管理单位之间的运行交互关系

1. 主要服务对象

我国境内飞行的各类民用无人机和国家无人机。

（1）民用无人机　用于民用航空活动的无人机，包括用于执行植保、巡检、航拍、物流等飞行任务的无人机（含无人机系统），以及负责组织实施部门。

（2）国家无人机　用于民用航空活动之外的无人机，包括执行军事、海关、公安等飞行任务的无人机（含无人机系统），以及负责其组织实施部门。

2. 运行管理单位

提供无人机空域资源的规划与管理、融合空域无人机交通管理、隔离空域无人机管理服务，以及通信保障、导航保障、监视保障、气象保障、航空情报服务的单位，主要包括空域管理单位、管制单位和空管运行保障单位。

（1）空域管理单位　国家空域管理、军航空域管理和民航空域管理单位，提供全国无人机空域的规划与验证评估。

（2）管制单位　管制单位由军航管制、民航管制单位构成，主要负责无人机日常运行管理，包括融合空域无人机交通管理和隔离空域无人机管理服务。军航管制单位包括各级管制业务主管单位、管制中心；民航管制单位包括各级管制业务主管单位、地区空管局管制中心、空管局（站）。

（3）空管运行保障单位　由现有军、民航空管通信保障、导航保障、监视保障、气象保障以及航空情报单位，以及无人云服务提供商等第三方无人机运行服务单位构成。

3. 综合监管相关单位

负责制定无人机行业政策，对无人机进行从研发、注册、鉴定、制造、流通、运行和报废等全生命周期监管的行业主管单位，主要包括国家空管顶层机构、民用航空主管部门、工业主管部门、市场监督管理部门、公安部门和无线电管理机构。

（1）国家空管顶层机构 中央空中交通管理委员会⊖及其办公室，主要负责制定无人机飞行管理相关法规、统筹无人机空中交通管理领域建设发展规划、规划建设综合监管平台、掌握全国无人机空域和运行情况、分析发布无人机管理数据信息等。

（2）民用航空主管部门 主要包括民用航空局空管行业管理办公室、飞行标准司、航空器适航审定司以及中国航空器拥有者及驾驶员协会等单位。主要提供无人机行业安全监管，包括民用无人机适航管理、经营许可、实名登记和无人机操控员资质管理等。

（3）工业主管部门 工业和信息化部，制订并发布无人机生产制造的指导意见和技术标准，包括电子围栏划设与传输标准等。

（4）市场监督管理部门 国家市场监督管理总局认证监督管理司，负责无人机行业质量认证体系的构建，提供无人机产品认证。

（5）公安部门 公安部，负责民用无人机公共安全监管，提供无人机出入境管理、无人机销售备案管理、无人机拥有者和操控员身份查验、无人机违规飞行处置等。

（6）无线电管理机构 工业和信息化部无线电管理局以及国家无线电管理委员会，提供民用无人机无线电管理。

4. 外部相关单位

主要包括机场运行保障单位、低空飞行服务单位和空防警戒部门。

（1）机场运行保障单位 机场场面管理、安防和运行保障部门，提供无人机起降机场和无人机起降点的运行保障。

（2）低空飞行服务单位 各级通航服务站、通航服务中心以及低空第三方服务单位，提供低空运行的各类情报和通航飞行动态。

（3）空防警戒部门 军队、武警等空防警戒相关单位，提供非合作目标的预警探测信息，辅助开展不明空情相关的监视和协助排查。

⊖ 中央空中交通管理委员会 2021 年一季度成立，3 月 31 日中央空管委主任视察了中国民用航空局空中交通管理局。

（五）系统涉及要素

从广义看，无人机管理系统作为一个复杂系统，涉及包括工程、社会和环境等要素（见图 7-4）。

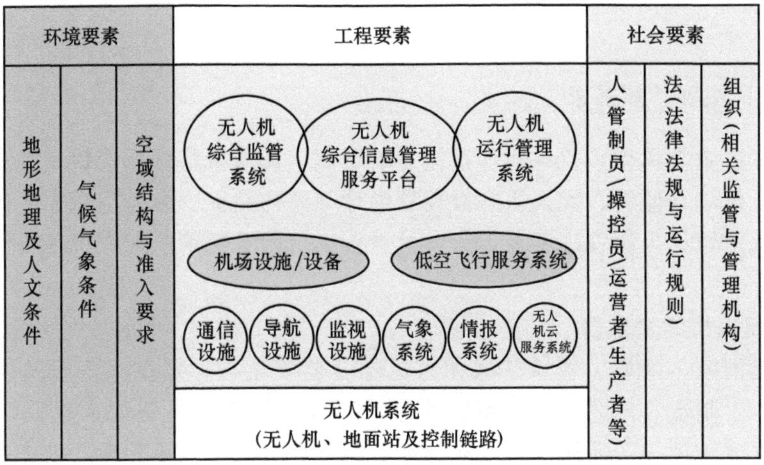

图 7-4　无人机管理系统涉及要素示意图

1. 工程要素

主要包括无人机系统（无人机、地面站及控制链路），通信设施、导航设施、监视设施、气象系统、情报系统、无人机云服务系统，机场设施/设备、低空飞行服务系统，无人机综合监管系统、无人机综合信息管理服务平台、无人机运行管理系统等。

2. 环境要素

主要包括地形地理及人文条件、气象气候条件和空域结构与准入要求等。在无人机尤其是轻、小、微型无人机飞行作业时，受外部环境影响较大，应根据无人机自身飞行性能，综合考虑地形地理和气象气候等环境因素，并结合不同空域结构对无人机运行提出的准入要求，充分评估后再实施飞行作业。

3. 社会要素

主要包括人、法、组织三方面的内容。无人机管理和生产运营相关的人员主要包括管制员、操控员、运营者（拥有者）、生产者等。我国无人机运行相关组织主要包括国家空管顶层机构、空域管理部门、无人机运行管理部门、运行保障部门，民用航空主管部门、工业主管部门、市场监督管理部门、公安部门、无线电管理机构，空防警戒部门、低空飞行服务部门以及机场运行保障部门等。国家空管顶层机构与相关部委联合，整体规划无人机的生产标准、飞行要求、适航、空管、市场等，制定相关产品和系统技术标准。无人机运行管理部门与运行保障部门提供融合空域无人机空中交通管理和隔离空域无人机飞行管理服务。地方政府结合区域的产业需求、空域条件、治安要求等实际情况，协同当地的军航、民航、公安等单位制定"属地化监管政策"，配合完成属地化监管。

（六）主要功能需求

为了有效支撑无人机空管体系能力的形成，无人机管理系统提供的主要功能包括无人机综合监管、无人机空域规划设计与评估验证、融合空域无人机交通管理、隔离空域无人机管理服务、无人机空管运行服务保障、无人机综合信息管理与服务等。

1. 无人机综合监管

构建国家、区域、省域三级无人机综合监管架构，提供无人机从研发、注册、鉴定、制造、流通、运行和报废等各环节的监管，具备无人机制造生产管理、无线电管理、产品认证、适航管理、经营许可、出入境管理、销售备案、实名登记、操控员资质管理、无人机拥有者/操控员身份查验、违规飞行处置、报废、注销管理等功能。

2. 融合空域无人机交通管理

在现有军、民航有人机交通管理系统基础上，针对无人机融合空域运行保障需求，进行功能增补和升级改造，实现有人机和无人机共域运行交通管理保障服务。主要包括融合空域申请与审批、无人机飞行计划申报与管理、无人机不间断飞行监视、有人机/无人机融合运行管制指挥、电子围栏及告警服务、无人机感知与避撞、管制员/无人机操控员管制话语与数据通信、无人机相关情报保障等功能。

3. 隔离空域无人机管理服务

根据国家无人机和民用无人机运行特点，围绕各类无人机隔离空域运行模式，提供隔离空域管理和飞行保障服务。主要包括无人机登记、身份识别与防篡改，隔离空域划设与发布、申请与审批，飞行计划人工及自动审批，飞行动态监视与应急处置，电子围栏及告警服务，管制员/无人机操控员通信，无人机相关的情报保障等功能。

4. 无人机空管运行服务保障

针对不同类型的无人机作业运行服务保障需求，在现有的有人机空管运行保障设施的基础上，新增无人机管理所需的感知与避撞、电子围栏和低空情报保障等功能，并能够整合无人机云、通航飞行服务等运行服务商的相关服务，为无人机运行提供不间断的通信保障、导航保障、监视保障、气象保障、航空情报等服务。

5. 无人机综合信息管理与服务

提供无人机综合监管部门、运行管理部门以及运营相关方之间的信息交互、管理与服务功能。具体包括无人机相关政策、条例、技术标准等信息及电子围栏、适飞空域、管制空域、地理信息等空域基础数据的管理与发布，无人机产品认证信息、实名登记信息、操控员执照信息、拥有者/操控员信息等行业主管部门间综合监管信息的协同与交互，无人机飞行计划、综合监视信息、预警/告警信息等运行数据的交互与共享，无人机空管数据挖掘分析、用户信用分析、飞行计划智能审批辅助决策等无人机应用服务。

二、无人机管理系统架构

（一）总体架构

无人机管理系统以空天地一体化信息网络为依托，以无人机空域、管理、运行等数据信息为核心，通过构建数据信息管理、交互与服务体系，实现无人机管理基础设施、无人机系统、相关人员、制造商、用户和运营单位等各类信息终端的无缝接入，促进无人机管理各方系统的信息交互共享，促使顶层监管和运行管理有机结合，支撑顶层管理机构开展无人机部际联合监管工作和重大问题决策，支持军民通航运行管理单位开展无人机日常管理工作，以隔离、融合两类运行模式，对无人机飞行实施管理，向无人机用户提供按需服务。无人机管理系统逻辑架构图如图 7-5 所示。

无人机管理系统基于顶层筹划及相关行业管理，包括数据信息管理、交互与服务，运行管理以及相关基础设施等部分。其中，顶层筹划及相关行业管理是无人机管理的决策中枢，为实施国家顶层无人机监管决策和实现部际联席工作、解决无人机监管重大问题提供支撑，起到统筹、监管、引导无人机管理有序、高效发展的作用。数据信息管理、交互与服务体系是无人机管理的运行枢纽，也是无人机顶层监管和日常运行管理的信息纽带，具有无人机管理相关数据的统一管理、无人机管理各方的信息共享交互、面向管理方和用户的信息按需服务三大能力。运行管理及其相关基础设施是无人机管理的执行骨干，用于管理各类型无人机的日常运行，根据无人机运行模式的差异，可分为无人机融合飞行空中交通管理和无人机隔离运行管理服务两部分。前者的管理对象是与有人机共域融合运行的无人机，由于在融合空域飞行时，无人机总体上需适应有人机的飞行规则，这部分将以现有军民航空管架构及设施设备为基础，通过增加、调整局部设备及功

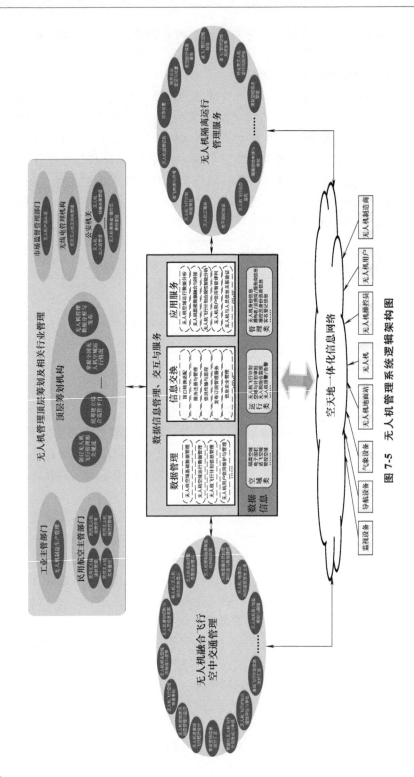

图 7-5 无人机管理系统逻辑架构图

能，满足有人机、无人机共域安全运行和统一管理的需要。后者的服务管理对象是运行在相对隔离的空域、通常不会与有人机产生冲突的无人机，其管理方式是无人机所特有的、区别于现有空管机制的新监管方式，更加注重无人机生产、销售、注册、登记、使用、报废全生命周期链条的合法合规性监控与多方协同管理处置，其管理内容主要包括适飞/管制空域的划设与发布、隔离空域的申请与审批、飞行计划手动/自动申报审批、电子围栏划设、无人机云服务、无人机监管识别、无人机飞行动态监视以及协助地方公安实现查证与处置等。

（二）技术架构

1. 无人机管理系统技术架构

无人机管理系统技术架构从技术实现角度，描述无人机管理的各技术要素组成及其关系，落实系统建设的技术内容。无人机管理系统技术架构图如图7-6所示。

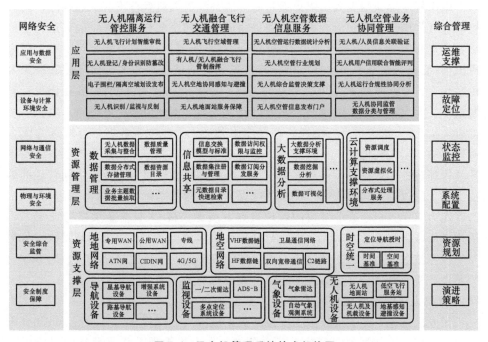

图 7-6　无人机管理系统技术架构图

资源支撑层通过整合基于星基数据链通信、空地通信数据链、卫星导航等技术，规范各类资源的组网运用和受控管理，为无人机管理系统运行提供基础支撑。主要包括地地网络、地空网络、时空统一、导航设备、监视设备、气象设备以及无人机设备等。

资源管理层通过组织调度各类资源服务，支撑实现资源向云端汇聚，提供动态、弹性、按需分配的服务，为各无人机管理业务的处理提供环境支撑。围绕数据管理、信息共享、大数据分析和云计算支撑环境等需求，支持上层无人机管理应用的快速重构和集成。其中，数据管理是系统应具备的基本能力，核心是建立完善的数据管理制度，明晰数据管理各环节涉及单位的职责，实现各类无人机管理来源数据准确、完整、有序，并具备持续更新的能力。信息共享通过无人机管理数据信息资源目录，建立共享数据组织和服务基础框架，在此框架中规定标准数据集的定义与构成，并实现元数据采集和发布，形成多角度、多层次的信息资源共享体系。大数据分析的总体目标是构建大数据分析支撑环境，实现多层次的数据分析应用，通过建立综合主题分析，提升跨业务数据分析能力。云计算支撑环境主要通过虚拟化、分布式计算等技术体制与相关标准，支撑构建各类业务应用，调度各类底层资源管理服务、基础服务和功能服务，为应用系统快速集成和重构提供支撑。

应用层主要包括无人机隔离运行管控服务、无人机融合飞行交通管理、无人机空管数据信息服务和无人机空管业务协同管理四个部分。无人机隔离运行管控服务重点开展无人机登记/身份识别防篡改、电子围栏/隔离空域划设发布、无人机识别/监视与反制等相关技术研究，实现隔离空域管理和飞行保障服务；无人机融合飞行交通管理重点开展无人机飞行空域管理、有人机/无人机融合飞行管制指挥、无人机空地协同感知与避撞以及无人机地面站服务保障等技术攻关，实现有人机/无人机共域运行交通管理保障服务；无人机空管数据信息服务为无人机管理的顶层机构做决策提供支持，通过建设专项业务分析，深入挖掘各类专项环境管理业务的数据分析需求，为军民航各管理机构提供专项业务协同管理的数据支持，通过基础档案应用，加强各项无人机监管的基础数据支撑，提高无人机监管能力；无人机空管业务协同管理重点发展无人机/人员信息关联验证无人机用户信用联合智能评判、无人机运行合规性协同分析及无人机协同监管数据分类与管理等技术体制标准，解决无人机顶层管理部门、军民航空管单位、地方政府等各类日常业务办公系统数据不连通、业务难协同等突出问题。

2. 无人机管理系统关键技术

无人机管理系统关键技术主要包括无人机隔离运行管理技术、无人机融合飞行交通管理技术和相关支撑技术三个分支。无人机管理系统关键技术组成图如图 7-7 所示。

无人机隔离运行管理技术，是为了实现无人机在适飞空域、限制空域、隔离空域的飞行管理，在空管业务层面所需的技术，主要由空域/计划管理和无人机飞行服务两个子技术领域组成。其中，空域/计划管理包含空域划分与管理、空域隔离保护、空域/计划申请与审批、飞行空域监视和隔离空域运行风险评估等技术分项，并涉及适飞空域/限制空域划设与发布、隔离空域划设与评估、无人

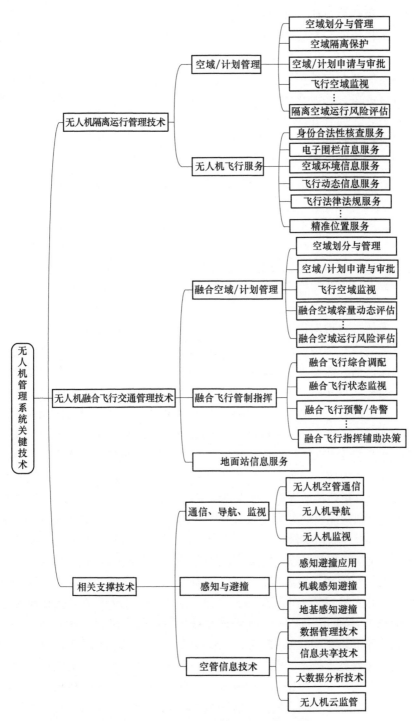

图 7-7 无人机管理系统关键技术组成图

机低空航路规划与评估、低空数字化、低空空域动态协同管理、电子围栏划设标准、电子围栏发布与数据更新机制、无人机飞行空域/计划自动化、智能化审批等一系列技术内容；无人机隔离运行中的飞行服务包含身份合法性核查服务、电子围栏信息服务、空域环境信息服务、飞行动态信息服务、飞行法律法规服务和精准位置服务等，并涉及无人机一机一码编码、无人机身份信息防篡改、无人机人机信息关联、拥有者/操控员身份合法性查验、固定/临时电子围栏信息查询与发布、无人机飞行低空空域环境数据生成与管理、低空航图制作、空域环境信息按需定制、无人机轨迹/飞行状态实时感知与快速查询、基于地理围栏的无人机自适应位置推送、无人机低空公共航路智能优化和无人机精准位置服务中的隐私处理等相关技术内容。

无人机融合飞行空中交通管理技术，是针对大型无人机实现空域集成、与有人机共域运行过程中，在空管业务层面所需的技术，主要由融合空域/计划管理、融合飞行管制指挥和地面站信息服务三个子技术领域组成。其中，融合空域/计划管理包含空域划分与管理、空域/计划申请与审批、飞行空域监视、融合空域容量动态评估和融合空域运行风险评估等技术分项，并涉及不同等级融合飞行空域划设与评估、空域网格化/数字化、融合空域动态分配与释放、地基感知与避撞服务空域划设与管理、融合飞行空域动态监视与告警和复杂航空器性能下的空域容量动态评估等需要重点突破的技术内容；融合飞行管制指挥包含融合飞行综合调配、融合飞行状态监视、融合飞行预警/告警和融合飞行指挥辅助决策等技术分项，与目前有人机融合飞行管制指挥技术相比，需要重点突破无人机飞行计划合理性评估、融合飞行预先调配、有人机/无人机综合空情态势显示、飞行一致性监视、身份人员信息实时关联、融合飞行冲突预警/告警、链路失效告警信息获取与显示等技术内容，另外，在融合飞行初期，为了降低指挥压力、提升指挥效率，无人机应急指挥辅助决策、无人机轨迹性能辅助预测、无人机改航路径辅助评估等一系列管制指挥辅助决策技术也是发展的重点内容；无人机地面站信息服务技术是指为无人机地面站及操控员提供安全飞行/驾驶所必需的空域动态使用、飞行自动告警、地基感知与避撞、地面站气象/情报等信息服务的相关技术。

无人机飞行管理需要通信、导航、监视、感知与避撞、空管信息等一系列技术支撑。除有人机运行所采用的通信、导航技术外，无人机管理运行还需要无人机空地 VHF 中继通信、管制员-地面站地-地话音/数据通信、无人机 C2 链路等通信技术和基于蜂窝网（4G/5G）、基于 C2 链路、无线信标、ADS-B、二次雷达和 MLAT 等特色监视技术。感知与避撞技术是无人机实现安全空域集成和共域飞行所特有的系统，可分为感知与避撞应用、机载感知与避撞和地基感知与避撞三个子项：感知与避撞应用，重点解决无人机感知与避撞系统与现有空域运行机制的高效集成应用问题，包含运行场景定义、运行机制设计、安全间隔定义和管制分工协作机制定义等内容；机载和地基感知与避撞关键技术包括传感器技术、数据融合技术、地基监视组网技术、威胁检测与告警技术、自主间隔保持与避撞决策技术和感知与避撞人机交互技术等。空管信息技术是支持实现无人机数据管理、信息共享、大数据分析和无人机云监管的相关技术。数据管理包括数据采集与整合、数据分布式存储管理、数据质量管理、数据资源目录、业务主题数据批量抽取等技术内容；信息共享包括信息交换模型与标准、数据集注册管理、元数据目录快速检索、数据访问权限监控、订阅分发服务等技术内容；大数据分析包括大数据分析支撑环境、数据挖掘分析、数据可视化等技术内容；无人机云监管包括无人机定位与状态信息云端推送、无人机云系统接口数据规范、无人机云交换平台、资源调度等技术内容。

（三）系统组成

无人机管理系统包括无人机隔离运行管理服务系统、无人机融合飞行空中交通管理系统，以及通信、导航、监视、信息系统等相关支撑系统，无人机管理系统的核心功能是实现无人机综合监管，其核心系统由"一张网""一个通道""两个平台"和"两个系统"组成，采用三级节点、两级交换的体系架构设计。无人机综合监管核心系统组成如图 7-8 所示。

"一张网"是指搭建国家无人机管理数据信息交换基础网络，采用骨干网加接入网的体系结构架设，为各管理方提供统一的网络平台和通信服务。骨干网通过专线连接国家级、区域级监管系统，保证数据传输质量和信息安全；接入网充分利用互联网的覆盖扩展能力，实现无人机用户和管理服务设施终端的灵活接入和信息交互，完成省域级管理信息的采集汇聚与上报。

"一个通道"是指构建国家无人机管理数据传输与交换平台，为无人机管理数据的上报汇集、下传分发，以及联合监管信息的共享交互提供标准化、集约化传输通道。这两部分构成了国家无人机顶层综合监管和无人机日常运行管理的信息传输纽带，在无人机管理系统中起到"运行枢纽"的作用。

"两个平台"是指国家无人机管理数据信息综合管理平台、国家无人机管理信息发布与服务平台。国家无人机管理数据信息综合管理平台采用"统一管理、两级架构"设计，部署于国家级、区域级监管系统，实现对空域类（空域环境数据、电子围栏等）、运行类（计划数据、监视数据等）、管理类（实名登记数据、操控员信息等）数据的一体化集中式数据存储、数据管理整合和应用挖掘分析，为国家无人机监管与服务提供数据准备。国家无人机管理数据信息发布服务平台采用"统一窗口、分级发布、按需服务"设计。面向顶层决策机构、各级运行管理部门、各类终端用户和社会公众的信息需求，建立统一的服务发布平台窗口；根据顶层决策机构、联合监管部门、运行管理单位、无人机运营单位等不同层级的用户需

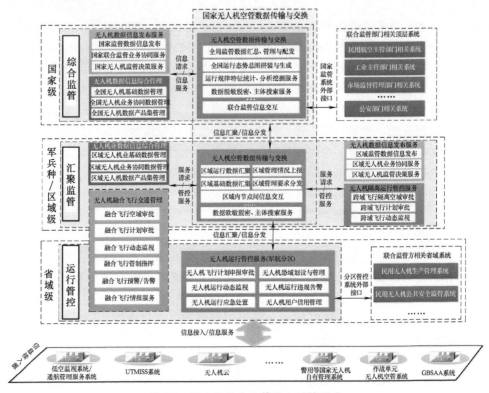

图 7-8　无人机综合监管核心系统组成

求与权限，发布无人机管理数据信息，并通过实时推送、按需获取、产品订阅等多种手段，提供定制化、多样化、高质量的无人机管理数据信息服务。在顶层监管层面，支撑无人机监管部际联席工作、解决无人机监管重大问题；在区域监管层面，服务于无人机日常运行管理工作，协助提高无人机运行效率。

"两个系统"是指"无人机融合飞行交通管理系统"和"无人机隔离运行管理服务系统"，这两个系统部署在区域级，支撑实施无人机日常运行管理工作，是无人机管理系统的"执行骨干"。"无人机融合飞行交通管理系统"的管理对象是与有人机共域融合运行的无人机，由于在融合空域飞行时，无人机总体上需适应有人机的飞行规则，这部分系统建设将以现有军民航空管系统架构及设备为基础，结合无人机飞行性能及运行特点，通过增加、调整局部设备及功能，满足有人机、无人机共域安全运行和统一管理的需要。"无人机隔离运行管理服务系统"的管理服务对象是运行在隔离空域，在时间、空间维度上不会与有人机产生冲突的无人机。鉴于微轻型无人机的适飞空域天然具备一定的隔离特性，且我国具有无人机隔离空域资源优势，未来一段时间内，绝大多数微轻小型无人机和处于任务执行阶段的大中型无人机将运行在隔离空域。"隔离空域内无人机管理"将是无人机所特有的、区别于现有空管运行管理机制的新监管方式。这一方式更强调无人机飞行过程中的自治性，因而相关系统功能不再集中关注航空器运行过程管理，而是注重联合地方政府，针对各类无人机生产、销售、注册、登记、使用、报废的全生命周期链条实现合法合规性监控与多方协同管理处置。

（四）核心功能

1. 无人机隔离运行管理服务

无人机隔离运行管理服务主要用于无人机在低空空域隔离运行的飞行管理。主要包括无人机空域管理系统、无人机飞行信息服务系统、无人机合作目标监视系统和无人机飞行管控通信系统。其中空域管理用于对空域进行综合管理，同时能够监视空域使用情况，对违规飞行产生告警，并进行处置。主要包括空域划设、空域规定汇总、空域管理信息发布、隔离空域管理、实时态势监视、飞行过程记录重演、违规行为判定、违规信息告警、违规处置、飞行调配、自动审批规则管理、空域申请审批、飞行计划申请审批、放飞申请审批、应急处置、运行数据分析挖掘、汇集上报、时统管理、系统监控、场景记录重演、配置管理、基础数据管理、用户权限管理等功能。无人机隔离运行管理服务如图 7-9 所示。

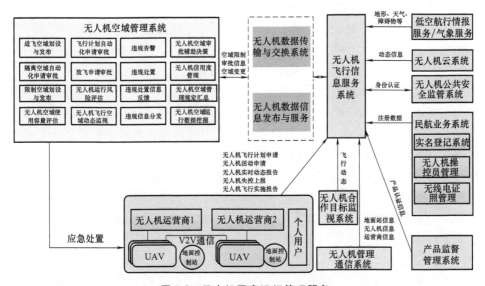

图 7-9　无人机隔离运行管理服务

飞行信息服务作为信息传输的枢纽，负责空域管理子系统与外部监管相关方内外部各类信息的交换，以及为民航、公安等用户提供业务支撑。主要包括动态监视、违规信息提醒及处置、限制空域需求管理、公共安全审核、操控员和运营人资质审核、无人机适航和合格性审核、空域申请前置审核与查询、飞行计划申请前置审核与查询、放飞申请前置审核与查询、通知公告信息管理、信息获取与分发、飞行过程记录重演、时统管理、系统监控、场景记录重演、配置管理、基础数据管理、用户权限管理等功能。无人机飞行服务子系统用于无人机用户注册登记、用户飞行申请、空域信息查询、通知公告查询等公众用户服务。主要包括信息公告与查询、法规公告与查询、空域信息查询、无人机注册登记、空域申请与反馈查询、飞行计划申请与反馈查询、放飞申请与反馈查询、飞行过程记录重演、违规信息提醒、动态信息采集与推送、时统管理和系统监控等功能。

无人机合作目标监视系统，主要用于解决低空飞行无人机可见的问题。由于无人机飞行速度慢、飞行高度低、目标识别难，传统的一次监视雷达和二次监视雷达以及场面监视、ADS-B 和 MLAT 等难以完全识别无人机目标。主要采用移动蜂窝网络、光电、无线信标、C2 链路+地面蜂窝、北斗短报文等多种手段进行混合监视。

无人机管理通信系统主要用于无人机之间空空通信、无人机与地面站之间空地通信、地面站与无人机监管平台之间的地地通信。由于轻、小型无人机在视距、超视距范围内低高度飞行，现有的移动蜂窝网络（4G/5G 技术）、长距离 WiFi、蓝牙等通信技术均可以在无人机远程通信、极短距离通信、近距离超视距通信等方面开展尝试应用。

2. 无人机融合飞行交通管理

无人机融合飞行交通管理基于现有空管系统进行功能、设备的局部调整、完善和增加，支撑并保障有人机、无人机共域融合飞行。需调整部分主要集中在管制中心系统和支撑系统。无人机融合飞行交通管理如图 7-10 所示。

支撑系统的改造和建设重点包括无人机管制通信系统、无人机地基监视系统和无人机地基感知与避撞系统。为了适应目前的管制指挥通信方式，无人机管制通信系统需配置机载 VHF 话音中继和数据链中继设备，经中继后通过下行遥控信道或卫星信道（超视距运行时）发送到地面控制站无人机操控员；在条件允许时，可增加地面话音/数据通信手段作为补充，确保管制员与无人机操控员之间具备管制指令、避撞协同信息、紧急情况报告、控制站切换报告等实时信息交互能力。无人机地基监视系统需增加部署无人机地基监视专用雷达、低空监视雷达或提升现有空管一次雷达性能，使其具备对低雷达反射率空中目标的识别能力、对低空空域的监视覆盖能力和提供高度信息的能力，满足无人机监视性能要求，为地基感知与避撞系统和低空管理服务系统提供监视信息源。地基感知与避让系统利用地面监视设备及时探测空中入侵者并识别、报告威胁，以弥补无人机缺乏"看到即避让"能力的问题，使其满足安全飞行要求。主要应用于无人机场内运行、水平转移到任务空域或垂直转移进入航路航线等运行场景。其优势是相对简单易行，且可避免安装与任务无关的感知与避撞机载设备。在关键区域部署感知与避撞系统是保障融合飞行安全的有效过渡和补充手段，它既可作为无人

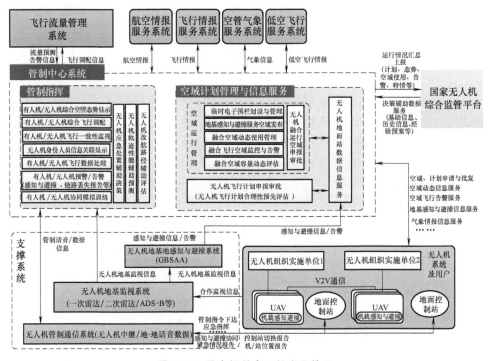

图 7-10　无人机融合飞行交通管理

机系统的独立设施配备，也可作为基础设施，为管制员和无人机操控员提供感知与避撞告警信息服务。

　　管制中心系统的功能补充完善主要包括管制指挥、空域计划管理与信息服务两个层面。管制指挥层面，需综合考虑有人机、无人机计划需求特点，实施飞行数据处理和预先调配，实现有人机/无人机综合空情态势显示，支持有人机/无人机协同模拟训练，补充无人机身份人员信息关联显示、有人机/无人机飞行一致性监视、有人机/无人机预警/告警（感知与避撞、链路丢失报告等）等相关功能。同时，为了辅助融合飞行管制指挥能力形成，保证融合过渡时期运行安全，需适度增加管制指挥辅助功能，如无人机轨迹性能辅助预测、无人机改航路径辅助评估、无人机应急处置辅助决策等。空域计划管理与信息服务层面，需要实现无人机融合运行空域和无人机飞行计划的申报审批，进行临时电子围栏划设与管理、地基感知与避撞服务空域发布、融合空域动态使用管理、融合飞行空域监控与告警和融合空域容量动态评估。同时，应对无人机地面站提供所需的空域使用、感知与避撞告警、气象情报等数据信息服务，使其了解所飞行及周边空域划设及态势情况、气象情况，具备飞行过程中的空域保持能力等，辅助无人机安全飞行。

　　同时，作为运行保障系统，管制中心系统还需具备与国家无人机综合监管平

125

台的信息交互能力，对其所掌握的计划、态势、空域使用、告警、特情等无人机运行情况相关数据进行汇总上报，并从国家无人机综合监管平台获取基础信息、历史信息、经验预案等决策辅助数据服务支持。

3. 无人机数据信息综合管理

无人机数据信息综合管理采用"统一管理、两级架构"设计，搭建无人机数据信息综合管理系统和基础平台，提供安全、高效的数据汇聚、存储、管理、备份的集中场所和基础环境，实现空域类（空域环境数据、电子围栏等）、运行类（计划数据、监视数据等）、管理类（实名登记数据、操控员信息等）等各类业务数据的集中存储和管理，为国家无人机监管与服务提供数据准备。国家级综合管理中心主要负责全国性、基础性的公用数据管理，如全国无人机飞行空域数据、全国无人机注册登记数据等；区域级综合管理平台主要负责区域内、临时性自用数据管理，如区域内飞行申请批复信息、临时电子围栏数据等。无人机数据信息综合管理如图 7-11 所示。

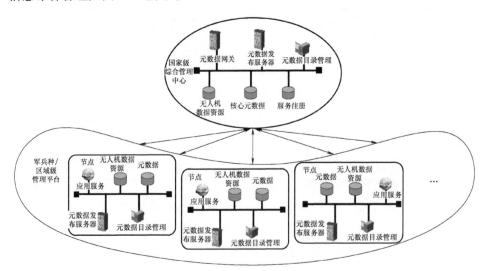

图 7-11　无人机数据信息综合管理

国家级综合管理中心提供无人机管理数据信息标准管理、模型管理、数据汇总整合、数据质量管理、数据仓库、知识图谱、数据地图以及数据综合统计挖掘等服务。从区域级综合管理节点获取基础性的动、静态数据，包括无人机飞行空域数据、电子围栏数据、无人机飞行计划、监视数据、无人机登记注册数据等，基于统一的数据标准规范完成整编融合，形成国家无人机管理数据信息全景视图和全国无人机运行态势全景视图。在此基础上完成各项宏观运行指标和发展趋势的综合统计和分析预测，为国家顶层决策机构的战略决策提供辅助支撑。

区域级综合管理节点提供数据汇聚整合、数据存储管理和数据统计分析等服务。汇聚整合区域内不同信息域的详细动、静态运行数据，如无人机飞行计划、计划审批信息、监视数据、无人机飞行空域数据等，形成区域内无人机管理数据信息全集，并完成本区域各项综合运行指标统计，为国家级综合管理中心提供支撑。

国家级综合管理中心与区域级综合管理节点之间的数据共享以元数据目录管理与发布为核心，采用的是"分布管理、统一发布"的方式。中心存储、管理、发布核心元数据目录，并向分节点提供服务注册功能。分节点存储管理各自的真实数据及相应的无人机元数据。用户访问主节点门户网站，提交元数据检索请求，应用服务器执行元数据服务等应用程序，并把用户请求发送至元数据网关，网关将根据消息中所指定的节点检索范围，发送到特定分节点元数据服务器。节点服务器访问本地的元数据，生成检索结果返回给应用服务器。

4. 无人机管理数据信息交换共享

无人机管理系统通过数据管理系统和数据共享服务体系建设，形成无人机管理数据资源的存储管理、应用和共享服务中心，实现对分散业务数据的集成，提高数据的标准化和可用性；通过无人机管理数据发布服务体系建设，为社会公众、各级军民航管理机构和顶层决策者提供多样的无人机信息管理服务。无人机管理数据信息交换共享如图 7-12 所示。

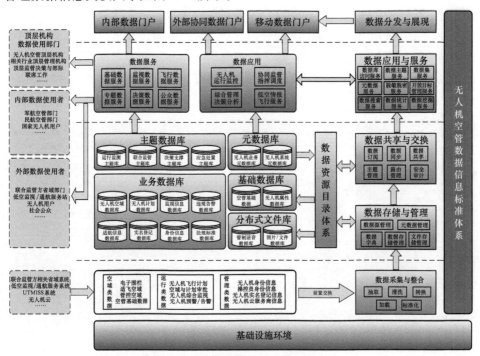

图 7-12 无人机管理数据信息交换共享

　　无人机管理数据信息交换共享是国家无人机管理数据信息综合管理服务体系的基础，依托三级专网，建设由国家级、区域级以及省域级数据信息交换共享服务技术体系，搭建无人机管理数据信息资源发布和获取的桥梁，满足无人机管理各级用户获取数据信息的需求。自下而上实现信息逐级汇聚，自上而下实现信息发布服务，外部实现与联合监管方的信息交互协同。

　　国家级交换共享系统负责全国监管数据的统一汇总、与联合监管方的信息交互与协同管理等，起到统管数据资源、支撑顶层决策、支持无人机管理部际联席工作、辅助协调解决联合管理工作重大问题的作用。

　　区域级交换共享系统是无人机飞行监管的支撑节点，负责区域内监管数据汇总、管理信息上传下达、区域间信息共享交换、省域联合监管信息互通、跨域无人机运行管理、区域内信息按需服务等，起到支撑顶层监管、协调跨域管理、支持省级联合监管协作、辅助开展日常联合管理工作的作用。

　　省域级信息交换共享系统负责省域内无人机飞行计划上报、监管数据接入、管理情况上报、管理要求下发执行、飞行空域信息采集等。

5. 无人机管理数据信息发布服务

　　无人机管理数据信息发布服务采用"统一窗口、分级发布、按需服务"设计。面向顶层决策机构、各级运行管理部门、各类终端用户和社会公众的信息需求，建立统一的服务发布平台窗口；根据顶层决策机构、联合监管部门、运行管理单位、无人机运营单位等不同层级的用户需求与权限，发布空域类、运行类和管理类数据信息，并通过实时推送、按需获取、产品订阅等多种手段，提供定制化、多样化、高质量的无人机管理数据信息服务。无人机管理数据信息发布服务如图7-13所示。

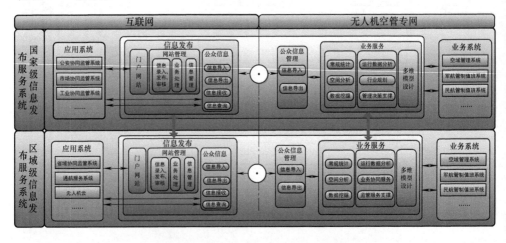

图7-13　无人机管理数据信息发布服务

　　国家级信息发布服务系统为顶层决策机构、顶层运行节点提供全局性、统筹性的无人机管理数据信息服务，包括全国基础信息查询服务、全局运行态势信息服务、综合统计和决策支撑信息服务、面向专题的无人机管理数据信息保障服务等，并向区域级综合管理平台提供政策性、补充性无人机管理信息服务，包括政策标准规范查询指导服务、区域基础信息配发服务、协同监管数据信息查询服务等。提供信息服务应用集成和统一服务目录，实现服务权限和数据安全的严格管理。

　　区域级信息发布服务系统可实现区域内不同信息域间运行节点的信息交换，确保各运行节点按需获取及时、准确的无人机管理动态数据，提升无人机运行管理能力。同时，区域级信息发布服务系统按照统一的服务安全管理要求，向无人机运行管理单位提供区域内基础信息查询服务、跨区域无人机运行管理服务等；向区域级（省域级）联合监管方提供协同监管数据信息查询服务等；向无人机用户提供区域内政策标准规范查询指导服务等。

第八章
大型无人机感知与避撞技术

与有人机避撞相似，感知与避撞（Sence and Avoid，SAA）是一种飞行安全间隔保障机制，是无人机特别是大、中型无人机系统必须具备的能力。它能够使无人机与其他航空器保持适当的安全距离，避免发生碰撞，解决无人机操控员与无人机分离导致的目视避撞能力缺失问题。感知与避撞系统能够使无人机感知判断在其安全邻域内，是否有其他存在潜在飞行冲突的航空器，及时发出告警并通过自动分析决策，提供适当的避让策略建议（避让和避撞意义相近，通常避让指策略，避撞是目的），自主或辅助无人机操控员解除相撞威胁，确保碰撞风险被限制在可接受范围内。

一、发展现状

美国航天无线电技术委员会（RTCA）2013 年发布了 DO 344 标准，该标准在定义无人机空域内飞行所需功能要求时提到，感知与避撞（SAA）是UAS 保持远离其他飞行器并避免与之相撞的能力。SAA 提供了间隔保持（SS）和避撞（CA）功能，以替代有人机"看见与避撞"相关规则要求。2015 年，国际民用航空组织发布的《遥控航空器系统手册》（10019 号文件）第十章侦测与避撞（Detect and Avoid，DAA）中对感知与避撞的定义是具备可视、可探测和侦测飞行冲突或其他危害的能力，并能采取相应的避撞措施，目的是确保无人机安全飞行和所有空域用户在全空域飞行中高度共存。美军是大型无人机空域融合发展的先驱，感知与避撞技术是重点发展的技术之一。美国国防部 2011 年发布的《无人机系统空域集成计划》中定义了军用无人飞行系统空域集成运行概念和运行场景模式，并针对不同的场景模式制订了不同的地面保障能力目标及要求，其中感知与避撞技术能力及保障装备是核心问题之一。美军大型无人机空域进入场景模式的感知与避撞技术及相关保障能力要求见表 8-1。

表 8-1 美军大型无人机空域进入场景模式的感知与避撞技术及相关保障能力要求

空域进入场景模式	无人机感知与避撞技术及相关保障能力要求
终端区运行	在有限空域中飞行操作的能力 具备采用地基传感器保持间隔的能力
作战区域内运行	一定的机载技术能力（例如，机载感知与避撞系统） 一定的地面技术装备（例如，地基感知与避撞系统）
横向转移	一定的机载技术能力（例如，机载感知与避撞系统） 具备采用地基传感器保持间隔的能力 一定的地面技术装备（例如，地基感知与避撞系统）
纵向转移	一定的机载技术能力（例如，机载感知与避撞系统） 具备采用地基传感器保持间隔的能力 一定的地面技术装备（例如，地基感知与避撞系统）
灵活运行	能采用机载传感器探测其他飞行器并自主保持间隔，实施避撞 能够在国家空域范围内对无人飞行器系统提供类似有人机的指挥引导

目前，解决无人机空域融合运行问题的感知与避撞系统方案主要分为地基感知与避撞（GBSAA）系统和机载感知与避撞（ABSAA）系统两类。

（一）GBSAA 系统

GBSAA 系统通过地基传感器、显示装备、通信设备和间隔算法保持航空器间隔要求，为无人机在国家空域系统运行提供支撑。系统设计主要集中在需求分析、顶层优化设计、关键技术攻关、建模仿真、数据收集与验证测试、系统性能标准制定、运行程序设计和适航认证等方面。

美国国防部地基感知与避撞系统设计、验证与部署工作开展得较早。2009年，美国陆军启动 GBSAA 系统的概念验证工作；2011 年，使用"捕食者"无人机开展了 GBSAA 系统运行试验；2012 年，搭建 GBSAA 系统试验台进行了验证演示。这些试验的特点是实体和模拟无人机系统在有限国家空域飞行，包括两个"影子"无人机作交叉航迹飞行，依靠 GBSAA 系统探测，报警并提示机动安全避撞非合作无人机系统。2011 年，美国空军使用"捕食者"和"死神"无人机开展了 GBSAA 系统的试验验证工作，无人机飞行管理系统利用通用轨迹预测服务，通过 FAA 网络发送到 GBSAA 系统跟踪处理器进行监视；2013 年，美国空军完成 GBSAA 系统研发工作，并于 2014 年 4 月获得运行批准。同期，美国海军陆战队也在北卡罗来纳州海军陆战队切利角航空站部署了 GBSAA 系统。同年，GBSAA 系统的子系统集成计划在麻省理工学院林肯实验室完成。2014—2015 年，美国陆军完成对 GBSAA 系统的认证验收并被美国国防部采用，并将其部署在 5

架 MQ-1C "捕食者"无人机的作战地点。

同时，民用 GBSAA 系统试验也在积极开展。2012 年，波音公司研发部门在其"智能天空"项目中推出一套名为 MATS 的面向商用的 GBSAA 系统。该系统的地基传感器由 FURUNO FAR-2127-BB X-band 商用海事雷达（一次监视雷达）、SBS-1 ADS-B 接收机和 Avidyne TAS 620 应答机询问器组成，使用一架改装的塞斯纳 172R 型飞机和"扫描鹰"无人机开展了一系列试验，设计了面向民用无人机的多机服务应用架构。2019 年，通用原子航空系统公司获得 FAA 关于超视距（BVLOS）无人机系统运行的豁免权，利用包括对空监视雷达和 ASR-11、L3Harris Technologies VueSatation、RangeVue 系统在内的 GBSAA 系统取代人工追踪飞行器，实现在其位于北达科他州的飞行测试和培训中心 111 千米以内的感知与避撞服务，从而支持该范围内使用"捕食者 B"无人机开展面向军民用的各类飞行测试。

（二）ABSAA 系统

ABSAA 系统通过发展机载自主间隔保持和冲突避免能力实现避撞。利用机载雷达、机器视觉、超声波与激光定位、ADS-B 等机载感知设备，探测周边正在逼近的各种飞行器和其他障碍物，根据间隔算法实施告警，形成避让策略，再通过飞行控制系统强制无人机进行合理的避撞动作。相关系统建设工作主要集中在 ABSAA 系统定义及性能等级建立、技术应用验证、间隔保持与冲突避免算法设计、机动避撞所需最小信息集建立以及与 ABSAA 系统的融合等。

早在 2005 年，美国空军研究实验室（AFRL）就联合诺斯罗普·格鲁曼公司（简称诺·格公司）启动了"感知与避撞"飞行试验和多个入侵航空器自主避撞（MIAA）项目，研制了基于 EO-TCAS 数据融合的无人机自主防撞系统，对光电（EO）与空中交通预警与防撞系统（TCAS）的每项独立传感器数据进行管理和修正。通过数据关联、数据融合和航迹管理三个处理过程实现对入侵航空器的探测与跟踪，并于 2006 年开展了 RQ-4"全球鹰"感知与避撞飞行试验。通过 MIAA 项目，美国空军获得了一体化自主"感知与避撞"能力必需的传感器技术和算法。后续诺·格公司感知与避撞实验室持续对雷达、EO、TCAS、ADS-B 等多种机载感知探测传感器融合作用效果进行研究，并于 2008 年演示了基于 TCAS、ADS-B、雷达及 EO 设备针对多架目标机的自动避撞技术。该试验采用模拟"全球鹰"飞行特性的利尔喷气飞机作为试飞平台，在 17 种不同的试飞方案中，成功实现了 15 次闭环避撞。诺·格公司的 ABSAA 系统还计划应用于美国海军的广域监视无人机上，使其"感知与避撞"能力达到与飞行员目视驾驶飞机同等的水平，从而使其在远程控制的战场空域、复杂拥挤的城市空域和敏感边境地区上空执行监视和侦察任务。

2012—2016 年，FAA 联合 NASA 开展了四次基于 ADS-B 的无人机 ABSAA 系统试验，先后将 ADS-B OUT 设备、ADS-B IN 设备及其自主研制的冲突探测与避撞决策模块加载于大型无人机进行飞行，证明了 ADS-B 技术作为感知与避撞探测手段的有效性。2014 年，通用原子航空系统公司、霍尼韦尔公司以及 FAA 对 ABSAA 系统样机进行了联合试验，系统安装在"捕食者 B"无人机上，飞行过程中成功发现"空中威胁"并完成绕行。通过 2014 年和 2017 年所开展的两次集成霍尼韦尔公司 ACAS Xu 系统的飞行试验，证明了该系统能够与有人机的 TCAS 兼容。2018 年 12 月，该系统再次用于 NASA 的第一阶段空域集成项目成果试验，系统装载于 NASA 基于"捕食者"改装的"Ikhana"试验无人机，在爱德华兹空军基地进行了成功的飞行试验，证明了无人机在不同相遇场景下的感知与避撞能力。该试验还增加了新型空中机载雷达样机，证明其对于探测空中非合作监视目标并实施避撞的有效性。从功能角度看，通用原子航空系统公司的 ABSAA 系统由空中、地面两部分组成，空中部分包括空空雷达、ACAS 处理器（主动监视系统、ADS-B IN、监视与跟踪模块）和感知与避撞处理器（SAAP）组成，地面部分为碰撞预测与显示系统（CPDS），基本满足美国航空无线电技术委员会（RTCA）DO-365 最低运行性能标准（MOPS）。

欧洲部分国家也开展了相关系统的设计与验证。2010 年 7 月，德国凯西典公司在"梭鱼"无人机演示系统上搭载了一个基于 TCAS 的合作型无人机感知与避撞系统，进行了一次实验室设备闭环试验和一次合作型空中自主避撞飞行。2014 年 10 月，法国萨基姆公司完成了一次历时 11 天的飞行测试，将其研制的一套机载感知与避撞系统集成到了"巡逻者"无人机上，在多个预设场景中进行了约 20 项测试，证明了该系统在无人操作情况下的自主避撞能力。同时，该无人机还在严格遵守相关民航管理规定和交通管制程序的情况下，顺利完成进出图卢兹布拉尼亚克机场的飞行测试，期间未与航站楼和其他航空器发生碰撞或产生任何安全征候。2015 年 5 月，阿莱尼亚航空制造公司宣布，用于无人机的自动防撞系统首次在其"Sky-Y"中空长航时无人机上测试成功。"Sky-Y"装备了由 MIDCAS 提供的无线电、红外/光电及雷达传感器，该测试属于正在进行的欧洲空中防撞系统（MIDCAS）测试的一部分，旨在验证由泰勒斯公司研发的感知与避撞传感器如何组合才能达到最佳的防撞效果。

（三）两种系统的比较

一方面，从系统发展看，美国国防部对 GBSAA 系统建设的投入力度较大，原因是其受到训练、任务空域分布的限制，亟须获得穿越民用空域实施训练及任务飞行的安全保障能力。

美军的 GBSAA 系统的发展先后经历了两种模式，即零冲突运行模式和动态间隔保护运行模式。零冲突运行模式通过在无人机静态保护域周边设定监视空域，保证无人机在有人机入侵的情况下能够尽快退出空域，以支持无人机在空域空闲的情况下安全使用空域；动态间隔保护运行模式通过在无人机周围设定随无人机移动的安全间隔包络并在必要时生成避让策略，支持有人机和无人机在同一空域飞行。

ABSAA 系统的发展一直以操控员决策与无人机自主决策两种模式并行推进。在操控员决策模式下，ABSAA 系统在机载平台或地面站生成告警与决策建议，发送到地面站综合态势显示系统，由操控员根据建议进行最后决策；而在无人机自主决策模式下，由机载平台自主判断形成避撞决策机动动作指令，直接发送到自动驾驶仪进行机动动作。无人机自主决策模式对远程自主飞行场景的适应性更好，但 FAA 强调，为了充分发挥人的决策优势，保证无人机感知与避撞同现有管制机制的协调运行，保障运行安全，操控员决策模式仍是近期发展的主要模式，未来随着系统的成熟，基于空中预警防撞系统决策咨询（TCAS RA）的自主决策模式会得到进一步推广。

另一方面，从系统架构看，早期探索中各方案具有一定共性，即主要由传感器、跟踪系统、告警与决策系统和显示系统四类主要功能模块组成。但从细节与实现方面又呈现多样化。例如，GBSAA 应用模式有单机应用也有多机服务，而多机服务类型又包括告警服务和航迹信息服务等；机载传感器的选择包括 TCAS、ATCRBS、EO/IR、ADS-B、ATAR 及其各类组合；ABSAA 系统在机载端和地面端的分布不同。在广泛开展各类系统设计与试验的基础上，随着 2017 年 RTCA DO-365 ABSAA MOPS 和 2020 年 GBSAA MOPS 的发布，未来将会对系统架构设计及功能模块定义产生一定的规范作用。空地协同型感知与避撞系统可能会成为未来系统的主体架构。

二、大型无人机感知与避撞系统架构

（一）系统架构

大型无人机空地协同型感知与避撞系统总体架构图如图 8-1 所示。它由感知与避撞机载子系统、感知与避撞地面控制站子系统、感知与避撞地面信息服务子系统组成。从运行模式层面可划分为地面感知与避撞决策、机载感知与地面避撞决策、机载自主感知与避撞决策、空地协同感知与避撞决策四种空间模式。

1. 地面感知与避撞决策模式

地面感知与避撞决策模式采用 GBSAA 系统向操控员提供局部闭合空域范围内的态势感知、威胁监测和避撞辅助决策服务。通过一次/二次雷达、ADS-B 等

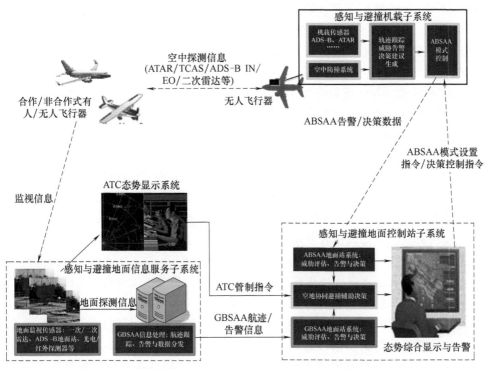

图 8-1 大型无人机空地协同型感知与避撞系统总体架构图

地基传感器获取所监视空域内有人机、无人机飞行态势信息，通过多传感器融合跟踪器进行处理，形成融合的轨迹信息，向无人机地面站提供所需的周围态势信息，并通过合适的视觉、听觉辅助系统向操控员发出航空器入侵告警。

地面感知与避撞决策模式有两种部署实现方式，一是单机部署应用，即每个无人机地面站配备独立的 GBSAA 信息处理与综合显示系统，地基传感器直接将信息引接到每个地面站；二是多机服务应用，即建立 GBSAA 系统，对被监视区域实现统一的监视数据处理、航迹跟踪、威胁告警甚至决策计算，并以信息服务的方式将其中的必要信息提供到各地面站进行视觉显示或听觉提示。从美国的发展情况看，目前，军用 GBSAA 系统多采用单机部署应用，而民用 GBSAA 系统多推荐多机服务应用。

GBSAA 的优点是可采用当前的地面监视设备快速改造与部署，提供有效的监视手段，支持无人机与有人机之间的共域飞行，缺点是无人机运行空域会受到监视覆盖范围的限制。从近中期来看，GBSAA 模式应用的主要目的是在机载感知与避撞技术设备发展不成熟的情况下，支持机场区域、水平转移和垂直转移三种运行场景，其重点监视范围是小型机场附近的固定空域、相邻两个空域间的水平廊道和相邻两个空域间的垂直廊道。从长期来看，GBSAA 模式应用的主要目的是在上述重点繁忙区域（VHF 运行密度较大的机场区域、繁忙廊道等）配合机载感知与避撞设备运行，针对机载设备对非合作监视航空器探测能力受限、部分无人机安装机载感知与避撞设备困难或不宜开启等问题，起到弥补与多重保障的作用。

2. 机载感知与地面避撞决策模式

机载感知与地面避撞决策是 ABSAA 系统的操控员决策模式。通过广播式自动相关系统（ADS-B IN）、机载雷达和空中预警防撞系统（TCAS）等机载监视与防撞设备探测获取周围飞行器位置信息，在机上或地面站实现探测信息融合与跟踪、威胁告警与决策，并通过无人机命令与控制链路（C2）将监视态势信息、航迹跟踪信息、威胁告警信息及决策建议信息发送到地面站无人机态势综合显示与告警系统，形成便于无人机操控员观察的飞行态势图，并通过视觉或听觉方式向操控员提供航空器入侵告警提示和决策建议提示，由操控员进行冲突判断与机动策略选择。

机载感知与地面避撞决策模式的优点是不受地面监视设备覆盖范围限制，且有利于充分发挥操控员的主观决策优势，通过人员之间的协同干预，降低无人机与地面人员和有人机飞行员之间的非协同决策导致的风险，促进无人机感知与避撞系统同现有管制机制的协调运行。基于此，机载感知与地面避撞决策模式被 FAA 推荐为第一阶段发展主用模式。其缺点在于，机载设备研究制造与认证的时间周期较长，需要航空器具备一定的加载安装条件及成本，而且由于涉及空地信息交互，感知与避撞的功能执行过程受到 C2 链路的可靠性和时延影响，需详细论证提出性能要求并提供 C2 链路性能下降情况下的机制预案，保障安全运行。

3. 机载自主感知与避撞决策模式

机载自主感知与避撞决策模式是 ABSAA 系统的无人机自主决策模式。通过广播式自动相关系统（ADS-B IN）、机载雷达和空中预警防撞系统（TCAS）等机载监视与防撞设备探测获取周围飞行器位置信息，在机载平台实现探测信息融合与跟踪、威胁告警并直接生成有效的决策机动指令，发送到无人机自动驾驶仪或飞行控制系统，由无人机自主执行机动动作，并在 C2 链路条件允许的情况下，将飞行态势信息、告警决策信息和机动指令执行情况同步发送到无人机地面站，由操控员对避撞过程实施监视，并在必要时与管制员进行协同或对无人机进行超控。

机载自主感知与避撞决策模式的优点是不受地面监视设备覆盖范围限制，不受空地通信链路质量和时延的影响，且有利于支持无人机的全自主运行。缺点是避撞机制灵活性不足，对机载设备的协同运行能力要求较高，以及容易与其他冲突解脱机制产生非协同问题等。因此，机载自主感知与避撞决策模式被 FAA 推荐作为第二发展阶段应用模式，且主要推荐比较保守的 TCAS RA 自主决策机制，作为在 C2 链路故障、操控员反应不及时或飞行器非常接近情况下，机载感知与地面决策模式的补充。

4. 空地协同感知与避撞决策模式

空地协同感知与避撞决策模式将结合了地面感知与避撞决策、机载感知与地面避撞决策和机载自主感知与避撞决策三种模式，是其他模式成熟后的一种多模式综合应用。为了实现三种模式的有机结合、高效协同与灵活切换，并与 ATC 实现良好配合，需建立辅助决策控制功能，该功能可分为地面和机载两部分。机载部分实现对机载感知与地面避撞决策和机载自主感知与避撞决策两种模式的切换管理，操控员可通过指令设置机载运行模式，也可预先设定模式切换边界条件；地面部分实现地面感知与避撞决策和机载感知与地面避撞决策两种模式的切换管理，操控员可通过指令设置运行模式，决定综合态势显示系统的信号源，在两种模式同时开启的情况下，该模块还应具有一定的信息比对和决策选择辅助作用。

空地协同感知与避撞决策模式可实现地面感知与避撞决策、机载感知与地面避撞决策和机载自主感知与避撞决策三种模式的优势互补，提高系统的综合感知与避撞能力，解决发展过程中因无人机、地面系统及 C2 链路能力不充分、性能不可靠而导致的各类问题。

（二）能力要求

一般来说，航空器空中安全间隔保障机制可分为程序级间隔保障措施、战术级间隔保障措施和空中预警防撞措施三个层级。程序级间隔保障（PSA）一般通过空域结构化的方式使航空器分离在横向、垂直空域内，例如隔离空域运行、不同高度层运行等；战术级间隔保障（TSA）可通过 ATC 按照飞行间隔标准提供管制间隔服务实现，也可由操控员通过交通信息信息显示（CDTI）获取交通态势信息或使用目视主观判断自觉保持飞行器间隔；而避撞（CA）是当 PSA 和 TSA 失效时，在最后阶段采取的防相撞策略，管制员可为操控员提供避撞操作指令，操控员也可根据空中预警防撞系统（TCAS）的避撞建议、CDTI 信息和威胁目标的目视跟踪情况，按照"看见即避撞"原则自觉执行避撞机动。

按照安全间隔保障层级分类，感知与避撞能力覆盖了战术级间隔保障中的操控员自主间隔保持（SS）和空中防撞措施中的操控员避撞（CA）两个能力机制范畴。自主间隔保持能力是指操控员/飞行器自主调整保持安全间隔，避免避撞机动并减小碰撞发生概率，其核心是在时间相对充足的情况下，按照安全间隔要求实施的较缓机动策略，即按照较大时间尺度，通过小幅调整横向、纵向及垂直间隔实现无人机与潜在危险目标的安全间隔保证；避撞能力是指最后阶段采取极端措施避免碰撞的能力，其核心是在间隔保持失败后临近碰撞区域时，通过垂直或水平机动防止无人机与碰撞目标在碰撞区域相遇。

从相遇过程角度看，感知与避撞包含一系列核心功能要求：

1）探测：确定航空器或其他潜在危险的存在。

2）跟踪：在一个或多个监视报告的基础上，估算一架入侵航空器的位置和速度（姿态）。

3）安全评估：包括根据入侵航空器航迹和无人机本机航迹、姿态、计划评估空中相撞的风险（评价），并按照风险大小设定优先顺序（优先级排序）。

4）决策：决定需要采取的行动（宣告），并计算可能消除冲突的行动方式（决定）。

5）指挥：发出行动的指令。

6）执行：响应行动指令，实施机动。

为了使"能力目标"的定义具有功能指向性，以指导具体的功能开发和技术攻关，美国联邦航空管理局感知与避撞工作组（SASP）从上述核心功能要求对无人机感知与避撞能力要求进行了分解与归类。感知与避撞能力定义见表8-2。

表8-2 感知与避撞能力定义

感知与避撞能力		定义
感知与避撞核心能力	目标探测	能够通过感知与避撞系统中的探测设备发现为本机带来空中相撞风险的物体并确定其位置
	目标跟踪	能以来自一个传感器的一个或多个目标探测为基础，对所探测的空中物体的位置(2D或3D)和速度进行细化
	融合	能够以来自多个传感器的一个或多个目标探测为基础，对所探测的空中物体的位置(2D或3D)和速度进行细化
	目标识别	能够辨识出一个探测到的空中物体的类型和特性
	威胁评估	能够以探测到的空中物体以及本机的相对位置(2D或3D)和速度为基础，确定空中相撞的风险
	预警	能够及时将已经达到风险临界值的信息传递出去
	选择机动动作	能够确定为了解决已发现的空中相撞风险并将其降低到合适的空中间隔阈值而应采取的适当行动，可以是一个动作或动作集合
	机动动作告知	能够及时告知无人机或操控员系统所建议选择的机动动作，以便动作能够在时间窗口内被执行
	机动动作执行	能够在时间窗口内执行所选择的机动动作
	返回任务	在一次间隔保持或避撞机动动作完成后，无人机能够返回原定计划路径或修订后的计划路径

（续）

感知与避撞能力		定义
感知与避撞 交叉能力	操控员信息显示	能够向操控员提供为执行或监督核心感知与避撞能力而必需的信息
	系统整合	能够将核心能力整合到现有和计划研制的无人机中
	认证/资质	能够证明感知与避撞系统满足安全水平要求
	运行概念/程序验证	能够符合得到批准的运行概念和程序
	数据标准化	能够通过数据库、数据标准和数据完整性让协作和有意义的比较成为可能
	NAS/ATM 影响评估	能够评估无人机系统的性能对 NAS 运行的影响，以及感知与避撞系统的性能可能会对 ATM 带来的影响，满足与 ATM 和有人机防撞系统的互操作性要求
	最小安全间隔	能够确定满足安全水平要求且能接收的感知与避撞间隔标准

（三）数据接口关系

　　感知与避撞系统机载子系统的数据接口包括空地数据接口、空空数据接口和机载系统接口。空地数据接口通过无人机通信链路子系统的 CNPC 设备与地面站之间传递实现感知与避撞功能的必要信息。下行数据类型为监视、告警、避撞决策、机载子系统运行状态；上行数据类型为感知与避撞机载子系统参数设置与模式控制信息。空空数据接口是无人机机载传感器与其他航空器之间的监视数据接口，数据类型为 TCAS、ADS-B、ADS-C 等合作监视信息。机载系统接口是感知与避撞系统机载子系统与本机主导航系统、飞行控制/自动驾驶系统、飞行管理系统等相关系统之间的接口，用于从本机系统中获取本机状态信息数据，并向其发送避撞决策机动指令信息。

　　感知与避撞系统地面站子系统的数据接口包括地空数据接口、地地数据接口和人机接口。地空数据接口与机载空地数据接口匹配，通过地面站通信链路子系统的 CNPC 设备（C2 链路）与无人机之间传递感知与避撞功能的必要信息。下行数据类型为监视、告警、避撞决策、机载子系统运行状态；上行数据类型为感知与避撞机载子系统参数设置与模式控制信息。地地数据接口是感知与避撞系统地面站子系统感知与避撞处理器与地面信息服务子系统之间的数据接口，可通过引接专线或互联网通信实现，传递地面控制站的无人机周围一定空域范围内的监视信息请求及服务信息。与操控员之间的人机接口包括交通状态信息显示、感知与避撞告警决策信息显示、语音告警提示和感知与避撞系统控制操作输入。

　　感知与避撞系统地面信息服务子系统数据接口包括地面站接口和 ATC 接口。地面站接口接收无人机地面控制站的数据服务请求信息并向其发送服务信息；

ATC 接口属于选配接口，将 GBSAA 监视空域的使用状态、告警信息等发送到 ATC，辅助 ATC 了解相关空域的运行状态并在必要时发送咨询建议或帮助实施调配。

（四）运行流程

大型无人机空地协同感知与避撞系统的基本运行流程如图 8-2 所示，由机载子系统（SAA-UA）、地面站子系统（SAA-GS）和地面信息服务子系统（SAA-GIS）三个子流程组成。

1. 机载子系统（SAA-UA）运行流程

感知与避撞机载子系统初始化后，机载合作、非合作传感器启动目标探测，形成监视数据；机载感知与避撞处理器中的目标跟踪与处理程序进行监视数据融合，跟踪生成目标航迹；告警程序检查目标与本机之间是否构成入侵威胁，对构成入侵威胁的航空器按优先级实施排序，按照阈值逐一发出不同等级告警信息，并在必要时调用决策程序生成本机机动决策建议。所形成的监视航迹数据、告警数据和决策建议通过 CNPC 接口发送到地面站子系统。当航空器之间的冲突关系达到无人机必须立即采取机动的"自主避撞时间/距离阈值"时，由机载模式控制程序根据决策建议生成机动控制指令，发送到无人机 VAS 执行机动操作。告警解除后，无人机在操控员控制或自主控制下回归飞行任务计划。

2. 地面站子系统（SAA-GS）运行流程

感知与避撞地面控制站子系统初始化后，由操控员设置运行模式。若为机载感知（机载决策、地面决策）模式，则通过空地 CNPC 链路接收来自机载子系统的监视航迹数据、告警数据和决策建议（设上述功能在机载端实现）。若收到机载告警数据，且为机载自主感知与避撞模式，操控员需对本机周围态势和机载机动状态保持密切观察，在必要时与 ATC 协同获取帮助或超控无人机改变机动状态。若为机载感知与地面避撞决策模式，则由操控员根据周围态势信息、告警等级和决策建议信息，做出保持观察或采取某种机动避撞措施的决策，输入无人机机动控制指令，并在必要时与 ATC 预先协同。若为地面感知与避撞决策模式，则需要根据操控员预先向 GBSAA 地面信息服务子系统提出监视数据请求，获准后获取本机飞行区域监视数据信息，进行冲突检测与告警决策计算。若发出告警信息，则由操控员根据周围态势信息、告警等级和决策建议信息，做出保持观察或采取某种机动避撞措施的决策，输入机动控制指令，并在必要时与 ATC 预先协同。若为空地协同感知与避撞决策模式，则在执行上述机载与地面处理的基础上，由空地协同避撞辅助决策程序生成协同感知与避撞决策辅助信息，帮助操控员进行综合决策判断。

无论采取何种运行模式，当入侵航空器与本机之间的冲突关系达到"自主避撞时间/距离阈值"时，则机载子系统无须操控员决策即可自行执行机动；操控员按照"自主运行模式"类似的处理方式，对本机周围态势和机载机动状态保持密切观察，并在必要时与 ATC 协同获取帮助或超控无人机改变机动状态。告警解除后，无人机在操控员或自主控制下回归飞行任务计划。

3. 地面信息服务子系统（SAA-GIS）**运行流程**

地面信息服务系统初始化后，各类地基传感器起动探测，对 GBSAA 定义监视空域实施探测，当有航空器进入时进行轨迹初始化持续跟踪目标，生成目标航迹，并进行告警与决策计算。当接收到地面站发来的 GBSAA 服务请求信息时，进行用户身份认证与数据鉴权，根据权限匹配情况决定提供或拒绝服务。

三、基于安全间隔的无人机冲突检测与告警策略

基于安全间隔的无人机冲突检测与告警策略主要解决两个问题，一是通过确定安全间隔模型及阈值，将有人机飞行员"保持合适距离""看见即避撞"的概念转化成系统所能识别、定量的距离、时间等标准化度量参数，形成"无人机冲突危险保护区域"，为无人机感知与避撞冲突检测与告警提供依据和基础条件；二是基于所定义的安全间隔模型及阈值，建立冲突检测方法和分级的告警机制，为感知与避撞系统告警提供有效策略。

（一）典型安全间隔的定义方法

明确的安全间隔是告警与决策功能实现的前提。美国联邦航空局感知与避撞工作组（SASP）提出，有人机安全距离保持（Well Clear）概念主要基于飞行员主观评估，因而会对开展工程化的无人机感知与避撞方案设计造成困扰。2013年，FAA 要求 SASP 提出量化、可执行的无人机安全间隔模型，以作为美国航空无线电技术委员会（RTCA）感知与避撞工作组（SC-228）感知与避撞系统最小性能要求相关标准（DO-365）的研究输入，为此提出了描述安全间隔的五项原则，包括：

1）作为空中航空器的间隔标准，安全间隔必须是统一的。

2）无人机感知与避撞需要最小安全间隔的量化定义。

3）最小安全间隔的量化定义应该基于可接受的碰撞风险，并考虑到与运行环境（例如，空域类型和相关的 ATC 间隔标准）以及与有人机避撞系统之间的兼容性。

4）对于定义无人机感知与避撞系统的最小水平间隔，基于时间的间隔门限参数可能是最合适的方案。

5）根据接近速率和水平间隔调整的距离参数可能最适合作为垂直最小间隔

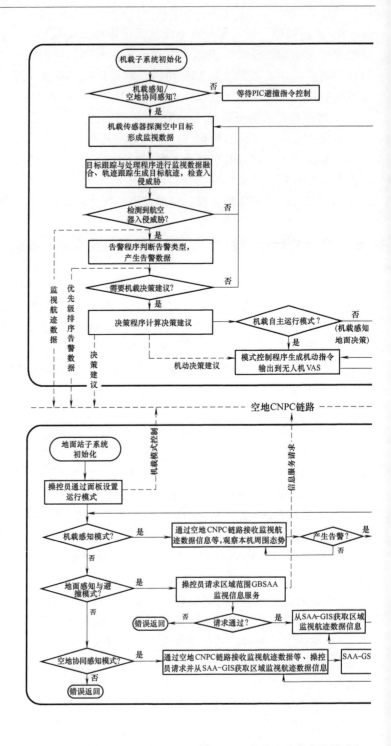

图 8-2 大型无人机空地协同感知

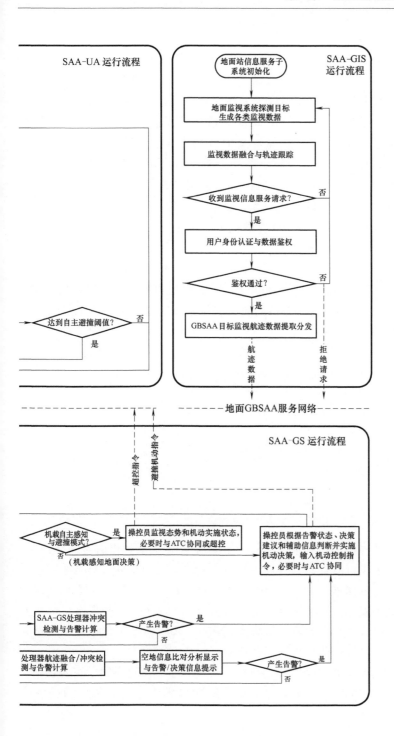

与避撞系统的基本运行流程

的基本描述方法。

　　基于上述五项原则，FAA 组织了多家研究机构开展了仿真研究。麻省理工学院林肯实验室研制了基于蒙特卡洛仿真的避撞系统安全评估工具（CASSAT），用于碰撞风险调整与分析。NASA 实施了人在回路的分析，对不同安全间隔下的管制员接受度进行了研究，并采用美国国家空域概念评估系统（ACES）工具开展了快速仿真，提出了对于安全间隔定义的分析方法。美国空军研究实验室（AFRL）使用六自由度仿真开展了重点案例分析。每个研究机构均对安全间隔模型进行了量化定义。SASP 对各研究机构提出的安全模型进行了仿真分析与筛选，在水平方向采纳了 NASA 的时间模型，在垂直方向推荐采用距离作为量度，形成了"圆柱形"安全距离模型，该模型在 RTCA 指定无人机感知与避撞所需性能要求（RTCA DO-365）中被采用。

　　通过比对筛选形成的无人机安全间隔模型如图 8-3 所示。其水平方向定义为时长为 35s 的修正时间 τ 及距离门限 4000 英尺[⊖]；垂直方向定义为固定距离 700 英尺（从航空器出发）。当其他航空器同时突破水平和垂直两个方向上的安全间隔门限时，视为最小安全间隔入侵。

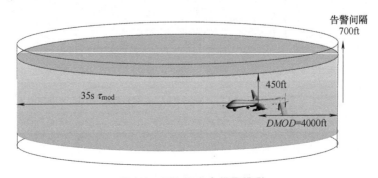

图 8-3　无人机安全间隔模型

　　该间隔定义虽然提供了与装备 TCAS II[⊜]的航空器发生水平相遇时的鲁棒性，但是超出了目前仪表飞行航空器和目视飞行航空器之间的 500 英尺间隔标准，因此需充分评估对运行的影响。为此，2014 年，FAA 发表了白皮书，提出"将无人机感知与避撞最小安全间隔的垂直方向定义修改为 450 英尺，并提出将垂直方向 700 英尺作为操控员的空中碰撞决策告警门限"，从而确保在 500 英尺间隔标准下的安全水平并与目前的间隔机制相适应。

　　另外，FAA 对其所发布安全间隔的研究条件进行了一系列说明，主要包括：

　　1）安全间隔研究的目的主要是为感知与避撞技术研究及设备研制提供指

⊖　1 英尺 = 0.3048 米。

⊜　第二代防相撞系统，具有处理咨询建议（RA）功能。

导，因而不考虑现有无人机系统的感知与避撞能力，包括传感器的配置等。

2）研究主要适用于3、4、5类（大型）固定翼无人机，并未包括非典型的无人机飞行动态性能约束。

3）研究未包括传感器的不确定性、控制/决策/反应等相关时延和非典型的飞行器动态，这些可在保持最小安全间隔的告警时间门限中予以考虑。另外，飞行员与飞行器的空间分离会严重影响操控员对威胁的感知与分辨能力，因而机上操控员的功能性能模型将不再适用。

4）根据无人机的作业应用要求，目前的研究重点考虑 A 类空域、航路、航线外的无人机，目前的仿真侧重于 E 类空域，因为该空域是大型无人机的主要作业空域，既有合作有人机（装备 TCAS II），又有非合作目标；与现有避撞系统的兼容性要求导致无人机安全间隔模型必须很大程度兼容高敏感度的 TCAS II，从而提高了在某些相遇模型下的机载探测范围要求，因而虽然重点针对的是 VFR 的飞行要求，但其最小安全间隔模型可能会超出目视范围[⊖]。

5）使用非基于风险的策略可能产生不同的安全间隔模型定义。

6）未来工作主要集中于调整该模型以适用于某些特定的入侵航空器设备类型（例如，仅用于非合作监视）和/或特定操作（例如，仅用于 VFR 运行操作）。

（二）　一种基于安全间隔的冲突检测与告警策略

在 RTCA DO-365 安全间隔标准定义的基础上，美国 NASA 感知与避撞技术研究团队提出了一种基于安全间隔的冲突检测与告警策略，该策略由冲突检测逻辑和分级告警逻辑组成。

1. 冲突检测逻辑

冲突检测逻辑以"安全间隔"定义为标准，实现航空器是否存在冲突关系的逻辑判断，从而及时向无人机或操控员发出感知与避撞告警视觉或声音信号。冲突危险区域入侵特指在航空器相遇过程中所有违反安全距离的位置关系状态点的集合。当任意水平逻辑度量函数值达到对应门限阈值时，视为水平入侵条件成立；当任意垂直逻辑度量函数值达到对应阈值门限时，视为垂直入侵条件成立；

⊖　美国空域分类中，E 类空域是指除 A 类、B 类、C 类、D 类空域以外的管制空域，包括中低空空域、终端区同航路之间的过渡空域、无塔台机场的管制空域等，是美国面积最大、应用最广泛的空域。E 类空域垂直范围通常为地表或一个设定的高度向上至各类管制空域的底部，在美国东部，E 类空域的高度是从场压高度 1200 英尺（365 米）至海平面高度 18000 英尺（5500 米）；在美国西部，从海平面高度 14500 英尺（4400 米）至海平面高度 18000 英尺（5500 米）；此类空域范围是美国的中低空空域，也是美国中低空航路的主要运行空间（美国空域分类情况见第十七章）。根据美国国防部的运行场景模式，无人机在 E 类空域中可以执行可视范围（VLOS）运行、终端区运行、横向转移、纵向转移和灵活运行五种操作模式。

当同时达到水平和垂直门限时，视为冲突危险区域入侵，安全间隔保持失败。无人机感知与避撞系统通过向操控员发出不同等级的预先告警并提供机动决策辅助信息来避免发生冲突危险区域入侵，并在已经发生冲突危险区域入侵的情况下，提供辅助机动决策信息使冲突航空器尽快回到安全间隔，从而降低碰撞风险，满足安全水平要求。

冲突检测逻辑由安全间隔入侵判断逻辑和安全间隔入侵预判逻辑组成。在以本机为原点的三维欧式相对坐标系中，设无人机本机与入侵航空器的水平相对位置为 $s=s_{o}-s_{i}$，垂直相对位置为 $s_z=s_{oz}-s_{iz}$，水平相对速度为 $v=v_o-v_i$，垂直相对位置为 $v_z=v_{oz}-v_{iz}$，则安全间隔入侵判断逻辑如图 8-4 所示，设 DMOD、TAU-MOD、ZTHR 和 TCOA 四个门限值表达了安全间隔，它们共同决定了以无人机为中心的"危险区域"。其中，DMOD 为水平方向距离间隔阈值，TAUMOD 为水平方向时间间隔阈值，ZTHR 为垂直方向距离间隔阈值，TCOA 为垂直方向时间间隔阈值，当水平方向和垂直方向同时满足入侵条件时，即相遇航空器当前距离小于 HMD，布尔函数 WCV 返回 True，判断安全间隔保持失败，发生安全间隔入侵事件。

$$WCV(s,s_z,v,v_z):Boolean \equiv Horizontal\_WCV(s,v) \wedge Vertical\_WCV(s_z,v_z)$$
$$Horizontal\_WCV(s,v):Boolean \equiv$$
$$||s|| \leqslant DMOD \vee 0 \leqslant \tau_{mod} \leqslant TAUMOD$$
$$Vertical\_WCV(s_z,v_z):Boolean \equiv |s_z| \leqslant ZTHR \vee 0 \leqslant t_{coa}(s,v) \leqslant TCOA$$

图 8-4 安全间隔入侵判断逻辑

安全间隔入侵预判逻辑判断某航空器未来是否将进入本机危险区域，以及预计距离进、出安全间隔入侵危险区域的时间，基本逻辑如图 8-5 所示。以两航空器的相对位置、速度和预先时间间隔区间 $[B, T]$ 为输入（通常设置 $B=0$，即探测从当前时间开始，T 为预先配置的需探测时间范围），返回一个包含于 $[B, T]$ 的时间间隔区间 $[t_{in}, t_{out}]$。t_{in} 代表最先发生安全间隔入侵的时间（穿入 DWC 的时间），t_{out} 代表最后发生安全间隔入侵的时间，即穿出安全间隔的时间（假设航空器速度恒定）。若返回值为 $[T, B]$，则认为无安全间隔入侵状态，即在探测时间 $[B, T]$ 内不会出现安全间隔入侵的情况；若垂直方向切过危险区域，则计算在切过时间点水平方向的安全间隔入侵状态，如果此时水平方向在安全间隔内，则在 t_1 瞬间为安全间隔入侵点；若 $t_1<t_2$，则调用水平方向函数，返回从 t_1 时刻，即 $s+t_1 \cdot v$ 位置时刻起，t_2-t_1 时间间隔内水平方向危险区域的穿入、穿出时间，并在叠加 t_1 时间后返回。目前安全间隔入侵算法逻辑是基于双方航空器的线性轨迹外推估计进行入侵判断的。

$$\text{WCD}(\boldsymbol{s}, \boldsymbol{s}_z, \boldsymbol{v}, \boldsymbol{v}_z, B, T) : \text{TimeInterval} \equiv$$

$$\text{let}[t_1, t_2] = \text{Vertical\_WCD}(\boldsymbol{s}_z, \boldsymbol{v}_z, B, T) \text{ in}$$

$\quad$ if $t_1 > t_2$ then$[T, B]$

$\quad$ elseif $t_1 = t_2$ & Horizontal_WCV$(\boldsymbol{s} + t_1 \cdot \boldsymbol{v}, \boldsymbol{v})$ then$[t_1, t_1]$

$\quad$ elseif $t_1 = t_2$ then$[T, B]$

$\quad$ else let$[t_{\text{in}}, t_{\text{out}}]$=Horizontal_WCD$(\boldsymbol{s}+t_1 \cdot \boldsymbol{v}, \boldsymbol{v}, t_2-t_1)$in $[t_{\text{in}}+t_1, t_{\text{out}}+t_1]$

$\quad$ endif

图 8-5　安全间隔入侵预判断逻辑

安全间隔入侵预判逻辑中，垂直方向穿入、穿出危险区域的逻辑流程如图 8-6 所示。

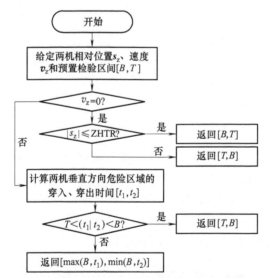

图 8-6　垂直方向穿入、穿出危险区域的逻辑流程

若两机平行飞行，且垂直方向已在门限内，则在整个探测时间 $[B, T]$ 内均处于安全间隔入侵状态；若两机平行飞行，且垂直方向未在门限内，则在整个探测时间 $[B, T]$ 内均不会处于安全间隔入侵状态；若两机存在垂直相对速度，则需要计算垂直方向出现安全间隔入侵的最早时间 t_1 和最晚时间 t_2，其中，

$$t_1 = \frac{-\text{sign}(\boldsymbol{v}_z) \cdot \max(\text{ZTHR}, \text{TCOA} \cdot |\boldsymbol{v}_z|) - s_z}{\boldsymbol{v}_z}$$

$$t_2 = \frac{\text{sign}(\boldsymbol{v}_z) \cdot \text{ZTHR} - s_z}{\boldsymbol{v}_z}$$

如果返回的最早时间大于 T，或最晚时间小于 B，则说明返回的安全间隔入侵区间 $[t_1, t_2]$ 不在 $[B, T]$ 内，返回 $[T, B]$，否则取 $[t_1, t_2]$ 和 $[B, T]$ 交集作为返回值。

安全间隔入侵预判逻辑中，水平方向穿入、穿出危险区域的算法逻辑流程如图 8-7 所示。

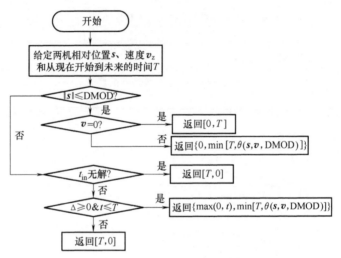

图 8-7 水平方向穿入、穿出危险区域的算法逻辑流程

若水平相对速度为 0，且此时已在"水平距离门限 HMD 内"，则从当前时间（0 代表当前时间）到结束时间 T 均处于安全间隔入侵状态；若水平相对速度不为 0，且此时已在"水平距离门限 DMOD 内"，则从现在开始到 T 和穿出时间函数计算的较小值处于安全间隔入侵状态，其中，穿出时间函数 θ 为从进入安全间隔内的危险区域到穿出安全间隔入侵的时间，即

$$\theta(s, v, D) = \frac{-s \cdot v + \sqrt{D^2 v^2 - (s \cdot v^\perp)^2}}{v^2}$$

设若目前未在"水平距离门限 DMOD 内"，且进入时间 t_{in} 无解，则返回 $[T, 0]$，表示从当前时间到结束时间 T 均不在安全间隔入侵状态，否则，令

$$t = \frac{-b - \sqrt{b^2 - 4ac}}{2a}$$

$$\Delta(s, v, D) = D^2 v^2 - (s \cdot v^\perp)^2$$

可按照三角关系计算穿入时间 t_{in}。

2. 分级告警逻辑

若经冲突检测逻辑判断，无人机与某航空器存在冲突情况且其到达安全间隔阈值（安全包络穿透点）的时间满足告警阈值条件，则发出相应等级的告警。

如图 8-8 所示为无人机感知与避撞分级告警逻辑示意图。告警分为四个等级，前三级告警是预防级、矫正级和警告级，告警的目的是提前引起操控员注意或采取间隔保持与避撞机动措施，避免发生安全间隔入侵的情况。告警均以距离入侵安全间隔的剩余时间定义告警发起时间阈值，不同告警等级的划分表达了距离穿透安全间隔的时间的紧迫性差异，即所面临危险的等级。第四级告警是穿透告警，告警的目的是提示操控员航空器已小于安全间隔，应立即采取机动措施恢复安全间隔。

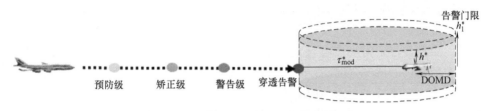

图 8-8　无人机感知与避撞分级告警逻辑示意图

预防级告警是感知与避撞系统发起的最早告警，它的目的是引起操控员对某些入侵航空器的注意，因为这些航空器与本机间的垂直机动关系有可能引发矫正级告警。因此，对于预防级告警，操控员无须立即作出决策，仅需在非必要情况下尽量保持当前飞行高度并监控入侵航空器飞行高度的变化，提前考虑到入侵航空器的位置和路径信息，为矫正级告警产生后所需的机动决策做准备。

矫正级告警是操控员开始实施安全间隔保持机动决策的最早时间点，是提示级别的告警，它的目的是提醒操控员可能需要进行机动避撞操作，并为其预留一定的时间进行形式评估以及实现与 ATC 的预先协同。在发出矫正级告警的同时，感知与避撞系统给出决策建议，提示操控员可能发生碰撞的机动操作区域和能够避开碰撞的机动操作区域，辅助操控员进行决策。

警告级告警通常在矫正级告警之后发出（某些比较特殊的相遇几何关系除外），是警告级别的告警。警告级告警与入侵航空器穿透安全间隔包络、进入危险区域相差的时间非常有限，目的是告知操控员必须立即采取行动以保持安全间隔。在发出警告级告警的同时，感知与避撞系统给出决策建议，提示操控员可能发生碰撞的机动操作区域和能够避开碰撞的机动操作区域，辅助无人机操控员进行决策。

安全间隔入侵告警是指入侵航空器在穿透无人机安全间隔定义所形成的虚拟包络、进入无人机周围危险区域时发生的告警。当出现这种告警时，操控员必须立即采取行动，操作无人机机动避撞，以恢复无人机与入侵航空器之间的安全间隔。

除上述告警外，若无人机机载感知与避撞系统集成 TCAS II 设备，当入侵航空器与无人机的时间距离关系触发 TCAS 告警时，感知与避撞设备通过空地测控链路下传并集成显示 TCAS RA 告警（第五级）和垂直决策建议，操控员可依据决策建议进行避撞操作，或设计由飞行控制（操纵）系统（FCS）自主执行 RA 避撞机动。

四、面向管制运行的间隔保持与避让策略

间隔保持与避让策略的目的是给出无人机与入侵航空器保持或恢复"安全间隔"的机动决策建议。若入侵航空器与无人机之间符合感知与避撞安全间隔要求，决策算法提供预测发生安全间隔入侵的本机水平/垂直速度、高度、航向范围，操控员将依据或借鉴该范围进行决策，发出避免安全间隔入侵的机动命令，控制两机保持安全间隔；若入侵航空器与无人机之间不满足安全间隔要求，或已无法给出保持安全间隔的决策，则算法为操控员提供恢复安全间隔的本机水平/垂直速度、高度、航向范围，供操控员进行机动决策时参考。

（一）典型避撞决策方法及分类

目前，航空器典型避让策略方法主要有基于规则的方法（RB）、几何算法、势场法、路径规划法、离散型最小航路点调整方法和基于博弈论的方法（GT）等。这些方法原理机制不同，优缺点各异，应用环境和效果侧重也存在较大差别。

1. 基于规则的方法

基于规则的方法利用一套预先制订的规则（例如路权）来避免冲突。这种方法的主要优点是规则简单且可在飞行期间快速实现，航空器之间不要求或仅要求建立极为有限的通信；缺点在于规则被固化，且对共享空域中所有的航空器都是相同的，不能将特定航空器的飞行特点及意图需求集成到冲突解决过程中。

2. 几何算法

几何算法通过分析无人机和入侵机在几何空间的相对运动关系，按照冲突探测与解脱实施被动式防撞，是无人机冲突解脱中常用的一种方法。典型的几何算法有最小接近点法（PCA，Point of Closest Approach）和碰撞锥法（CCA，Collision Cone Approach）。PCA 的基本原理是根据无人机与其他航空器的当前状态信息，计算双方到达最小接近点的时间和错开距离矢量。当其他航空器入侵安全间隔包络时，表示存在飞行冲突，此时需采取避撞措施进行避撞。水平机动措施包括加速、减速、左转和右转，通过改变速度或航向，使新航线与保护区相切得到最小避撞路径；垂直机动措施包括爬升和下降。考虑到不同航空器因其机动性能的不同，其避撞的效率也有高有低，可建立矢量分担解脱方法，在相同时间内，速度慢的航空器在避撞过程中能完成更多的机动动作，充分发挥各自优势，最大限度地保证飞行安全。CCA 的基本原理是划设一个以入侵航空器为中心的球体保护区，无人机到球体保护区的所有切线构成碰撞锥，调整无人机的相对速度与

球体保护区相切，此时可求解无人机的最优解脱路线。球体保护区模型通常以水平安全间隔作为避撞半径来计算无人机的避撞路线，但在目前的安全间隔标准中，水平安全间隔远大于垂直安全间隔，以水平安全间隔作为无人机的避撞半径会在一定程度上提高避撞的机动量，造成航线的大幅偏离。相比之下，圆柱体模型则有更好的应用效果。由于无人机垂直方向的机动性能相对水平方向更受限制且风险更高，而三维最优避撞机动更倾向于垂直方向。根据无人机飞行高度上下限、最低安全高度、入侵机飞行高度和垂直机动性能等因素，可设定垂直机动加权系数，综合平衡避撞机动的最优性和安全性。

几何算法是一种相对简单、计算成本低但效率较高的避让策略，能够有效给出航向角和爬升的速度，且避撞路径较短，无论入侵机是否协同避撞都能求解三维飞行环境中的最优避撞机动，因此实用性很强。TCAS能基于几何规则预测存在飞行冲突飞机间的接近时间和接近距离，并按照飞行高度给出交通告警和决断告警，实现垂直方向的机动避撞，可以视同为一种几何避撞方法。因此有学者认为，为了考虑与有人机的兼容性，几何方法是无人机在与有人机混合运行的某些场景下所必备的一种方法。但是，几何算法主要针对两机冲突的一对一避撞。当多个飞行器发生冲突时，几何算法通常进行优先级排序下的循序渐进式处理。然而，随着入侵机的增加，重复检查每架入侵机的计算量相当庞大；当遭遇密集的多机冲突时，一对一避撞将不再适用。J. W. Park 等提出了一种几何算法下的多机防撞理念，合并两架入侵机的保护区计算其几何中心，从而转化为两机冲突。A. L. Smith 等研究了允许无人机同时探测避撞多架入侵机的聚合碰撞锥法，并首次开展多机三维几何防撞飞行试验，验证了算法的有效性。

3. 势场法

势场法利用物理学中吸引和排斥的法则，将无人机的目标航路点视为引力，将入侵机视为斥力，无人机在合力的作用下飞行。Sigurd K 等将无人机所受合力表示为 $F_合 = \gamma F_引 + (1-\gamma) F_斥$，其中 γ 是引力常量，表示引力在无人机受力中所占的权重，当 $\gamma = 0.66$ 时，能够生成无人机快速抵达目标航路点的无碰撞安全航迹。势场法存在引力和斥力相等处局部最小点导致规划失败的问题，因此，Liu JY 等提出了一种改进的人工势场法，根据李雅普诺夫稳定性定理促使无人机尽快远离局部最小点并到达目标航路点。Ghosh R 采用与势场法原理类似的势能法，将每架航空器假设为一个正电粒子，将目标点假设为负电粒子。李惠光等人通过将相对速度矢量应用于人工势场法对势场函数进行改进，推导出基于速度矢量的引力函数和斥力函数，在经过改进的势场函数的作用下，无人机可快速躲避障碍物到达目标位置。李春涛等人在速度矢量场的基础上提出了一种二维动态实时航路规划方法，通过建立不同空间特征区域的速度场模型来对无人机的航路进行规划。势场法的特点是规划速度快，相对容易实现，根据无人机与目标航路点的距离设置优先级可进一步提高计算效率。势场法应用的关键是权衡处理吸引和排斥的关系，促使无人机在保障与入侵机必要安全间隔的同时快速到达目标位置。势场法的主要缺点是场计算阶段的计算量较大，且需随环境与配置影响因素持续更新。

4. 路径规划法

路径规划法是指依据作业应用要求和周围的环境信息等因素，事先划设出一条从起点到终点的最优无碰撞路线，将防撞问题转化为最小安全间隔约束条件下的航迹规划问题。路径规划法的核心要素是算法，目前，主要应用的算法有动态规划法、A* 搜索算法、遗传算法、蚁群算法和基于粒子群优化的航迹规划算法等。

混合整数线性规划（MILP, Mixed Integer Linear Programming）模型是通过引入辅助决策变量，将问题转化为 MILP，然后进行优化求解。首先建立无人机飞行模型，其次定义一组约束条件，并指定约束参数的值（例如，避障的最小间隔距离），然后把这些参数值输入优化工具 APML 或 CPLEX 进行集中优化求解。通过其他无人机获得的本机避障路径是优化的，但该方法仅适用于协作无人机。该方法在求解小规模问题时非常有效，但由于其采用线性化近似将原问题的非线性约束转化为一组线性约束，使得约束条件数量变得十分巨大，大规模问题的计算会变得十分复杂，计算效率较低。混合整数线性规划从全局角度为多架合作机规划无碰撞航迹，但随着飞机数量的增加，计算量将呈指数增长；通常采用滚动时域控制在一个有限的时间步长范围内分段求解局部次优航迹。

A* 搜索算法是树搜索算法，它能在初始节点到目标节点之间搜索出一条优化路径。试探评估函数评估从当前节点到目标节点的成本，扩展节点的数量显著依赖于试探评估的质量。每一个扩展节点指定成本 G 和试探评估函数 H，G 是初始节点到当前节点路径的成本，H 是当前节点到目标节点的评估成本，因此，每个节点的总成本函数 $F = G+H$，所有的扩展节点按照总成本函数 F 向前推移。总成本 F 以 G/H 的格式给出。如果扩展节点过多，A* 搜索算法的资源（时间和内存）消耗就会增加。依赖于试探函数和初始节点的移动，扩展节点的数量就会增加。计算时间随空域的改变而显著变化，同一空域分割的网格过多（相当于扩展节点过多），计算的复杂性就会显著增加；反之，同一空域分割的网格过少（相当于扩展节点过少），就不能计算出优化的防撞路径。A* 搜索算法建立在离散化空域的基础上，计算复杂性随着空域增大而显著增加；动态稀疏 A* 搜索算法是一种改进的实时算法，能根据无人机自身性能和飞行任务缩减搜索空间并随每段时间步长动态创建带时间维度的成本网格。

马尔可夫决策过程将无人机防撞问题转化为对一个随机系统的最优控制，在给定飞机动力学模型、传感器性能和入侵机行为模型的基础上求解最小化航迹偏离的无碰撞航迹；该方法需要离散飞机相遇模型，离散状态量随状态变量呈指数增长，现有的求解器还不足以求解三维问题，目前主要通过分离水平和垂直方向的动态来降低计算复杂性；对于非合作型传感器探测信息不确定且视场受限的情况，可以采用部分可观察马尔可夫决策过程。

路径规划法属于预先防撞策略，可以得到一个全局相对最优方案，并可实现某些约束条件或最优目标，例如，无人机的最高任务效率。但是，路径规划法需要基于统一的全局态势信息和各无人机的飞行意图与行为模型信息，而实际使用时很难获取全面的空域态势信息要素，且当约束要素和航空器数量增加时，问题求解复杂程度会大幅上升。另外，分布式协同的实现也比较困难，且在机动性较强的情况下，频繁的重规划与航迹调整将形成较大的计算负担并降低飞行效率。

5. 离散型最小航路点调整方法

离散型最小航路点调整方法是指通过对计划航路点的调整，在尽可能保持原航线的基础上得到的无冲突飞行路线。Mondoloni S 等人通过考虑由航空器速度等原因带来的误差，建立了基于遗传避撞算法的离散航路点模型，有效解决了二维条件下的飞行冲突问题，该模型在三维情况下也有较好的应用效果。刘星等人应用遗传算法对自由飞行条件下的冲突探测与避撞进行了一定的研究，通过较少的迭代运算可得最优解，且使航线接近理论上最省油的直线航线。崔莉薇综合遗传算法与粒子群算法的优点，采用遗传粒子群算法解决了多机的飞行冲突问题，求解速度快且能使航线更接近于原航线。使用离散型解脱方法可以满足无人机正常飞行对安全距离的要求，能够很好地处理少量航空器间的飞行冲突，且能够使任务航线的偏离程度最小，但很难解决大量航空器间的飞行冲突。

6. 基于博弈论的方法

基于博弈论的方法通常将冲突建模为二人微分对策，主要用于解决非合作式冲突。由于这类方法的使用仅与航空器状态相关，更适合用于短期冲突的暂时性解决，而不能考虑到相对长期的飞行轨迹优化，还可能出现产生超出无人机执行能力的机动决策。

（二）管制运行对避撞决策策略的要求

1. 管制运行对避撞决策策略的一般要求

虽然目前已有一些航空器冲突解脱策略，但大多数难以直接适用于实际管制运行。主要有以下三种情况，第一，一些方法基于实际中难以确定或无法满足的相对理想、宽泛的条件和假设，例如，不限定航空器的机动能力，需要较大范围的空域态势信息，需要进行超出目前有人驾驶航空器现状和空中通信能力的分布式协同，不考虑算法的复杂程度和实现成本等，这些方法更适用于冲突解脱理论规律的研究。第二，一些方法基于相对静态的全局信息，动态调整信息获取及计算成本非常高，且难以实现本机化决策处理，这些方法实际上更适用于相对长期的冲突解脱，而非短期动态间隔保持与避撞。第三，一些方法未考虑到与现有管制运行机制的兼容性问题，例如，不是基于安全间隔概念框架，不利于标准化实施，以无人机作为完全决策主体独立、动态推算避撞航路点或直接生成新的全任务路径等，这些算法不适应目前以人员作为主要决策主体、以计划作为管理依据的空中交通管制运行方式。

为此 RTCA DO-365 特别针对实际运行，提出了无人机感知避让策略的功能要求建议，主要包括：

• 水平方向决策指导信息应该输出为航向或轨迹角；垂直方向决策指导信息应该输出为垂直速率和/或高度（推荐使用高度）。

• 输出频率应不小于 1 赫更新速率。

• 一般情况下，决策处理子程序应该在跟踪数据输出 400 毫秒内被触发。

• 感知与避撞系统应该一直提供有用的决策指导信息，直到发生了近空中碰撞。

• 当计算水平决策范围时，决策处理子函数应尽可能考虑到风的影响。

• 决策指导信息计算应使用到航空器性能约束条件，提出具有可执行性的决策建议。

可见，管制运行对无人机感知与避让策略的要求主要体现在决策指导信息应表达为一个由决策处理系统形成的水平方向/垂直方向决策范围，这一决策范围应该能够避免与所有入侵航空器发生冲突或最小化与某个入侵航空器的冲突。符合现有运行机制的有效决策算法应能在一次航空器相遇过程中利用本机实时探测到的入侵航空器动态，连续提供具有本机可操作性的指导信息，使操控员一直具有可用的决策功能，决策算法逻辑应有较强的实时性和鲁棒性，而并非相对静态、缓慢更新、需要协同执行的全局优化决策。

2. 避撞决策的典型表达形式——决策带

决策逻辑通常以时间间隔的形式提供决策指导，以辅助操控员在本机允许的性能范围内保持或及时恢复无人机之间的安全间隔。典型的决策建议表达为两种决策带，即安全间隔入侵决策带和安全间隔恢复决策带。安全间隔入侵决策带与三个告警等级具有对应关系，每个安全间隔入侵决策带对应于进入某告警级别的危险区域的一个无人机操作参数范围（速度/航向角）/垂直参数（高度/爬升率），若在该范围内操控无人机飞行，将发生安全包络入侵，安全间隔保持失败。当某个操作参数范围同时满足不同类型的告警条件时，将按照高优先级告警生成决策建议。当所有操作都不能避免发生安全间隔入侵时，决策逻辑将计算安全间隔恢复决策带，为入侵航空器退出危险区域、恢复安全间隔提供决策建议。

（三）一种面向管制运行的避撞决策实现

如图 8-9 所示为一种满足 RTCA DO-365 要求的典型的大型无人机自主间隔

保持与避撞决策算法逻辑。它以本机为中心，使用决策带生成函数 GenericBands 生成本机与多机之间将发生安全间隔入侵 的决策带。对于每个发生告警的入侵航空器，在更新与本机的相对位置、速度信息后，调用决策带统计函数 Generic-Bands_1×1 生成本机与该入侵航空器之间的安全间隔入侵决策带，加入本机的决策带表中，各决策带的并集为本机与多机间的安全间隔入侵决策带。算法随时间推移不断刷新航空器位置、速度关系和决策范围，实现实时动态决策。

```
GenericBands(ownship, traffic, B, T, cval, min, max, step, accel, D, H, Pos, Vel)
    List < DoubleInterval > ≡
    foreach instruder in traffic do
        (s, s_z) := Position(ownship) - Position(instruder);
        (v, v_z) := Velocity(ownship) - Velocity(instruder);
        bands := Union(bands, GenericBands_1×1(s, s_z, v, v_z, B, T, cval,
                        min, max, step, accel, D, H, Pos, Vel));
    endforeach
    return bands
```

图 8-9　多机安全间隔入侵决策带生成逻辑

决策带统计函数 GenericBands_1×1 为本机-入侵者之间的安全间隔入侵决策带生成通用函数，该函数采用步进方式搜索所有本机性能操作允许范围内的决策，生成一个使本机和入侵航空器在 $[B, T]$ 时间段内发生安全间隔入侵的决策带列表。设两航空器在水平和垂直方向上的相对位置和速度状态分别为 s、s_z、v、v_z，发生安全间隔入侵的搜索时间段为 $[B, T]$，其中，B 一般设置为 0，即当前位置时间，T 一般设置为某告警类型的最大阈值时间。设 cval 为当前本机的操作决策值，例如，对于水平航向决策，cval 即当前本机航向，设本机性能约束下的最小、最大决策值分别为 min、max，$[min, max]$ 代表本机可行决策区间；对于本机，算法假设恒定决策加速度 accel，设搜索决策步进值为 step，则搜索时间的步进值为 step/accel；对于入侵航空器，算法采用恒定速率预测，位置函数 Pos 和速度函数 Vel 用来预测两航空器在某时间的相对位置关系。决策算法逻辑在安全间隔入侵检测逻辑的基础上实现，从本机当前机动操作开始，分为决策带正向循环统计和决策带负向循环统计两部分。

恢复带统计函数 RecoveryBands 在决策带生成函数 GenericBands 的基础上实现，其目的是当判断出入侵航空器将不可避免突破安全间隔阈值的情况下（无法给出可行的、不突破安全间隔的决策操作），给出一个决策范围值，使入侵航空器能够恢复安全间隔。算法输入与决策逻辑相似，仍包括本机状态信息 ownship、入侵航空器状态信息 traffic、预测时间 T、当前本机航向 cval、本机可行决策区间 $[min, max]$，搜索决策步进值 step、决策加速度 accel、水平距离阈值 D

和垂直距离阈值 H，以及位置函数 Pos 和速度函数 Vel。安全间隔恢复决策带生成逻辑如图 8-10 所示。

```
RecoveryBands(ownship,traffic,B,T,cval,min,max,step,accel,D,H,Pos,Vel)
    Pair<List<DoubleInterval>,Recovery time>≡
            bands = GenericBands(ownship, traffic, 0, T, cval, min, max,
                                    step,accel,D,H,Pos,Vel)
        if [min,max] ⊆ bands then
            t = min{[min,max] ⊈ GenericBands(ownship,traffic,B,T,
                0<B<T
                                cval,min,max,step,accel,D,H,Pos,Vel)}
            if t = T then        return([min,max],−1)
            else return(GenericBands(ownship,traffic,B,T,cval,min,max,
                            step,accel,D,H,Pos,Vel),t)
            endif
        else return(bands,0)
        endif
```

图 8-10　安全间隔恢复决策带生成逻辑

五、管制分工与避撞协作流程机制

根据无人机运行特点和各方决策能力，研究设计感知与避撞系统辅助下的管制员、操控员和无人机三个决策主体任务分工，形成科学高效的协作流程机制，满足感知与避撞安全间隔要求，提高安全运行水平。

（一）避撞决策控制中的主体问题

1. 间隔保持与避撞的决策主体及优劣势

从执行主体看，间隔保持与避撞可以分为由 ATC 完全控制、ATC 与操控员协同和由无人机自主控制三个层级。

由 ATC 完全控制是指由管制员和管制自动化系统向航空器提供管制间隔服务并对此负责，包括在管制空域中探测、预测和解决交通冲突。一组基于时间表的高级运行概念将产生，可能需要对现有 ATC 的架构、运行和技术进行一些较小程度的改变调整以适应无人机的加入，ATC 控制的特点是时间尺度较大，以间隔控制而非避撞为主，具有全局管理统筹优势和计划信息获取优势。其劣势在于受到 ATC 系统交通显示的精度和更新速率、人员思考判断时间以及指令传输的延迟等因素影响，难以实现实时反应式触发决策。

ATC 与操控员协同是指由操控员和 ATC 双方协作保持安全间隔和分配责任。

管制员在履行间隔服务责任的同时，可以授权某架无人机的操控员解决与另一架航空器的冲突问题。为此，需要建立协同机制，将一些冲突探测、间隔保持和冲突解脱的功能转移到操控员端，同时需要建立协商的标准化信息交互流程。ATC与操控员协同决策的优势在于可以将机身主体局部视角和ATC管理全局视角有效结合、充分发挥双方优势、时间尺度弹性较大、既可以应对局部突发问题又可以避免与全局管理相违背。其劣势在于人员工作负荷量较大、决策时延较长且受到协作通信手段的限制约束。

无人机自主控制是无人机在机载感知与避撞系统控制下，不经过操控员输入机动命令，全自主实施冲突探测与解脱，并承担其责任，主要包括自主间隔保持控制和避撞控制两方面。其优势在于控制标准化程度高，因此可提高运行效率；人员主要发挥监控作用，工作负荷较小；具有本机实时性，在意外遭遇或在非计划的高度机动飞行下效果好；不依赖于空地链路，可以应对地面站及控制链路失效等特情等。其劣势在于对运行环境、制度和系统自动化水平及可靠性的要求较高，且判断过于局部化，不利于全局管理优化，因此，无人机自主控制更适用于小时间尺度下的间隔调整和避撞。

2. 人工决策与算法决策的优劣势

间隔保持与避撞的决策主要有算法决策和人工决策两种方式。算法决策是指由算法提出单一性冲突解决方案，由无人机系统直接执行或经操控员简单判断无明显错误后直接执行；人工决策是指算法提供有效的决策信息或决策范围指导，但给无人机操控员保留相当大的决策裕度，由无人机操控员最终决策。

人工决策的优势是"大场景视野"，在决策中可综合考虑任务、周围态势、飞行器能力等，且具有问题解决经验，系统可以公布威胁、发出告警并提供自动化辅助措施，包括态势显示与交通标识、测距测时工具、显示估算的轨迹是否穿越危险区的预测、甚至是假想结果的快速推算预测，其挑战在于操控员制定决策的可靠性和效率。

算法决策的优势在于自动化能力更强，因此擅长解决时间余量小、解读冲突相遇图形或数字几何更困难的决策。此外，当航空器和控制站之间的控制通信链路能力无法支持及时、可靠的避撞信息传递时，航空器需要采用自动化手段自主解决避撞决策问题。

3. 感知与避撞过程中操控员与管制员作用的差异

自主间隔功能虽然担负与空中交通管制类似的间隔保持任务，但是其距离、规则和时间期限与空中交通管制存在差异。一般来说间隔服务的时限是按照分钟的粒度失去法定间隔，而感知与避撞与看见与避撞的时间粒度类似，都是秒级的。按照时间尺度从大到小划分，应该是ATC隔离服务阈值（管制间隔）、自主间隔保持阈值、碰撞避撞阈值三个等级。因此，管制员的工作职责和能力主要聚焦于在距离碰撞点较远的范围，执行经过认可的管制隔离标准；而操控员的工作职责和能力主要是航空器在明确可能发生的碰撞情况后，直接控制航空器飞行的危急时刻动作，具有一定的应急触发特点。

（二）避撞决策控制的优先权问题

无人机、管制员和操控员三个决策主体的优先权设计，应以符合无人机的运行特点和各类主体的决策能力、利于安全为首要原则；其次，应尽量不改变现有ATC程序，不对ATC运行造成特殊干扰，便于管制员工作；另外，最好与有人机目前冲突解脱的决策优先权设计理念具有一定的一致性，以便有人机操控员理解接受。

在设计无人机冲突解脱与避撞多主体决策优先权（图8-11）时，可从以下六个方面进行考虑：

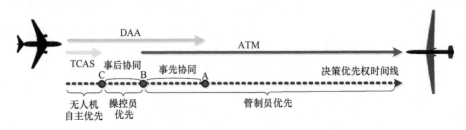

图8-11　无人机冲突解脱与避撞多主体决策优先权

1）参照有人机的冲突解脱机制，通常情况下，在ATC的指令没有原则性问题时，TCAS等机载防撞系统的决策优先级最高，其次是管制员决策优先级，最后是感知与避撞决策优先级。

2）在客观条件允许情况下，操控员在根据感知与避撞设备告警进行避撞机动方式决策后，应与管制员事先协同，获得许可。

3）一般情况下，在管制员与操控员协同过程中，管制员具有更高的决策优先权，管制员对全局态势的感知和控制、协同能力优于操控员，更有利于多方优化，避免进一步产生其他局部短期冲突或避免在冲突解脱过程中出现管制移交等问题。若管制员给出的指令客观上具有可实施性，且同感知与避撞设备的辅助决策意见没有直接冲突，则操控员应听从管制员决策；若经操控员判断，管制员给出的指令、许可、修正许可客观上不具有可实施性，例如，无人机的性能无法达到或会与无人机感知与避撞设备的辅助决策产生直接冲突，操控员应及时向管制员报告情况并给出决策修改建议，由管制员决定是否进行最终指令的修正。

4）当遇到特殊情况时，允许操控员在未与管制员协商情况下，根据感知与避撞设备告警及决策建议进行自主优先决策，此时操控员具有决策优先权。在避撞机动实施后，操控员应尽快与管制员进行事后协同。操控员的决策将基于感知与避撞决策建议、相遇几何关系、无人机性能和路权规定作出。其中，所涉及的特殊情况主要包括无人机在非管制空域运行；没有或失去与管制员的通信手段；由于频率拥塞，与管制员通信受阻；受到相遇几何关系或感知与避撞传感器参数影响，告警状态紧急，剩余时间不足以支持与 ATC 的协同。

5）对于集成 TCAS II 设备的感知与避撞系统，可发出 TA/RA 告警及避撞机动指令；未来在安全研究充分的情况下，可考虑赋予无人机在 TCAS RA 告警情况下的自主决策优先权，将 RA 指令直接发送到飞行控制系统或自动驾驶仪，自主控制实施机动避撞；同时，在 CNPC 链路具备传输能力的情况下，应同时将 TA/RA 指令发到无人机地面站，由操控员实施监控并掌握超控权，降低避撞对 CNPC 数据链路可靠性的依赖，并提升一控多机、自主飞行应用下的避撞能力。操控员一旦发现感知与避撞系统的 TCAS RA 告警提示，应立即通过感知与避撞显示态势判断 RA 决策是否合理，并在条件允许的情况下尽快通报管制员 TCAS RA 决策，使管制员能够预先调开周围航空器，避免发生其他冲突。

6）操控员决策权的使用应考虑针对 IFR 和 VFR 入侵航空器差异化。考虑到 IFR/VFR 之间的间隔主要由 ATC 负责保持，ATC 对于操控员依据感知与避撞对 IFR 和 VFR 提出的避撞决策的态度应存在一定差异。对于 IFR 入侵航空器的决策，必须考虑到感知与避撞的决策可能会对 ATC 决策的执行产生延迟，且高频率的告警会增加 ATC 的工作负荷及转移 ATC 的注意力。因此，要适当控制感知与避撞告警及操控员的建议、决策权的使用，避免对 ATC 的过度干扰，在有必要采取措施时，操控员应尽量主动向 ATC 事前协商报告。而对于 VFR 入侵航空器的决策，由于 ATC 间隔保持失败或不提供间隔服务的比例可能更高，且入侵航空器本身的协作避撞能力可能相对较差，在很多情况下需要感知与避撞系统支撑操控员实施安全间隔保持与避撞决策。因此，相对来说应鼓励操控员采取决策措施，并及时报告 ATC。

（三）一般情况下的管制分工与避撞协作

根据无人机、操控员、管制员三个决策主体的决策优先权定义，结合所梳理的典型避撞协作场景，可以明确一般情况下无人机、操控员、管制员的任务分工和避撞协作流程⊖。感知与避撞运行过程中各避撞决策主体的协同工作流程（RA 告警前）如图 8-12 所示。

⊖ RTCA, Inc. Minimum Operational Performance Standards (MOPS) for Detect and Avoid (DAA) Systems: No. 045-20/PMC-1986. Washington D. C.: RTCA, 2020.

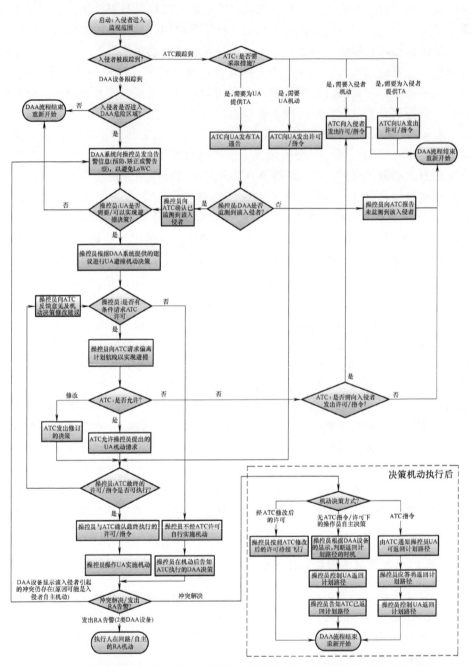

图 8-12 感知与避撞运行过程中各避撞决策主体的协同工作流程（RA 告警前）

其中，若感知与避撞系统集成 TCAS II 系统，则 RA 告警后的流程如图 8-13 所示。

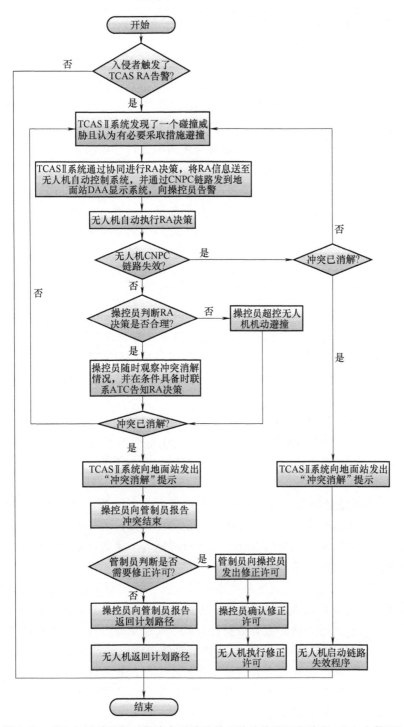

图 8-13　感知与避撞运行过程中各避撞决策主体的协同工作流程（RA 告警后）

1. 管制员的分工与协作流程

1）当监视及自动化系统初始化入侵航空器轨迹后，管制员需根据标准程序、经验和管制自动化系统工具，判断航空器是否有必要采取避撞机动措施，若有必要，则需向入侵航空器或无人机发出咨询通告或避撞机动指令。

2）接收操控员的冲突状态报告、避撞决策请求报告和避撞决策请求调整报告，根据周围态势信息、路权、管制情况评估是否可行，若可行，则向操控员应答许可；若不可行，则可以选择对避撞决策请求进行修改调整，并向操控员发出修正许可，或拒绝避撞决策请求。

3）若管制员拒绝了操控员避撞决策请求或接收了操控员不执行感知与避撞系统决策建议请求，则需判断在当前冲突形势下，是否有必要调整入侵航空器飞行路径，实施机动避撞；若有必要，则向入侵航空器发出避撞指令。

4）接收操控员不执行避撞决策建议的请求，需根据冲突情况评估决策是否可行，若可行，则向操控员应答许可；若不可行，则向操控员发出避撞决策指令。

5）对操控员发出的最终机动决策确认信息予以应答。

6）若管制员向无人机发出了避撞机动指令，需持续跟踪判断冲突威胁是否解除，并在威胁解除后的适当时机，通知操控员回到计划路径。

7）若收到操控员的冲突结束报告，管制员需判断是否需要并在必要时向操控员发出修正许可。

2. 操控员的分工与协作流程

1）当地面站感知与避撞系统给出某入侵航空器的预防级告警时，操控员需持续注意该入侵者飞行高度的变化，以及本机与该入侵者的距离保持情况，直到该告警解除。

2）当地面站感知与避撞系统发出针对某入侵者的矫正级或警告级告警时，操控员需判断无人机实施机动避撞的必要性和可行性；若必要且可行，则需进一步参考感知与避撞系统决策辅助建议、飞行器能力、路权及周围态势等信息，根据经验进行机动避撞决策。

3）当接收到管制员的交通咨询通告时，操控员检查感知与避撞态势显示信息，确认是否已探测到该入侵航空器，并向管制员报告；若已探测到该入侵航空器，则需进一步判断当前是否有必要针对该入侵航空器进行机动避撞决策。

4）若操控员根据感知与避撞系统作出避撞决策，需基于时间紧迫性和通信能力等条件，判断是否允许与管制员进行事先协同；若条件允许，则应通过话音或数据方式向管制员报告冲突情况及避撞决策请求；若条件不允许，则可直接输入机动指令控制无人机避撞。

5）当接收到管制员的避撞指令、避撞决策许可和修正许可时，操控员应判断是否可行；若可行，则可向管制员确认最终机动决策；若不可行，则应根据态势判断，向管制员提出决策调整建议，或向管制员请求不执行避撞决策建议。

6）若操控员在未与管制员事先协同的情况下操作无人机执行了避撞机动，则在机动后，当条件允许时，立即向管制员报告机动情况。

7）若操控员在未与管制员事先协同的情况下操作无人机执行了避撞机动，则在机动后，应根据感知与避撞系统提示的交通态势及告警解除信息，自行在合适的时机返回计划路径，并告知管制员已返回计划路径。

8）操控员在接收到管制员回到计划路径的指令后，操作无人机返回计划路径。

9）若接收到感知与避撞系统的 RA 信息提示，操控员应判断 RA 决策是否合理；若合理，应保持对无人机机动避撞过程的观察，并在条件具备时，尽快向管制员通报情况，以使管制员了解飞行冲突及 RA 决策执行情况，提供必要的帮助，避免发出与 RA 指令相矛盾的指令；若不合理，操控员需自主实施合理决策，并超控无人机机动。

10）若接收到感知与避撞 TCAS II 系统的"冲突消解"提示，则操控员应立即向管制员报告冲突结束；若未接收到管制员的修正许可，则操控员应操作无人机返回计划路径并向管制员报告；若收到管制员发出的修正许可，则操作无人机执行修正许可。

3. 无人机（感知与避撞系统）**的分工及协同操作**

1）感知与避撞系统利用传感器根据探测入侵航空器，初始化入侵航空器轨迹；进行周围态势显示以辅助操控员判断冲突几何关系。

2）感知与避撞系统判断入侵航空器是否产生冲突威胁，若存在威胁，根据优先级顺序向操控员依次发出不同等级的告警信息和声音提示。

3）当感知与避撞系统判断某入侵航空器可能或已经进入感知与避撞危险区域时，除发出告警外，应向操控员提供避撞机动辅助决策信息。

4）感知与避撞系统判断入侵航空器的冲突威胁是否解除，若已解除，则向操控员显示感知与避撞冲突解除信息。

5）感知与避撞系统判断感知与避撞链路是否失效，若失效，则应向无人机操控员发出链路失效告警。

6）若感知与避撞系统集成了 TCAS II 设备，则应按照相关设备要求判断冲突状态，发出 RA 告警及决策信息，将该信息发到无人机飞行控制系统或自动驾驶仪自主执行，并通过下行 CNPC 链路发送至地面操作站，向操控员发出信息提示。

7）无人机在自主执行 RA 避撞指令的过程中，若接收到操控员的超控指令，则中止 RA 指令执行。

8）若感知与避撞 TCAS 设备探测到冲突威胁已解除，应通过下行 CNPC 链路向操控员发出"RA 冲突消解"提示。

（四）特殊情况下的管制分工与避撞协作

在紧急、故障等特殊情况下，无人机告警类型及任务分工见表 8-3。

表 8-3 特殊情况下的无人机告警类型及任务分工

告警类型	情况说明	各决策主体的操作 （1 类感知与避撞）	各决策主体的操作 （2 类感知与避撞，集成 TCAS）
1. 安全间隔入侵告警	进入 DWC 危险区域（穿透 DWC 安全包络）	1. 感知与避撞系统应发出"regain well clear"告警并给出辅助决策信息； 2. 操控员应立即执行机动避撞，并于事后与管制员协同	1. 感知与避撞系统应发出 RA 告警决策； 2. 操控员在回路执行 RA 决策
2. ATC 通信中断告警	操控员与 ATC 之间通信中断	1. 操控员应尝试重建与 ATC 之间的通信链路； 2. 无人机应答机报 7600； 3. 管制员需要清空无人机周围空域，防止出现冲突； 4. 在发现入侵航空器时,感知与避撞发出警告级告警与辅助决策信息,由操控员实施避撞机动	1. 操控员应尝试重建与 ATC 之间的通信链路； 2. 无人机应答机报 7600； 3. 管制员需要清空无人机周围空域,防止出现冲突； 4. 在发现入侵航空器时,感知与避撞发出 RA 告警决策,由操控员实施避撞机动
3.CNPC 链路失效告警	无人机控制与通信链路中断	1. 操控员应尝试重建 CNPC 链路 2. 无人机应答机报 7400； 3. 管制员需要清空无人机周围空域,防止出现冲突； 4. 当出现入侵航空器时,感知与避撞系统无法实施避撞	1. 操控员应尝试重建 CNPC 链路 2. 无人机应答机报 7400； 3. 管制员需要清空无人机周围空域,防止出现冲突； 4. 当出现入侵航空器时,感知与避撞系统自动执行 RA 避撞
4. 感知与避撞失效告警	1. 操控员联系管制员,报告感知与避撞失效； 2. 管制员需要清空无人机周围空域,防止出现冲突； 3. 当出现入侵航空器时,感知与避撞系统无法实施避撞； 4. 在条件允许时,ATC 尽量为操控员和入侵航空器提供交通咨询和间隔服务		

第九章
无人机合作监视与身份识别技术

现有监管模式下，除微型无人机以外的无人机飞行，都应当具备身份被识别以及被监视的能力。但是，由于无人机体积、重量、飞行性能、作业应用环境不同，所形成的运行风险不同，对监视性能要求也不同，因此需要围绕各类无人机合作监视技术，建立从机体识别、人员识别到人机关联和监视信息上报的完整链条，并针对不同的无人机运行风险，筛选形成高效适用的监视技术应用方案。

一、无人机合作监视技术现状

目前，国际民航组织主要成员国都提出了无人机合作监视、跟踪与远程身份识别的需求。

2017 年 5 月，欧盟委员会提出《无人机远程身份识别规则》，要求无人机必须广播其唯一身份识别码、起飞点地理位置、高度、航向、速度等信息，且识别码必须遵循 ANSI/CTA-2063 标准。2019 年，欧盟发布《无人机系统和非本国无人机操控员规则》2019/945 文件和《无人机系统运行规则和程序》2019/947 文件，描述了无人机系统身份识别的设计和运行需求。要求基于一个开放的文件传输协议进行身份等信息的广播并可被相关人员接收，信息包括无人机操控员注册号；遵循 ANSI/CTA-2063 标准的无人机唯一物理序列号；无人机的地理位置、离地高度或者离起飞点的高度；基于真北方向的无人机航迹和地速；远程操控员的地理位置，或者起飞点的地理位置，并保证用户不能修改上述数据内容。

2019 年 12 月，美国 FAA 发布《无人机远程识别政策》，基于无人机远程识别需求分析，将无人机按照标准类、限制类以及无要求类进行了划分，规定了每类无人机需要传输的信息及性能指标。同时将无人机远程识别与认证传输方案归纳为直接广播（本地）方案和联网传输方案两类。FAA 下设美国微型无人机系统航空规则制定委员会（ARC）给出的建议是对于重量在 25 千克以下的视距内飞行无人机、适用于大部分 Part 107 规定的无人机，采用直接广播（本地）方案或联网传输方案（地面控制单元联网或机载空中联网），对于重量在 25 千克以下不满足 Part 107 的无人机，采用直接广播（本地）方案和联网传输方案。每种技术方案都有其适用范围和局限性，因此需要结合实际综合运用监视技术和信息传输手段。

中国民用航空局 2017 年 4 月发布《民用航空低空空域监视技术应用指导意见（试行）》，将低空空域监视技术划分为空管监视雷达、ADS-B、无源多点定位系统、卫星定位+移动通信网络、卫星定位+北斗短报文等五类。目前，主要的无人机合作监视技术如下：

（一）C2 链路与地面蜂窝网络技术

基于我国蜂窝网络覆盖情况，蜂窝网络在无人机监视方面的应用按照接入网络设备安装位置不同，可以分为 C2 链路与地面蜂窝网络监视技术和移动蜂窝网络监视技术两种方案。目前，专用对空蜂窝通信可覆盖 1 万米以下特定航路空域[○]。

C2 链路是无人机应用最为成熟的设备，主要用于无人机控制通信。C2 链路可通过安全的双向通信，完成无人机控制信息上传以及飞行动态信息下传，实现对无人机飞行动态的监视。相关研究方面，美国航空无线电技术委员会（RTCA）已就 C2 链路应用于无人机所需的功能、性能，以技术标准形式规范了无人机 C2 链路设备的生产与使用，同时通过仿真验证等多种技术手段，建议采用 802.16 协议，并使用 L 波段和 C 波段进行信息传输。我国 2015 年制定了《无人驾驶航空器系统无线信道配置及无线电设备射频指标要求》，明确 840.5～845 兆赫、1430～1444 兆赫和 2408～2440 兆赫用于无人机系统。各无人机生产厂商使用的 C2 链路目前还没有统一标准，信息传输使用的传输协议也不相同，未实现标准化。

飞行过程中，无人机首先通过 C2 链路向无人机地面控制站传送无人机的空中位置信息和身份信息，地面控制站通过地面蜂窝网络将无人机动态位置信息和身份信息上报给无人机飞行管理平台，实现对无人机飞行动态的有效监控，例如移动终端（手机、平板电脑）可以通过地面蜂窝网络向监管系统上报相关的飞行信息。该方案的优点如下：

1）C2 链路与地面蜂窝通信网的地面覆盖远胜于空中覆盖。要实现空中的有效覆盖，现有的蜂窝通信网需要在干扰模型、网络规划、网络覆盖、移动性管理等多个方面进行研究和优化。测试数据表明，无人机的飞行高度高于 60 米，网络中存在的覆盖问题（例如，如覆盖空洞、邻区干扰、越区覆盖、导频污染、邻区丢失、链路丢失、切换失败等）会大大增加，而从地面控制站接入网络，只要 C2 链路不断，无人机就可以有效地接入监视系统。因此，现阶段从地面控

○ 中国民用航空局飞行标准司. 低空联网无人机安全飞行测试报告. 2018-02-06.

制站接入监视系统的可靠性明显高于空中机载蜂窝模块接入。

2）轻、小型无人机的使用以消费娱乐为主，人机互动和关联性较强。从地面控制站通过蜂窝网络接入监视系统，实际上也将操控员纳入了监视链条，不仅可以关联飞行器的位置，也能较好地与操控员所在位置进行关联，从而更有效地实现管理。

3）由于轻、小型无人机集成化程度高，受限于尺寸、空间、重量、结构，在飞机上集成蜂窝模块存在较大的困难。如果额外安装蜂窝模块就需要配套 SIM 卡，还需要用户每个月缴纳相应的月租费和流量费，因此用户的接受程度低。使用如手机、平板电脑、计算机的地面设备接入监视平台，用户无须额外安装蜂窝模块或配套 SIM 卡，也就不需要额外缴纳月租费等，因此使用成本低，用户接受程度高。但该方案依赖于蜂窝网络的覆盖，对于没有蜂窝网络覆盖的区域，该方案无法应用。

（二）移动蜂窝网络技术

移动蜂窝网络是语音和数据通信的基础，在我国已经形成成熟的多重覆盖。其中，2G、3G 网络基本实现 100% 覆盖，部分地区实现了电信、联通与移动多重覆盖，4G 网络覆盖达到 95% 以上，5G 网络覆盖全面展开。基于全国蜂窝移动网络（4G、5G 技术），可以帮助无人机产业建设高效低成本的安全飞行体系，实现无人机分级、分类、分区域连续监视管理。目前我国移动蜂窝网络可以满足 120 米以下绝大部分场景的无人机行业应用需求，以及 300 米以下绝大部分区域的无人机安全飞行业务链路指标需求，空地融合蜂窝通信可对 300 米以下（4G）、1000 米以下（5G）实现全覆盖⊖。5G 单基站低空探测半径可达 1000 米，可对 1280 个目标同时跟踪探测；多基站可无缝连续探测，精度达到米级。

联网无人机通过加装 SIM 卡设备接入移动蜂窝网络，实现实名登记、目标航迹位置校验、实时数据传输和飞行动态信息上报，并通过一体化管理流程与加密认证技术进行效监管，实现了事前可预警、事中可管控、事后可追踪。中国民航局、工业和信息化部中国信通院等单位对于移动蜂窝网络在无人机领域应用开展了多项研究，先后发布了《低空联网无人机安全飞行测试报告》《5G 网联无人机白皮书》等报告。通过实施联网无人机监管项目技术测试，深度研究测试移动蜂窝网络在无人机监管方面的有效性，进一步验证了国际电信联盟（ITU）提出的"利用现有移动蜂窝网络对低空轻、小型无人机进行监管"的可行性。

移动蜂窝网络技术在无人机监视方面的应用优势主要体现在蜂窝芯片体积小、能够批量生产、功耗低等方面，因此能够嵌入在电话和许多设备中，但在需

⊖　中国民用航空局飞行标准司. 低空联网无人机安全飞行测试报告［R］.［2018-02-06］.

要进行无人机合作监视的偏远山区可能存在网络信号不可靠的情况。

C2 链路与地面蜂窝网络监视技术和移动蜂窝网络监视技术方案对比见表 9-1。

表 9-1　C2 链路与地面蜂窝网络监视技术与移动蜂窝网络监视技术方案对比

对比项	C2 链路与地面蜂窝网络监视技术	移动蜂窝网络监视技术
接入方式	地面控制站利用手机等移动设备通过蜂窝网络接入监视平台	无人机直接加装蜂窝模块,从空中直联接入监视平台
网络覆盖	地面网络覆盖可靠,几乎无处不在。只要无人机 C2 链路处于正常连接,可一直被有效地接入监视系统	高于 60 米时,网络覆盖存在覆盖空洞、越区覆盖、干扰、邻区丢失等问题,120 米以上网络覆盖较差,无法保证无人机监视信息的可靠报送
性能	网络端覆盖好,移动终端由于在地面,尺寸和重量等约束性小,性能可以做得更好	高空网络覆盖有待改进;在无人机上集成蜂窝模块会因尺寸、结构等原因使性能受限
实现难度	纯软件实现,实现难度低,具有较好的产品适用性、扩展性和兼容性,制造商接受度高	硬件+软件实现,实现难度高,约束条件多,产品适配性差,厂商接受度低
兼容性	兼容性高,可兼容市场上存量产品,只需要进行软件的升级,推广难度低	依赖额外硬件,兼容性差,无法兼容市场存量产品,推广难度高
接入成本	接入成本低,基本上只有流量费,用户接受程度高	除了流量费之外,还需要缴纳月租费
可用性	可用性强,地面有网络覆盖的地方均适用	城市环境下,高于 60 米时存在较多网络覆盖问题

（三）光电技术

可见光可被人眼或视觉传感器直接识别,使用可见光进行主动侦测可以作为无人机地面监视手段。目前,民用有人驾驶航空器上有多组灯光系统,不同的灯光系统有各种不同的用途。例如,用于标明航空器飞行方向和位置的航行灯、用于防止碰撞的防撞灯等。无人机可通过配备灯光识别系统,以便于地面对空中无人机进行监视。监视的有效范围取决于多种因素,包括灯光功率及颜色、周围环境（白天、夜晚）、发光图谱和接收设备灵敏度（人眼对红光、绿光的视觉灵敏度较高）等。在光谱中,红色光波长最长、穿透性最强,无论昼夜均有最强的警示作用。为了达到更大范围的识别率,需增加灯光光强,例如,使用大功率红色或绿色指示灯。对于轻、小型无人机,需要综合考虑大功率灯光对续航时间的影响。对于中、大型无人机,灯光系统还要考虑与载人航空器灯光系统进行区分。

通过可见光只能识别一定距离范围内的无人机,无法获得无人机的身份和位置信息。如果对身份和位置信息进行可见光编码，使用可见光接收设备接收和解码信息，则监视的有效距离一般小于 30 米，且周围环境会对识别结果产生较大影响。此外，可通过对无人机涂装反光层、加装反光镜等手段，增加无人机光电探测面。

相关研究方面，美国加利福尼亚大学伯克利分校通过"Lightcense"项目开发了一款无人机 LED 灯组牌照，用彩色 LED 灯组成矩形阵列，并将其绑在无人机底部，LED 灯按照独特的方式闪烁，执法人员可以根据不同的闪烁方式搜寻无人机数据库，然后找到相应的拥有者信息。LED 灯组牌照可通过手机应用识别。或执法人员将配备的摄像头解码，也能用肉眼识别。白天测试时的识别距离可达 100 米，若搭载变焦镜头，则识别距离可延伸至 150 米。LED 灯组牌照与无人机无线信标以及电池等组成标准组件，安装在无人机上，可用于无人机身份识别与动态监视。总体来说，单一光电监视技术功能单一、效果一般、性价比不高。

（四）无线信标技术

无人机信标技术主要涉及无人机和监听站两部分。无人机在 C2 链路无人机机载设备端，通过蓝牙、WiFi、RFID 等基于射频的短波无线通信技术，以广播形式周期性地将自身身份，飞行坐标、高度、航向和速度等基本信息发送给用户，实现对无人机的动态监视；无线电地面监听站可以同时监测多台无人机，通过扫描无线电信号获取一定地理范围内无人机广播的飞行信息，并通过识别查验无人机身份甄别出有威胁性的飞行器。

为满足监控需求，法国于 2018 年 4 月规定所有重量在 800 克及以上无人机必须装配电子信标及显示灯，并列明无人机厂商代码、无人机序列号、飞行高度、速度等信息，其电子信标在 2.4 吉赫 WiFi 频段运行，每条消息以不超过 3 秒的间隔进行广播。美国商用无人机也主要采用无线信标技术，在 C2 链路机载设备端利用独特的帧格式，将无人机飞行动态信息通过 WiFi、蓝牙等频段以广播的形式发送给 APP 用户，实现对无人机的动态监视。由于我国轻、小型无人机多通过接入无人机云系统"在线飞行"，因此对无线信标技术监控需求并不强烈。但从技术角度看，无线信标技术为无人机飞行监视提供了一种有效的手段。

基于目前无人机技术现状和监控需求，无线信标技术有以下两种设计方案：

1. 基于无人机无线通信下行链路资源

通过在已有无人机通信链路上增加逻辑信标广播信道，承载飞行器信息以及飞行参数。为简化监管设备成本，这种逻辑信标广播信道通常不加密，但是针对高保密需求的应用，也可加上签名以保护信息完整性。无线信标方案由于利用现有无线资源，无须额外增加硬件设备改装，也无须增加制造商和用户成本，仅需要通过固件升级的方式即可实现相关功能，从而对这些无人机进行有效的管理。该方案不仅可应用于未来在市场上发布的新产品，也可以应用于市场现有产品，例如针对业界广泛使用的 WiFi 制式无人机可以设计相应参考方案，利用 WiFi 信号中周期性广播的 Beacon 信号中的厂商自定义字段广播无人机飞行信息。

2. 无人机专用无线信标广播系统

由于民用无人机主要使用公共 ISM 频段（如 2.4 吉赫、5.8 吉赫），而这些频段有多种应用，使得该频段广播信号质量得不到保障。从长远有效监管考虑，可借鉴航空无线电设计经验，结合民用无人机具体特点，设计和标准化专门的无人机无线信标广播系统。系统需定义无线信标广播系统所需要的无线频谱、射频规范、物理层协议规范和应用协议规范。未来无人机可以通过支持该协议满足监控需求。

为实现有效监视管理，需要开发支持多模的地面监听站，部署于重点地域并有机联动，同时接收各种类型无线信标信号，实现对无人机的有效监视。

（五）ADS-B 技术

ADS-B 技术是国际民航组织和中国民航局认可并规划实施的重要监视手段。目前我国 ADS-B 系统已完成全国范围布局，ADS-B 数据与雷达数据混合应用能够满足运输航空与通用航空监视需求；在西部地区部分 8400 米以上的航路航线可以提供管制运行所需 ADS-B 双重覆盖，增强了繁忙机场和复杂地形地区监视能力。随着国际民航组织和我国无人机管理政策进一步深化，强制安装应答机的无人机将越来越多，有利于全面提高对大中型无人机的监管能力。国内外已有不少企业开始尝试将 ADS-B 应用于无人机监管，并且参照民航 ADS-B 标准研制了相关的产品[一]。

ADS-B 广播式自动相关监视技术无须人工操作或询问，可以自动地从机载设备获取参数并向其他飞机或地面站广播飞机的位置、高度、速度、航向、识别号等信息，供管制员对飞机状态进行监控。ADS-B 分为发送（OUT）和接收（IN）两类。其中 ADB-OUT 将信号从航空器发送给地面接收站或者其他航空器；ADS-B IN 接收其他航空器发送的 ADS-B OUT 信息或地面服务设备发送的信息。

对于轻、小型无人机，ADS-B 技术主要侧重于在机上安装 ADS-B IN 设备，

[一] 美国 Sagetech 公司设计了一种通过 ADS-B 和 iPad 实现跟踪无人机的方案，系统组件包括 XPG-TR 微应答器、ADS-B 接收机以及一个带有零号接口的 iPad。国内一些从事 ADS-B 系统无人机监视的相关企业也开展了一些研究与应用，例如，四川九洲电器集团有限责任公司开发的便携式 ADS-B 机载终端，用于配套 500 千克以下航空器的综合航电系统，安装于综合航电系统机架内，响应地面及机载二次雷达的询问，可实现对航空器的地空、空空监视。

用于接收地面或者空中航空器机载 ADS-B OUT 设备发送的飞行动态信息。深圳市大疆创新科技有限公司已在高性能产品中加装了 ADS-B IN 设备作为标配。对于 ADS-B OUT 设备，因其重量和信号发射对民航空管的影响，目前还不具备安装在轻、小型无人机上的条件。采用 ADS-B IN 设备，能够使无人机在监测到其他航空器后自行避撞，以及在紧急情况下强制避撞。

ADS-B 技术应用方案有两种，一个是按照标准频率及信息传输格式的方案；另一个是按照低功耗方式传输无人机运行所需信息的方案。低功耗方案能使无人机遵守空域使用要求，满足公共安全对于无人机运行的监控需求，并且具有成本更低、避免频率拥挤等特点，但同时也会降低广播的范围，因此在无人机上的应用具有一定局限性。

ADS-B 技术存在的主要问题有四个，一是 ADS-B 系统设计的初衷是给传统载人运输航空器提供技术解决方案。由于全球载人航空器的数量有限，因此系统中航空器唯一识别码为 24 位，最大能够对 16777216 架航空器进行唯一身份编码，但这个数量不足以满足未来全球无人机的数量需求；二是 1090ES 模式数据链采用选择性询问、双向通信方式，通信复杂程度与设备数量直接相关，目前已出现频谱过度使用情况，大量无人机在同一空域内使用时将加大数据链工作负荷，有时甚至无法完成通信；三是无人机与载人航空器在同一无线广播信道上发送信号，会导致信号相互干扰，影响载人航空器之间以及载人航空器与地面接收设备之间的通信，给空中交通管理系统带来风险，影响空中交通安全；四是当前轻、小型无人机上导航设备和气压计传感器的技术规格和性能要求很难达到载人航空器对导航设备和气压计传感器的性能要求，当大量无人机和载人航空器同时出现在监视屏上时，会给载人航空器飞行员和空中交通管制员带来困扰，影响空中交通安全。因此，ADS-B 不适合作为轻小型无人机的监视技术。对于中大型无人机来说，如果能解决上述问题，则可以考虑将其作为无人机监视技术之一。

（六）基于卫星网络

基于现有的卫星位置动态跟踪服务，例如 GPS、北斗卫星导航系统、GLONASS 等。由卫星地面接收站接收到航空器位置信息后，转发到飞行管理端。

（七）云系统监视

近年来，随着云计算技术的快速发展与广泛应用，互联网服务在各领域的应用更加普遍。通过互联网向无人机用户提供航行、气象等服务，并对民用无人机运行情况进行实时监测已经成为无人机管理重要方式。无人机云系统简称无人机云，《轻小无人机运行规定（试行）》中对无人机云系统的定义是："轻小型民用无人机运行动态数据库系统，用于向无人机用户提供航行服务、气象服务等，对民用无人机运行数据（包括运营信息、位置、高度和速度等）进行实时监测。接入系统的无人机应即时上传飞行数据，无人机云系统对侵入电子围栏的无人机具有报警功能。"规定要求，对于重点地区和机场净空区以下使用的空机重量大于 1.5 千克、小于等于 4 千克且起飞全重不大于 7 千克的无人机和植保无人机应接入无人机云，或者仅将其地面操控设备位置信息接入无人机云，报告频率最少每分钟一次；满足该规定的其他无人机应接入无人机云，在人口稠密区报告频率最少每秒一次，非人口稠密区报告频率最少每 30 秒一次。

无人机云提供商须具备以下条件：设立了专门的组织机构；建立了无人机云系统的质量管理体系和安全管理体系；建立了民用无人机操控员、运营人数据库和无人机运行动态数据库，可以清晰管理和统计持证人员，监测运行情况；已与相应的管制、机场部门建立联系，为其提供数据输入接口，并为用户提供空域申请信息服务；建立与相关部门的数据分享机制，建立与其他无人机云提供商的关键数据共享机制；满足当地人大和地方政府出台的法律法规，遵守军方为保证国家安全而发布的通告和禁飞要求；获得局方试运行批准。同时，提供商应定期对系统进行更新扩容，保证所接入民用无人机运营人使用方便、数据可靠、低延迟、飞行区域实时有效；每 6 个月向局方提交报告，内容包括无人机云系统接入航空器架数、运营人数量、遇到困难问题、事故和事故征候等情况。

针对无人机信息化管理需求，2015 年以来，一些行业协会、生产企业、航空部门和科研单位都开始研发无人机管理云系统。2016 年以来，优云（U-Cloud）[⊖]、优凯飞行（U-Care）[⊜]等 11 个无人机管理云系统相继获中国民航局批准上线[⊜]。此类管理系统综合运用大数据和云计算技术，利用区块链技术存储、分析和管理海量无人机动态数据，实现了无人机的静态管理、动态跟踪和实时监视，可以实时掌握接入系统无人机的位置、高度、速度、航向和运行轨迹等信息，划设永久或临时禁飞区。部分系统还具有简单的控制功能^⑳。每日平均统计

⊖ 优云（U-Cloud）系统由中国航空器拥有者及驾驶员协会与北京优云智翔航空科技有限公司研发推出，具有监管部门协调管理、多终端云同步、飞行计划快速报批、飞行数据实时上报、飞行数据云存储、支持多种数据链路接入等功能。

⊜ 优凯飞行（U-Care）系统由青岛云世纪科技有限公司研制，并于 2016 年 3 月 4 日上线运行，是国家民用航空局飞行标准司批准授权的全国范围运营的无人机云管理平台。该平台结合我国低空空域管理实际和空域飞行大环境，严格按照我国现行航空运行安全规范，为航空管制部门、城市安全监管及应急救援部门、无人机运营公司、行业用户、个人用户、其他航空服务商协同工作的云服务平台。

⊜ 除优云、优凯飞行外，其他 9 家云系统分别是飞云、北斗云、无忧云管家、大翼云、知翼、沃天宇、极飞云、拓攻云和中科天网。

⑳ 无忧云管家系统除具有监视功能外，还获得了中国民用航空局的授权，可对无人机进行简单控制。其云系统接口分为 A、B 两级，A 级接口实现监视功能，B 级接口则能在监视功能外，对无人机进行悬停、降落等简单控制。

量超过 35000 架次。

　　知名无人机企业大疆创新公司的云系统可以获取关于大疆地理围栏系统的最新资讯，包括飞行限制策略、全新的解禁系统，以及其他安全提示，可以提供具体、清晰、准确、合理的飞行安全信息。用户可以通过操控员合格证和飞行器编号进行实名注册，进行飞行计划快速报批，实现禁飞区数据、障碍物、公共建筑物、人口稠密区等基础数据共享，并接收气象、航行等信息。大疆云系统可对违规飞行进行报警，如图 9-1 所示。

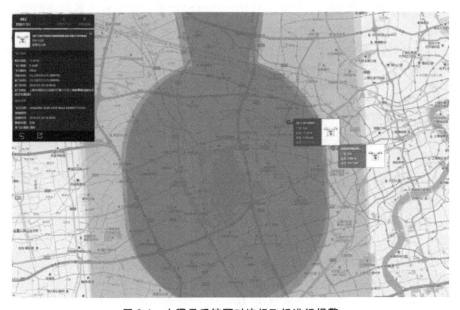

图 9-1　大疆云系统可对违规飞行进行报警

　　国家无人机飞行管理法规要求加大无人机加入云系统力度，利用北斗和 GPS 等全球卫星导航定位系统、WiFi 热点、4G/5G 通信、终端 APP 等多种技术手段，建立低空飞行动态云监控网络，推进低空空域可视化、自动化监控设备开发应用，将无人机飞行航迹、高度、速度、位置、航向等信息参数实时融入后台云系统数据库，实时掌握无人机飞行动态，弥补低空飞行动态监控盲区，并为无人机提供航行、气象、运行状态监视等服务，保障无人机的飞行安全。

　　此外，各国还在寻求采用多种技术手段的综合方案。2016 年 10 月，美国国防部高级研究计划局发布的空中搜索网项目旨在寻求创新技术，对大型城市上空 1000 英尺（304.8 米）高度飞行的无人机进行持久广域监视。方案设想采用网络化监视节点，各节点设有系留式无人机机载传感器，可查看建筑物上方和建筑物之间的空域，持续更新通用态势图，显示监视区域内无人机的地理航迹，实现对无人机的全面跟踪与监视。如前所述，虽然无人机合作监视技术手段多样，但因其定位精度、覆盖范围、可靠性不足等原因，目前仍处于无法完全有效监控的状态。

二、无人机身份认证识别

《无人驾驶航空器飞行管理暂行条例》第9条规定："民用无人驾驶航空器系统生产者应当按照国务院工业和信息化主管部门的规定为其生产的无人驾驶航空器设置唯一产品识别码。微型、轻型、小型民用无人驾驶航空器系统的生产者应当在无人驾驶航空器机体标注产品类型以及唯一产品识别码等信息，在产品外包装显著位置标明守法运行要求和风险警示。"

（一）一机一码编码

1. 无人机身份编码原则与要求

无人机身份编码包括无人机机体编码和关键零部件编码，这两种编码都属于物联网编码。进行无人机身份编码设计应遵循以下原则与要求。

1）身份编码的唯一性。一架无人机有且仅有一个身份编码，即身份编码必须是唯一的。无人机用户空域使用申请、飞行计划申报、飞行过程中的动态跟踪等都与无人机身份编码相关联，若身份编码不唯一，则整个无人机飞行管理将混乱无序，违法违规飞行的无人机也无法实现有效追责。

2）身份编码的完整性。无人机身份编码应包括无人机生产厂商代码、无人机型号类别、无人机生产序列号等要素。

3）身份编码的兼容性。无人机身份编码规则应能与目前广泛使用的OID（Object Identifier，对象标识符）等物联网编码标准兼容，同时在无人机运行的整个过程中，无人机身份编码需要在实名登记系统、飞行管理平台、甚至可能的管制中心系统之间进行信息交换，因此无人机身份编码还应考虑在多个系统之间应用的兼容性。

4）身份编码的可扩展性。无人机属于新兴产业，未来的无人机类型可能超出目前的类型分类，同时身份编码也可能出现新的需求，因此无人机身份编码规则应具有一定的可扩展性，为未来新的身份编码需求提供发展空间和方向。

2. 国内外广泛采用的编码规则

为实现无人机用户实名制，无人机运行责任到人、人机关联，首先应保证无人机身份的唯一性，因此需要制定无人机的身份编码规则，确保每架无人机在全球范围内的唯一性。制造商可以根据此编码规则，在无人机的生产阶段对其进行赋码。

当前广泛使用的编码主要包括ISO/IEC/ITU（国际标准化组织/国际电工委

员会/国际电信联盟）力推的标识体系 OID，OID 现已广泛应用于物流、航空航天等领域；欧、美、日等全力推动的 EPC（Electronic Product Code，电子产品代码）；日本的 UID（Ubiquitous Identifier，泛在网络身份技术）编码；由 GSM 统一分配的手机 IMEI 码；美国国家标准协会（ANSI）制定的无人机身份识别 ANSI/CTA-2063 标准；以及我国无人机制造企业推荐使用的无人机身份编码规则。

（1）对象标识符（OID）编码　在互联网范畴内，OID 作为 ISO/IEC/ITU 三大国际标准机构联合推动的全球化标识体系，能够对现有多种不同的标识体系进行映射，其编码技术成熟，在全球应用范围相当广泛，被认为是目前能够找到的、唯一的、最好的一种方式。其初衷是实现在开放式系统互联（OSI）中对对象的唯一标识，这里的对象泛指任何物理、虚拟、信息的物体，是开放式系统互联整个体系的一部分。OID 编码当前主要应用在 SNMPD 协议、通信加密、数字证书、ISO 射频识别数据协议、UUID 等方面。OID 编码规则目前已覆盖全球 204 个国家和地区的众多领域，能够为互联网中的任意通信设备、信息资源等信息处理对象提供全球"唯一身份证"，保证该对象在通信和信息处理过程中进行正确定位和管理。但由于 OID 标头过长，因此在 RFID、二维码等标签中的应用难度较大。另外由于 OID 编码过于灵活，容易出现一物多码的情况，同时也需要考虑到安全性问题。

OID 编码理论上可以应用于无人机身份编码，但目前 OID 编码的应用主要集中在网络信息协议、数据加密等方面，在电子设备方面的应用较少。无人机身份编码信息需要在飞行前计划申报、飞行过程中动态上报信息中包含编码的标头长度，需要考虑编码的唯一性、安全性问题。因此，OID 编码不适用于无人机身份编码。

OID 编码规则是一种树状结构，不同层次之间用"."分隔，层数无限制。OID 编码有两种形式：数字值和字母数字值。数字值是一个非负整数；字母数字值是一个不少于 1 个字符并且不大于 100 个字符、首字母小写的可变长度字符串，同时该值在注册机构范围内是唯一的，字符串中的字母数字是 GB/T 1988-1998 范围中的字符。注册机构提供以上两种方式的 OID：数字 OID 和字母数字 OID。数字 OID 由注册机构分配，字母数字 OID 由申请者提供。这两种值是紧密联系的，它们均被捆绑到申请者申请的客体（对象）上。下面以 OID 在汽车电子标识中的应用为例进行简要说明。

在汽车电子标识中，OID 编码规则可以基于发证机构及时间进行编码，编码共有 72 位，即 9 字节，由以下六个部分组成：①汽车电子标识前导码 16 位：表示该 OID 为汽车电子标识，用于专用读写器，读取后可向上扩展 OID。②OID 编码版本号 4 位：可扩展定义 16 种不同的编码方式。③编码产生机构（发证机关）16 位：通过"省编码+地区编码+地区编码产生机构"3 层方式实现编码产生机构（发证机关）的编码定义。④发证时间 16 位：格式为"年+月+日"。⑤顺序序列号 12 位：该编码产生机构（发证机关）在该发证时间日期内所产生的顺序 OID 编码，最大为 4096 辆车。⑥OID 综合校验码 8 位：带有校验功能的校验码。基于发证机关及时间的 OID 编码总体结构见表 9-2。

表 9-2　基于发证机关及时间的 OID 编码总体结构

汽车电子标识前导码 16 位	1000111101100110	
OID 编码版本号 4 位	0001	
编码产生机构（发证机关）16 位	省编码 6 位	
	地区编码 5 位	
	地区编码产生机构（发证机关）5 位	
发证时间 16 位	年编码 7 位	
	月编码 4 位	
	日编码 5 位	
顺序序列号 12 位	最大 4096 辆车	
OID 综合校验码 8 位	校验前 64 位信息	

（2）EPC 编码　1999 年，美国麻省理工学院自动识别研究中心开发了 EPC 编码，目的是为每一个单品提供唯一的号码，并利用 RFID 技术实现全球物品信息实时共享。

EPC 编码是基于 RFID 和 Internet 的分配给每个实体对象的全球唯一编码，其基础是国际物品编码协会（EAN. UCC）体系，并进行了相应扩充。EPC 编码是固定长度的二进制编码，可对每一个单品进行编码，目前主要应用于物流供应链领域。EPC 编码系统是全球通用的商品条码系统的延续和发展，由全球 150 多个国家和地区共同维护并应用。

目前，EPC 编码有 64 位、96 位和 256 位三种。EPC 编码由版本号、域名管理、对象分类和序列号四个字段组成。版本号字段标识 EPC 的版本号，它给出 EPC 编码的长度；域名管理字段标识相关的生产厂商信息；对象分类字段编码物品精确类型；序列号用于编码出唯一物品。因此，EPC 编码具有唯一性、简单性、可扩展性、安全性的特点。EPC 编码结构中各字段的长度见表 9-3。

表 9-3　EPC 编码结构中各字段的长度　　　　（单位：位）

编码类型		版本号	域名管理	对象分类	序列号
EPC-64	TYPE Ⅰ	2	21	17	24
	TYPE Ⅱ	2	15	13	34
	TYPE Ⅲ	2	26	13	23

（续）

编码类型		版本号	域名管理	对象分类	序列号
EPC-96	TYPE Ⅰ	8	28	24	36
EPC-256	TYPE Ⅰ	8	32	56	160
	TYPE Ⅱ	8	64	56	128
	TYPE Ⅲ	8	128	56	64

　　URI 格式的 EPC 编码可以很好地应用在信息系统中，但在标签中使用很长的编码并不方便。因此，EPC 编码还包括适用于标签形态的二进制编码格式，以及 URI 格式和二进制格式的转换方法。EPC 编码可以为所有实体提供唯一标识，通过不同的字段标识不同领域，扫描粘贴在物体表面的 RFID 标签，就可以识别物体的信息和状态。但因受标签成本高等因素的制约，目前 EPC 编码的推广进程比较缓慢。无人机的身份信息需要包括飞行前计划申报、飞行中动态，编码过长对于数据链路的传输性能将有较大影响。因此，EPC 编码方式不适应于无人机身份编码。

　　（3）UID 编码　U-Code（Ubiquitous Code，泛在网络身份编码）是日本提出的 UID 系统采用的编码，主要对物理实体和位置进行编码。对物理实体的编码主要应用在追溯和资产管理等领域，对位置的编码主要应用于位置信息系统管理。U-Code 能使每一个物品具有 UII（Unique Item Identifier，全球唯一的标识符），该标识符是长度为 128 位的二进制序列，提供了 340×1036 个编码空间，还可以以 128 字节为单位进行扩充，具有 256 字节和 512 字节的结构。UII 通常由表示法（Syntax）和语法（Semantics）两部分构成。表示法由 ISO 15434 及 ANSI 的 MH10.8.3 定义；语法规定了其格式，由 ISO 15418 及 ANSI 的 MH 10.8.2 定义，目前有 3 种，称为数据标识符的头部格式（Format Header）。UII 有 2 种结构。结构 1 是企业标识符内的系列化，用于某公司只生产单一种类（即单一料号）的产品，需要对不同产品赋予序列号；结构 2 是零件、份额和批次内的系列化，在结构 1 的基础上增加了一个原始部件号。

　　对于结构 1，UII 包括发布机构规定的代码 IAC（Issuing Agency Code），此处为 D，MFR 为企业标识符，EID（Enterprise Identification）为企业编号，SER 为序列号的标识符，Serial No. 为序列号，要求具有唯一性。对于结构 2，UII 包括发布机构规定的代码 UN（DUNS，即发布机构分配的代码），企业编码、Orig. Part No. 为原始部件号，要求具有唯一性。

　　UID 编码与国际标准不兼容，其编码标准、空中接口标准等都是日本国内的标准，没有得到国际标准化组织认可。U-Code 仅限于日本政府和日本企业，在全球其他国家应用较少，除了日本国内的少数应用，其他国家并未实施。U-Code 具有确保厂商独立的可用性、确保对策的安全性、U-Code 标识的可读性和不强制性规定使用频率等特点。无人机身份编码需要具备全球唯一性，使用的编码标准应能兼容国际上其他较为通用的编码标准，同时未来无人机的身份、动态等信息将与其他管理平台、信息管理等系统互联，不兼容的身份编码将对无人机动态信息的共享以及各系统之间的信息交互产生不利影响。因此，UID 编码不能直接应用于当前我国无人机身份编码。

（4）手机 IMEI 码编码　IMEI 码（International Mobile Equipment Identity，国际移动设备识别码），由全球移动通信系统协会（GSMA）统一分配，并授权各地区组织再分配，在中国由工业和信息化部电信终端测试技术协会（TAF）负责国内手机的入网认证，其他授权分配机构包括英国 BABT、美国 CTIA 等。IMEI 码即手机"电子串号"，它与每台手机一一对应，该码具备全球唯一性，每台手机组装完成后都将被赋予一组全球唯一的号码，相当于移动电话的身份证。IMEI 码序列号共有 15~17 位数字，各部分编码具体含义如下：

第一部分 TAC（Type Allocation Code，类型分配码）由八位数字组成（早期是六位），是区分手机品牌和型号的编码，该代码由 GSMA 及其授权机构分配。其中，前两位是授权 IMEI 码分配机构的代码，如 01 为美国 CTIA，35 为英国 BABT，86 为中国 TAF。

第二部分 FAC（Final Assembly Code，最终装配地代码）由 2 位数字构成，仅在早期 TAC 码为六位的手机中存在，所以 TAC 码和 FAC 码合计八位数字。FAC 码用于在生产商内部区分生产地代码。

第三部分 SNR（Serial Number，序列号）由第 9 位开始的 6 位数字组成，是区分每部手机的生产序列号。

第四部分 CD（Check Digit，验证码）由前 14 位数字通过 Luhn 算法计算得出。

第五部分 SVN（Software Version Number，软件版本号）用于区分同型号手机出厂时使用的不同软件版本，仅在部分品牌的部分机型中存在。

IMEI 码贴在手机背面的标志上，并且读写于手机内存中。它也是该手机在厂家的"档案"和"身份证号"。

由于 IMEI 编码由 GSMA 统一分配，专用于全球移动设备编码，保证了移动设备编码的全球唯一性。IMEI 编码的第一部分就是手机品牌和型号的编码，但该码仅为全球移动设备生产厂商分配，不包含无人机生产厂商，因此 IMEI 码也不适用于无人机身份编码。

（5）美国国家标准协会（ANSI）ANSI/CTA-2063 标准　欧洲和美国广泛使用的这一标准，该标准于 2019 年 9 月发布，确定了轻小型无人机系统的身份编码所包含的元素及特点，规定要为所有无人机分配一个序列号，并且使其固化为无人机的一部分。每一个无人机电子序列号编码最长为 20 个字符长度，由 MFR 代码、长度代码、厂商序列号 3 段组成。ANSI/CTA-2063 编码标准如图 9-2 所示。

> SN=[4个字符的MFR代码][1个字符的长度代码][15个字符的无人机厂商序列号]

图9-2 ANSI/CTA-2063编码标准

其中，MFR代码为厂商代码，4个字符长度，由ICAO为全世界的无人机厂商分配，具有全球唯一性；长度代码为厂商序列号的特征代码，1个字符长度，1位字符，1~9，A~F；厂商序列号，由指定厂商代码的厂商直接管理，厂商实际代码长度应按照长度代码指定的代码长度表示。

例如：无人机序列号SN=MFR1C123456789ABC。其中，MFR代码=MFR1；长度代码=C，指出了后面12个字符长度的厂商序列号；厂商序列号=123456789ABC。

（6）编码规则优缺点及适用性 综合分析以上各种编码方式，其编码规则优缺点及适用性分析见表9-4。

表9-4 编码规则优缺点及适用性分析

序号	编码名称	应用领域	优点	缺点	是否适用
1	OID编码	主要应用于SNMPD协议、通信加密、数字证书、ISO射频识别数据协议、UUID等方面	已覆盖全球204个国家和地区的众多领域，技术成熟	标头过长，在RFID、二维码等标签中的应用难度较大；由于OID编码过于灵活，容易出现一物多码的情况；安全性不足	不适用
2	EPC编码	主要应用于物流供应链领域，侧重于物流管理和库存管理	编码唯一性，全球通用，已在全球150多个国家和地区得到了广泛应用	编码过长，使用不方便；标签成本高	不适用
3	UID编码	主要应用于库存管理、信息发送、接收以及产品和零部件的跟踪管理	全球唯一性，不需要固定的编码规则	与国际标准不兼容，没有得到国际标准化组织认可；仅在日本国内少量应用，其他国家未实施	不适用
4	手机IMEI码编码	全球手机序号编码	编码唯一性，全球通用	专用于移动设备编码，由GSMA统一分配	不适用
5	ANSI/CTA-2063标准	主要应用于用于欧美等国家和地区的无人机身份编码	专用于无人机远程身份识别认证，欧美通用	暂无	适用

目前多种编码方案并存，编码体系包含多种分级结构，而且每种类型的分级结构也不尽相同，更为复杂的是有些编码中的一种又分为很多种不同的子类型。它们针对不同的应用领域，采用了不同的编码标志方法，但是它们所用的编码体系和思想差异很大，扩展性不强，无法用一种编码方法解决所有领域的编码问题，尤其是不能满足新产品、新事物的分类编码问题，不能满足无人机身份编码的需求，因此不适用于无人机领域。欧美国家目前使用的无人机 ANSI/CTA-2063标准，专用于无人机远程身份识别认证，目前在欧美国家通用。

3. 无人机身份认证编码方案

通过对比分析现有编码标准，基于无人机身份编码原则与要求，可考虑设计适用于我国无人机的身份认证编码方案。

（1）无人机整机编码　编码长度为 20 个字符长度，由 3 段组成，包括 MFC、PMC 和 SN，无人机整机编码规则如图9-3所示。

1）MFC 为制造商代码，由 4位固定长度字符组成，字符应从数字（0~9）以及除大写字母

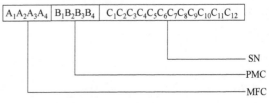

图 9-3　无人机整机编码规则

"O"和"I"外的大写字母（A~Z）中选取，并进行组合。MFC 由企业申请，由主管部门进行审核和注册。

2）PMC 为产品型号代码，由 4 位固定长度字符组成，字符应从数字（0~9）以及除大写字母"O"和"I"外的大写字母（A~Z）中选取，并进行组合。PMC 由企业申请，由主管部门进行审核和注册。

3）SN 为无人机产品的流水序列号，由 12 位固定长度字符组成，字符应从数字（0~9）以及除大写字母"O"和"I"外的大写字母（A~Z）中选取，并进行组合。SN 由无人机制造商自行定义。

（2）无人机关键零部件编码　重点考虑影响无人机飞行速度、飞行高度、导航精度、通信能力的关键系统，设计适用于无人机关键零部件的编码。编码长度为 22 个字符长度，由 5 段组成，包括 MFC、PCC、PMC、PSN 和 PPC，无人机关键零部件编码规则如图9-4所示。

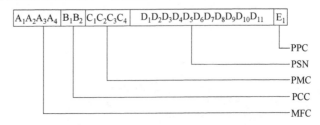

图 9-4　无人机关键零部件编码规则

1）MFC 为制造商代码，由 4 位固定长度字符组成，字符应从数字（0~9）以及除大写字母"O"和"I"外的大写字母（A~Z）中选取，并进行组合。MFC 由企业申请，由主管部门进行审核和注册。

2）PCC 为零部件类别代码，由 2 个固定长度字符组成，字符应从数字（0~9）以及除大写字母"O"和"I"外的大写字母（A~Z）中选取，并进行组合。字符对应的零部件类型包括：

- 00：飞行控制系统；
- 01：发动机系统；
- 02：导航系统；
- 03：数据链系统；
- 缺省，根据需求增加。

3）PMC 为产品型号代码，由 4 位固定长度字符组成，字符应从数字（0~9）以及除大写字母"O"和"I"外的大写字母（A~Z）中选取，并进行组合。PMC 由企业申请，由主管部门进行审核和注册。

4）PSN 为零部件产品的流水序列号，由 11 位固定长度字符组成，字符应从数字（0~9）以及除大写字母"O"和"I"外的大写字母（A~Z）中选取，并进行组合。PSN 由无人机零部件生产企业自行定义。

5）PPC 为零部件特性代码，是 1 个固定长度的字符，与 PCC 部分配合使用，字符应从数字（0~9）以及除大写字母"O"和"I"外的大写字母（A~Z）中选取，并进行组合。无人机零部件特性代码值表见表 9-5。

表 9-5　无人机零部件特性代码值表

PCC 部分符号	PCC 部分符号对应的类型	PPC 部分符号	PPC 部分符号对应的类型
0	飞行控制系统	0	基于 ARM 平台的处理器+成品传感器设备
		1	基于 ARM 平台的处理器+MEMS 芯片
		2	基于 FPGA 平台的处理器+成品传感器设备
		3	基于 FPGA 平台的处理器+MEMS 芯片
		4	基于 AVR 平台的处理器+成品传感器设备
		5	基于 AVR 平台的处理器+MEMS 芯片
		6	基于 DSP 平台的处理器+成品传感器设备
		7	基于 DSP 平台的处理器+MEMS 芯片
1	发动机系统	0	电动
		1	螺旋桨发动机
		2	涡轮发动机

（续）

PCC 部分符号	PCC 部分符号 对应的类型	PPC 部分符号	PPC 部分符号对应的类型
2	导航系统	0	GPS
		1	惯导
		2	惯导+GPS
3	数据链系统	0	定制视距数据链
		1	视距卫通数据链
		2	超视距卫通数据链

（3）无人机统一监管码编码　从无人机运行监管角度，设计无人机统一监管码。编码长度为 13 个字符长度，由 6 段组成，包括 UAS（无人机系统）标识、国家代码、两级代码、管控及机翼类型代码、厂商代码以及顺序码，无人机统一监管码编码规则如图 9-5 所示。

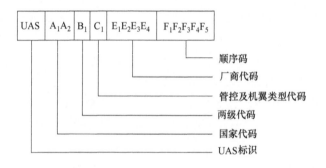

图 9-5　无人机统一监管码编码规则

1）UAS 为无人机编码标识。

2）国家代码由 2 位固定长度代码组成，采用国际统一编码方式，参考国家标准化管理委员会在 2000 年发布的《世界各国和地区名称代码》（GB/T 2659.1—2022）确定。

3）两级代码由 1 位固定长度代码表示，是按照《无人驾驶航空器飞行管理暂行条例》中规定的无人机两级（国家级、民用级）分类代码，其中国家级无人机代码为"0"，民用级无人机代码为"1"。

4）管控及机翼类型代码由 1 位固定长度代码表示，编码包含数字（0～9）以及除大写字母"O"和"I"外的大写字母（A～Z）中选取，无人机三类五型管控及机翼类型代码值表见表 9-6。

表 9-6　无人机三类五型管控及机翼类型代码值表

管控类型	无人机类型	机翼类型	代码
管控类	大型无人机	固定翼	0
		旋翼	1
		复合翼	2
		直升机	3
	中型无人机	固定翼	4
		旋翼	5
		复合翼	6
		直升机	7
条件开放类	小型无人机	固定翼	8
		旋翼	9
		复合翼	A
		直升机	B
	轻型无人机	固定翼	C
		旋翼	D
		复合翼	E
开放类	微型无人机	固定翼	F
		旋翼	G
		…	…

5）厂商代码与工业和信息化部无人机整机编码中规定的 4 位厂商代码一致，由 4 位固定长度字符组成，字符应从数字（0~9）以及除大写字母"O"和"I"外的大写字母（A~Z）中选取，并进行组合。

6）顺序码为无人机实名登记的流水序列号，由 5 位固定长度字符组成，字符应从数字（0~9）以及除大写字母"O"和"I"外的大写字母（A~Z）中选取，并进行组合，最多能对 1336336 架无人机进行编码。

（4）无人机身份编码标识与存储方法　无人机产品识别代码应在机身铭牌及产品外包装清楚标识。标识载体采用一维条码或者二维条码。

1）无人机产品识别代码在一维条码中的存储。无人机产品识别代码在一维条码载体中采用 128 条码，符号结构应符合 GB/T 18347—2001 中的规定。无人机产品识别代码除在一维条码中存储，还应清晰标识在一维条码下方。

2）无人机产品识别代码在二维条码中的存储。无人机产品识别代码采用二维条码存储时，采用 QR 码，符号结构应符合 ISO/IEC 18004：2015 中的规定。无人机产品识别代码除在二维条码中存储，还应清晰标识在二维条码下方。

3）存储方法。无人机产品识别代码应存储在用户不可随意篡改的存储区域中，字符集应符合 GB/T 1988—1998 中的规定，存储时应转换为二进制，每个字符对应 8 位。

（二）机体身份识别

1. 无人机身份识别需求

无人机身份信息可以通过机身铭牌、条码、二维码、电子标签或者无线电广播等方式进行识别。无人机身份信息采用条码、二维码进行识别时，需要符合当前主流的码制标准，同时无人机身份编码信息还需要清晰地标识在机身下方。无人机身份信息采用电子标签进行识别时，空中接口协议和身份识别码字符编码需要符合 GB/T 29768—2013、GB/T 1988—1998 等标准。无人机身份信息采用无线电广播方式进行身份识别时，身份识别需求包括两方面，一是无人机具备身份识别的功能，二是飞行管理平台具备对无人机身份进行识别的能力。前者是指无人机基于机载身份认证模块将无人机身份信息发送给飞行管理平台进行认证。后者是指平台能够获取无人机发送的身份信息，并基于平台备案的无人机身份信息对其进行一致性验证的能力。

2. 无人机身份识别流程（图 9-6）

（1）无人机身份加密　无人机身份识别方案设计拟采用非对称加密算法，无人机内部创建自己的公、私钥对，并在内部设置符合安全要求的区域，将无人机私钥保存在该区域。无人机使用自身公钥向制造商申请颁发证书，制造商使用自己的私钥对无人机公钥进行签名，生成并颁发无人机证书，制造商将无人机证书发送到飞行管理平台进行备案，飞行管理平台使用制造商证书对无人机证书进行验证，保证无人机证书确实由该制造商签发。

无人机飞行过程中，需要向飞行管理平台上报无人机签名数据和航迹动态信息。无人机首先采用无人机私钥对身份信息进行签名加密，再通过 C2 链路经地面站网联进行信息上报，或者直接基于机载移动蜂窝网联进行信息上报。

（2）无人机身份解密及认证　无人机飞行管理平台获取无人机通过网联方式上报的无人机签名数据和航迹动态信息，使用无人机公钥进行解密，并基于备案的无人机证书信息进行身份一致性验证，验证通过，则无人机身份信息真实有效，反之，则信息无效，可能已被篡改。

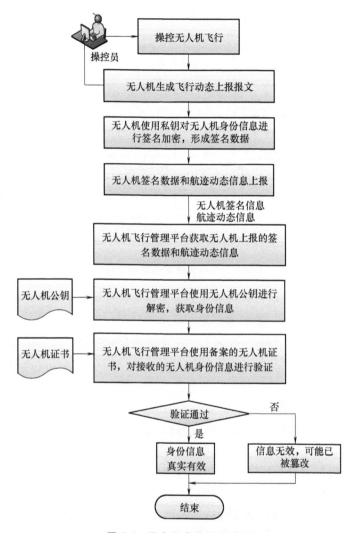

图 9-6　无人机身份识别流程

3. 无人机身份识别功能模型

无人机身份识别功能模型如图 9-7 所示。

（三）身份认证防篡改技术

身份认证防篡改技术，需要涵盖无人机身份防篡改、无人机与飞行管理系统之间通信过程防篡改、传输过程中身份信息防篡改，以及身份信息在飞行管理系统中的防篡改四个方面的需求；研究现有用于身份加密认证的主要算法，例如对称加密算法、非对称加密算法、安全 HASH 函数、X.509 证书、消息认证码等，

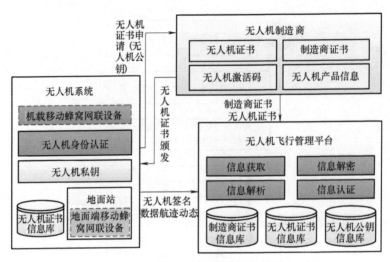

图 9-7　无人机身份识别功能模型

从算法的计算量、计算速度、计算效率以及密码长度等多个角度分析主要加密算法的优缺点及应用特点；最后结合无人机生产厂商、无人机用户、无人机行业管理、无人机运行管理，按照生产阶段、实名注册登记阶段、动态运行阶段，分析各个阶段适用的无人机身份认证识别加密算法以及相应的信息交互情况，分阶段提出适用、可行的无人机身份认证防篡改技术方案。

1. 身份认证防篡改需求

1）可靠的身份鉴权是对无人机行为监视的前提条件，保证飞行可追溯、责任可认定、防抵赖栽赃。

2）无人机与管理系统之间必须是安全通信，需要保证保密性、认证性、完整性、不可抵赖性。

3）对无人机上报的数据进行认证，防止篡改、伪造、重放。

4）对管理系统进行认证，保证数据上报有效到达。

2. 常见的身份认证防篡改技术

身份认证防篡改技术的发展经历了相当长的时期，根据被认证方赖以证明身份的秘密的不同，身份认证可以通过以下 4 种基本方式或其组合方式实现。

（1）基于秘密知识的身份认证技术　秘密知识包括用户 ID、口令、密钥等。基于秘密知识的身份认证技术就是将以上信息作为认证用户的唯一依据。基于秘密知识的身份认证技术包括许多种。

1）基于用户名、口令的身份认证。基于用户名、口令的身份认证需要计算机系统分为两步处理，即标识（询问你是谁）和认证（要求你证实）。首先，系统为每一个合法用户建立二元组信息（ID，PW），当用户登录系统或使用某项功能时，提示用户输入自己的 ID 和 PW，系统通过匹配用户输入的信息与系统内保存的信息（这些用户信息在系统内可能是加密存储的）进行用户身份认证。由于用户经常选择姓名、生日等易被猜测破解的口令，使得这种技术变得极不安全；口令以明文形式在网络传输，使得攻击者很容易通过搭线窃听获取用户口令；另外，攻击者可能利用系统漏洞获取并破解系统保留的用户口令文件，使得整个系统的安全性受到威胁；为提高该技术的安全强度，通常使用密码算法对口令进行加密保存和加密传输，但这种算法对重传和假冒攻击也毫无抵抗能力。

2）基于对称密钥的身份认证。为了确保用户标识符和口令在信道中的安全传输，通常采用对称密码体制和公开密码体制。在对称密码体制中，加密和解密变换平等，而且加密和解密密钥相同。通常，基于对称密钥的用户身份认证方式分为两种，即单向认证和双向认证。在单向认证中，总是由验证方提出一个信息交由示证方进行指定交换，以验证其身份；而双向认证则是把这一原则应用于认证双方，相互提出一个信息要求对方交换。

3）基于 KDC 的身份认证。在基于对称密钥的身份认证中，每对需要认证的用户需共享一个对称密钥，当用户数量较大时，密钥的数量增长很快，增加了密钥管理的难度，也降低了密钥的安全性。因此，需要 KDC 这样的可靠中介节点对密钥进行保存和传递。基于 KDC 的身份认证协议有 Kerberos 系统、Needham-Schroeder 协议、扩展的 Needham-Schroeder 协议等。

4）基于公钥密码体制的身份认证。基于公钥密码体制的身份认证能解决密钥管理不善带来的安全威胁，其主要特征是加密与解密时使用的是不同的密钥，加密密钥与解密密钥共同构成密钥对，如果用公开密钥对数据加密，只有使用对应的私有密钥才能解密；如果用私有密钥对数据加密，只有用对应的公开密钥才能解密。这种身份认证方式的特点是算法复杂，其安全性依赖于算法和密钥；缺点是加、解密速度慢，而且取得对方的公钥时需要可靠中介的帮助。

（2）基于 CA 的身份认证技术　基于 CA 的身份认证是基于公钥密码体制和数字签名的服务，其核心是与每个用户相关的公钥证书，公钥的作用与日常生活中的身份证或驾驶证相似，这些证书是由可信任的第三方证书颁发机构（Certificate Authority，简称 CA）颁发的，人们用它进行网上身份的识别，它包含公开密钥拥有者信息和公开秘钥文件。其中简单的证书包括公开密钥、用户身份信息和 CA 的数字签名。用户公钥可以保障数字消息的完整性传输，用户的数字签名可以保障数字消息的不可抵赖性和证书信息的真实性。可信任的 CA 创建并被 CA 或者用户放入目录服务器。

国际电信联盟制定了 X.509 标准，其定义了一个数字证书的标准，这类认证技术通过通信双方共同信赖的第三方实施认证，加强了对网络上远程认证的能力。

（3）基于物品的身份认证技术　用户必须持有合法的随身携带的物理介质，

例如智能卡中存储了用户的个人化参数，访问系统资源时必须要有智能卡（Smart Card）。智能卡是一种集成的智能电路卡，集成了 CPU、EPROM、EEP-ROM、RAM、ROM 和 COS（Chip Operating System），它不仅具有读写和存储数据的功能，而且能对数据进行处理。其中，基于 USB KEY 的身份认证是当前比较流行的智能卡身份认证方式。

1）基于 USB KEY 的身份认证的特点。USB KEY 结合了现代密码学技术、智能卡技术和 USB 技术，是新一代身份认证产品。USB KEY 具有以下特点：①双因子认证。每一个 USB KEY 具有硬件 PIN 码保护，PIN 码和硬件构成了用户使用 USB KEY 的两个必要因素，即所谓"双因子认证"。用户只有同时取得了 USB KEY 和 PIN 码，才可以登录系统。②带有安全数据存储空间。USB KEY 具有 8~128KB 的安全数据存储空间，可以存储数字证书、用户密钥等数据。③硬件实现加密算法。USB KEY 内置 CPU 或智能卡芯片，可以实现 PKI 体系中使用的数据摘要、数据加/解密和签名的各种算法。④便于携带，安全可靠。仅拇指大小的 USB KEY 便于随身携带，并且密钥和证书不可导出；USB KEY 的硬件不可复制，更突出了其安全可靠性。

2）USB KEY 身份认证系统的应用方式。USB KEY 身份认证系统的应用方式主要包括两种：①基于挑战-应答的双因子认证方式。其特点是密钥运算分别在硬件计算单元和服务器中运行，不出现在客户端内存中，也不在网络上传输，从而保护了密钥的安全，也就保护了用户身份的安全。②基于数字证书的认证方式。数字证书是由权威公正的第三方 CA 颁发的，以数字证书为核心的加密技术，可以对网络上传输的信息进行加/解密、数字签名和签名验证，确保网络上传递信息的机密性、完整性，交易实体身份的真实性，以及签名信息的不可否认性，从而保障网络应用的安全性。USB KEY 作为数字证书的存储介质，可以保证数字证书不被复制，并能实现所有数字证书的功能。基于智能卡的身份认证也有其严重的缺陷，即系统只认卡不认人，若智能卡丢失，则拾到或窃得该智能卡的人将可能假冒原持卡人的身份。

（4）基于生物特征的身份认证技术　基于生物特征的身份认证技术是通过计算机将人体所固有的生理或行为特征收集并进行处理，由此进行个人身份鉴定的技术，包含身份认证和身份识别两方面内容。身份认证是确定用户是否是其所声明的那个人，身份识别是确定用户是目标人群中的那个人。常用的生物特征包括指纹、掌纹、人脸、虹膜、视网膜、声音、签名、步态等。

3. 基于 CA（证书授权）的身份认证技术

基于 CA 的身份认证技术的核心是 PKI（即公开密钥基础设施），能够为网络应用透明提供采用加密和数字签名等密码服务所需要的密钥管理和数字证书的管理。PKI 的基础技术包括加/解密技术、数字签名、数据完整性验证机制、数字信封、双重数字签名等。

　　PKI 的核心是权威的第三方证书签发机构，由它负责数字证书的制作、签发、作废、认证和管理。数字证书是 PKI 的核心元素，它是一个经 CA 授权数字签名的包含所有者信息以及公开密钥的一个电子文档，用于在网络中证明自己的身份和识别对方的身份，该中心对数字证书包含的身份信息的数字签名证明了该证书的有效性。数字证书是公钥的载体，其中的公开密钥有两大用途，一是用于数字签名，二是用于加密信息。数字证书是有生命周期的，密钥或证书可能需要备份或恢复，证书可能过期，也可以由于某种原因被撤销，因此必须对证书的有效性进行验证，通过目录服务器，PKI 可以提供证书及证书撤销列表的在线查询机制。

　　目前，PKI 已经建立起了基于公开密钥理论和技术的相对比较完备的安全体系，在统一的安全认证标准和规范基础上，该体系提供在线身份认证服务。作为一种技术体系，该体系解决了网上身份认证、信息完整性和抵赖栽赃等安全问题，为各种网络应用提供了可靠的安全保障服务。

4. 无人机身份认证防篡改技术方案

　　（1）身份认证防篡改技术方案及流程设计　基于上述分析，在无人机身份认证中，无人机身份和飞行授权选用基于 CA 认证的身份认证技术，其主要优点包括使用标准接口，易于扩展；可以建立可信证书链，实现跨区域无人机认证；可以利用证书撤销链，收回无人机证书。因此，无人机身份认证防篡改方案设计采用基于 CA 的身份认证技术。无人机身份认证防篡改技术方案如图 9-8 所示。

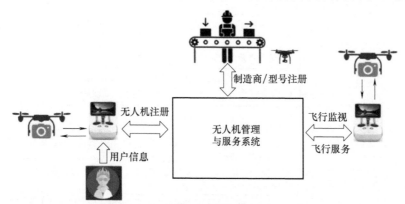

图 9-8　无人机身份认证防篡改技术方案

　　1）生产制造及产品销售阶段。无人机生产制造及产品销售阶段防篡改流程如图 9-9 所示。制造商创建自己的公、私钥对，将制造商私钥安全储存，使用制造商公钥向可信的 CA 申请颁发证书；CA 使用自己的私钥对制造商公钥进行签名，生成、颁发并保存制造商证书；制造商将自己的证书到飞行管理平台进行备案。

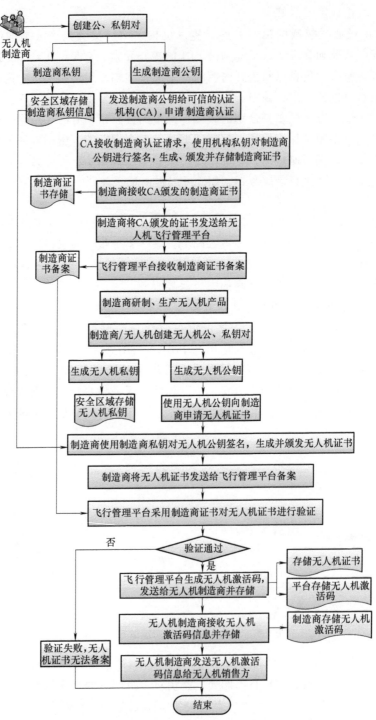

图 9-9 无人机生产制造及产品销售阶段防篡改流程

无人机内部创建自己的公、私钥对，将无人机私钥保存在无人机内部符合安全要求的区域并且保证无法从安全区外部获取该无人机私钥；使用无人机公钥向制造商申请颁发证书，制造商使用自己的私钥对无人机公钥进行签名，生成并颁发无人机证书；制造商将无人机证书发送到飞行管理平台进行备案，飞行管理平台使用制造商证书对无人机证书进行验证，保证无人机证书确实由该制造商签发；飞行管理平台为无人机生成无人机激活码并储存到数据库，将该激活码信息返回给制造商，制造商也将该激活码保存到数据库。

制造商将无人机销售给购买者时，将无人机信息发送给购买者，其中包括无人机序列号及无人机激活码。

2）实名登记注册阶段。实名登记注册阶段防篡改流程如图9-10所示。用户提交的注册信息主要包括拥有者信息和无人机信息两部分。在拥有者信息认证中，拥有者包含企业用户和个人用户两类。

① 企业用户进行实名登记。在无人机实名登记系统填报企业相关信息，实名登记系统根据用户提交的信息，向工商业务系统发送身份认证请求，工商业务系统根据实名登记系统提供的企业名称、企业统一信用代码、法人信息等在工商企业信息数据库中索引该企业信息，进行企业身份认证，如果企业身份合法则认证通过，反之，则认证失败。

② 个人用户进行实名登记。在无人机实名登记系统中填报人员姓名、身份证号、联系电话、电子邮箱等信息，实名登记系统可以根据用户提交的人员姓名、身份证号向公安业务系统发送身份认证请求，公安业务系统根据实名登记系统提供的人员姓名、身份证号在公民身份信息数据库和公民犯罪记录信息数据库中索引该公民信息，进行公民身份认证，如果身份信息合法且姓名与身份证号匹配则认证通过，反之，则认证失败。同时，考虑到用户的隐私保护，信息的收集项要求将根据国家的政策法规确定，同时在信息的传输过程会进行加密认证，保证用户的信息不被窃取。

③ 无人机信息认证。无人机拥有者在实名登记系统填报无人机信息，包括无人机序列号及无人机激活码；实名登记系统从飞行管理平台获取无人机激活码信息，将请求认证的无人机序列号和无人机激活码信息与飞行管理平台备案的无人机激活码信息进行比对，如果匹配则认证通过，证明该无人机是该制造商生产合法销售的无人机，完成人机绑定，不匹配则认证不通过，实名登记失败。完成实名登记后，实名登记系统向拥有者反馈实名登记成功并发送登记标志及要求，并向飞行管理平台发送实名登记信息；无人机飞行管理平台接收到无人机实名登记信息后将无人机状态修改为激活状态，同时记录无人机身份信息数据。

3）航迹信息上报阶段。无人机飞行航迹上报阶段防篡改流程如图9-11所示。无人机在飞行过程中通过多种技术传输技术向飞行管理平台上报监视信息。

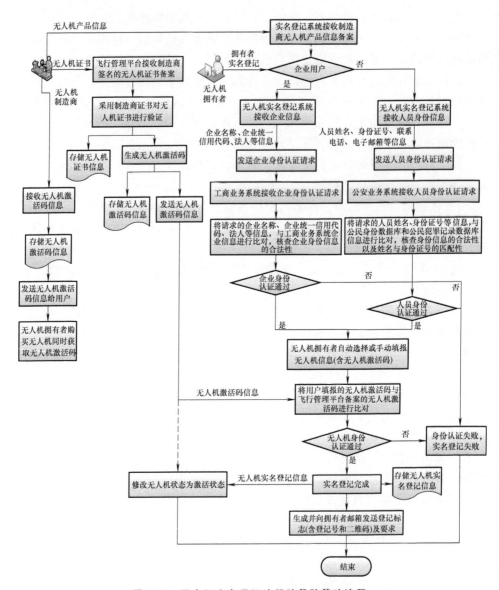

图 9-10　无人机实名登记注册阶段防篡改流程

根据信息安全要求，从信息采集到最终的飞行管理平台，监视信息的整个信息传输路径都需要考虑信息安全问题，主要是无人机身份信息和其他监视信息的防篡改以及管理系统对信息的认证，防止栽赃和抵赖。上报的监视信息必须使用无人机的私钥进行签名，飞行管理平台使用无人机的公钥对签名进行认证。同时，监视信息中还应增加时间戳信息，管理系统对时间戳进行认证，防止回放攻击。无人机系统需与管理系统保持时间戳的同步，可使用 UTC 时间。

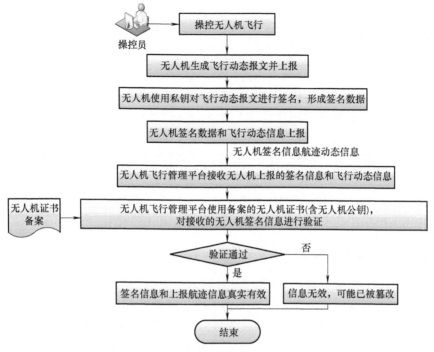

图 9-11　无人机飞行航迹上报阶段防篡改流程

（2）功能模型设计　无人机身份认证防篡改方案功能模型如图 9-12 所示。

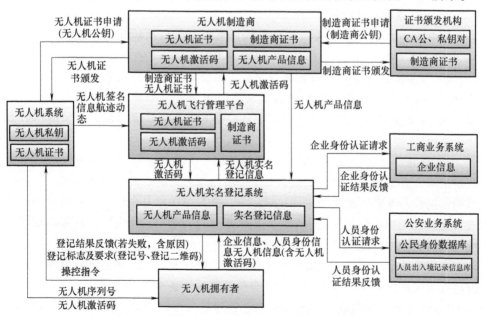

图 9-12　无人机身份认证防篡改方案功能模型

三、无人机人员身份认证识别

身份认证技术的核心是通过某种约定的手段确定真实世界中的个体身份信息与网络中标识的数字信息是否一致。身份认证技术利用已有成熟技术（比如支付宝的实名认证、银联的用户认证）作为认证媒介，获取被认证的用户信息，与无人机系统交互，从而达到实名认证的目的。第三方认证系统与无人机系统交互需要建立在安全传输的基础上，通过数字签名和RSA加密的方式保证数据完整性和安全性。

无人机人员身份认证识别技术研究主要包括无人机拥有者、操控员身份识别认证和无人机操控员资质、能力认证两个方面，具体的技术途径如下。

（一）无人机拥有者、操控员身份认证识别

1. 人员身份认证需求

无人机人员身份认证主要是根据拥有者、操控员提交的人员姓名、身份证号，通过联网核查的方式，从国家公安机关相关系统中索引出该用户的人口信息进行比对，如果一致则认证通过，不一致则认证不通过。另外，针对无人机操控员，还应考虑无人机运行风险与刑事违法犯罪记录的具体情况，如果存在可能影响无人机安全飞行的违法犯罪记录则认证不通过，不存在则认证通过。

2. 人员身份认证流程

（1）认证流程　无人机人员身份认证流程主要包括认证前、认证中和认证后3个阶段（图9-13）。

1）认证前。无人机拥有者通过民航实名登记系统进行实名登记，或者无人机操控员通过无人机飞行管理平台提交飞行申请（空域使用申请、飞行计划申请），由实名登记系统或者飞行管理平台提出人员身份认证请求，并发送给公安业务系统。

2）认证中。公安业务系统接收实名登记系统或者飞行管理平台发来的身份认证请求，查询请求中包含的人员姓名、身份证号的合法性，验证姓名与身份证号的匹配性，并查询相关的犯罪记录信息，如果身份信息合法、姓名与身份证号码匹配并且无相关的犯罪记录信息，则认证通过，否则认证失败，并将认证结果反馈到实名登记系统或者飞行管理平台。

公安相关信息共享系统应能与公民身份数据库和公民犯罪记录数据库以及人员出入境信息库相连，能够满足人员身份认证的信息需求。

3）认证后。实名登记系统或者飞行管理平台得到身份认证结果信息后，决定是否可以进行后续的无人机信息登记或者飞行申请审批。

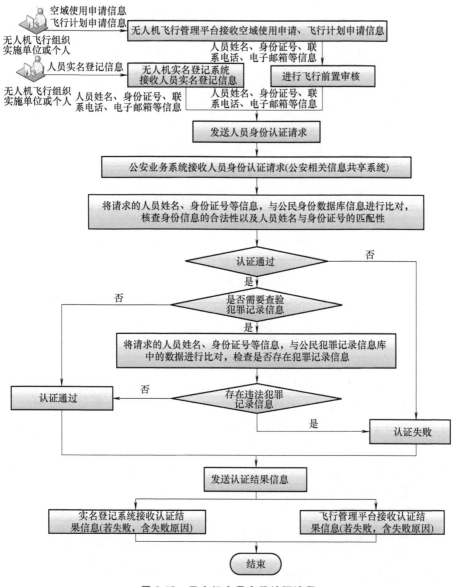

图 9-13　无人机人员身份认证流程

（2）功能模型设计　无人机人员身份认证功能模型如图 9-14 所示。

（3）身份认证识别要求　身份认证识别主要验证用户提交的人员姓名和身份证号与公安业务系统公民身份数据库、人员出入境记录信息库数据的一致性、匹配性。

无人机操控员有无犯罪记录的认证需要考虑所操控的无人机可能造成的安全风险与犯罪记录的具体情况，防止因过度管理而影响无人机产业的整体发展。因

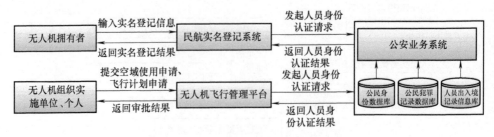

图 9-14　无人机人员身份认证功能模型

此需要满足《无人驾驶航空器飞行管理暂行条例》第十六条的要求，"操控小型、中型、大型民用无人驾驶航空器飞行的人员应当具备下列条件，并向国务院民用航空主管部门申请取得相应民用无人驾驶航空器操控员（以下简称操控员）执照：（一）具备完全民事行为能力；（二）接受安全操控培训，并经民用航空管理部门考核合格；（三）无可能影响民用无人驾驶航空器操控行为的疾病病史，无吸毒行为记录；（四）近 5 年内无因危害国家安全、公共安全或者侵犯公民人身权利、扰乱公共秩序的故意犯罪受到刑事处罚的记录。"

（二）无人机操控员资质、能力认证

1. 无人机操控员资质、能力认证需求

无人机操控员资质、能力认证是根据无人机用户提交的飞行申请（空域使用申请、飞行计划申请）中包含的无人机操控员姓名、操控员资格证书、无人机类型与民航无人机操控员证照管理数据库以及民航无人机违规飞行记录数据库中的信息进行比对，主要核验 3 项情况：无人机操控员是否具备驾驶资格；无人机操控员是否有能力驾驶申请的无人机类型；无人机操控员是否存在违规飞行记录信息，若存在违规飞行记录，应确定违规飞行处罚是否影响本次飞行计划的实施。

无人机操控员资质、能力认证流程主要包括认证前、认证中和认证后 3 个阶段（图 9-15）。

1）认证前。无人机飞行管理平台接收无人机飞行组织实施单位或个人提交的飞行申请（空域使用申请、飞行计划申请）信息、由飞行前置审核模块对申请中的无人机操控员资质、能力提出认证请求，并将认证请求发送给民航业务系统。

2）认证中。民航业务系统接收到飞行管理平台的认证请求，基于民航业务系统，第一步查询请求中包含的操控员姓名、操控员资格证书与民航无人机操控员证照管理数据库中的信息是否一致，如果一致则证明该资格证书有效，该操控员具备无人机驾驶资格，反之，则认证失败；第二步查询申请驾驶的无人机类型

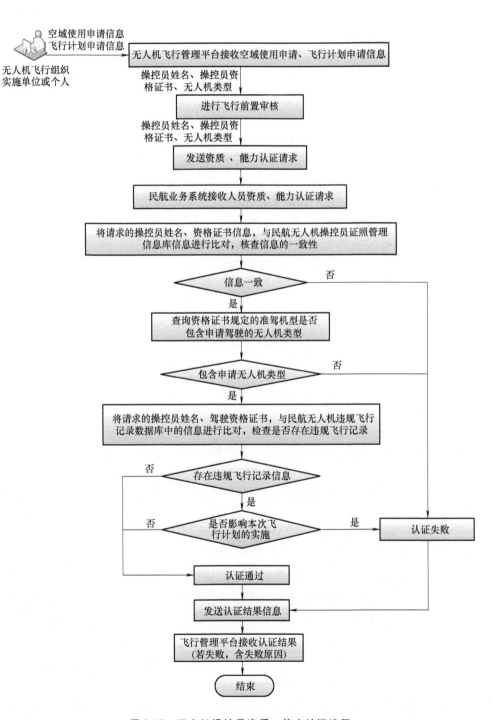

图 9-15　无人机操控员资质、能力认证流程

与资格证书中包含的准驾机型是否一致，如果一致则证明操控员具备驾驶申请中包含的此类无人机的能力，反之，则认证失败；第三步查询民航无人机违规飞行记录数据库，确定无人机操控员是否存在违规飞行记录，如果存在违规飞行记录信息则查询违规飞行处罚实施是否影响本次飞行计划的实施（例如处罚期未满、即将吊销飞行资格证书等），若不影响此次飞行则认证通过，反之，则认证失败，并将认证结果发送到飞行管理平台。

民航业务系统应能与民航无人机操控员证照管理数据库、民航无人机违规飞行记录数据库等相连，满足民用无人机操控员资质、能力认证需求。

3）认证后。无人机飞行管理平台接收到民航相关业务系统反馈的操控员资质、能力认证结果信息后，决定是否需要向飞行管制部门提交飞行申请（空域使用申请、飞行计划申请），请求审批。

2. 无人机操控员资质、能力认证功能模型

无人机操控员资质、能力认证功能模型如图 9-16 所示。

图 9-16　无人机操控员资质、能力认证功能模型

四、无人机拥有者、操控员与无人机的关联

人机关联包括无人机拥有者与无人机平台的关联和无人机操控员与飞行航迹的关联。

（一）无人机拥有者与无人机关联

无人机拥有者与无人机平台关联通过实名登记实现。用户购买无人机之后要在实名登记系统完成实名登记注册，才能正常开展飞行活动。进行实名登记，同时需要无人机信息和企业、人员信息，而且必须对信息的真实性进行验证。当用户转让无人机或无人机报废时，需要变更登记信息，解除无人机与以往拥有者的关联关系，对于转让还应同时重新建立与新拥有者的关联关系，以保证无人机整个生命周期内与拥有者的有效关联。

无人机实名登记包含三个步骤，登记前无人机信息备案、无人机信息登记填报与认证、实名登记后登记标志发放和标识粘贴。

1. 登记前无人机信息备案

无人机厂商用制造商私钥签名无人机证书，并将其发送给无人机飞行管理平台备案，同时将无人机产品的名称、型号、最大起飞重量、空机重量、产品类型、序列号等信息发送给民航实名登记系统备案。

无人机飞行管理平台采用制造商公钥对无人机证书进行验证，确定该无人机确实是该制造商生产，并为该无人机生成一个唯一的激活码，用于实名登记过程的无人机激活。最后将无人机证书和激活码信息分别保存在数据库中，同时将激活码信息发送给制造商和民航实名登记系统，用于无人机用户的实名登记。

2. 无人机信息登记填报与认证

无人机拥有者在购买无人机时，通过销售商获取无人机激活码。实名登记过程中，无人机拥有者首先填报姓名、有效身份证号、联系电话、电子邮箱等信息，进行身份实名认证，实名登记系统向公安业务系统发出身份认证请求，公安业务系统通过与公民身份数据库、人员出入境管理信息库信息进行比对，完成身份核验，并向民航实名登记系统反馈核验结果。

身份认证通过后，无人机拥有者在实名登记系统建立账户，用户通过自动选择、手动填报两种方式在账户内填报无人机相关信息，同时输入销售商配发的无人机激活码，实名登记系统将激活码信息与飞行管理平台备案的无人机激活码信息进行比对，进行无人机身份认证。认证通过后将完整的无人机实名登记信息存储在数据库中，并将实名登记信息发送给无人机飞行管理平台，完成无人机首次激活。

当无人机拥有者转让、转赠无人机或无人机丢失、报废时，需要变更登记信息，即在实名登记系统中解除与该无人机的拥有关系。若无人机拥有者要转让或转赠无人机给他人，受让（赠）方通过在实名登记系统中建立账户填报该无人机相关信息，或在已有账户中增加该无人机相关信息，实现与该无人机的重新绑定，完成拥有权的变更；如拥有者的无人机丢失或者报废，则解除以往拥有关系，注销无人机相关信息即可。

如果当前无人机拥有者要建立新的账户，则需要通过公安业务系统进行人员身份认证，如果已有账户，则无须再次认证；无人机以往拥有者在实名登记过程中已经完成无人机身份认证以及首次激活，因此重新建立拥有关系无须验证无人机身份，也无须进行无人机激活。

无人机实名登记及首次激活流程如图 9-17 所示，登记信息变更流程如图 9-18 所示。

3. 实名登记后登记标志发放和标识粘贴

实名登记系统在完成对无人机拥有者登记后会自动给出无人机系统登记标志，并发送到登记的电子邮箱。民用无人机系统登记标志包括登记号和登记二维码。

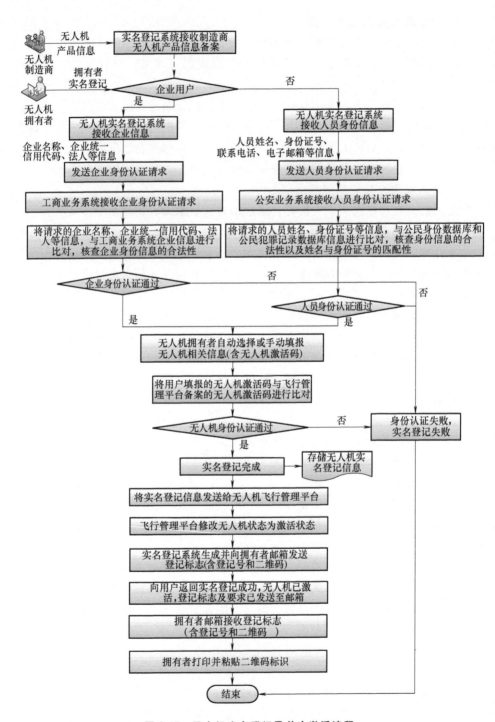

图 9-17 无人机实名登记及首次激活流程

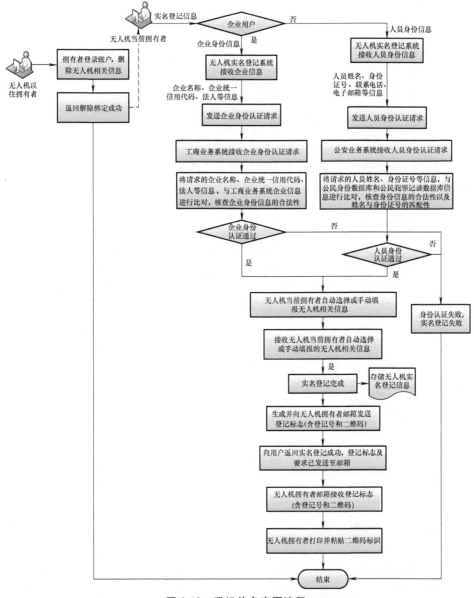

图 9-18　登记信息变更流程

登记号是为区分民用无人机系统给出的编号。无人机序列号（S/N）与系统登记号不同。登记号共有 13 位字符，分为 3 部分，前 3 位为字母 UAS，中间 8 位为阿拉伯数字（0~9），最后 2 位为除 UAS 外制造商名称拼音首字母缩写的大写字母。

登记二维码是经过加密的唯一识别二维码，包含该无人机登记信息中不涉及拥有者隐私的部分，例如登记号、名称、型号、制造商、序列号、登记时间、拥有者姓名或法人信息、联系方式等信息。

　　无人机拥有者在收到实名登记系统发送的包含登记号和二维码在内的登记标志后，应将其打印为边长为 2 厘米的正方形不干胶粘贴牌，并采用耐久性方法贴于无人机不易损伤的地方，且始终清晰可辨，不需要借助任何工具就能查看。必须确保在该无人机系统每次运行期间无人机登记标志均附着其上。无人机拥有者与无人机关联功能模型如图 9-19 所示，无人机拥有者与无人机关联信息交互表见表 9-7。

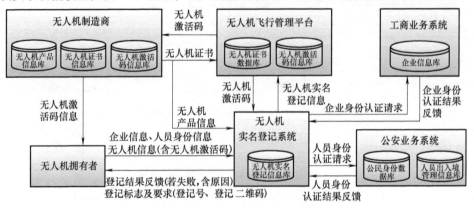

图 9-19　无人机拥有者与无人机关联功能模型

表 9-7　无人机拥有者与无人机关联信息交互表

序号	信息内容	发送方	接收方
1	无人机证书	无人机制造商	无人机飞行管理平台
2	无人机产品信息： 1）制造商名称、注册地址和电话 2）产品名称和型号 3）空机重量和最大起飞重量 4）产品类别 5）无人机购买者姓名和联系电话	无人机制造商	无人机实名登记系统
3	无人机激活码	无人机飞行管理平台	无人机实名登记系统 无人机制造商
4	无人机激活码	无人机制造商	无人机拥有者
5	企业拥有者信息： 1）单位名称 2）企业统一信用代码或者组织机构代码等 3）联系电话和电子邮箱 4）产品型号、产品身份编码 5）使用目的 个人拥有者信息： 1）拥有者姓名 2）有效证件号码（如身份证号、护照号等） 3）联系电话和电子邮箱 4）产品型号、产品身份编码 5）使用目的	无人机拥有者	无人机实名登记系统

（续）

序号	信息内容	发送方	接收方
6	企业身份认证请求	无人机实名登记系统	工商业务系统
7	身份认证结果反馈	工商业务系统	无人机实名登记系统
8	人员身份认证请求	无人机实名登记系统	公安业务系统
9	身份认证结果反馈	公安业务系统	无人机实名登记系统
10	无人机实名登记信息	无人机实名登记系统	无人机飞行管理平台
11	实名登记结果反馈	无人机实名登记系统	无人机拥有者
12	登记标志及要求	无人机实名登记系统	无人机拥有者

（二）飞行航迹与无人机人员信息关联

在无人机飞行过程中，需要通过无人机飞行航迹监控飞行动态。为避免发生不安全事件同时确保飞行责任到人，需要将无人机的飞行航迹与人员信息相关联，使无人机飞行动态监控人员能够及时掌握无人机飞行相关人员信息。一旦发现不安全飞行状态，能够及时通知到相关责任人并进行处置，避免发生更严重的安全事故。

在无人机飞行过程中，上报的飞行航迹信息包含无人机身份信息和飞行高度、速度、方向等飞行动态信息。由于飞行航迹信息中包含无人机身份信息，基于身份信息可以通过无人机飞行计划以及无人机实名登记信息确定与之关联的人员信息。

实现当前无人机飞行航迹与人员信息关联的方式主要有两种：一是对于无须提交飞行计划的轻型无人机和植保类无人机飞行，要实现飞行航迹与人员信息关联，必须通过无人机实名登记系统查询实名登记信息和无人机拥有者信息，实现无人机飞行航迹与无人机拥有者信息关联；二是对于需要提交飞行计划的无人机飞行，可以根据无人机上报的飞行动态，直接在无人机飞行管理平台查询飞行计划，获得相关的无人机操控员信息，实现无人机飞行航迹与无人机操作员信息关联。

1. 无人机飞行动态上报

无人机飞行过程中，通过地面站或移动蜂窝网络向无人机飞行管理平台上报无人机身份信息和飞行高度、速度、方向等飞行动态信息。无人机飞行管理平台监控人员基于无人机上报的飞行动态信息，持续监视飞行动态，一旦发现紧急事件，可能需要通过飞行航迹信息联系无人机飞行相关人员。

2. 无人机人员信息索引查找

监控人员首先在无人机飞行管理平台的飞行计划数据库中进行检索。如果数据库中存在与上报的无人机身份信息和航迹信息一致的飞行计划，则在飞行计划中查找无人机操控员姓名、联系方式等。如果数据库中不存在与之匹配的飞行计划，表明该无人机未申请飞行计划，可能属于规定的无须申请飞行计划的类型，则需要检索无人机实名登记系统备案的实名登记信息库；如果数据库中存在与上报的无人机身份信息一致的实名登记信息，则查找对应的无人机拥有者姓名、联系方式等；如果数据库中不存在匹配的实名登记信息，则表明该无人机未实名登记，属于违规飞行，需要协调处置。

3. 无人机人员信息显示

在飞行计划数据库或者实名登记信息库中查询到无人机操控员信息或者无人机拥有者信息后，可以显示在无人机飞行管理平台监控页面，便于飞行管理平台监控人员及时与无人机操控员建立联系，及时处置飞行不安全事件。

无人机飞行航迹与人员信息关联流程如图 9-20 所示，无人机飞行航迹与人

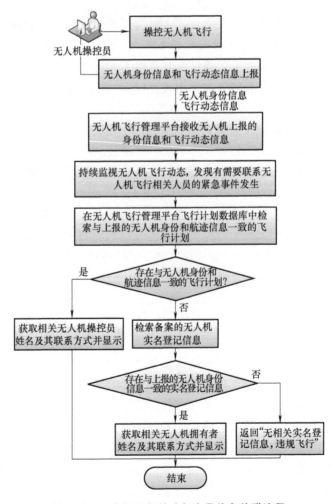

图 9-20 无人机飞行航迹与人员信息关联流程

员信息关联功能模型如图 9-21 所示。

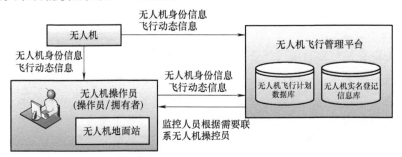

图 9-21　无人机飞行航迹与人员信息关联功能模型

无人机飞行航迹与人员信息关联信息交互表见表 9-8。

表 9-8　无人机飞行航迹与人员信息关联信息交互表

序号	信息内容	发送方	接收方
1	无人机身份信息	无人机	无人机操控员（地面站） 无人机飞行管理平台
2	无人机飞行动态信息	无人机	无人机操控员（地面站） 无人机飞行管理平台
3	无人机身份信息	无人机操控员（地面站）	无人机飞行管理平台
4	无人机飞行动态信息	无人机操控员（地面站）	无人机飞行管理平台
5	联系信息	飞行管理平台监控人员	无人机操控员

五、无人机合作监视技术应用方案

总体上来说，无人机合作监视技术应用方案可以归纳为两大类。一是直接广播类方案，例如 ADS-B 技术、无线信标技术、C2 与地面蜂窝网络技术、光电技术。此类方案只向一个方向传输数据，没有特定的目的或者接收方。二是网络发布类方案，例如移动蜂窝网络技术、基于卫星通信网络技术。此类方案需要收集和分发无人机标识和位置跟踪数据的技术或系统支撑，可以是单个服务器或数据库的形式，也可以是分布式服务器上的联机数据库形式，实现对无人机序号及位置动态信息的集成访问。无人机合作监视技术的应用可以考虑根据无人机运行风险等级，在满足整体安全要求的前提下，对于上述 2 类监视技术进行单项或者同时应用。

（一）合作监视技术适用性分析

不同的监视技术适用于不同的无人机飞行场景，这里主要按照易于合规、便于实施、运行性能、特点和安全性、互操作性和成本 5 项指标进行无人机合作监视技术的适用性进行对比分析。

1. 易于合规

无人机合作监视技术应符合相关法规标准，无人机拥有者和操控员应遵循相关合作监视技术要求。假设大多数的无人机拥有者和操控员都是合作用户，他们遵守相关法规的可能性取决于遵守的相对容易程度、遵守的成本、不遵守的惩罚力度，主要包括遵守的动力和遵守的潜在成本。前者主要考虑两个因素，一是不遵守相关法规被强制执行后所带来的负面影响，二是遵守法规的益处，包括拥有和操作无人机运行制度上、流程上的便利等。后者主要包含两大类，一类是遵守相关法规的负担，包括时间成本、相关成本（购买、安装、配置、使用、后续维护）、使用操作等方面的负担，另一类是造成的损失，包括加装设备带来的无人机运行性能（例如续航时间、载荷等）的降低、无人机用户及无人机运行相关敏感信息的泄露。

易于合规评估标准将监视技术的应用分为高、中、低三个等级，主要从时间成本，购买、安装、使用、配置、使用和后续维护的成本以及对无人机的使用产生的影响几个方面进行评估。

（1）设备改造评估标准　高等级的合作监视技术设备改造应无须时间、安装、配置、使用等相关成本，且对无人机重量的影响小（如小于 10 克）；中等级的合作监视技术设备改造需要安装和配置相对独立的硬件设备，可能需要使用无人机动力或者自身具备动力系统，对无人机重量影响程度居中（如小于 250 克）；低等级的合作监视技术设备改造需要与现有的子系统通过物理手段相连，且重量大（如超过 250 克），或者每次飞行都需要进行特定配置。

（2）设备原件评估标准　高等级的合作监视设备在用户购买时已经由制造商安装完成，并且只需要进行较少的操作即可满足监视需求，而不是与登记注册和最低配置相关的设备；中等级的合作监视设备需要用户在安装过程中进行一系列复杂的操作，操作时间较短；低等级的合作监视设备需要为每次飞行作业进行特定的配置。

2. 便于实施

该标准考虑了实现无人机身份信息和飞行动态信息上报所需的时间和实现能力。根据技术方案是否满足以下条件，将该标准分析结果分为是和否。

1）可在一年内实现对现有无人机的完全改装。

2）可在一年内集成到新的设备中。

3）所需的基础设施和数据服务能力可在一年内建立。

4）国家无人机管理相关政策无须根据合作监视技术的应用做出重大改变。

3. 运行性能、特点和安全性

（1）运行性能评估标准　运行性能评估标准用于评估选用的合作监视技术方案的预期性能，主要考虑以下几项因素。

1）满足直接广播或者网络发布设备的标准要求（是/否）。每一种备选合作监视技术方案都有一种主用模式，用于直接广播或者网络发布，尽管某些合作监视技术可能还能满足一些其他应用需求。

2）更新频率≥1赫（是/否）。能够以≥1赫向飞行管理部门或者公共服务端发送无人机身份和飞行动态信息。

3）数据时延<3.5秒（是/否）。能够以小于3.5秒的端到端时延向外发布或者广播无人机身份信息和飞行动态信息。由于网络发布受到网络带宽和容量限制，因此建议直接广播类的合作监视技术方案的端到端时延应小于1秒。

4）有效范围即合作监视技术有效范围，主要分为以下4类：

① 无线电传播有效范围。监视技术方案应用与无线电发射范围相关的设备，传播实际效果因设备的功率、传播效果和环境而异。

② 网络传播有效范围。如果无人机或者地面站在网络覆盖范围内，就能实现信息传输。

③ 卫星传播有效范围。如果无人机或者地面站在卫星网络覆盖范围内，就能实现信息传输。

④ 视距有效范围。个人或者接收设备能够目视观测到无人机。

5）频谱认证（是/否）。频谱能不受其他应用程序的干扰而提供高质量的服务。

（2）更新频率和延迟　确定无人机合作监视所需更新频率和端到端时延使用了以下4种方法。

1）确定可能的相关监管单位人员与无人机存在交互的场景，包括对违规飞行身份和动态信息掌握、重大安保过程中对可疑无人机身份和航迹意图的确定、接到报告后对可疑无人机实施监控和处置等场景。

2）确定哪些场景对时延要求最高。

3）现有类似标准是否可供参考。

4）基于与无人机性能无关的假设，进行已有标准应用与无人机相关场景之间的对比分析，进而确定最终的时延要求。

按照上述方法，同时结合目前广泛应用的C2链路、ADS-B技术设备的信息传输时延，确定无人机飞行动态信息从产生到显示端到端最大时延为5.5秒，数据刷新频率为1秒/次，因此总时延为6.5秒。

（3）安全性　所有的无人机合作监视技术方案应考虑以下因素。

1）防欺骗（是/否）。应包含一种防止无人机运行过程中数据链路被恶意干扰的机制。

2）防篡改（是/否）。应包含一种防止无人机使用过程中身份信息被恶意篡改的机制。

3）航迹核验（是/否）。应包含一种能自主确认无人机身份信息和飞行动态信息的可靠性的机制。

4. 互操作性

互操作性评估标准用来确定选用的合作监视技术方案是否能够实现互操作，包括未来作为管制中心系统的数据源，或者作为飞行管理平台监控无人机飞行动态的数据源等。

互操作性主要考虑因素包括选用的方案是否能够作为飞行管理平台以及未来的管制中心系统的数据源，而不需要对现有监视设备进行较大改变；是否与国际上广泛推行的监视技术相互兼容；选用的合作监视技术是否支持联合应用，即与现有的其他无人机数据服务无缝结合，向无人机用户、飞行监管方提供相同的服务，以及能够实现在 SWIM 中的信息交换。

5. 成本

评估合作监视技术方案的成本，主要包括初始成本和经常性成本两类，相关方包括用户、无人机操控员、公安机关、飞行监管单位、制造商、政府以及其他相关方等。主要考虑的成本因素包括以下几项：

1）每一种监视技术方案都有不同的范围，例如无限信标技术按照发射功率不同可以有多种技术方案，而物理标识方案可能只有一种。

2）在一些可选的技术方案中，成本可能由一方承担也可能由多方分担，例如电子围栏信息传输的成本可以直接计算在用户成本中，目前情况下需要计算在制造商的成本中。

3）改造成本可能与集成产品方案相似或者完全不同。

4）开发成本不限于基于不同硬件技术方案，批量生产成本分担，以及不同制造商成本计算方式的差异。

5）任何成本都有基于时间的固有不确定性，包括技术的发展、设备成本的变化等。

选用的合作监视技术方案满足一项或者同时满足直接广播和网络发布两项应用需求，成本可能存在差异。某些情况下，合作监视技术方案只能满足一项应用需求，因此需要增加一个解决方案，满足第二项应用需求。而且某些技术，例如基于网络发布技术可能需要依赖于移动通信技术方案。

按照上述标准对可用的无人机合作监视技术进行对比分析，无人机合作监视技术适用性对比分析表见表 9-9。

表 9-9　无人机合作监视技术适用性对比分析表

技术	ADS-B 技术	无线信标技术	移动蜂窝网络技术	基于卫星通信网络技术	C2 链路与地面蜂窝网络技术	光电技术
满足的主要需求	直接广播	直接广播	网络发布	网络发布	直接广播	直接广播
发送能力改造	外部设备加装	外部设备加装	外部设备加装	外部设备加装	与 C2 链路集成（不一定适用于所有 UAS）	集成可见光设施（不一定适用于所有 UAS）
发射能力集成	可集成	可集成	可集成	可集成	与 C2 链路集成	可集成
移动接收设备要求	能解码 ADS-B 信息的设备	能完全接收发射设备发送的信息	连接网络设备	连接网络设备	能解码 C2 链路中的特定通道	智能手机照相机

无人机合作监视技术易于合规标准分项分析表见表 9-10。

表 9-10　无人机合作监视技术易于合规标准分项分析表

便于使用和技术实施准备情况		ADS-B 技术	无线信标技术	移动蜂窝网络技术	基于卫星通信网络技术	C2 链路与地面蜂窝网络技术	光电技术
无人机拥有者和操控员易于使用	改装	中等	中等	中等	中等	高等	高等
	集成	高等	高等	中-高等	中等	高等	高等
	需要第三方的协助	否	否	是	是	否	否
技术实施准备情况	一年内是否能实现改装	是	是	是	是	是	否
	一年内是否能实现集成	是	是	是	是	是	否

无人机合作监视技术运行性能、特点和安全性以及互操作性标准分项分析表见表 9-11。

表 9-11　无人机合作监视技术运行性能、特点和安全性以及互操作性标准分项分析表

性能特点、安全性以及互操作性		ADS-B 技术	无线信标技术	移动蜂窝网络技术	基于卫星通信网络技术	C2 链路与地面蜂窝网络技术	光电技术
运行性能特点	直接广播	是	是	否	否	是	是
	网络发布	否	否	是	是	否	否
	更新率≥1 赫	是	是	是	否	是	否
	数据时延<3.5 秒	是	是	是	是	是	是

（续）

性能特点、安全性以及互操作性		ADS-B技术	无线信标技术	移动蜂窝网络技术	基于卫星通信网络技术	C2链路与地面蜂窝网络技术	光电技术
运行性能、特点	有效范围	无线电有效范围	无线电有效范围	网络传输有效范围	网络传输有效范围	无线电有效范围	<可见光范围
	需要频谱认证	是	否	是	是	否	/
	存量产品的兼容性	否	是/否	否	否	是	是/否
	重量	大	小	中	中	无	小
	尺寸	大	小	中	中	无	小
	功耗	大	小	中	中	无	小
	对民航监视系统有影响	是	否	否	否	否	否
	承载信息量	中	中	大	大	大	无
	适用范围	中大型	所有类型	小中大型	小中大型	所有类型	所有类型
安全性	电子欺骗的安全性	否	由解决方案的性能决定	是	是	是	否
	抗干扰性	是(集成情况下);否(改装情况下)	是(集成情况下);否(改装情况下)	是(集成情况下);否(改装情况下)	是(集成情况下);否(改装情况下)	是	否
	航迹核验	否,除ATC外	否	是	否	否	否
互操作性	ATC	是	否	否	否	否	否
	满足国际标准	是	是	是	是	是	是
	满足国内标准	是	否	是	是	否	否

无人机合作监视技术成本标准分项分析表见表9-12。

表9-12 无人机合作监视技术成本标准分项分析表

应用成本		ADS-B技术	无线信标技术	移动蜂窝网络技术	基于卫星通信网络技术	C2链路与地面蜂窝网络技术	光电技术
成本项	成本支出方	—	—	—	—	—	—
发送方硬件设备	无人机拥有者	几万元(符合民航规定);几百元(低功率)	几十~几百元	几百元	几百元	—	几十元

（续）

应用成本		ADS-B 技术	无线信标技术	移动蜂窝网络技术	基于卫星通信网络技术	C2链路与地面蜂窝网络技术	光电技术
发送数据	无人机制造商或拥有者；一次性或可重复使用；与硬件绑定或分开	—	—	几十~几百元	几十~几百元	—	—
接收方硬件，无网络设备	监管部门	几百元	无成本（基于现有设备）；几百元（独立设备）	—	—	几百~几千元	—
接收方网络设备		可选	可选	需要	需要	可选	需要
接收网络数据		可选	可选	需要	需要	可选	可选
部署成本	制造商或者第三方数据服务单位	几十~几千元	几十~几百元	几十~几千元	几十~几千元	可忽略	几十~几万元

（二）合作监视技术应用方案

1. 无人机运行的风险等级

通过对地面风险、空中风险以及邻近空域的运行风险进行评估，确定无人机运行的整体风险等级，共有 6 个级别。保证性和完整性等级确定表见表 9-13。

表 9-13　保证性和完整性等级确定表

风险等级		空中风险等级			
		EC4	EC3	EC2	EC1
地面风险等级	1	I	II	IV	VI
	2	I	II	IV	VI
	3	II	II	IV	VI
	4	III	III	IV	VI
	5	IV	IV	IV	VI
	6	V	V	V	VI
	7	VI	VI	VI	VI

6 个级别按照安全性由高到低分别是 I 、II 、III 、IV 、V 、VI ，其相应的运

行风险由低到高。按照高、中、低三种风险等级进行归类，Ⅰ级和Ⅱ级归为低风险类型，Ⅲ级和Ⅳ级归为中风险类型，Ⅴ级和Ⅵ级归为高风险类型。另外，考虑管理类别为开放类的微型无人机，自身已限制在 50 米以下适飞空域内运行，因此将其归类为超低风险运行类无人机。

根据各类典型作业无人机类型、翼展情况、飞行高度、飞行速度、拟使用的空域类型和飞行具体区域，可以确定无人机运行的地面和空中风险等级，进而确定无人机运行的总体风险等级。依据此方法，一般情况下，采用轻型、小型无人机开展的娱乐航拍、农林植保、终端物流、搜寻与救援作业飞行属于低风险类型；采用小型以及少部分中型无人机开展的专业航拍、巡线飞行、重大活动安保属于中风险类型；采用中大型无人机执行的环境监测、通信中继、航空物探、森林防火和海事维权等作业飞行属于高风险类型。

2. 无人机合作监视技术方案

基于各类无人机运行的监视需求和监视技术适用性对比分析情况，分类设计各类型无人机合作监视技术应用方案见表 9-14。

表 9-14　各类型无人机合作监视技术应用方案

类型	直接广播类技术	网络发布类技术	无人机指挥与控制链路主要技术手段
高风险类无人机	采用 ADS-B 技术和 C2 链路与地面蜂窝网络技术	采用移动蜂窝网络技术和基于卫星通信网络技术；在洋区等移动信号覆盖情况不好的地方，使用基于卫星通信网络技术	地面网络信号覆盖好的地区，使用 C2 链路与地面蜂窝网络技术；在洋区等移动信号覆盖情况不好的地区，采用 C2 链路与基于卫星通信网络技术
中风险类无人机	采用 C2 链路与地面蜂窝技术和无线信标技术	采用移动蜂窝网络技术和基于卫星通信网络技术	地面网络信号覆盖好的地区，使用 C2 链路与地面蜂窝网络技术；在洋区等移动信号覆盖情况不好的地区，采用 C2 链路与基于卫星通信网络技术
低风险类无人机	—	采用移动蜂窝网络技术	采用 C2 链路与蜂窝网络技术
超低风险类无人机	—		采用 C2 链路技术

（1）高风险类无人机的监视技术初步方案　高风险类无人机监视需要同时具备直接广播能力和网络发布能力，可以使用的技术包括 ADS-B 技术、C2 链路与地面蜂窝网络技术、移动蜂窝网络技术以及基于卫星通信网络技术。其中 ADS-B 技术和 C2 链路与地面蜂窝网络技术属于直接广播类技术，主要为空中和地面的无人机、有人机以及无人机操控员提供环境态势感知，同时 C2 链路还提供对无人机的控制及命令；移动蜂窝网络技术和基于卫星通信网络技术属于网络

发布类技术，主要向无人机飞行管理平台上报飞行动态、身份信息。在蜂窝网络信号覆盖好的地区，建议主要采用移动蜂窝网络技术；在蜂窝网络信号覆盖度不好的地区可以考虑采用基于卫星通信网络技术。高风险类无人机监视技术初步方案如图 9-22 所示。

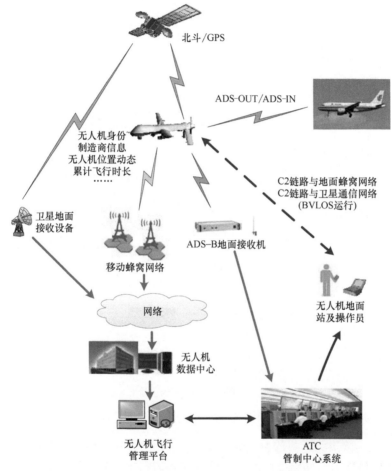

图 9-22　高风险类无人机监视技术初步方案

（2）中风险类无人机的监视技术初步方案　中风险类无人机监视需要同时具备直接广播能力和网络发布能力，可以使用的技术包括 C2 链路与地面蜂窝网络技术、无线信标技术、移动蜂窝网络技术以及基于卫星通信网络技术。其中无线信标技术和 C2 链路与地面蜂窝网络技术属于直接广播类技术，主要为空中和地面的无人机、有人机以及无人机操控员提供环境态势感知，同时 C2 链路还提供对无人机的控制及命令；移动蜂窝网络技术和基于卫星通信网络技术都属于网络发布类技术，主要向无人机飞行管理平台上报飞行动态、身份信息。在蜂窝网

络信号覆盖好的地区，建议主要采用移动蜂窝网络技术，在蜂窝网络信号覆盖度
不好的地区可以考虑采用基于卫星通信网络技术，中风险类无人机监视技术初步
方案如图 9-23 所示。

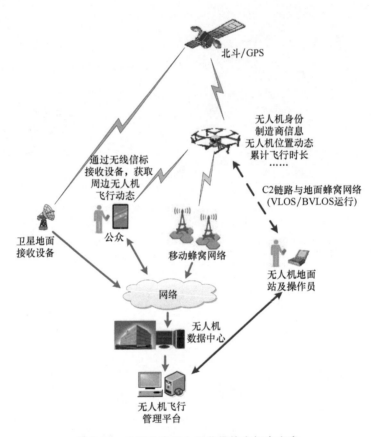

图 9-23　中风险类无人机监视技术初步方案

（3）低风险类无人机的监视技术初步方案　低风险类无人机监视需要同时
具备直接广播能力和网络发布能力，可以使用的技术包括 C2 链路技术、移动蜂
窝网络技术两种。其中 C2 链路技术主要为空中和地面的相关无人机、有人机以
及无人机操控员提供环境态势感知，同时 C2 链路技术还提供对无人机的控制及
命令；移动蜂窝网络技术主要向无人机飞行管理平台上报飞行动态、身份信息，
低风险类无人机监视技术初步方案如图 9-24 所示。

（4）超低风险类无人机的监视技术初步方案　超低风险类无人机主要是微
型无人机，属于开放类无人机，不需要上报飞行动态信息，只需要采用 C2 链路
技术实现控制指令上传，航迹信息、状态信息以及载荷信息下传，超低风险类无
人机监视技术初步方案，如图 9-25 所示。

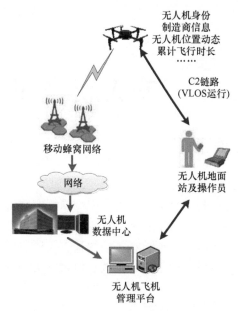

图 9-24　低风险类无人机监视技术初步方案

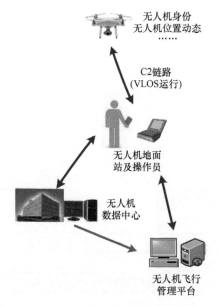

图 9-25　超低风险类无人机监视技术初步方案

第十章
无人机电子围栏技术

　　无人机电子围栏是一种配合无人机飞行控制系统的软硬件系统，通过在相应电子地理范围中画出特定区域，阻止无人机侵入该区域，是实现无人机空域隔离保护的有效手段。无人机电子围栏包括不同的种类，适用于不同场景，需要兼顾空域运行安全和效率，研究明确划设、生效和使用方法，推动无人机电子围栏技术推广和规范化应用。

一、无人机电子围栏的分类、优缺点及场景适用性

（一）无人机电子围栏的分类

　　无人机电子围栏分为固定电子围栏和临时电子围栏两类。固定电子围栏分为硬件型固定电子围栏和软件型固定电子围栏；临时电子围栏分为静态临时电子围栏和动态临时电子围栏。无人机电子围栏的分类如图 10-1 所示。

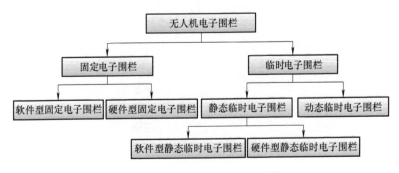

图 10-1　无人机电子围栏的分类

（二）固定电子围栏的优缺点及场景适用性

　　固定电子围栏通常划设在位置和范围相对固定且没有时间限制的区域，涵盖

全球的固定限飞区数据，其覆盖范围广、数据量较大、信息更新频率相对较低、数据通常存储在静态数据库中。

软件型固定电子围栏将禁飞区经纬度信息存在固定电子围栏静态数据库里，并固化在无人机飞行控制系统中。当无人机在飞行过程中接近或即将飞入这些区域时，飞行控制系统向地面控制端发出提示信息，并作出相应的飞行限制。目前，软件型固定电子围栏的禁飞区信息由无人机制造商定期与公安、民航等相关单位沟通，以及时更新固定电子围栏静态数据库，并由地面站软件端向无人机制造商端定期查询固定电子围栏静态数据库更新情况，在联网情况下下载和更新。

硬件型固定电子围栏在隔离空域周围布设脉冲电子线缆。当电子围栏触发时，电子线缆可以产生非致命脉冲高压，采用频谱干扰的方式禁止无人机飞入进行隔离空域。

固定电子围栏的主要优点是禁飞区信息相对稳定，信息更新频率低；禁飞区信息强制性更新，禁飞区侵入率降低；禁飞区所保护的对象安全性高。固定电子围栏的主要缺点是硬件型固定电子围栏建设成本高；为保证大量禁飞区信息更新，软件型固定电子围栏禁飞区信息更新需保持地面站与飞行控制端持续通信链接，且通常包含全球禁飞区信息，信息数据量大；由于禁飞区长期禁止飞行，空域利用率低。

固定电子围栏主要适用场景是机场、车站、港口、监狱、重要政治场所、永久禁飞区、射电天文台、卫星地面站、军工重要科研/生产/试验/存储设施等需要长期固定防护的区域。

（三）临时电子围栏的优缺点及场景适用性

临时电子围栏划设的限飞区位置、范围不固定且一般有时间限制，通常仅涵盖附近的临时限飞区，数据量相对较小，更新频率较高。临时电子围栏可分为静态电子围栏和动态电子围栏2种。

静态电子围栏通常是针对某一临时任务而划设的一块区域，其有效时间从一个小时到数十个小时不等，期间电子围栏范围不变。

动态临时电子围栏可理解为一个在不同时间点定义的移动三维空间，可以看作由多个生效时间很短的静态电子围栏构成的。动态临时电子围栏前沿是在能完成任务的给定时间内，从无人机起飞位置所能达到的最远点；航迹的后端是为了在计划到达时间内到达，离无人机起飞位置最近的点，其他边界是原始静态电子围栏的边界。

临时电子围栏具有建设成本低、信息量小、空域利用率高等优点，同时也具有信息相对变化较大、信息更新频率高、无人机更新不及时的风险。

由以上对固定电子围栏和临时电子围栏的分析可知，其各自优缺点明显，具有各自适用的场景，固定电子围栏和临时电子围栏的对比见表 10-1。

表 10-1　固定电子围栏和临时电子围栏的对比

分类	优点	缺点	适用场景
固定电子围栏	1. 覆盖范围广，涉及全球的固定限飞、禁飞区域； 2. 电子围栏信息数据量大； 3. 禁飞区信息相对稳定，信息更新频率低； 4. 禁飞区信息强制性更新，禁飞区侵入率降低； 5. 禁飞区所保护的对象安全性高	1. 硬件型固定电子围栏建设成本高； 2. 固定电子围栏通常包含全球禁飞区信息，信息量大； 3. 为保证大量禁飞区信息更新，软件型固定电子围栏禁飞区信息更新需保证地面站与飞行控制端保持持续通信链接； 4. 由于禁飞区被长期禁止飞行，空域利用率低	机场、车站、港口、监狱、重要政治场所、永久禁飞区、射电天文台、卫星地面站、军工重要科研/生产/试验/存储设施等需要长期固定防护的区域
临时电子围栏	1. 临时电子围栏数据量小； 2. 临时电子围栏仅需进行禁飞区信息更新，建设成本低； 3. 临时电子围栏通常仅涵盖所飞区域周边的禁飞信息，信息量小； 4. 任务结束时，禁飞区将及时释放，空域利用率高	1. 禁飞区信息相对变化较大，信息更新频率高； 2. 禁飞区信息更新频繁，无人机存在更新不及时的风险	农林植保、反恐维稳、航空摄影

二、无人机电子围栏划设方法

（一）固定电子围栏

根据对典型作业场景和作业类型的分析总结，以民用机场为例，固定电子围栏在水平面的投影几何形状可以分为民用航空机场障碍物限制面、多边形、扇区形 3 种形状。固定电子围栏模型一般采用平面投影区域、纬度和经度、限制高度、有效时间的四维空间结构⊖

1. 民用航空机场障碍物限制面几何模型

民用航空机场障碍物限制面保护范围及各边界点示意图如图 10-2 所示。民用航空机场障碍物限制面保护范围为 A_1-A_2-C_2-弧 C_2B_2-B_2-B_3-弧 B_3C_3-C_3-A_3-A_4-C_4-弧 C_4B_4-B_4-B_1-弧 B_1C_1-C_1-A_1 各点坐标、圆弧连线范围内。图 10-2 中多边形

⊖ 参见中华人民共和国民用航空行业标准《无人机围栏》（MH/T 2008—2017），中国民用航空局 2017 年 10 月 20 日发布，2017 年 12 月 1 日实施。

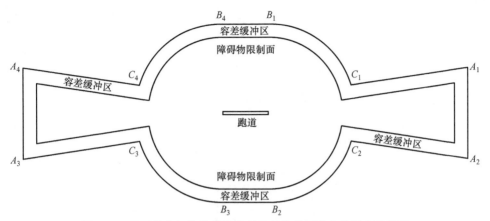

图 10-2　民用航空机场障碍物限制面保护范围及各边界点示意图

粗实线连线范围即民用航空机场障碍物限制面保护范围。

2. 多边形无人机围栏空间几何模型

多边形无人机围栏空间几何模型由不同海拔高度的多边形、底面、顶面和侧面组成的立方体构成，如图 10-3 所示。空间几何模型的一个面是由同一平面上的 n 个空间点构成的闭合的空间区域，空间点以真北为起点，在水平面上按顺时针依次命名，构成顶面和底面的顶点数量相等。图中，$m_1 \sim m_5$ 为围栏顶面顶点编号，$n_1 \sim n_5$ 为围栏底面顶点编号。

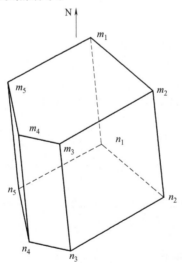

图 10-3　多边形无人机围栏空间几何模型示意图

3. 扇区形无人机围栏空间几何模型

扇区形无人机围栏空间几何模型由不同海拔高度的扇区形底面、顶面和侧面组成的立方体构成，如图 10-4 所示。一个空间的扇区面由同一平面上的扇区原点、扇区半径、扇区起止方位角（扇区开始真方向和扇区结束真方向）构成的闭合的空间区域。

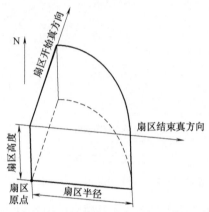

图 10-4　扇区形无人机围栏空间几何模型示意图

扇区原点由该地理点的经纬度定义，扇区半径以扇区原点为圆心，单位为米，扇区起止方位是该扇区开始和结束的真方向，扇区高度是禁止进入该区域的相对高度范围。

4. 无人机围栏有效时间

无人机围栏的有效时间是指禁止无人机在该空间范围里飞行的时间段（包括起始时间和结束时间）。有效时间可以是多组时间段，通常采用 UTC 时间。每个无人机围栏均有有效时间。

1）无人机围栏起始时间使用 UTC 时间，格式为 UTC YYYYMMDDTTMM，永久有效的无人机围栏在起始时间 UTC 后标注 NONE。

2）无人机围栏终止时间使用 UTC 时间，格式为 UTC YYYYMMDDTTMM，永久有效的无人机围栏在终止时间 UTC 后标注 9999。

（二）静态临时电子围栏

静态临时电子围栏的几何形状空间结构形式和固定电子围栏类似，可以分为民用航空机场障碍物限制面、多边形、扇区形 3 种形状，采用平面投影区域、纬度和经度、限制高度、有效时间的四维空间结构。具体几何模型和规定与固定电子围栏一致。

（三）动态临时电子围栏[⊖]

在动态临时电子围栏的划设过程中，围栏长度是一个关键问题。因为在理想

─────────────

㊀ Zhu G D, WEI P. Low-Altitude UAS Traffic Coordination with Dynamic Geofencing//16th AIAA Aviation Technology, Integration, and Operations Confence. Washington: AIAA, 2016: 1-12.

情况下，无人机以其最大速度飞行以尽快到达目的地。然而当任务距离较长的时候，无人机无法在飞行过程中始终保持最大速度 v_{max} 飞行。这种情况下，确定动态临时电子围栏的大小就变成了一个优化问题。

v_{max} 是无人机允许的最大飞行速度，但在实际运行过程中，无人机不必一定以此速度飞行。根据电子围栏的定义，在任何时间 t 必须保证无人机位于电子围栏 DG_t 内，不飞入或飞出电子围栏。因此，动态电子围栏的长度可表示为：

$$LDG = \min\{leading\ front, destination\} - \max\{trailing\ end, origin\}$$

当动态电子围栏完全展开时，其长度为常数，主要取决于无人机的最大飞行速度、飞行任务时间和作业任务区域：$LDG = v_{max}T_t - R$。

即当无人机作业任务区域为 R 时，在飞行任务时间 T_t 内，无人机所能飞行的最大距离为以最大速度 v_{max} 所飞过的距离。所以，当无人机的保护区长度为 $v_{max}T_t - R$ 时，无人机一定飞不出去，保证无人机在任何时间均位于电子围栏 DG_t 内。

动态临时电子围栏长度计算方法确定后，电子围栏的划设可按照以下流程进行。

第一步：电子围栏划设申请与审批。由固定电子围栏所在省级（含）以上人民政府或者军级（含）以上军队单位提出固定电子围栏划设申请；临时电子围栏由所在省级（含）以上人民政府或者军级（含）以上军队单位提出固定电子围栏划设申请，经批准划设的单位或者由其授权的部门审批。

第二步：电子围栏类型判断。无人机电子围栏根据对无人机的限制情况可以分为两类，一类为禁止无人机飞入的电子围栏，另一类为禁止无人机飞出的电子围栏。若所申请划设的电子围栏为禁止无人机飞入的电子围栏，则执行第三步；若所申请划设的电子围栏为禁止无人机飞出的电子围栏，则执行第四步。

第三步：无人机电子围栏边界及时间获取。针对禁止无人机飞入的电子围栏，边界范围及时间范围可根据禁区、限制区、管制空域等电子围栏划设申请来获取，空间范围主要获取其边界点的 GPS 坐标，时间范围按照起始时间和终止时间表示，格式均为 UTC YYYYMMDDTTMM，执行第六步。

第四步：无人机飞行活动边界及时间获取。针对禁止无人机飞出的电子围栏，电子围栏边界基本可认为是无人机飞行活动的空域范围，可根据无人机飞行计划信息获取其飞行活动空域及时间范围。空间范围主要获取其边界点的 GPS 坐标，时间范围按照起始时间和终止时间表示，格式均为 UTC YYYYMMDDTT-MM。

第五步：无人机飞行边界外扩。为了保证无人机不飞出电子围栏，需要在无人机飞行边界的基础上进行适当外扩，生成无人机飞行安全边界，即可视为电子围栏边界。无人机飞行区域基本可表示为凸多变形和凹多边形，其扩算法可采用平行线算法，生成算法步骤如下。

- 读取原始多边形的每一条边。
- 生成每一条边的两端点平移方向，即线段法线方向。
- 平移每一条边的两端点，连接平移后的两端点，生成平移后的线段。
- 将线段扩展成直线，求相邻直线产生的交点。
- 连接各个交点，生成外扩多边形。

第六步：电子围栏模型选择。将电子围栏边界或无人机飞行安全边界与多边形、民用航空机场障碍物限制面、扇区形等电子围栏模型直接相匹配，并以电子围栏模型的信息标准存储边界信息和时间信息。

第七步：电子围栏类型判断。判断所划设的电子围栏是否为临时电子围栏，若为临时电子围栏，则继续判断是否为静态电子围栏，若为静态临时电子围栏，则执行第十二步；若不是静态临时电子围栏，则执行第九步。若不是临时电子围栏，则继续判断是否为软件型固定电子围栏，若为软件型固定电子围栏，则执行第十一步；若为硬件型固定电子围栏，则执行第八步。

第八步：部署硬件型固定电子围栏。按照已匹配的电子围栏模型部署所用的脉冲电子线缆等硬件设备，并按照电子围栏版本号命名规则，生成电子围栏版本号，并执行第十三步。

第九步：计算动态临时电子围栏个数。确定时间步长 Δt，以将静态电子围栏离散化为 k 个动态电子围栏，$k=T_t/\Delta t$，重复第三步至第五步 k 次。

第十步：计算动态电子围栏 DG_{tk} 的前沿和后端，第 k 个电子围栏的前沿位置为 $\Delta t \times k \times v_{max}$，后端位置为前沿位置$-LDG$。

第十一步：从静态电子围栏中确定动态电子围栏 DG_{tk} 的边界，无人机动态电子围栏形状与静态电子围栏的形状一致，根据电子围栏的前沿和后端位置，确定动态电子围栏其他点的位置。

第十二步：电子围栏数据包和版本号生成。按照多边形、民用航空机场障碍物限制面、扇区形等电子围栏模型的数据结构，存储电子围栏相关数据，生成电子围栏数据包。按照硬件型固定电子围栏、软件型固定电子围栏、静态临时电子围栏、动态临时电子围栏不同的命名方式生成不同的电子围栏数据包及其版本号。

第十三步：电子围栏发布。包括版本号在内的电子围栏数据包生成后，上传至无人机飞行管理平台。

电子围栏划设方法如图 10-5 所示。

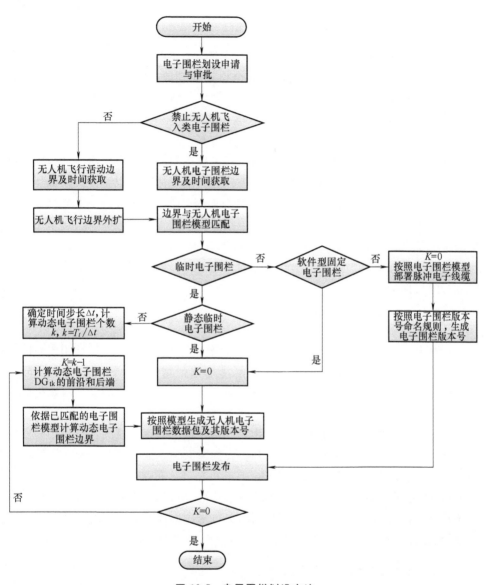

图 10-5　电子围栏划设方法

三、基于电子围栏的空域隔离保护方案

在确保国家安全及航空安全基础上，为提高空域利用率，综合分析固定电子围栏和临时电子围栏技术的优缺点及适用场景，制订基于固定电子围栏和临时电子围栏的多手段结合空域隔离保护方案。

（一） 固定电子围栏方案

基于固定电子围栏信息量大、拦截入侵率高、建设成本高、空域利用率低等特点，对于保护区域范围基本固定、安全保护级别要求高、周边低空飞行需求少、保障费用相对充足的区域，如机场、车站、港口、监狱、重要机构场所、永久禁飞区、射电天文台、卫星地面站、军工重要科研/生产/试验/存储设施等需要长期固定防护的区域，采用固定电子围栏方案。

其中，针对重要机构场所等安全防护级别较高的地区，可采用硬件型固定电子围栏和软件型固定电子围栏相结合的方式进行隔离保护；对于军民用机场净空保护区、车站、港口、射电天文台、卫星地面站、军工重要科研/生产/试验/存储设施保护区等安全防护级别高，但对电磁干扰又较为敏感的区域，可采用软件型固定电子围栏的方式进行隔离保护；对于监狱等需要设置固定电子围栏的场所，可根据经费情况，择优采用软件型固定电子围栏或硬件型固定电子围栏的方式进行隔离保护。

（二） 临时电子围栏方案

临时电子围栏数据量小、信息更新频率高、建设成本低、空域利用率高的特点决定了其适应于对电磁环境敏感、空域结构调整频繁、低空飞行需求高的空域，如农林植保、反恐维稳、抗震救灾、航空摄影、重要临时活动场所、终端物流等。

针对农林植保、航空摄影、终端物流等飞行路线固定的情况，可采用软件型动态临时电子围栏的方式进行隔离保护，在保障安全作业的同时，提高空域利用率；针对反恐维稳、抗震救灾等对安全要求级别高、可准备时间短的紧急情况，可采用软件型静态临时电子围栏的方式进行隔离保护；对于重要临时活动场所等要求安全防护级别高、安全经费充足的情况可采用硬件型静态临时电子围栏的方式进行隔离保护。

（三） 电子围栏生成发布与更新

电子围栏生成发布后，应及时更新到无人机飞行控制端，以保证无人机不会飞入或飞出电子围栏。目前，固定电子围栏和临时电子围栏的更新基本都是由企业管理端通过互联网经地面站软件端更新到无人机飞行控制端，这种更新方式和机制，会出现电子围栏更新不及时甚至未更新最新版本的情况，因此有必要制订统一的电子围栏更新机制。目前固定电子围栏和临时电子围栏的地理围栏数据更新机制如图 10-6 所示。

从电子围栏发布生效时间和飞行计划申请执行时间的关系看，电子围栏更新

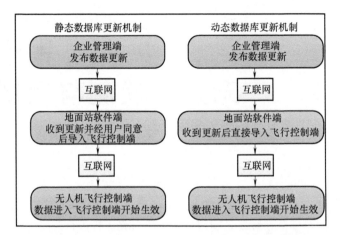

图 10-6　目前固定电子围栏和临时电子围栏的地理围栏数据更新机制

可以分为无人机飞行计划申请审批后实际执行前和飞行计划执行中两个阶段。

第一阶段，无人机飞行计划申请审批后实际执行前电子围栏信息更新。在无人机飞行计划申请审批后，但在飞行计划实际执行前生效的无人机电子围栏信息适用于该情况。执行飞行计划前，需登录无人机飞行管理平台申请放飞，在获得放飞许可后，飞行管理平台会检测执行该飞行计划的无人机电子围栏信息，若不是最新版，则会提示其更新电子围栏信息，并强制执行更新。

第二阶段，无人机飞行计划执行中电子围栏信息更新。无人机起飞后，由于种种原因，一部分适飞空域会被划设为管制空域，并划设临时电子围栏，于 30 分钟后公布生效。此时无人机已起飞，无人机飞行管理单元向无人机地面端发送即时消息通知其有新的电子围栏版本，并自动传输给无人机端，自动更新电子围栏信息。

目前，由于电子围栏更新通常是由无人机制造商提供接口进行更新，无人机制造商关于电子围栏的格式多种多样，更新方式各不相同，需要基于行业标准《无人机围栏》（MH/T 2008—2017），深化关键技术研究，在实际实施过程中逐步推进。

第十一章
无人机侦测与反制技术

随着无人机的广泛使用，利用无人机从事危险行为和实施犯罪的情况时有发生。无人机侦测与反制系统就是利用技术手段对无人机进行监测、干扰、诱骗、控制、摧毁的综合系统，可作为保障空中安全的重要手段。无人机反制包括对非合作无人机的侦测跟踪和对恶意飞行行为的制止两方面，需要对具有"低慢小"特征的无人机进行及时、有效的侦测跟踪，综合运用各类反制技术手段提高反制能力。

一、无人机侦测技术

目前市面上无人机种类繁多，采用的控制方式和飞行方式各不相同。消费级无人机多使用无线电信号实现无人机控制和图像传输，一些专业用途的无人机使用惯性导航系统实现自身定位和控制。要实现对无人机的发现和识别，需要综合利用多种侦测手段。

（一）雷达侦测技术

（1）一次雷达侦测技术　通过发射电磁波对目标进行照射并接收其反射回波，由此获得目标的距离、方位、高度、距离变化率（径向速度）等信息，可搜索、探测、跟踪各类目标，能做到360度、全天时、全天候监视，还具有作用距离远、覆盖范围广、技术成熟、受天气影响小等优势。一次雷达侦测技术主要用于对没有安装应答机或故意不开应答机的无人机进行监视，通过雷达监视信息共享的方式，为空管系统全面掌握空中态势和进行空中交通管制提供依据。同时它也有易受地面杂波干扰、不适用于阻挡遮蔽情况、电磁污染严重和径向速度为零等劣势。

瑞典萨博公司研发的近中程"长颈鹿"灵敏多波束雷达系统，能发现超过100个雷达反射截面不小于0.001平方米的空中目标，将多架低空、低速飞行的小型无人机从周围地面杂波中识别出来并进行持续跟踪。英国威能公司的无人机观察和捕捉项目采用静态相控阵雷达，配合光电摄像机使用，能够对7千米范围内、小于 27 千克的无人机进行持续监视、探测、识别和跟踪。我国成都雷通科技有限公司的 LT-Ku05 无人机警戒雷达的探测范围 750~20000 米，天线扇扫范围 0~360°，对于雷达反射面约 0.01 平方米的微型无人机，其探测精度 ≤15 米，方位精度 ≤0.08 度，俯仰精度 ≤1.5 度，跟踪目标数不小于 100 个。

（2）二次雷达侦测技术　当一次雷达无法满足对无人机飞行监视时，可以为大中型无人机设计配置基于微控制器的体积小、处理速度快、通用性强、可靠性高的二次雷达应答机，以提高其被侦测能力。在体积和重量都允许的情况下，通过安装 S 模式二次雷达应答机、自动相关监视设备、防撞告警系统等，增强对无人机的监视能力。

（3）无源雷达侦测技术　与有源雷达侦测技术相对应，无源雷达作为独立非协同监视技术，可用于监视广域低空非合作目标。它采用调频广播等外部辐射源，完成对目标的照射，通过接收目标回波信号和直达信号完成目标信息的提取和定位，具有造价低、隐蔽性好等特点。与传统雷达在作用距离、定位精度以及目标跟踪等多项性能指标上处于同一水平，对低空慢速目标跟踪监视具有明显优势。

（二）音频侦测技术

音频侦测技术根据无人机机体、电动机或发动机振动所产生固定频率范围声波作出判断，侦测发现无人机飞行情况。该技术具有成本低、安全性好（无源）的优势，同时也存在探测距离近、定位能力弱、识别能力差、需事先建立目标声学特征库、虚警问题突出、受天气影响严重等劣势。我国已研发成功的设备的单台覆盖半径超过 5 千米，发现时间约 2 秒，发现概率达 95%[○]。

日本为了探测非法闯入重要建筑物上空的无人机研发了一种探测器，其麦克风监听无人机螺旋桨声音范围为 150 米。当发现可疑无人机后，该探测器将音频与数据库进行比对，以检测无人机类型。美国诺斯罗普·格鲁曼公司研发的无人机标识移动应用系统（MAUI），可以利用手机自带的麦克风探测重量小于 9 千克、飞行高度低于 360 米、飞行速度不超过 185 千米/小时的低慢小无人机。利用现成的商用移动设备，MAUI 系统软件还能够在高噪声环境中探测识别视距范围之外的无人机。由技术限制，音频侦测技术目前多处于实验室验证阶段，探测距离较短。

（三）光电侦测技术

光电侦测技术利用可见光传感器、微光传感器、红外传感器、激光传感器，

○ 2017 年 4 月 7 日，在中国民用无人驾驶航空器第三届安全与发展讲坛上，北京智宇祥云科技有限公司介绍的"云哨"无人驾驶航空器侦听设备。

通过对目标的成像协调微波雷达对目标进行跟踪、分类，提供可视化和高精度目标探测和识别。该技术具有对目标直观成像和属性识别的优势，同时也存在受天气、建筑物遮挡和环境影响大，视场角较小，搜索能力弱等劣势。

德国研制的"无人机跟踪者"系统，由光电/红外传感器、声波和超声波设备及摄像机组成，可通过无人机系统发出的各类无线信号进行探测。该系统通过自带设备可以部署连接到建筑物的外墙或特殊站位上，对空域进行高效监视。当非法无人机侵入安全空域时，数字地图上会实时显示无人机位置，自动保存视频证据并触发警报。

主要技术指标指探测距离和使用条件。有关测试结果显示，在能见度 15 千米的条件下，红外系统对低慢小无人机最大探测距离可达 3.6 千米，这也表明红外成像与可见光成像融合的必要性。

（四）电磁频谱侦测技术

电磁频谱侦测技术通过接收无线电频谱，确定无人机工作频段，分析识别信号调制特征，探测无人机目标或地面控制装置位置。该技术能在密集信号环境下对无人机情报收集分析、测向、定位，还具有可探测零速度目标、建设成本低等优势；同时存在受电磁环境影响大、探测精度低、对电磁静默的无人机无法探测等劣势，特别是对采用了跳频、扩频、跳时以及定向波束、功率控制等射频隐身技术体制的数据链的侦察和识别技术难度较大。

德国安诺尼公司推出的无人机侦测系统，可对无人机电磁发射信号方向进行实时侦测。当非法无人机进入侦测区域时，系统立即发出警报。该系统的频率范围为 9 千赫到 20 吉赫，覆盖范围数千米，侦测和覆盖范围取决于无人机本身大小。系统可在夜间及恶劣天气下工作，可捕捉到隐藏在建筑物、工厂和树木间的无人机信号，允许 7 天×24 小时的无间隔监控和记录。

（五）飞控信号侦测技术

飞控信号侦测技术通过无线电侦听接收设备，捕获无人机与遥控器之间的飞控通信信号，检测探测区域内是否存在无人机或地面控制装置、定位无人机或控制装置、识别检测到的无人机、确定无人机工作频段。这种技术可探测零速度目标以及无人机或遥控器具体型号、位置坐标、通信频率等比较详细的数据信息，具有精度比较高、建设成本低等优势；同时也存在需要预知无人机与遥控器通信频段、协议，需要具有强大的实时破解能力，以及对电磁静默无人机无法探测等劣势。从技术角度来看，探测距离和使用条件是评价探测方法的两个重要指标。虽然不乏产品宣称其雷达对低慢小无人机的探测距离可达 10~15 千米，但结合仿真与实测数据，多数产品的实际探测距离大概只有 5 千米左右，比较可靠的探测距离为 3 千米以内。

（六）侦测技术发展趋势

1. 移动侦测

移动侦测的主要形式有机载侦测型、车载侦测型和机载车载侦测结合型。其主要优势包括可通过与控制中心联通的移动式地面站，运用侦察航迹优化算法实现长时间、大范围、无死角的智能无人化监控；机载侦测器近距离抵近目标无人机时，可获得高质量的目标信息，为意图识别等任务奠定数据基础；可部署具备智能搜索能力的无人机集群，发挥集群侦测能力；将打击装置与探测装置集成在移动平台，可实现发现即摧毁的反制效果。

移动侦测的关键技术是探测器及地面站软件。探测器除了通过图像识别之外，还可以扩展应用雷达、无线电台和卫星导航系统。地面站软件需要解决目标和侦测平台同时运动条件下的数据处理问题。目前，类似的无人机机载侦测仍然需要与地面信标机配合，多用于地面搜索救援。

2. 融合侦测

融合侦测是指融合时空配准、特征融合等多传感器信息的侦测方法。其主要形式有红外与可见光融合成像、图像与超声波信息融合、图像与雷达信息融合、图像与声音融合和多传感信息融合。

（1）红外与可见光融合成像　这一技术不但使得侦测系统能够适应白天和夜间的任务，而且能够同时保留可见光图像丰富的细节信息、色彩信息和红外图像的亮度信息，提高了侦测的准确性。

（2）图像与超声波信息融合　类似于蝙蝠等生物在飞行时的目标探测原理，目前多用于无人机避障。

（3）图像与雷达信息融合　雷达进行大范围扫描搜索，发现目标后使用相机对目标成像。这样可以在增加侦测距离的同时，不降低侦测精度。其中关键技术是雷达目标探测识别及其与相机之间快速、稳定的响应关系。

（4）图像与声音融合　作为一种辅助侦测手段，声音探测的融入能够大大提高近距离侦测的响应速度和精度，对 500 米范围内无人机目标具有较好效果。

（5）多传感器信息融合　多传感器信息融合可分为数据级融合、特征级融合和策略级融合。数据级融合主要解决直接从多个传感器获得的数据之间在空间上的配准、时间上的同步问题、网络通信协议等。特征级融合是指多个传感器探测所得的目标信息（如坐标、速度等）之间的融合，主要处理特征级的互证和冲突问题。策略级融合主要处理各探测器在与决策直接相关的信息方面的互证与冲突。多传感器数据融合的主要基础方法有基于贝叶斯推理、加权平均和 DS 证据理论的方法。随着人工智能的进一步发展，逐渐形成了基于聚类分析的数据融合方法、基于模糊逻辑的数据融合方法、基于博弈论的数据融合方法以及基于神经网络与深度学习的数据融合方法等。

3. 跟踪侦测

传统的"探测-识别-跟踪"流程模式是建立在目标信号强烈、侦测难度低于识别难度、识别难度低于跟踪难度的基础之上的。考虑到无人机自身的特殊性，"多目标跟踪-识别-筛选"成为破解低慢小无人机侦测难点的一种新思路。在这一思路下，侦测网络所接收到的信息可以尽可能地扩大，并可以融合地图、天气、网络状况等其他先验信息，对于捕捉到的目标信息进行无条件地跟踪，通过跟踪所得的数据积累进行目标筛选。目前，可行的方案主要有2种，一种是基于运动模型识别的跟踪侦测，例如将一段时间内匀速直线运动与变速直线运动的切换次数作为特征，此举可以区分大多数鸟类和无人机；另一种是基于深度学习的跟踪侦测，通过数据积累和智能优化，在非清晰天气条件下以及机场等目标和背景下，侦测分辨出其中的无人机目标。

二、无人机反制技术

无人机反制技术与装备总体呈现出多样化、专业化、智能化和低成本化的特点。与传统的利用导弹和炮弹打击无人机的方法不同，专业反无人机系统具有快速、灵活、费效比高的优势，在军事、反恐、安保和民用等领域，发挥着越来越重要的作用。

（一）硬杀伤类技术

除常规火力毁伤技术外，新型反无人机硬杀伤类技术主要包括激光武器技术、微波武器技术、网捕无人机技术等。基于侦察探测系统提供的情报信息，单独或综合运用这些技术，采取合理的战术战法，可以对无人机实施有效的硬摧毁。

1. 激光武器技术

基于激光武器技术的反无人机系统反应时间短、照射速度快、命中精度高、辐射强度高、摧毁威力大、抗干扰能力强、火力转移快，是一种比较"干净"的新杀伤机理武器。为了满足国家防空和日常安全需求，许多国家都在加紧研发实战化激光武器，这些武器同时可以兼顾反无人机的需求。例如，以色列研究的铁光束（Iron Beam）防空系统既可以利用激光束拦截来袭的火箭弹，也可以用于反制民用无人机。

用于反制民用无人机的激光武器主要包括打击1000米内目标的便携式激光武器、打击2000米左右目标的车载机动式侦察打击一体激光武器以及装配在直升机上的中远程激光武器。便携式激光武器系统采用光纤激光器和商用万向支架，最高功率可达 10 千瓦，由 8~12 人班组携带和操作，可在 15 分钟内完成组装，根据目标的速度和距离不同，瞄准误差仅为 2.5~5 厘米，目标烧毁所需时间约 15 秒。车载机动侦察打击一体激光武器主要由万瓦级激光器、光束控制系统、捕获与跟踪传感器及其他配套设备组成，可以自动跟踪无人机目标，利用高能激光束烧毁飞行控制部件，使无人机迫降。即使是军用级百万瓦级激光武器，其单次发射费用仅为俄罗斯 C-300 等大型防空导弹的千分之一。

美国波音公司发布的反无人机激光武器系统的发射器和万向架可使激光炮精确瞄准无人机的任何部分，发现无人机后使用 10 千瓦激光束照射无人机，可以在 15 秒内击落低空低速飞行的无人机。我国研制的低空卫士万瓦级激光打击系统，对于低空无人机拦截距离不小于 2 千米，单套系统防卫面积 12 平方千米，可在 5 秒内击毁目标并转入对下一目标的跟踪拦截⊖。

2. 微波武器技术

相比于激光武器，微波武器可在数毫秒内达到预期打击效果，而激光武器通常需要几秒钟来烧毁目标，而且很难将激光束长时间对焦于远距小型快速移动目标。对于蜂群无人机，微波武器可以同时闪击多个目标，对作用范围内多架无人机进行杀伤，这是激光武器难以达成的。俄罗斯研发的超高频微波炮由监控系统、镜像天线、高功率相对论性发生器和传输系统组成，通过摧毁无人机的无线电电子设备，使其无法定位，同时可以对无人机精密制导系统进行破坏。该系统能 360 度发射，有效摧毁范围 10 千米。美国雷声公司为美国陆军开发的相位器高功率微波演示样机使用雷达跟踪无人机，并发射微波脉冲烧毁无人机的电子元器件，可用于压制无人机群。

3. 网捕无人机技术

网捕无人机技术的主要应用场景是当电磁干扰系统切断控制、导航、图传信号，目标无人机处于悬停或返航状态时，网捕无人机快速升空，通过机载瞄准系统锁定目标无人机，在空中发射一张大网，将无人机捕获并拖运至指定区域。此外，也可由几架无人机组成编队，横拉大网对目标无人机实施拦截捕获。我国研制的某型倾转机身式网捕无人机的起飞重量为 4 千克，水平巡航速度为 60~90千米/时，飞行高度为 1000 米，续航时间为 60 分钟。该型号基于高精度、快响应压电云台光学目标捕获系统，反低慢小系统和低间接毁伤、微小型精确制导装置，采用双层固定机翼布局，后置四旋翼驱动器，前置挂网，利用地面指挥系统和机载雷达进行复合制导，兼具多旋翼无人机的垂直起降能力和固定翼无人机的高速巡航能力，具备空中高机动格斗能力，可对目标无人机实施抵近探测、高速

⊖　成果入选 2014 年度国防科技工业十大新闻。

高机动拦截和空中网捕，并将其带到处置地点[⊖]。国外也研发了多种型号的类似产品，如法国马劳技术公司通过在 MP200 六旋翼无人机下方悬挂拦截网来捕捉非法入侵的无人机。在 2016 年 2 月的一次演示试验中，MP200 六旋翼无人机成功拦截了一架四旋翼无人机。

与空中网捕相对应的是地面网捕技术。Sky Wall 100（天空之墙 100）是俄罗斯研发的一款地面肩扛式反无人机装备，它使用压缩气体驱动，内置降落伞和磁力装置。通过内置激光测距仪和惯性测量单元的智能瞄准器计算无人机距离、飞行路线以及所需弹道，锁定无人机并发射捕捉装置，捕获无人机后利用内置降落伞安全着陆。

（二）干扰阻断类技术

干扰阻断类技术主要通过频谱干扰、声波干扰等技术，使无人机的自动控制系统、通信系统、动力系统等失效，从而降低甚至使其丧失主要功能。此类技术装备大多操作简单、成本较低且便于携带。但由于其主要采用频谱干扰手段，对环境要求相对较高，若在城市或居民密集区域使用则容易对电磁环境使用造成不良影响。

1. 频谱干扰

无人机对频谱干扰十分敏感，电磁脉冲、高功率微波都能够使无防护的无人机电子元件暂时失效，有时甚至能够导致半导体元件烧毁，从而让无人机航电计算机中的存储器丧失记忆能力，使其陷于瘫痪甚至坠机。目前常见的反无人机系统多具备主动压制干扰功能，包括雷达传感器、光电传感器以及电子传感器，对无人机的攻击方式包括干扰 GPS 信号或无线电信号等，通过干扰无人机的控制信号使其在安全地区着陆或将其击落。例如，通过向无人机发射一定功率的定向射频，让搭载卫星导航定位系统的无人机无法获知精准的坐标数据。导航信号的压制干扰对于常规无人机有很好的效果，但是无法对经过改造或者不依赖导航定位系统的无人机起作用，同时由于导航信号的压制干扰是全频段压制，对其他系统也会有较大的影响。美国 2015 年推出的反无人机设备 Drone Defender 通过 GPS 干扰或远程遥控连接干扰来应对 400 米距离内、依靠 GPS 导航或实时遥控飞行的四旋翼无人机或六旋翼无人机。德国 2016 年发布了 HPEM（大功率电磁）反无人机系统，利用电磁脉冲干扰无人机的电子控制装置使其失控。

针对无人机进行干扰反制已经成为市场新的需求，国内有很多公司在这方面

⊖ 该无人机由上海交通大学感知与导航研究所与上海航天技术研究院研制，在 2016 世界机器人大会上进行了展示。

进行研发，并取得了显著的成果，常用的便携式无人机反制枪的有效干扰距离可达 500~2000 米。例如，空盾无人机反制设备外形酷似步枪，可对主流无人机 2.4 吉赫、5.8 吉赫遥控频段和卫星导航频段进行干扰，使其返航或迫降，作用距离可达 1.5 千米。

此类设备已有多次成功的实际应用。在 2017 年 4 月 9 日举行的"2017 武汉国际马拉松"赛场上，武汉警方新装备的无人机反制枪正式亮相。当天活动中，警方利用这种无人机反制枪驱离了 3 架来历不明的无人机。当天比赛开始前，一架四旋翼无人机闯入隔离管制区，在起跑区上空盘旋，民警立即举枪瞄准，连续扣动扳机后，这架无人机飞离管制区落回地面。在这次安保工作中，警方专门在起点、终点及沿途赛道部署了 12 套无人机反制设备⊖。

2. 声波干扰

声波干扰的主要攻击对象是无人机机载陀螺仪。当声波频率与陀螺仪固有频率保持一致时，双方之间会发生共振，影响陀螺仪的正常工作，从而无法稳定飞行，继而导致无人机飞行紊乱甚至撞毁。韩国科学技术研究院研究发现，当声音达到 140 分贝时，可击落 40 米外的无人机。该技术目前的难点为瞄准和跟踪，需要与跟踪雷达配合使用。

（三）伪装欺骗类技术

伪装欺骗类技术通过接收、侦测无人机飞控信号，发射伪装欺骗信号接管、误导无人机控制链路实现反制。当前，无人机控制信号大多采用常规频段，绝大多数消费级无人机采用卫星导航（GPS）进行飞行控制，一些大中型无人机采用卫星导航（GPS 或 BDS）+惯性导航（INS）组合导航方式进行飞行控制，多为非加密信号，在位置计算时遵循强信号优先原则。通过对遥控信号和导航系统实施干扰欺骗，可以降低其精度，控制其飞行轨迹，进而实现对无人机的诱偏甚至劫持。

1. 卫星导航欺骗劫持

对于卫星导航系统的干扰包括生成式干扰和转发式干扰等方式。生成式干扰是指在特定区域部署卫星导航干扰设备，向无人机控制系统发送更强的、虚假的、拟真的地理位置坐标，覆盖真实导航信号，干扰甚至欺骗其导航位置计算模块，迫使无人机飞向错误的位置，直至接管其控制权。欺骗式导航信号可由发生器产生，也可以事先录制后重放。在 2015 年世界黑客大会 DEFCON 23 上，来自我国北京奇虎科技有限公司的安全团队演示了对无人机的 GPS 欺骗，成功使一架正在飞行的无人机降落至地面。转发式干扰是指将接收到的卫星导航信号经过

⊖ 武汉警方无人机反制枪亮相"汉马"，驱离无人驾驶航空器 3 架。

一定的延时放大处理后，转发给无人机卫星导航接收机，转发的卫星导航信号与真实信号间的位置偏差控制在惯性导航系统的误差范围内，以此通过累计转发错误的导航信号，欺骗无人机控制系统。

2. 遥控信号欺骗劫持

随着 Arduino 和树莓派等开源硬件的快速发展和软件无线电（SDR）技术的流行，可以利用这些硬件和开源软件源代码模拟遥控器向无人机发送控制信号，覆盖真实信号，从而获得无人机的控制权。2015 年，GeekPwn 智能设备安全大赛开场演示中，来自我国腾讯公司的安全团队就通过遥控信号欺骗劫持的方法成功劫持了一架正在飞行的大疆精灵 3 型无人机。随后，大疆公司在官方网站上承认了这一漏洞，并对相关产品进行了升级修复。

3. 黑客技术欺骗劫持

民用无人机大量使用手机和平板电脑等移动设备操控，成为黑客技术欺骗劫持的薄弱环节。一些互联网中成熟的黑客技术可以直接应用于欺骗劫持无人机。例如，通过无人机控制系统中开放的端口或密码破解等手段进入控制系统，实现对无人机的控制。开发出萨米蠕虫病毒的黑客 Samy Kamkar 曾利用这个原理编写了一个名为 Sky Jack⊖ 的无人机劫持软件，利用该软件能够寻找并入侵 WiFi 范围内的其他无人机并取得控制权。

由于无人机制造商会对无线信号进行加密处理，黑客技术欺骗劫持实现起来并不容易，但这也为软反制无人机提供了一条可行的途径。

（四）多种技术手段结合

由于硬杀伤、干扰阻断、伪装欺骗等反制技术手段各有优劣，综合应用多种探测与反制技术手段，能够同时应对不同场景、多种类型、较大数量无人机的多功能反制综合性系统逐渐成为世界各国研究的热点。

我国研制的苍擒无人机防御系统由防御式侦测预警系统和无人机干扰系统组成，是一个典型的综合性系统。2017 年 11 月 23 日，该系统在广州白云机场部署运行，可实现 8 千米范围内的无人机监测、发现和跟踪，其信号压制范围为1500 米，可实现 24 小时不间断记录和 360 度全方位侦测、预警，及时发现入侵无人机等升空物体并实施干扰，以保卫重要目标的安全⊖。

英国研发的集探测、跟踪与干扰能力于一体的反无人机系统（AUDS）由一个 4 频段射频抑制/屏蔽系统、一部光学干扰器和快速部署模块组成，可用于防御 8 千米内的小型无人机（如图 11-1 所示）。系统工作时，Ku 波段雷达负责探

⊖　Jack 在此处指扑克牌中的 J，Sky Jack 可译为天空侍从。
⊖　全国机场首个"无人机防御系统"投入试运行。

测发现，鹰眼系统和光电影像追踪负责跟踪无人机，并结合雷达目标信息对目标进行比对分类，把分析结果反馈给射频抑制系统，由该系统向目标发射定向干扰信号。该系统采用全电扫描雷达技术，运用多普勒处理程序，可全天候、全天时探测高、低速移动的小、微型目标，具有较好的地面杂波抑制能力，能有效探测到贴地飞行的无人机。该系统采用高精度水平和倾斜方位指示器，集成高清摄像头和热成像仪，目标追踪、分类能力强。无线电压制系统采用智能软件控制，实施干扰过程中可通过比例放大等方式减轻附带影响。系统已对 60 多种不同的无人机进行了测试，演示验证了在 15 秒内对 2000 架无人机的探测、跟踪和干扰能力。

图 11-1　英国的反无人机系统（AUDS）

法国泰雷兹集团推出的一种多功能反无人机系统由雷达、声像探测器、定向仪、射频和视频定位器、激光扫描装置等组成，可采用高射炮或狙击步枪摧毁无人机，或对无人机实施激光、GPS、电磁脉冲干扰，还可以使用一架携带干扰设备的无人机进行拦截。

以色列基于机枪改造研制的 Pitbull AD 遥控武器系统，兼容 7.62 毫米或 5.56 毫米口径的机枪，有效射程 300 米。该系统采用 Elta Systems 的电子扫描阵列雷达，配备 30 倍高清摄像机和非致冷型红外线感测器，可探测追踪和反制所有类型的无人机，有效侦察范围为 2 千米，仰角搜索扇面为 60 度，可即时中断 1 千米内无人机影像信号传递或迫使无人机降落。若选择硬打击，则该系统会启动 Smart Shooter 火控系统，自动锁定和击落空中移动目标。

当无人机未按原申报计划飞行，飞出隔离空域或违规飞入重要目标、重大活动场所等禁入空域时，可由飞行管理平台向无人机地面站发出预警告警信息，提示其返航；但若此时无人机操控员仍未按照提示操控无人机，或无人机未按操控飞行，并进行可能产生危险的活动，地面管理端可以综合采用技术手段接管或击落无人机，以保证国家重要目标和人民生命财产安全。

三、无人机侦测、接管与反制场景分析

加强无人机管理，需要分析不同应用场景，针对不同情况选择使用单一或综合的无人机侦测与反制技术。主要包括以下 4 类场景。

（一）保卫国家安全场景

敌对分子利用无人机隐蔽侦测观察军事设施，窃取机密信息；通过改造无人机携带炸药或危险物质，在重大活动场所投放或引爆；通过无人机在重大敏感场合捣乱、悬挂标语、抛撒传单等，制造严重事端、影响政治稳定等。以上这些活动将严重影响国家安全和公民的人身安全，给警卫安保工作带来空前挑战和考验。对此可采用网捕无人机技术、干扰阻断技术、伪装欺骗技术或综合运用多种技术进行反制，以确保国家和公民的安全。

（二）制止违法犯罪场景

犯罪分子通过选择和设定路线、利用地形等方式观察守备情况，躲避地面检查力量，进行走私、贩毒等犯罪活动，甚至能够利用无人机向监狱运送毒品和武器等。对此可采用网捕无人机技术、干扰阻断技术或综合运用多种技术进行反制，制止违法犯罪行为。

（三）保护人民财产安全和公民隐私场景

由于操纵不当、机械故障或者受到干扰等，无人机可能会在火车站、广场、商业街、大型会议、运动会、演唱会等人群密集的公共区域坠机，带来安全威胁；不法分子可能利用轻微型无人机轻松、隐蔽地对院落、楼宇窗户进行拍摄，严重侵犯公民个人隐私，也容易引起噪声扰民的情况。为此可采用网捕无人机技术、干扰阻断技术或综合运用多种技术进行反制，保护公民财产安全和隐私。

（四）保证航空安全场景

在有人驾驶飞机航路航线、机场净空区等区域飞行的无人机可能会与正常起降航班发生碰撞，一旦无人机与有人机在空中相撞或被无人机吸入有人机发动机，就可能出现机毁人亡的惨剧甚至会殃及地面群众生命财产安全；无人机自身及发射的无线电信号会对有人机飞行安全构成严重威胁等。对此可采用网捕无人机技术、干扰阻断技术或综合运用多种技术进行反制，保证航空安全。

第十二章
无人机飞行大数据分析技术

　　无人机运行数据规模快速增长，与大数据产业结合的应用为无人机全面发展提供了新的契机，充分分析挖掘其中蕴含的内在价值，可以促进无人机管理向智能化数据驱动模式转变。通过研究与实践，我们设计了典型无人机飞行大数据平台框架，结合海南、深圳等无人机管理试点实际数据分析挖掘案例，提出了无人机飞行大数据运行分析的一般方法流程，为无人机适飞空域划设、违规飞行监控等起到支撑作用。

一、国内空管大数据研究现状

　　国内空管大数据研究已全面展开。中国民用航空局空中交通管理局明确了空管大数据发展的主要目标与任务，挖掘了空管系统在规划管理及运行方面的大数据应用需求，为大数据的具体应用实施提供了良好的基础条件与方向指导。中国民用航空中南地区管理局开展的《基于云计算和大数据的空管运行策略研究与验证》课题，利用成熟的云计算与大数据技术设计并构建了适应空管的大数据计算平台，采用智能分析方法发掘策略与空中交通运行效率间的关联与特征，有针对性地研究空管运行策略应用效果评估与分析方法，并选取典型策略应用，进行相应的大数据决策支持与评估验证工作，为空管运行策略制订与优化提供支持，初步实现从科学规划到现场实施的转化。

　　在空管运行评估和预测方面，通过收集机场起降航班预测时刻和实际时刻的相关历史数据，统计分析某单位时间下的飞行流量分布，实现机场交通需求概率性点估计预测和区间预测；从空间、时间、容量三个不同维度构建机场终端区利用率评价指标体系，评价机场终端区利用情况；通过构建多层次评价指标体系，基于空管历史数据综合评判确定交通态势；利用大量的空域运行数据和机型性能数据，挖掘航段运行综合时间。在航空器故障诊断方面，利用飞机机载系统数据、飞机地面系统数据、各空管系统数据等航空大数据诊断飞机综合健康状况；依据航空电子综合系统中各模块的大量数据信息，挖掘关键故障行为。在实际系统研制方面，厦门空管站研发了基于大数据的空管数字化管理平台，能够收集甚高频通信、航行情报、设备运行、人力资源等多源数据，实时监控运行成本，评价空管运行效能。

目前对于无人机飞行大数据的研究仍处于探索阶段，主要在无人机制造商之间开展，重点对飞行时长、上传里程、飞行次数、飞行记录、违规飞行等方面进行统计，对各类无人机飞行规律的分析仍显薄弱。

二、无人机飞行大数据平台设计

（一）大数据计算平台

基于 Hadoop 技术，大数据计算平台用于存储和处理不同类型数据，包括结构化数据、非结构化数据、半结构化数据。大数据计算平台主要功能包括以下 7 种。

（1）数据接入　关系型数据库、日志文件、分布式消息队列等。

（2）数据存储　分布式文件系统、NoSQL 分布式数据库等。

（3）资源调度　计算资源、存储资源、数据访问资源等。

（4）数据处理计算　离线批处理、实时流处理、交互式探索、全文检索等。

（5）数据挖掘　机器学习、深度学习等。

（6）运维管理　集群运维、服务监控、资源监控、异常告警等。

（7）通用工具　元数据管理、工作流调度、SQL 辅助开发工具、可视化建模工具等。

基于开源 Spark 技术，大数据计算从查询引擎、计算框架、存储引擎和资源调度等方面进行了性能的优化，以便提供更好的性能。改进后的分布式计算引擎，解决了开源 Spark 的稳定性问题，同时计算引擎大幅提高了 Spark 计算性能，是开源的 2～10 倍。计算引擎极大提高了 Spark 功能和性能的稳定性，可以以 7 天×24 小时的工作时间在企业的生产环境不间断运行，并能在太字节级规模数据上高效进行各种稳定的统计分析。

大数据计算平台通过内存计算、高效索引、执行优化和高度容错的技术，能够处理 10 吉字节到 100 拍字节的数据，并且该平台在每个数量级上，都能提供比现有技术更高的性能；企业客户不再需要混合架构，大数据计算平台可以随着数据的增长，提供动态不停机扩容功能，避免混合架构的数据迁移问题。

（二）数据分析平台

数据分析平台提供了丰富的内置算法，支持图形拖拽交互方式，操作简便直观，使非专业人士也能够轻松利用平台进行数据挖掘分析工作。同时数据分析平台还具有较高的集成度，进一步降低了学习、使用和部署成本。数据分析平台功能架构如图 12-1 所示。

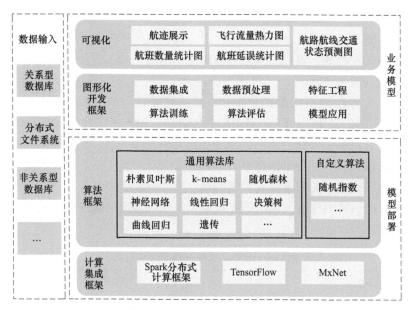

图 12-1　数据分析平台功能架构

数据分析平台是针对海量数据提供的分布式机器学习引擎。在数据存储、查询和批处理方面，集成了关系型数据库、分布式文件系统、非关系型数据库。计算集成框架包括 Spark 分布式计算框架、TensorFlow 和 MxNet 深度学习框架。算法框架包括通用算法库和自定义算法，通用算法库包含了朴素贝叶斯、决策树、线性回归等诸多常用算法。平台在前端主要以图形界面交互的方式进行数据挖掘分析，各步骤衔接顺畅、交互风格简洁统一，并可以对最终结果进行可视化展示。

数据分析平台的主要特点包括内置机器学习、深度学习等领域相关算法百余种，极大地降低了业务人员进行数据挖掘分析的门槛；支持智能化的建模方式，提供手动建模、自动建模、模型共享、特征提取等组件，带来更加高效便捷的建模体验；支持项目的协作与管理，提供了如项目导入/导出、项目协作、实验模型分享、API 服务、工作流调度等功能；内置 R 语言引擎，可通过 R 语言对大数据平台中的数据进行挖掘分析，也支持引入开源 R 包，提升了平台的灵活性和易用性。

（三）数据存储平台

数据存储平台通过分布式存储技术实现海量数据的存储能力，支持海量结构化、非结构化和半结构化数据存储，提供对数据的统一访问。数据存储平台主要包括分布式文件存储软件、分布式数据库存储软件。

1. 分布式文件存储软件

分布式文件存储软件提供分布式文件存储功能，支持存储图像、语音、视频等大文件和需要进行并行分析处理的数据，提供类似于操作系统下对文件进行读写等操作的相关功能，可以对文件进行新建、删除、修改等相关操作，具有良好的可扩展性和高可靠性。

分布式文件存储系统集成开源分布式文件系统（HDFS）和网络文件系统（NFS）。其中 HDFS 采用单 NN-多 DN 主从架构，NFS 采用操作系统提供的 NFS 服务，依托其集群扩展能力获取数据中心的文件自动备份、负载均衡功能，中心存储节点故障恢复等功能也依托 HDFS 的特性实现。当容量不足的时候，可以通过增加机器和修改相关配置方式扩充容量。文件一般会存储 3 个副本，当某个副本出现故障时，可以快速发现问题并根据未损坏机器上的数据进行恢复。分布式文件存储软件接口表见表 12-1。

表 12-1　分布式文件存储软件接口表

序号	接口名称	接口功能	接口使用者	接口形式
1	创建目录	提供给用户使用,可以通过该接口在分布式文件存储子系统中创建一个新的目录	业务系统	Web Service/API
2	上传文件	将本地文件上传到分布式文件存储子系统中		Web Service
3	下载文件	将分布式文件存储子系统中的文件下载到本地		Web Service
4	删除文件	删除分布式文件存储子系统中的文件或者目录		Web Service/API
5	修改文件属性	修改分布式文件存储系统中的文件属性,包括所属用户和组、副本数、读写权限等相关属性		Web Service/API
6	文件重命名	修改一个分布式文件存储子系统的文件名		Web Service/API
7	文件检索	对分布式文件存储子系统进行检索		Web Service/API

2. 分布式数据库存储软件

分布式数据库存储软件提供数据接入、数据存储管理、数据访问等功能，具有良好的可扩展性和高可靠性。分布式数据库提供丰富的数据接入和访问方式，支撑多种类型的应用服务，尤其是非结构化数据和半结构化数据的应用。

分布式数据库从功能上分为数据接入层、存储支撑层、存储管理层和数据访问层等。分布式数据库结构图如图 12-2 所示。

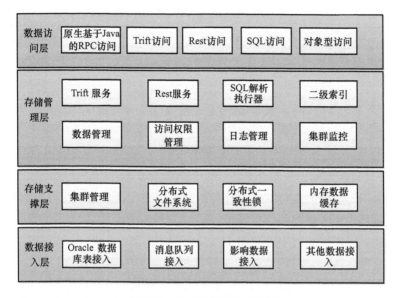

图 12-2　分布式数据库结构图

数据接入层是分布式数据库数据的来源，包括 Oracle 数据库表接入、消息队列接入、影响数据接入和其他数据接入。Oracle 数据库表通过 Sqoop 工具导入分布式数据库中，消息队列通过 Kafka 消息系统导入，影像数据通过自定义的 Thrift 接口访问导入。

存储支撑层是分布式数据库依赖的外部环境基础，包括集群管理、分布式文件系统、分布式一致性锁和内存数据缓存等，不属于分布式数据库存储软件的核心研发模块。

存储管理层是分布式数据库存储软件的核心，是提供数据管理维护和服务支撑的基础。存储管理层提供 Thrift 服务和 Rest 服务，以支持 Thrift 接口访问和 Rest 接口访问；具备数据管理能力，包括数据库表的创建、删除、维护和数据的增、删、改、查等功能；支持二级索引，具有 SQL 解析执行器，具备扩展数据库表的查询能力，能提供列值数据的查询效率；能提供访问权限管理、日志管理和集群监控功能。

数据访问层提供多种方式的数据访问形式，包括原生基于 Java 的 RPC 访问、Thrift 访问、Rest 访问、SQL 访问和对象型访问，支撑多种语言多种业务的不同应用需求。

分布式数据库软件接口表见表 12-2。

（四）并行计算框架

并行计算框架采用 Spark 作为计算引擎，为大数据分析计算提供支撑。Spark

表 12-2　分布式数据库软件接口表

序号	接口名称	接口功能	接口使用者	接口形式
1	Oracle 数据库表接入接口	提供 Oracle 数据库表的数据导入方式	业务系统	Java API
2	基本数据访问接口	提供数据库表的创建、删除、维护和数据的增、删、改、查等功能		原生 RPC/Thrift/Rest
3	SQL 访问接口	提供基于 SQL 的数据库表操作和数据操作		SQL

是具有适用于大数据的高可靠、高性能的分布式并行计算框架，可以满足数据挖掘分析与交互式实时查询的计算需求。

　　并行计算框架支持的服务应用主要分为两个方面，一是离线数据处理，二是实时数据处理。其中，对流数据的实时处理、类 SQL 数据分析、机器学习算法等应用服务的支持，可以使得 Spark 并行计算框架能在合理时间内，对海量装备数据进行计算、分析、处理并展示运算的结果。并行计算模块设计图如图 12-3 所示。

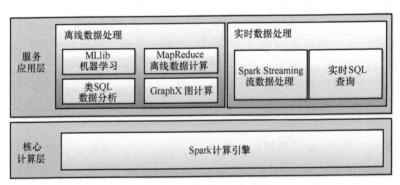

图 12-3　并行计算模块设计图

　　并行计算框架接口表见表 12-3。

表 12-3　并行计算框架接口表

序号	接口名称	功能	接口使用者	接口类型
1	MapReduce 离线数据计算接口	支持传统的基于离线数据的分析计算，用户可以使用此接口对离线数据进行多种类型的计算操作，例如 map、filter、flatMap、reduce、reduceByKey 等操作，满足不同计算任务需求	数据分析建模工具	Web Service

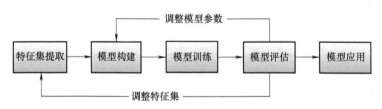

（续）

序号	接口名称	功能	接口使用者	接口类型
2	MLlib 机器学习接口	支持常见的机器学习算法,如线性回归、分类算法等,Spark 并行计算框架可以提供统一的解决方案,可以将 Steaming、SQL、graph 及 MLlib 很好地结合在一起进行机器学习运算	数据分析建模工具	Web Service
3	SQL 查询分析接口	主要针对已经处理完成(或者满足查询条件的)的离线数据,进行交互式 SQL 查询		

三、无人机飞行数据挖掘分析方法

（一）无人机飞行数据挖掘分析流程

依托大数据计算平台进行数据挖掘分析的流程大致分为五个步骤,即特征集提取、模型构建、模型训练、模型评估和模型应用。各步骤按顺序进行,但需要不断循环往复进行数据探索和模型调优,无人机飞行数据挖掘分析流程如图 12-4 所示。

图 12-4　无人机飞行数据挖掘分析流程

从数据提取出显著的特征,有利于训练出良好、稳定的模型。这不仅需要对业务进行充分理解,也需要运用特征有效性分析的相关技术。准备好数据后,就可以根据预测值特点、数据集样本数量等条件选择合适的算法模型进行训练。实际选择时通常会尝试不同的模型,经过不断训练与调优,比较输出结果,得出最佳模型。

模型的构建、训练和评估是数据挖掘分析的重要环节。数据分析平台的建模流程基于拖拽式布局、连线式流程编排和指导式流程配置,业务人员可以通过简单拖拽、配置的方式快速完成挖掘分析的流程构建。而丰富的数据处理方法、算法模型和可视化图表的支持,也让业务人员能够灵活运用多种手段对数据进行处理，采用多种算法以选出最优算法及参数设置，并结合使用丰富的图表分析功能满足分析和可视化需求。

（二）运行特征指标筛选

以深圳地区飞行数据为例，按照微型无人机和轻型无人机 120 米以下适飞空域的规定要求，以适飞空域划设辅助决策和违规查证为场景，初步建立适飞空域流量和交通密度、无人机飞行里程和时长、无人机飞行空域态势（包括特定高度飞行时间、特定高度使用次数、特定高度交通混合系数）7 项指标作为无人机空域运行的特征，具体内容如下。

（1）适飞空域内空域流量、交通密度　选定区域适飞空域的柱体在统计时段内，通过的航空器次数。

1）空域流量。适飞空域在统计时段的流量值，由柱体对无人机飞行进行不重复统计计算。

2）交通密度。统计时段内空域交通量与空域体积的比值。

$$\rho_t = \frac{3 \times n_c + 3 \times n_d + n_l}{V}$$

式中　ρ_t 为空域内交通密度；n_c、n_d、n_l 分别为统计时段内植保飞行数量、娱乐飞行数量和其他飞行数量；V 为空域体积。

（2）飞行里程、时长

1）飞行里程。统计时段内适飞空域所有无人机飞行距离之和。

2）飞行时长。每一类任务无人机在适飞空域内飞行的总时间。

（3）飞行空域态势　指统计时段内适飞空域内植保、娱乐、其他类无人机架次数，包括特定高度飞行时间、特定高度使用次数、特定高度交通混合系数。

$$Mix = \frac{n_c \times n_d + n_c \times n_l + n_d \times n_l}{n_c + n_d + n_l}$$

式中，Mix 为空域交通混合系数；n_c、n_d、n_l 分别为统计时段内植保飞行数量、娱乐飞行数量和其他飞行数量。

1）特定高度使用时间。统计时段内空域中特定高度的植保飞行、娱乐飞行、道路巡查飞行和其他飞行总时间。

2）特定高度使用次数。统计时段内空域中特定高度的植保飞行、娱乐飞行、道路巡查飞行和其他飞行总次数。

3）特定高度交通混合系数。统计时段内空域中特定高度的交通态势混合系数。

（三）分析模型提取

为了避免出现管制员由于主观或刚性规定而不合理划设适飞空域的情况，让无人机适飞空域划设决策更具有科学规范客观的理论指导，分析模型选择了无监督的机器学习模型 K-means++。利用上述筛选得到的不带有主观因素的指标数据，通过无监督聚类更加有效地发现数据本身的规律，这就使得最后得到的聚类结果更具有科学、规范、客观的参考价值。K-means 作为一种被广泛使用的无监督聚类算法，易于理解、聚类效果显著并且有很好的稳定性，但是传统的 K-means 算法在第一步初始化聚类中心时采用随机选择的方法，会使算法迭代过程变得更加复杂。鉴于运行特征指标数量很大，如果选用传统的 K-means 算法会比较低效，所以选取 K-means 的一种优化变体算法 K-means++进行无监督聚类分析，具体建模过程如下。

模型输入：运行特征指标数据集 $x_i = \{x_1, x_2, \cdots, x_n\}$，聚类的类别数为 K。

模型输出：每个运行特征指标数据对应的结果 $C = \{c_1, c_2, \cdots, c_n\}$。

步骤一：初始化质心。从输入的数据点集合中随机选取一个点作为第一个聚类中心 μ_1。对于数据集中的每一个点 x_i，计算它与已选择的聚类中心中最近的距离 $D(x_i) = \arg\min ||x_i - \mu_r||_2^2$，$r = 1, 2, \cdots, K$。选择一个新的数据点作为新的聚类中心，选择的原则是 $D(x)$ 较大的点，被选取作为聚类中心的概率较大。重复前面两个步骤直到选出 K 个聚类质心。

步骤二：算法迭代。将簇划分 C 初始为 $C_t = \phi$，$t = 1, 2, \cdots, K$。计算样本 x_i 和各个质心向量 μ_i 的距离 $d_{ij} = ||x_i - \mu_i||_2^2$，$r = 1, 2, \cdots, n$，$j = 1, 2, \cdots, K$。将 x_i 标记最小的 d_{ij} 所对应的类别 j，此时更新 $C_j = C_j \cup \{x_i\}$。对于 $j = 1, 2, \cdots, K$，对 C_j 中的所有样本点重新计算新的质心 $\mu_i = \frac{1}{C_j} \sum_x (x \in C)$。当 K 个质心没有发生变化时结束当前步骤进入步骤三，否则重新进行开始样本和质点距离的计算。

步骤三：输出簇划分。$C_t = \{C_1, C_2, \cdots, C_K\}$。

（四）数据分析

以 2019 年上半年深圳地区适飞空域内约 1.3 亿条无人机飞行原始数据为样本，经过数据清洗对近 30 万条可用数据进行了分析，得出无人机适飞空域密集度时空分布主要在公园附近，以娱乐飞行为主，高度在 30～300 米之间，时间在下午 3 点至晚上 6 点之间，违规飞行区域主要集中在福田区，深圳无人机飞行数据分析统计如图 12-5 所示。

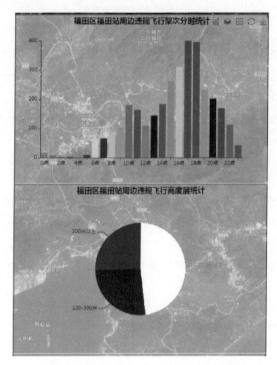

图 12-5　深圳无人机飞行数据分析统计

下 篇

无人机管理对策方法

第十三章
制定产业发展战略，夯实管理物质基础

近年来，国家多次推出无人机相关产业发展规划和建设发展指导意见，明确"无人驾驶航空器飞行管理工作应当坚持和加强党的领导，坚持总体国家安全观，坚持安全第一、服务发展、分类管理、协同监管的原则[一]"。这是无人机产业创新发展和安全有序运行的国家战略和政策制度保证，对于推动产业健康快速高效发展具有重要作用，为有效加强无人机管理奠定了良好的基础条件。

一、从国家战略高度利用好产业环境

（一）政策环境

近年来，我国加快建设制造强国，不断强化企业创新主体地位，促进各类创新要素向企业集聚；推进产学研深度融合，支持企业牵头组建创新联合体，承担国家重大科技项目；推动互联网、大数据、人工智能等同各产业深度融合，推动先进制造业集群发展，构建一批各具特色、优势互补、结构合理的战略性新兴产业增长引擎，培育新技术、新产品、新业态、新模式[二]。在中高端消费、绿色低碳、共享经济、现代供应链等领域培育新增长点、形成新动能。

国家连续出台《国家中长期科学和技术发展规划纲要（2006—2020 年）》《国务院关于加快振兴装备制造业的若干意见》《数字中国建设整体布局规划》等重大产业政策指导文件，推动新一轮科技革命和产业变革。2015 年 5 月 8 日，国务院印发《中国制造 2025》，部署推进制造业升级，并将无人机归入航空航天

[一] 国务院，中央军委.《无人驾驶航空器飞行管理暂行条例》第 3 条.
[二] 中共中央关于制定国民经济和社会发展第十四个五年规划和二〇三五年远景目标的建议. 2020 年 10 月 29 日中国共产党第十九届中央委员会第五次全体会议通过. 第 8 条、第 12 条.

装备（十大重点发展领域之一），推动"无人机和通用飞机产业化"，通过"开发先进机载设备及系统，形成完整的航空产业链"。2016 年 5 月 18 日，国家发展改革委、科技部、工业和信息化部、中央网信办联合发布《"互联网+"人工智能三年行动实施方案》，强调要推进重点领域智能产品创新和智能无人系统应用工程，"推动人工智能技术在无人系统领域的融合应用，发展无人飞行器、无人船等多种形态的无人设备。加快消费级和行业级无人系统的商用化进程，完善无人飞行器等无人系统的适航管理、安全管理和运营机制。支持微型和轻小型智能无人系统的研发与应用，突破高性能无人系统的结构设计、智能材料、自动巡航、远程遥控、图像回传等技术。以需求为导向推进智能无人系统的应用示范，提升无人系统的智能化水平，推动在物流、农业、测绘、电力巡线、安全巡逻、应急救援等重要行业领域的创新运用"。这是国家层面出台的首个关于无人机产业的重要支持政策，标志着大力发展无人机产业已上升为国家战略，并开始得到国家产业政策的实质性支持。

2021 年 2 月，低空经济首次写入《国家综合立体交通网规划纲要》。2022年 6 月，民航局印发《"十四五"通用航空发展专项规划》，提出了拓展无人机应用领域，引导建立市场化、社会化服务保障体系，大力发展新型智能无人驾驶航空器驱动的低空新经济，具体包括深化农业服务、拓展工业应用、支持物流配送、推动跨界融合等。

同时，广东深圳、天津、陕西等地相继出台无人机发展规划和支持政策，进一步从宏观层面给予支持。深圳市提出打造"无人机之都"概念，它"已经成为全球无人机的集散地，占据了全球民用小型无人机约 70% 的市场份额，300 多家无人机企业年销售额超 200 亿元⊖"。《深圳市航空航天产业发展规划（2013—2020 年）》将无人机列为重点发展产业，提出"无人机腾飞工程"，重点支持建设产业基地，扶持发展设计测试、总装集成、人机交互等关键技术，成为推动产业快速发展的坚强后盾。2023 年 1 月，国家发展改革委、商务部关于深圳统一构建海陆空全空间无人系统准入标准和开放应用平台，率先建设海陆空全空间无人系统管理平台，探索完善无人系统产品运行服务技术标准体系，放宽航空领域准入限制的意见⊖，进一步强化了无人机产业发展的政策支持力度。

（二）产业环境

改革开放以来，我国经济长期保持中高速增长，在世界主要国家中名列前

⊖　深圳市无人机协会会长杨金才对《每日经济新闻》记者王志福的谈话. 新浪科技，2016-06-20.

⊖　国家发展改革委，商务部. 关于深圳建设中国特色社会主义先行示范区放宽市场准入若干特别措施的意见（发改体改〔2022〕135 号）. 2023-01-24.

茅，2010 年后稳居世界第二，并进入高质量发展阶段，制度优势显著，治理效能提升，物质基础雄厚，市场空间广阔，发展韧性强劲。国家经济实力不断增强，人民生活水平不断迈上新台阶，2020 年国内生产总值达 101.6 万亿元人民币，人均国民总收入（GNI）突破 1 万美元，按世界银行标准达到了中高收入国家水平。基于互联网、以数字经济为依托的新兴产业蓬勃发展，城镇化率不断提升，创新驱动发展战略大力实施，重大科技成果相继问世。我国工业产业链配套成熟，220 多种工业产品产量居世界第一，已形成以深圳、北京、广州、西安等城市为主体的比较成熟的无人机产业链，雄厚的产业基础为无人机快速发展创造了条件。至 2022 年年底，仅深圳市的无人机企业就达到 1300 多家，产值达到 750 亿元人民币，其中工业级无人机约占全国市场的 60%，出口量占比超过 90%，被称为"全球无人机之都"。

（三）社会环境

党的十八大以来，中国特色社会主义进入新时代。我们实现了第一个百年奋斗目标，在中华大地上全面建成小康社会，历史性地解决了绝对贫困问题，正在意气风发向着全面建成社会主义现代化强国的第二个百年奋斗目标迈进。随着人民生活水平的不断提高，人民群众的需要呈现多样化多层次特点，对美好生活的向往更加强烈，多元化需求成为必然。

在这一大背景下，无人机从军事领域向民用领域快速拓展，消费娱乐级和行业应用级两翼齐飞，大规模应用的群众基础、物质条件、社会氛围日益浓厚。一大批各种类型的中国民用无人机企业，推动了消费级无人机市场爆发式增长，大量用于新闻采访、影视航拍、个人娱乐等方面。以地质勘测、农业植保、电力巡检、海事巡逻、安全警戒、应急救援等为代表的行业应用级无人机广泛渗透，开始承担许多传统手段难以完成的任务，并迅速向智能网络化终端方向拓展。

二、以智联网终端高度确立产业方向

在本书第一章，我们从概念内涵上定义了无人机。随着时代的发展和国家产业政策的推动，从国家产业发展方向来看，无人机已成为智联网终端，未来必将变革新的产业方向，引领新的产业增长点。

 《中国共产党简史》编写组编著. 中国共产党简史. 北京：人民出版社、中共党史出版社.
2021：516.

 在庆祝中国共产党成立 100 周年大会上的讲话. 2021-07-01.

（一）从"无人机+"到智联网

在国家"互联网+"和人工智能领域快速发展的背景下，随着无人机技术和产业的快速发展，"无人机+"已经拓展成为新的应用方向。它是指基于互联网和先进的信息通信、大数据、云计算、区块链等技术，将无人机与社会传统行业、社会服务等相融合，利用自身优势创造新的发展机会，促进其他相关领域、行业、服务的发展。

"无人机+"的本质既是连接，更是融合，展现了网状实时动态联合运行新景观。

无人机+物流：从中心城市到偏远乡村，分钟级、小时级使命必达。

无人机+零售：购物车随心流动，快递、外卖直接走街入户。

无人机+交通：小区广场、楼顶天台，成为出租上客区和城市公交站。

无人机+文化：5000架以至无穷，凌空巨幕展现娱乐新视图，诠释科技、生态、文化三位一体创新发展新景象。

无人机+农业：传统农业耕作方式正在改变，甚至夜间抢种抢收也有无人机提供照明保障。

无人机+军事：有人/无人融合，低速/高速并进，以及基于高超音速运载工具的无人机智能蜂群，将是敌方无解的梦魇。

无人机+气象：探测狂风暴雨中心，进行分布式人工降雨，为极端天气应对处置保驾护航。

另外，还有无人机+电力、无人机+测绘、无人机+安保、无人机+救援等诸多新应用。

曾经，以瓦特蒸汽机为代表的机械动力技术，替代人畜生物肌体动力，带来了第一次工业革命；以图灵计算机为代表的数字计算技术，革命了人工算力，带来了信息时代；以互联网络为代表的无中心化网络技术，集聚融合起全球力量。现代飞机是机械技术、动力技术、计算技术的综合集成体；当代无人机则是精密机械技术、计算技术、网络技术、能源技术、材料技术、人工智能技术等高度聚合的最先进航空产品，是新时代先进生产力的重要载体。无人航空业的飞速发展、迭代演进，正在通过创新航空商业模式，快速塑造社会运行的新结构与新动能。

对比有人驾驶飞机，在无人机系统中，操控员虽然是不可或缺的一环，但他不再是体系中的核心要素，或者说人的价值正在降低。基于互联网络环境精密机械平台上的算力、算法、人工智能等所构建的指数级能力加成，开始重塑新时代航空应用新图景，无人机系统与其他无人系统或有人系统以集群、编组等方式协同，可以完成更为复杂的任务。昔日，难以想象无人机千机凌空、协同行动；现在，五千无人机蜂群出击、同步展演[⊖]，数量绝不是应用的终点。

"无人机+"已经成为当代"万物互联"的有机组成部分。人工智能和群体智能技术发展，无人机新技术的更新迭代，与云计算、互联网、物联网相结合，从"互联网+"到"无人机+"，从物联网到智联网，拓宽了无人机未来应用新领域，开始成为我们智慧生活的重要组成部分。

（二）确立智联网终端产业方向

未来，无人机的发展方向将是基于人工智能的智联网核心终端。新一代的智联网，也可以称之为智慧网络，是由各种智能体，通过互联网形成的一个巨大网络，其目的是集小智能为大智慧，群策群力，帮助人们更好地认识世界，获得更好的生活质量。它是新一代信息技术的重要组成部分，以无线通信信号为载体，通过射频识别、红外感应器、全球定位系统、激光扫描器等信息传感设备，按约定的协议，把任何物品与互联网相连接，进行信息交换和通信，以实现对物品的智能化识别、定位、跟踪、监控和管理的一种网络。与有人驾驶飞机相比，无人机可以成为最先进的智能化的网络终端。由于飞行员不在航空器上，无人机飞行完全基于数字化指令，从而彻底改变了操控员（飞行员）、管制员与航空器、空管服务提供商之间的责任分配与角色。

无人机背后是基于网络的人工智能、先进芯片和算法技术、VR技术、高速无线传输、丰富的传感器和任务设备等尖端科技，与全球导航、大数据、云计算、5G等融合发展，使之正在向高度集成化、智能化方向发展。在航空空间特别是中低空的实践和应用，可以实现飞行轨迹、操作控制的全过程数字化，自动、智能化地完成各项复杂的任务。具备智能视觉、深度学习的空中智能机器人和智联网终端，将成为构建未来空中智联网、建设智慧城市的核心组成部分。

我国正在将智能无人机与智能网联汽车、智能服务机器人等作为人工智能产业发展的重点突破领域，逐步支持智能避障、自动巡航、面向复杂环境的自主飞行、群体作业等关键技术研发与应用，推动新一代通信及定位导航技术在无人机数据传输、链路控制、监控管理等方面的应用，开展智能飞控系统、高集成度专用芯片等关键器件研制。智能消费级无人机三轴机械增稳云台精度达到0.005度，实现360度全向感知避障，实现自动智能强制避撞航空管制区域[⊖]。美国的3D机器人、高通和英特尔等公司也在争相发展成为"天空的安卓（Android）"。

⊖ 2021年5月18日，高巨创新公司在深圳龙岗大运体育中心上空，创下5164架无人机同时飞行表演、5184架无人机最大光源影像、26分26秒最长无人机表演动画、88个同组无人机连续组成最多的队形，成功挑战4项吉尼斯世界纪录。5200架无人机四项吉尼斯世界纪录. 无人机网. 2021-05-20.

⊖ 工业和信息化部. 促进新一代人工智能产业发展三年行动计划（2018—2020）. 2017-12-14.

基于无人机产业的生产、研发、市场占有优势，需要从"智联网终端"高度确立无人机产业未来发展方向。它对于推进我国航空工业体系、智慧网络体系建设超越式发展，进而形成我国在中低空的战略优势和世界领先地位具有重要意义。国家"推动互联网、大数据、人工智能等同各产业深度融合，推动先进制造业集群发展，构建一批各具特色、优势互补、结构合理的战略性新兴产业增长引擎，培育新技术、新产品、新业态、新模式"的产业发展导向，为无人机作为智联网终端产业奠定了政策基础；国家"系统布局新型基础设施，加快第五代移动通信、工业互联网、大数据中心等建设"，"建设国家数据统一共享开放平台⊖"等，则提供了可以互动共生共享的产业基础。

我们应从产业发展大局出发，通过加强体系化管理促进无人机产业发展，避免因一些无意违规飞行，限制产业成长的空间，制约目前我们正在形成的基于智联网络的中低空战略优势。

（三）瞄准无人机管理的智能化

未来智联网环境下，对无人机智能化管理提出新的要求。各型各类有人/无人机起降形式多样，飞行速度各异，飞行高度不均，空域使用和被监视能力差异明显；用户类型多样，管理要求不同，政府、个人、企业、航空公司等，需要通过提供不同等级、形式、内容的差异化、个性化服务，提升无人机全链条管理、运行、服务、保障的流畅性、精确性和可靠性。解决这些新问题，需要探索解决有人/无人航空器与空管基础设施相互作用的机理和模式、基于可接受风险的航空器间隔空地协同控制、多要素形态非一致规则的空域运行建模优化、高密度空中交通流演化机理与拥堵传播特性等基础性问题。

面向未来多元化需求，需要综合考虑全球无人机管理的发展趋势和国情现状，研究提出无人机管理智能化发展理念、运行体系、发展路线，提出满足智能时代安全、容量、效率和服务需要的无人机管理路线图；重点提升基于未来智联网的协同联动、动态优化、精准调控能力，创新智能化条件下无人机运行概念、管理流程、空域规划设计，优化空中交通服务流程，构建无人机智能化管理服务体系；基于大数据、云计算、智能感知网联基础设施，探索运用态势全面感知、有人/无人运行融合、多维协同决策等技术，变革系统智能化控制方式，实现基于通信、导航、监视、气象等各类信息的智能化监视、互联、控制和服务；依托智能化数据分析挖掘，统一无人机系统标准规范和信息模型结构，促进各类系统、不同部门无人机运行信息共享与利用，实现无人机空管运行全过程系统之

⊖ 中国共产党第十九届五中全会通过. 中共中央关于制定国民经济和社会发展第十四个五年规划和二〇三五年远景目标的建议. 2020-10-29.

间、人与设备之间、人与人之间的智能交互，提高各类突发事件、异常天气等因素对无人机运行影响的预警能力与应急响应速度；借助各类智能化先进工具和手段，研究不同场景下的无人机运行仿真模型和量化评估方法，为专用/融合空域分类、航路航线规划、航空资源管理、风险评估等提供支撑。

三、基于军民深度融合前瞻产业规划

无人机产业是军民融合深度发展最具代表性的领域之一。军民融合发展就是把国防科技同民用技术结合起来，制定无人机产业军民融合发展战略，构建统一的国家产业体系，推动无人机产业快速高效集约发展。

（一）借鉴滚动规划方式

路线图是一种比较先进高效的战略规划方式。美国十分注重通过路线图的方式，超前规划无人系统建设发展。21世纪以来，美国几乎每1～2年就推出一份无人系统建设发展路线图，总结系统发展现状，提出未来需求以及满足这些需求所需的技术，据此制订下一阶段的发展规划。

美国国防部发布的《无人系统综合路线图》（2013—2038财年），定义国防部在未来25年中滚动开发、部署和应用无人系统技术构想，确立了无人系统在部队中的地位，概括了应对共同挑战的战略；2018年8月发布的《无人系统综合路线图》（2017—2042财年）是第五版，进一步将无人系统整合进入作战体系，提出互操作性、自主性、网络安全和人机合作4个关键主题。美国各军种也陆续发表了自己的总体规划。2009年7月和2010年7月，美国陆军发布《无人地面系统路线图》，描绘了陆军在各类行动中研发、组织和应用无人设备的各种构想，2010年围绕无人机系统又发布了《美国陆军无人机系统路线图》（2010—2035）；2009年7月，美国空军发布的《2009—2047年美国空军无人机系统飞行计划》，概述了一个包括条令、组织、训练、装备、领导、教育、人员、设施及政策，涉及多个谱系的发展计划；2009年11月，美国海军陆战队发布了《美海军陆战队无人机家族系统作战理念》；2010年12月，美国海军发布了《无人系统信息优势路线图》。

这些规划、计划、作战新概念，对于基于军工先进技术的美国无人系统项目滚动式发展起到了重要的推动作用。从一个侧面反映出美国在以无人机为核心的无人系统建设发展方面，充分发挥了军地一体、军民融合的研发、试验、生产、应用机制作用，从而快速推动无人系统建设发展的良好态势。在雄厚航空航天工业基础上，滚动推进的无人系统发展规划，是其快速发展的主要经验，可以成为"他山之石"。

（二）植根当前产业现状

一是军民融合，双翼同步推进。我国无人机产业发端于军用、鼎盛于民用。军事领域依然是我国大中型无人机市场的主体，军用型号的研发生产有着很长的历史，也积累了丰富的经验。中国航空工业集团有限公司（简称"航空工业"）下属沈飞、成飞、贵航集团等企业、中国航天科工、航天科技、中国兵器工业集团等军工集团，以及西北工业大学、北京航空航天大学、南京航空航天大学等科研院校具有较强的竞争优势。天翼、彩虹、翼龙等一批具有自主知识产权，多用途、高性能、应用广的军用无人机相继问世。民用小微型消费娱乐类无人机，虽然进入市场时间不长，但基于创新理念、长于超前技术和产品营销，已在世界民用消费级无人机市场居于领先地位；主要着眼行业应用的中小型机快速发展，开始进入社会生活多个领域，显示了我国无人机产业强劲的研发创新和制造生产能力。无人机领域军民融合式发展更具优势。目前，根据不同任务需求，军用无人机向着飞行时间更长、飞行高度更高、飞行速度更快的方向发展，民用无人机则向着广谱型、多用途方向发展，两者的共同特点是向产品系列化、载荷多样化、功能齐全化方向发展，对产品质量、系统可靠性、环境适应性都有较高的要求。军民用机型所需技术具有很大的相通性，一些军用技术可以直接为民用无人机借用。在担负任务上，很多型号无人机只需简单改装任务载荷，就能够实现能力转换，在军事和民用等不同领域完成多样化任务，体现军民融合共生发展趋势。

二是厂家众多，类型体制不一。大中型行业应用型无人机，产销规模不大，多为满足特定用户定制需求，市场规模、批量化生产和产业化能力相对薄弱。消费娱乐领域百花齐放、一枝独秀。在这种各有所长、多向发展的态势下，需要充分发挥军民融合深度发展的优势，充分利用企业、院校、研究机构等各有所长的研发、制造、技术、人才优势资源，合理规划，完善融合发展模式，建立应急征用机制和补偿制度，增强军民融合能力，推进无人机产业健康快速发展。

（三）统筹设计顶层规划

一是以国家产业政策为指导统筹规划设计。在国务院、中央军委的领导下，以国家空管委、民用航空局、工业和信息化部为主导，将无人机产业军民融合发展作为国家行为大力推进，充分研究吸收和借鉴国家战略规划经验成果，基于国家空中交通管理改革和通航产业发展政策，统筹研究论证国家层面无人机建设发展军民融合战略规划；按照"主导高端、优化中端、放开低端"的原则，统一产业发展总体思路、发展目标、建设原则、阶段任务；充分发挥国家体制和产业实力优势，推动建立军民融合发展的统一领导、军地协调、需求对接、资源共享的军民融合发展机制；在顺应国家经济发展需求的同时，围绕多样化军事行动任务需要，发挥军地双方优势，统筹国防建设、行业应用与民间消费需求，深化产业经济动员潜力开发利用，提高国防动员和经济发展双重效益。

二是以军民双向需求牵引产业布局和资源配置。建立以工业和信息化部牵头，军队有关部门参加，相关部门共同参与的国家级无人系统建设发展机制，在力量布局、技术研发、装备采购、综合保障等方面向决策层提出无人机（系统）发展意见，统一协调多种类型建设需求，解决发展中的矛盾问题；出台有关军民融合无人机（系统）产业发展指导目录，科学规划、整体优化军民兼容共享的产业布局，共享相关资源。

三是以技术创新引领产业发展。学习借鉴世界先进军民用无人机关键技术，着力突破产品、运行、管理等关键技术，完善技术标准体系，突出自主创新，将世界领先的民用技术择优引入军品生产体系，在民用产品技术领先基础上，努力推动军用装备、民用产品双头并进、有机融合。

四是以市场竞争推动优胜劣汰。发挥市场调节作用，建立健全竞争、评价和合作机制，从全局上引领研发、制造、销售、使用、管理等行业建设，突出研发、生产、保障等环节相互促进，形成良性互动发展态势，尽量避免同一领域重复研发，导致资源的浪费；加强国内、国外两个市场协调发展，针对不同地区类型国家、军用民用市场不同需求，统筹对外出口产品类型、数量规模和销售渠道，确保无人机行业既能基于市场规则快速发展，又能按照统一战略高效推进。

五是以国际趋势引导发展方向。时刻关注全球无人机市场发展大势，紧盯世界军民用前沿技术发展趋势，关注当代局部战争中军民用产品作战和应用实践；按照国际航空工业发展规律，利用金融资本流动性特性，推动无人机产业与金融资本有机结合，促进无人机产业的国际化，推动骨干企业在世界舞台上利用全球资源、参与全球竞争、占领全球市场。

四、围绕科技创新突破关键技术难点

（一）攻关突破关键技术

无人机生产制造涉及发动机、结构设计、机体材料、飞行控制、无线通信遥控、图像回传等技术。我国无人机技术的发展主要依靠自主创新研发，虽然起步较晚，但已在多个技术领域取得了众多技术成果。从 2012 年至 2021 年 7 月，全国无人机企业、科研院所及个人共拥有无人机相关发明专利约 27200 件，但一些核心技术还在制约无人机产业的发展。

一是芯片技术，它决定了无人机的操控性能、通信能力和图像处理能力，国内大多数生产厂商都依赖于英特尔、高通、三星等国外企业；二是飞控技术，主要由陀螺仪（飞行姿态感知）、加速计、地磁感应、传感器、定位模块以及控制电路组成，是无人机完成起飞、保持空中姿态、执行任务和返场回收等整个飞行过程的核心系统，国内主要有大疆"悟空""哪吒"系列、零度智控双余安全系统、极飞公司 SuperX 和 MiniX 系统等；三是动力技术，大多数微、轻型民用无人机使用锂电池，单电池飞行时间较短，太阳能充电、无线充电等技术仍在研究探索中；四是数据链技术，完成对无人机的遥控、遥测、跟踪定位等，高速、高带宽、安全和抗干扰要求很高。

在硬件技术之外，围绕无人机飞行安全与管理还涉及本书前面所提到的感知避撞、合作监视、电子围栏、联合反制及综合管理系统等技术。因此，需要积极创造有利条件，系统研究无人机系统航空新材料、结构与空气动力、数字化传感器、数据链路通信传输、核心芯片、飞控与算法、高精度自主导航等产品关键技术，以及任务规划、融合运行、感知避撞、合作监视等管理关键技术，鼓励和推动无人机生产研制单位和空管研究机构加大科技创新力度，开展适应未来人—机—环境系统相关问题研究，展开重大科研专项攻关，不断追逐引领世界先进水平，切实在关键技术上取得突破，为无人机产业发展及其安全高效管理提供持续的技术支撑。

（二）整合共享科研力量

一是充分利用生产企业强大的创新能力。传统航空制造企业，凭借配套齐全的产业体系和多年有人驾驶飞机的研发经验，具备引领技术创新的能力基础。航空工业、航天科技及中国航天科工集团等军工企业，以及大疆创新等众多民营企业纷纷涉足无人机研发与制造领域，都取得了重大成果，是技术创新突破的主力军。

二是有效发挥科研院所深厚的技术实力。西北工业大学、北京航空航天大学和南京航空航天大学等院校无人机研究机构，以及航天科工三院、航天科技十一院、航空工业所属研究所等研究机构，以"前店后厂"模式长期从事无人机相关研究，有着丰富的专业技术积累和研发经验，可以发挥理论、技术与研发生产实践的深度结合优势，争取在多个技术领域取得突破。

三是及时借助行业管理部门的组织指导。民用航空局、工业和信息化部、农业农村部、公安部，以及国家空域管理中心、军队研究院所等军地部门，参与制订产业政策、构建标准体系、组织项目建设、制定管理使用规定，对无人机技术创新具有行业指导作用，是关键技术突破的有力保证。

（三）构建技术管理体系

在关键技术和基础软硬件攻关基础上，拓展无人机技术管理新思路。基于无人机设计研制全寿命周期，加强技术管理体系建设，在无人机型号立项、设计方案、系统研制、试验定型、使用维护以及基础技术研究等阶段，逐步构建国产无人机技术管理框架体系。主要包括建立规范标准体系、组织管理体系，建设质量管理系统，加强基础技术和关键技术研究攻关等，筹划建立国家级、军队级、企业级、院校级等多层级、多技术领域的试验中心、评估中心、鉴定中心和关键技术研发基地，集中力量，联合攻关，多向突破，全面提高国产无人机建设和管理水平，为国家、国防、军队装备使用先进、好用、安全的无人机产品提供保障。

（四） 加强前沿技术应用

在智能化发展变革浪潮中，无人机应用领域已拓展到各行各业、深入生活的方方面面，这对无人机管理能力提出了极高的要求。目前还未形成完备的系统管理、按需服务和自动化管理链条，难以支撑大量各类各型无人机，以及未来无人机智能体任何时间任何场景下的灵活使用。为满足上述要求，需要重点加强无人机管理前沿技术吸收引进与攻关突破。以人、物、信息高效流转需求为牵引，加大基础设施和管理系统数字化、网联化、智能化建设，积极利用北斗卫星、5G通信、高分遥感测绘、区块链、人工智能、物联网等新技术，突破高性能无人机生产制造、低空航路网构建、基于 5G 的网联无人机智能调度与运行监管、基于地理信息和 AI 智能决策的无人机冲突消解等一系列关键前沿技术，赋能无人机基础设施智能化、数字化发展，加强现有空管基础设施升级改造，提升保障效能和服务水平。

第十四章
科学规划管理路线，加强顶层宏观统筹

从国家层面来说，研究解决无人机管理存在的矛盾问题，需要高瞻远瞩，长远谋划，从未来智能无人终端的宏观视角、安全高效全流程体系化管理的高度，围绕生产制造与飞行使用两条主线，科学规划管理路线，发挥政府主导、企业推动、需求牵引的作用，立法、行政、技术等方面综合推进，促进无人机产业健康发展和安全高效运行。

一、明确管理思路任务

（一）明确目标思路

中国民用航空局《"十四五"通用航空发展专项规划》提出引导建立市场化、社会化服务保障体系。无人机管理应在统一的规划蓝图下规范实施。当前，我国民用无人机管理可确立以下目标思路：

一是以全面深化改革、军民融合式发展和依法治国为指引，以中央空中交通管理委员会及其办公室为主导，通过无人机管理部际联席会议工作机制，协调中国民用航空局、工业和信息化部、公安部，以及军队各级指挥机构等军地相关部门，围绕系统研发、制造、销售、使用全过程，建立健全民用无人机监管体系，构建完善联合监管机制，拓展管理手段，提高管理能力，实现从"被动监管、应急处置、避免事故"到"主动服务、技术支撑、促进发展"理念转变。

二是强化无人机管理顶层设计，基于法规先行、适度放开、分类管理、技术推动、军地协作、联合管理的原则，建立"法规+标准+技术+服务"四位一体管理体系，健全军民融合、联合管理、市场驱动、资源共享机制，结合产业发展和应用情况研究制定和推出无人机产业发展和管理服务指导意见，不断完善生产制

造、产品质量、销售流通、注册登记、人员资质、空管运行、改造改装、国际贸易各环节全过程管理,形成完备、高效、开放的无人机全寿命管理体系。

三是在国家层面管理法规基础上,制定颁发系列管理法规标准,建立覆盖无人机研制、生产、销售、使用和维护全过程的管理规范。做到企业管理合规,服从行业管理,遵守相关法规规范;产品质量合格,国家级无人机符合装备设计定型规定,民用系列按型别经过合格审定或适航认证;流向轨迹可循,除军用等国家无人机独立管理外,所有使用者、运营方落实实名登记注册要求,运行管理部门和生产企业通过技术内嵌、实时监控等方式掌握产品流向和使用轨迹,相关信息工信、公安和空管等部门共享,力求让每架 250 克以上无人机来源、去向和使用清晰可循。

(二)确定管理任务

基于国家无人机发展战略规划,针对无人机发展现状,分阶段明确管理任务,将无人机管理落实落地,具体任务可能包括:

一是建立完备的无人机管理法律法规与标准规范,分级分层次制定颁布和定期修订,采取多种渠道加强宣传推广,解决强劲使用需求和严格管理之间的突出矛盾。建立运行管理规范,从飞行计划、空域管理、动态监控、间隔保持、飞行指挥、应急处置、违规管理、事故报告等方面,明确无人机飞行管理具体流程方法,做到产品、系统、人、程序和环境等要素的统一协调和安全高效。

二是开展无人机管理运行模式及关键技术研究攻关,突破无人机与有人机混合运行状态下航路规划、管制运行、感知避撞、合作监视、指挥通信、数据驱动、智能管理等关键技术;研究论证和立项建设全国统一的无人机研发生产管理、飞行服务与管理、公共安全监管三大平台,共享相关数据信息;研发主被动结合防范反制技术手段,保障无人机依法、有序、安全飞行,全面促进无人机市场健康发展,降低直至消除对军民航飞行运行安全、社会公共安全和国家空防安全的影响。

三是满足我国通用航空和无人机产业发展双重需要,加快推进空域管理改革,完善无人机低空空域运行管理和服务保障体系,明确无人机空中交通管理体系运行机制,确定不同类型无人机不同地区、不同任务类型、不同应用场景下的运行航路航线使用标准;整合军用、民用各类空域资源,推广无人机空域管理体系试验示范基地,组织无人机与有人机融合运行试验和关键技术演示验证,为无人机飞行提供合法、自由、高效的飞行空间,最终实现有人机/无人机混合运行,提升空域资源使用效益。

二、健全联合管理体系

《暂行条例》第4条明确，"国家空中交通管理领导机构统一领导全国无人驾驶航空器飞行管理工作，组织协调解决无人驾驶航空器管理工作中的重大问题。国务院民用航空、公安、工业和信息化、市场监督管理等部门按照职责分工负责全国无人驾驶航空器有关管理工作。县级以上地方人民政府及其有关部门按照职责分工负责本行政区域内无人驾驶航空器有关管理工作。各级空中交通管理机构按照职责分工负责本责任区内无人驾驶航空器飞行管理工作。"基于此，需要进一步研究建立以国家、地方政府部门为主体、军民融合的国家无人机联合管理体系。总体思路是国家层面定政策、定法规、定标准，地方层面抓监管、抓处置，职能机构层面做好服务和保障，逐步完善军地联合监管机制，突出国家层面无人机空域运行及行业发展的统一管理。

（一）建立联合监管机构

成立国家无人机安全管理领导协调机构。目前无人机是多部门协同管理，从研制、生产、销售到最终使用，涉及中央空管委及其办公室、工业和信息化部、国标委、科技部、商务部、海关总署，及公安部、民用航空局、农业农村部、体育总局等部门，需要进一步整合政府职能，加强多部门协调管理。可在目前无人机管理部际联席会议工作机制基础上，依托中央空中交通管理委员会办公室组建国家无人机安全管理领导协调机构，成员主要由交通运输部（民用航空局）、工业和信息化部、农业农村部、工商总局、体育总局、公安部等空中交通管理部门、公共安全监管部门、行业监管部门、相关航空协会，以及军队联合作战指挥机构等构成。在组织形式上，下设办公室，协调组织制订发布无人机建设发展、空域使用和空管系统建设发展规划，组织制定有关法规制度和行业标准，在力量布局、技术研发、生产销售、运行使用、综合保障等方面提出意见建议，协调解决管理中的重大问题，充分发挥决策计划、协调指导、组织实施、检查评估等方面的主导作用，以及负责日常事务管理和各部门管理职能协调等。

组建国家和地区无人机空中交通管理机构。仿照地面交通管理体系，发挥民用航空局国内民用航空器主管机关的作用，依托民用航空局、地区空中交通管理局及其空管中心，建立国家和地区无人机空中交通服务与管理机构，负责无人机登记备案、运行许可审批、空中交通管制、通信导航监视、航行情报、航空气象等服务，保障无人机用户应对复杂空情，确保飞行安全需求；拟制无人机系统空中交通管理制度、标准、程序，以及组织专项空管系统建设等；设立发布禁飞区域、禁飞时段、禁飞高度、禁飞距离，空地一体，全时空、全方位超前预警；协调部队地面防空力量、地方公安部门，对无人机违规违法行为进行查处，及时发现、整体联动、有效处置、及时追责。

构建多级分层监管体系。逐步构建国家、区域、省域三级无人机综合监管体系架构，不断建立和完善以国家空管顶层机构、民用航空主管部门、工业主管部门、市场监督管理部门、公安部门以及无线电管理机构等行业主管部门牵头，各级省（市）地方政府、军民航空管运行单位、无人机相关监管部门及航空协会参与的无人机联合监管机制。围绕无人机从研发、注册、鉴定、制造、流通、运行和报废等各环节的监管需求，构建国家、区域、省域三级无人机综合监管架构，整合系统（无人机系统、无人机/有人机空管系统和相关监管系统等）、人（无人机生产、销售、运营、操控和管理等相关人员）、程序（法规、标准、政策等）和环境（地形地理条件、气象气候条件和空域结构与准入要求等）等要素，形成具有我国特色的无人机综合监管体系。

明确相关部门职能分工。围绕研制、生产和销售全过程，对 250 克以上无人机的研制、生产、销售、使用和维护全寿命周期进行严格管理。工业和信息化部负责行业发展战略、产业布局、标准规范、研发生产等管理；工商总局负责生产销售企业登记管理，以商用为目的的用户经营性注册，并配合公安等部门对私自生产销售的违法违规行为进行查处；海关部门负责无人机及其组件出入境管理；民用航空局负责型号设计批准和型号合格认证、产品注册登记、适航许可、用户分级审查、操控员资质认证审查、维修单位审定和监督检查、产品持续适航审查与报废等；民用航空局空管局与军队空管机构共同负责空域管制，各战区联合作战指挥机构负责无人机空中特情处置，各级公安部门负责地面特情处置。既突出服务理念、创造良好的发展环境，又要管住管好、切实消除安全隐患。

（二）完善联合监管机制

发挥国家无人机安全管理协调议事机构和各级管理部门的作用，不断完善工作机制，提高工作效率。

通报协调机制。以定期协同会商、监管情况通报等形式，相关单位定期通报制造生产、空域使用、空管运行、违规查处等情况，传达有关上级政策方向、领导指示要求，协同无人机跨管制区飞行活动、重大活动空域使用等空管运行事项，下达重大活动无人机管理保障任务，以及需上级协调解决的问题。

应急响应机制。根据任务要求，围绕无人机管理全流程，建立健全保障方案，研究提出大型会议、节日庆典、抢险救灾等重大活动保障意见建议，协助实施空域监视、运用保障和动态管理，联合参与应急突发情况处置。如湖南省明确，县级以上人民政府应当建立无人驾驶航空器安全管理应急处置机制，建立与军民航、相关职能部门、行业协会间的联动机制，完善应急处置预案；涉及无人驾驶航空器生产、销售、经营、培训、使用、管理的行政机关、企事业单位和社会团体，应当建立本行业、本系统无人驾驶航空器应急处置机制；飞行如发生危及公共安全情况，公安、应急管理等部门配合飞行管制、民航部门依法开展无人驾驶航空器飞行安全意外事故的调查处置工作[⊖]。

信息共享机制。各空管和行业监管单位采取月报、季报和年报等形式，向国家无人机安全管理协调议事机构，报告全国无人机管理运行和特情处置情况，向民用航空局（空中交通管理局）、工业和信息化部、农业农村部、公安部等相关各级监管部门通报有关情况；民航相关部门指导、协助开展无人机实名登记、飞行状态等数据信息共享工作；无人机生产、销售、经营、培训、使用单位和个人，及时将本单位、本系统和个人无人机和操控员信息向管辖地公安部门备案和信息共享。

资源统筹机制。基于全国无人机产业发展战略，围绕满足生产企业、科研机构、终端用户需求，协调统筹各类生产、科研、运行资源；综合考虑低空经济发展、通航及无人机飞行需求，在军民融合原则下，基于各级综合监管平台，建立快速释放、灵活移交、权责一致的无人机低空空域军地协同管理运行机制；完善国家和省域军民航协调、无人机空域使用协商、无人机飞行计划申报审批、无人机空域使用状态监视等各项管理机制，有效提升无人机飞行空域资源保障和安全监管能力。

（三）优化联合监管程序

建立健全国家无人机管理体系，发挥军民融合、军地联动协作管理平台作用，紧紧扭住生产、销售、使用三个关键环节，统筹军地资源，构建完善联合监管程序（见图 14-1）。

定期普查。除军用无人机型外，以社会保有全部无人机为目标，以消费级无人机为主要对象，定期组织全国性普查统计，对无人机生产、销售、使用情况进行全面摸底排查，明晰底数，绘制分布态势图，纳入无人机专用数据库，作为管理依据。

注册登记。各研发、试验、生产、管理等科研机构、试验场所、生产企业和所有大于 250 克的产品，全部纳入统一管理平台注册登记，做到一机生产，多方监管，各取所需，安全高效。

动态监管。民航、工商、质检等部门根据有关规定定期开展专项联合执法检查，规范无人机的生产、销售等环节；军民航按照分工为低空用户提供航空情报服务，实现灵活的空域管理机制；充分运用信息化手段，建立全国统一监管系

⊖　《湖南省无人驾驶航空器公共安全管理暂行办法》. 2023-01-28.

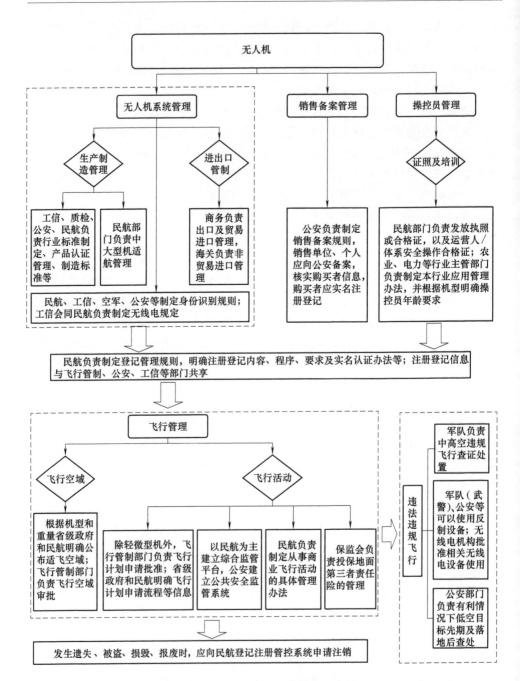

图 14-1　无人机联合监管程序示意图

统，规范无人机监管云系统建设与使用，构建科学高效的预警、探测、管理系统，随时掌控谁在飞、在哪里飞、飞行状态等情况，形成网络化、智能化兼容军用民用、覆盖高中低全域、管辖大中小全谱系无人机运行的管理能力；建立基于信息网络的无人机管理常态化协作机制和高效的联合指挥处置机制，健全无人机防护和反制手段，协调军队、民航、公安等力量，加强对包括违规"黑飞"、机械故障、人为差错等情况应急处置，提高动态监管水平，维护空中交通安全。

进出口管制。在国家统一规划下，统筹全国无人机特别是大中型无人机进出口管制。规范销售渠道，管理相关技术，促进研发生产企业技术创新，增强市场竞争力，体现产业强国、军事大国地位，发展同有关国家、地区的良好关系。以美国"捕食者"无人机为例，其售价高达 3000 万美元，而我国与之类似的产品价格要低得多，物美价廉的中国无人机已经成为我对外扩大交流的战略产品。2023 年 7 月，商务部等有关部门对无人机发动机、反无人机系统等相关物项实施出口管制，以强力手段维护国家安全和利益[⊖]。

三、稳步推进融合运行

随着无人机应用领域拓展，实现与有人机共域融合飞行，是未来发展的必然趋势。对融合飞行的无人机实现有效管理，使其与现有管制方法、机制与规范有机融合，确保不对现有空域运行安全和效率产生大的影响，需要预先规划、技术先行、稳步推进，有计划、有举措、有重点地开展研究攻关与应用验证。

（一）开展未来空中交通管理顶层规划设计

我们认为，未来无人机空中交通管理与服务，将在传统空管单一决策中心模式基础上，发展成为去中心化的完整生态系统。要针对无人机、有人机共域融合运行和城市无人机空中交通管理、综合立体交通网构建及体系融合等方面进行深入研究与论证，提出面向 2050 交通强国的未来空中交通管理运行概念、能力目标和技术路线规划，为引领全球空管发展和推进无人机规模化应用提供论支撑。

同时，前瞻规划设计大规模智能化无人机产业应用及全面融入战略。借鉴国外航空先进国家无人机管理体系建设经验，围绕无人机全面融入国家空域系统，加强智能无人机系统平台及运行需求研究，规划设计各行业智能无人机系统大规模融入国家空域系统路线图和发展目标，构建大规模、多类型、全场景有人机/无人机全流程一体化管理体系，引领世界空中智能系统产业应用新趋势。

（二）加强大中型无人机空域融入理论研究和技术攻关

梳理我国无人机空域集成相关技术发展现状，进行技术能力缺口摸底，科学

⊖ 商务部、海关总署、国家国防科工局、中央军委装备发展部. 关于对无人机相关物项实施出口管制的公告. 中华人民共和国商务部网站，2023-07-31.

规划发展路线，合理分配研发优先级。针对研究难度大、周期长的重点技术，进行预先试验验证，同步推进相关理论研究与技术攻关。建设完善无人机空域集成试验验证平台，提升无人机典型共域运行场景真实化再现能力，配合技术攻关与系统建设进度，从半实物仿真到实际飞行，逐步递进开展试验验证工作，稳步推进大中型无人机安全、高效进入国家空域。

（三）研究提出无人机适应未来空管的系统装备需求

基于现有空管基础设施，增强相关信息系统、公共数据服务和更多运行主体间的协调、协同与数据交换。按照空域类型、运行情况和保障能力要求，分类提出不同类型无人机空域准入要求、关键技术所需性能要求，以及相关空管装备技术标准，指导无人机空域集成系统装备研制发展，支撑无人机安全融入国家空域。

第十五章
健全法规标准，强化全程管理

全面依法治国是新时代中国特色社会主义的本质要求和重要保障。适应无人机快速发展大势，需要进一步健全完善法规标准、规范全流程管理、依法违规处罚，疏堵结合，放开该放的，管住该管的，明确各个环节的责任主体、服务主体、执法主体，切实做到有法可依，违法必究，促进无人机产业健康发展和安全运行。

一、加快法规体系建设

无人机管理纳入法治轨道，需要在国家统一规划指导下，在大规模生产、运行、管理、处置实践中逐步摸索法律法规边界，基于产业发展和运行管理状况寻找立法依据，不断建立完善统一全面的无人机法规标准体系，形成符合我国国情的以国家法律、行政规范、部门规章和行业管理制度，以及地方政府法规为基本框架的无人机管理法律法规体系，推动无人机高效运行和产业良性发展。

（一）完善法规体系

无人机相关法律法规的基础是航空法。航空法是关于航空器、商业空运以及国内和国际空中航行所产生的一切公法和私法关系的一组国内和国际规则。基于国家航空法规，我国的无人机管理立法应包括：无人机系统的研发、制造、试验、适航、销售、登记、人员执照、空中交通管理、特情处置和法律责任等无人机产业全流程、全寿命期管理国家法律法规、行业部门规章、地方条例办法等。完善我国无人机法律法规体系，要密切跟踪借鉴国外无人机管理经验，紧密结合我国无人机发展和空管实际，稳妥有序同步推进。

针对无人机管理需求，及时修订《中华人民共和国民用航空法》《中华人民共和国飞行基本规则》《中华人民共和国行政处罚法》等上位法规，以及《民用航空空中交通管理规则》《民用无人驾驶航空器系统空中交通管理办法》《民用航空使用空域办法》《通用航空飞行管制条例》《民用无人驾驶航空器运行安全管理规则》等相关法规，明确相关司法解释。

围绕无人机全流程管理，研究制定无人机系统管理规定，分层次分类别研究建立权威高效、军民兼顾、开放包容、可操作性强的无人机研究设计、生产制造、试验适航、飞行使用、报废注销的行业标准、监管规则和实施细则，明确无人机安全监管责任主体、注册登记、飞行资质、运行空域、执法监督及法律责任。

围绕无人机飞行管理，滚动修订《无人驾驶航空器飞行管理暂行条例》《民用无人驾驶航空器运行安全管理规则》等无人机管理规章，细化飞行审批、办理程序、飞行间隔、空域运行、特情处置、违规处罚等具体条文，规范无人机使用与操作安全管理。

围绕无人机人员教育培训，规范培训大纲，明确各型无人机训练课目、内容、时间和考核要求，单机训练、编组训练要求，集中授课、个人自学、跟班见习、实机操作、应用作业等组织实施方法。

围绕属地管理，各省（自治区、直辖市）可以根据本地区实际，公布民用无人机限飞区域，出台风险防控条例办法，及时解决民用无人机风险防控中的突出问题，让监管部门有办法监控、有能力约束，既形成对无序"黑飞"的法律震慑，也要建立营造在国家广阔空域有序自由飞行的政策法规空间。

结合法律法规实施情况及无人机技术与产品最新发展，对相关法律法规予以修正或补充，尽快形成较为成熟和完整的无人机法律法规体系，满足未来无人机融合运行需要。

（二）优化起草程序

梳理分析资料。无人机管理领域新、涉及面广，需要全面搜集分析国内相关资料，包括现行航空法律法规，有关参考性法律法规，以及理论研究成果；认真梳理总结美国、法国、英国、日本等国家和国际组织现实做法，结合法规起草背景、形势需求、立法过程、管理体制等情况，分析各国法规优势，形成无人机法规综合分析参考资料。

开展调查研究。组织有关人员赴无人机生产企业调研，参加无人机产业发展年会和相关研究论坛；通过电视新闻、报刊、网络平台和航空社会团体，主动了解民众关切，掌握社会管理动态；结合国际民航组织机构、协会等组织的专业论坛、业务培训交流等时机，了解掌握国外相关管理工作的经验做法及不足。

进行先期研究。针对无人机分级分类标准、管理对象界定、专用航路航线设计、开放空域常态化监管、违法违规飞行处罚办法等重难点问题，借鉴国际管理模式和其他行业管理经验，预研探索有效的行业管理模式和空中交通管理办法，牵引相关法规标准修订完善与研究发布，为制定完善法规奠定基础。

组织座谈研讨。针对管理法规关节点、矛盾点和分歧点，召开座谈会、通报会、研讨会、听证会等专业研讨会议，广泛听取管理机构、科研院所、航空团体、培训单位、生产企业、市场销售、一线用户的意见和建议，梳理汇总和研究解决相关矛盾问题。

集中拟制起草。在摸清我国无人机管理现状的基础上，充分借鉴和利用国外有益经验、专项研究成果、其他行业管理做法、市场发展实际情况等，组织集中拟制起草，注重法规的科学性、有效性和可操作性，促进研究成果向管理法规与实施细则转化。

滚动征求意见。提交组织机构、相关单位、领域专家、专业会议等审议讨论，通过组织问卷调查、媒体吹风、舆情反馈等方式，对反馈意见建议逐条研究，采用直接采纳、部分采纳、暂且搁置、不予考虑等处理办法；在此基础上循环滚动，确保听取意见广泛，形成结论共识，体现民主立法和服务意识。

创新立法技术。在立法程序和立法技术上可以采取包裹式立法⊖方式，先颁布由国家立法程序通过的、基础性的无人机管理规定作为基本法，搞好顶层设计，明确管理部门，为相关部门预留接口；再逐步颁布由国务院各部委、各行业等单位分别制定的制造准入、适航审定、电子标签、人员证照管理等配套法规，循序渐进地形成无人机系统管理法律体系。

（三）借助多方力量

上下同步推进。地方政府可以根据当地情况，配套出台相关无人机管理法规，规范和引导当地无人机产销和运行管理。深圳市政协委员曾建议，鉴于深圳市无人机制造技术和数量领先全国乃至全球，以及无人机市场的成熟度，在率先制订《深圳市无人机分类研发技术标准指引》《深圳市无人机生产制造标准规范》的同时，及时制订《深圳市无人机安全使用规范管理暂行办法》，先作为政府规章施行，待成熟时修改完善上升为地方法规，且为国家立法探路⊜。

借力多方资源。无人系统规则制定联合体、国际民航组织遥控驾驶航空器系统研究小组和专家组的经验表明，拥有一支强大的技术团队对无人机管理立法非常必要。针对当前行业管理机构缺乏足够人员和精力跟踪产业发展和实施全程管理情况，在国务院大力倡导部门管理向行业管理转变的背景下，管理机构可在自有研究力量的基础上，向具有独立性、权威性和科学性的科研院所、生产企业、航空协会和专家团队借力，如无人系统产业联盟就有比较完善的组织架构和技术支撑能力（见图15-1）。通过整合各方资源，锻造一支管理素质过硬的队伍，共同做好无人机全流程管理法规相关工作。

⊖ 为了达到整体立法目的，在一个法律性文件中对散布在多部法律内的有关规定，一次性地"打包"修改，以提高立法效率、促进法律体系内部的协调统一。

⊜ 鲍文娟. 政协委员建议：出台三部地方规章管理无人机. 广州日报［N］.［2017-01-10］.

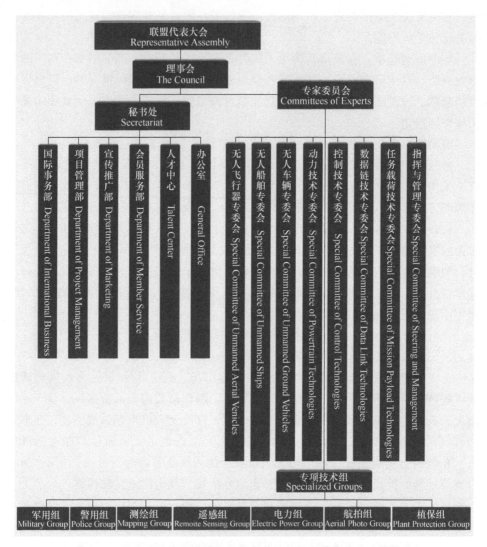

图 15-1　无人系统产业联盟有比较完善的组织架构和技术支撑能力

　　加强国际合作。多年来，由于国内经济实力、技术和工业基础方面的短板，我国在有人驾驶航空器领域失去了引领国际规则的先机。当前，可借鉴电动汽车发展经验，通过无人机为我国航空工业超越发展拓展新的赛道。我国应抓住机遇，充分借鉴国外先进管理经验，在无人机领域发挥自身优势，积极参与相关工作，充分发挥自身影响，共享研究成果，取得国际规章制度和技术标准制定的话语权，更好地推动国内无人机管理立法，为中国无人机走向世界奠定基础。2017 年，中国航空学会专家首次当选亚太区无人机系统工作组主席，对于引领亚太地区规则制定，向亚太地区甚至全球推广中国经验提供了重要的机遇，有利于指导包括我国在内的亚太区各国和地区无人机系统管理立法，促进区域监管规则协同一致⊖。

二、建立完善标准体系

标准是行业的共同语言，是行业管理的政策支撑、产品研发生产的规范、终端用户安全运行的指南。随着技术快速发展，无人机更新换代更快，新技术融合应用更为复杂，应用场景更加多元，无人机市场之争已经开始超越产品和技术转向基于标准的竞争。建立科学完善的无人机标准体系，成为与法律法规同步并进的迫切需要。

（一）明确制定思路

当前，国际上没有统一的无人机标准体系。在军事领域，由于应用时间较早，我国具备一定的技术储备，国家军用标准体系初步建立。而民用领域，由于应用广泛，体积重量及技术构型差异大，分类和分级复杂，标准体系尚在建立完善之中，导致产品质量缺乏保证，技术要求难以统一，行业发展受到影响。

民用领域各国通常以无人机主要零部件为立足点，采用国内现有相关强制标准，对无人机加以规范。如我国规定无人机的无线装置必须通过工业与信息化部强制要求的 SRRC 无线认证，无人机充电器必须经过中国 CCC 认证；美国规定无线通信产品必须通过 FCC ID 认证，电池和充电器需通过 EMC 相关 FCC 认证。这也从一个侧面反映了无人机标准涉及面广，论证制定比较难，必须从顶层着眼，做好宏观统筹。

我国的无人机国家标准由全国航空器标准化技术委员会（TC435）（秘书处设在中航工业综合技术研究所）归口，其下无人驾驶航空器系统分技术委员已筹备展开。目前我国已立项无人机国家标准有《无人驾驶航空器系统术语（20160760-T-519）》《民用无人驾驶航空器系统分类及分级（20160483-T-519）》《民用无人机系统型号命名（20160432-T-519）》《民用多旋翼无人驾驶航空器系统检测通用要求（20162333-T-519）》等。

在建设思路上，无人机标准化工作应以《中华人民共和国标准化法》⊖为依

⊖ 2017 年，中国航空学会无人驾驶航空器系统专门委员会委员兼总干事、北京航空航天大学航空法律和标准研究所所长刘浩，作为中国民用航空局指定专家，当选国际民航组织亚太区无人驾驶航空器系统工作组主席。学会专家当选国际民航组织亚太区无人驾驶航空器系统工作组主席. 航空学会通讯，2017，（4）：11.

⊖ 《中华人民共和国标准化法》1988 年 12 月 29 日第七届全国人民代表大会常务委员会第五次会议通过，修改文本 2017 年 11 月 4 日第十二届全国人民代表大会常务委员会第三十次会议修订，2018 年 1 月 1 日起施行。

据，积极吸收国内外先进经验成果，充分反映无人机系统特点，密切关注与无人机设计、生产、制造、应用关键技术发展态势，统筹规划、顶层设计、系统布局，按照标准化科学理论方法，兼顾军民融合，详细梳理现有标准，明确各层面标准内容、范围和相互之间关系，建立完善适合我国国情和无人机发展需要、涵盖全寿命管理、分级分类管理，科学、系统、协调、开放的多层次结构化标准体系，加快标准编制、发布和施行，推动产业上下游衔接与协作，为无人机技术、产业健康有序发展提供基础规范。

在阶段任务上，工业和信息化部版《无人驾驶航空器系统标准体系建设指南（2017—2018 年版）》，分两个阶段对无人驾驶航空器系统标准体系进行建立和规范。第一阶段，满足无人驾驶航空器系统市场需求，支撑行业监管需要，初步建立无人驾驶航空器系统标准体系，重点制定一批市场急需、支撑监管的关键标准；第二阶段，逐步推进无人驾驶航空器系统标准制定工作，基本建立健全无人驾驶航空器系统标准体系，制修订 300 项以上无人驾驶航空器系统标准，基本实现基础标准、管理标准和技术标准全覆盖，行业应用标准满足相关行业应用需求；推进我国标准提升为国际标准，提高我国无人驾驶航空器系统国际标准化竞争力。2022 年出台的民用航空局版《民用无人驾驶航空法规标准体系构建指南 V1.0》，为推进标准体系建设进一步明确了任务要求。

（二）分析标准需求

1. 基础标准需求

无人机突破传统航空器范畴，带来新的技术融合，如遥感无人机涉及的红外遥感和航拍技术、农用无人机涉及的农业技术等，起飞重量低的小于 250 克、大的近似商用飞机，因此需要统一的基础标准，如无人机的定义、分类、重量、飞行高度、飞行距离、用途等。

2. 企业准入标准需求

围绕研制单位的生产资质、注册资本、执行国家法规和标准情况、管理要素、人员梯队、办公条件、研制设备等方面明确准入标准。无人机系统研制单位和企业根据自己的产品类型、产业规模申请相应级别的认证认可，行业主管部门开展设计生产单位准入及分类与分级标准研究与制定。

3. 控制系统标准需求

无人机系统包括平台、地面控制、发射回收、任务载荷等多个分系统，为提高系统监测与控制能力，围绕不同类型无人机系统，需要明确控制手段和无线链路，增加广播或应答功能等，开展民用无人机系统融入国家空域相关标准研究。

4. 身份识别标准需求

在民用航空局无人机注册规定指导下，制定无人机系统身份识别及编码格式标准，进行一机一码认证，进行强制登记备案。本书第九章提供了一种身份识别及编码格式标准方案。

5. 系统频段标准需求

除工业和信息化部明确的 840.5 ~ 845MHz、1430 ~ 1444MHz 和 2408 ~ 2440MHz 频段外，伴随无人机产业快速发展，可在此基础上，由行业主管部门、生产企业等提出民用无人机系统频率使用等标准需求。

（三）构建体系架构

加强无人机及其系统标准建设，需要从"人、机、环境""管理、技术、运行"等多个维度，基于《民用航空标准体系表》○和工业和信息化部、民用航空局等官方标准体系架构，搭建无人机标准体系框架。《无人驾驶航空器系统标准体系建设指南（2017—2018 年版）》明确的体系结构主要包括基础标准、管理标准、技术标准和行业应用标准 4 部分，反映了标准体系各部分的组成关系（见图 15-2）。

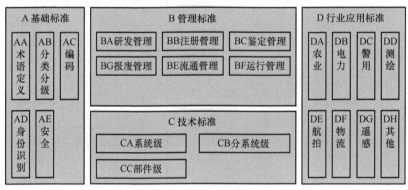

图 15-2　无人机系统标准体系

基础标准，主要包括术语定义、分类分级、编码、身份识别和安全等内容；管理标准，主要包括研发、注册、鉴定、制造、流通、运行和报废管理等；技术标准，主要包括系统级、分系统级和部件级标准等；行业应用标准，主要包括农业、电力、警用、测绘、航拍、物流、遥感以及其他应用标准。它与传统的工业标准体系架构有所不同，主要是从无人机系统安全管理的特殊性考虑的。基础共用为第一要素，管理先行，技术支撑，行业应用同步推进，因而将"基础标准""管理标准"和"行业应用标准"提升至与"技术标准"同一层级。

无人机系统标准体系框架，可由无人机系统标准体系结构向下分解映射而成（见图 15-3）。

○ 中国民用航空总局. 民用航空标准体系表（中华人民共和国民用航空行业标准 MH/T 0004-95）. 1995 年 6 月 2 日发布.

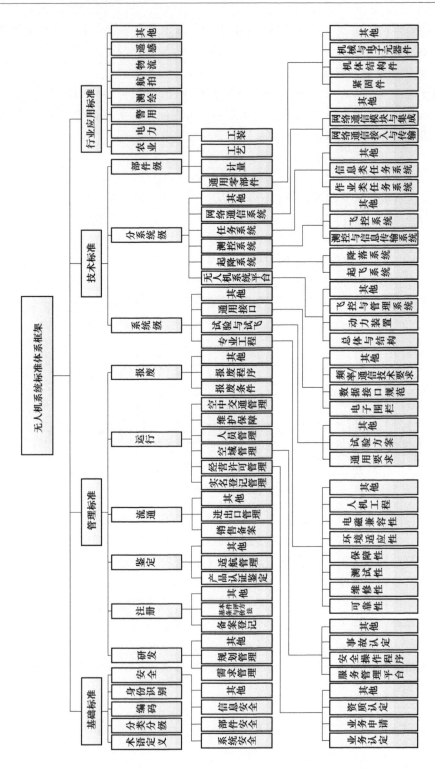

图 15-3 无人机系统标准体系框架

2022 年 8 月 31 日，民用航空局发布《民用无人驾驶航空法规标准体系构建指南 V1.0》。指南侧重于总体法规标准体系，采用"1+N+X"的管理模式。"1"即 1 部规章，以《中华人民共和国民用航空法》为统领。"N"即 N 份规范性文件及政策文件，"X"即 X 份技术标准。同时初步明确了 34 项具体标准[一]。为了与民航现有管理体系相衔接，指南 V1.0 包括了"初始适航""运行"和"经营"三部分；针对民用无人驾驶航空器系统的"运行"和"经营"，划分管理要素、风险类别和体例形式三个维度（见图 15-4），其中"运行"包括人、机、环境三类管理要素，具体标准体系如图 15-5 所示。

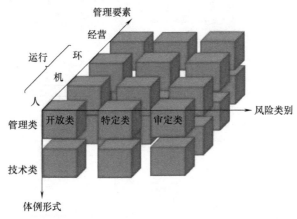

图 15-4 三维分层构建示意图

[一] 主要包括：民用无人驾驶航空器运行事故调查和事故征候标准、民用无人驾驶航空器运行安全目标要求、民用小型无人驾驶航空器对地面人员撞击伤害评定试验、物流无人驾驶航空器运行通用要求（第 1 部分：海岛场景）、民用无人驾驶航空器飞行规则、民用无人驾驶航空器系统分布式操作运行等级划分、民用无人驾驶航空器分布式操作运行等级仿真测试技术规范、民用无人驾驶航空器实名登记数据接口交换规范、基于无人驾驶航空器的民用航空飞行校验技术要求、基于区块链的民用无人驾驶航空器飞行数据存证技术标准、民用无人驾驶航空器信息安全等级保护评估指南、城市场景物流电动多旋翼无人驾驶航空器（轻小型）系统技术要求（MH/T 6126—2022）、无人驾驶航空器系统作业飞行技术规范（MH/T 1069—2018）、无人机围栏（MH/T 2008—2017）、民用无人驾驶航空器飞行基准高度规范、民用无人驾驶航空器空中交通服务要求、民用无人驾驶航空器空中交通管理信息服务系统数据接口规范（MH/T 4053—2022）、民用机场轻型无人驾驶航空器管控空域划设规范、城市场景轻小型无人驾驶航空器物流航线划设规范（MH/T 4054—2022）、支线物流场景无人驾驶航空器航线设计规范、民用无人驾驶航空器进离场飞行及排序程序、民用无人驾驶航空器飞行安全间隔标准、民用无人驾驶航空器低空航线网络规划技术规范、民用无人驾驶航空器空域信息数字化规范、无人机云系统接口数据规范（MH/T 2009—2017）、无人机云系统数据规范（MH/T 2011—2019）、民用无人驾驶航空器垂直起降（场）管理技术规范、遥控驾驶航空器监视、指挥控制和通信系统通用技术标准、民用无人驾驶航空器导航系统技术标准、民用无人驾驶航空器运行识别系统技术标准、民用无人驾驶航空器监视系统技术标准、遥控驾驶航空器（RPAS）探测和避让（DAA）系统技术标准、民用无人驾驶航空器指令和控制（C2）链路系统技术标准、无人驾驶航空器商业载货运营服务规范。

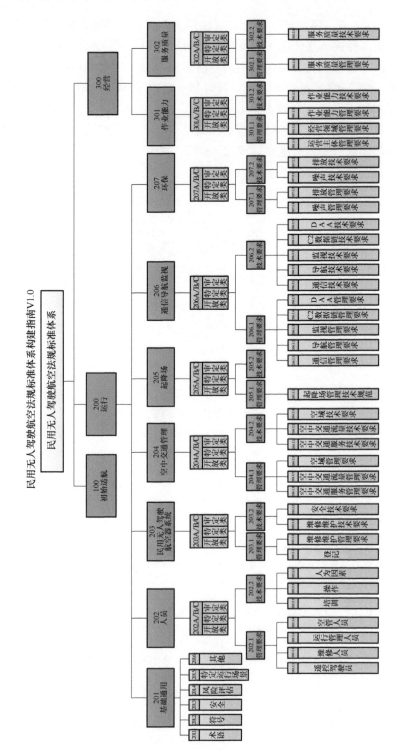

图 15-5　民用无人驾驶航空法规标准体系

我们相信，根据形势变化和产业发展，重点围绕无人机系统和运行管理后续会不断有新的版本出现，这将进一步促进民用无人驾驶航空的快速发展，充分体现法规标准的引领和支撑作用。

（四）创新推进路径

建立以政府为主导、市场为辅助的协同架构，整合已有标准化研究成果，增强相互之间的衔接，实现国家标准、行业标准、地方标准，以及团体标准、企业标准[⊖]的协调统一、整体推进。

加强标准化工作统筹协调。在中央空管委和国家标准化管理委员会指导下，发挥中国航空综合技术研究所作为国家航空标准化机构的主体作用，会同民用航空局、科技部、工业和信息化部、公安部、农业农村部、体育总局等，成立民用无人机系统标准推进组，开展相关标准体系编制工作；推进全国航空器标准化技术委员会（SAC/TC435）无人机系统分技术委员会建立完善，在民用无人机领域内组织全国标准化技术工作，负责无人机系统相关综合控制站、任务系统、基础通用、试验试飞等领域的国家标准制定工作。

围绕需求构建细化体系框架。基于顶层《无人驾驶航空器系统标准体系建设指南（2017—2018年版）》《民用无人驾驶航空法规标准体系构建指南V1.0》，着眼同时满足市场需求和政府监管需要，充分借鉴国际标准化组织（ISO）、美国国家标准学会（ANSI）等国外无人机标准，从管理和技术角度提炼无人机标准需求，构建覆盖全生命周期无人机相关标准体系框架。

发挥各方优势。结合无人机管理特色和技术特点，充分利用政府、市场、企业、协会等各方优势，逐步完善无人机标准体系。发挥市场驱动作用，利用生产企业、行业协会等掌握行业前沿动态、汇聚研发力量优势，推动制定团体标准和企业标准。支持发展无人机地方标准，积极鼓励这些标准在条件成熟时，上升为行业标准或者是国家标准，并逐步推向国际，为中国无人机产业占领国际市场奠定良好基础。作为我国无人机产业最为集中的地区，2015年6月至8月，深圳无人机产业联盟陆续颁布了《民用无人机通用技术标准》《多轴无人机系统通用技术标准》《公共安全无人机系统通用标准》等7个地方行业标准。2016年9月，深圳市技术标准研究院启动《民用无人驾驶航空器操作规范》标准研究，围绕人员配置、飞行作业安全制度与技术措施、设备管理、异常情况处置等研究提出标准规范。2021年7月，中国电子技术标准化研究院等单位牵头起草的团体标准《民用无人机唯一产品识别码》实施。

⊖ 我国标准分类中，由政府主导制定的标准分为强制性国家标准、推荐性国家标准、推荐性行业标准、推荐性地方标准4类；由市场自主制定的标准分为团体标准和企业标准2类。

积极参与国际标准化工作。标准的最终目的是服务于产业发展。中国民用无人机在国际市场上占有绝对优势地位，但市场优势尚未转化为标准优势。要在国际上拥有话语权，还需回归标准的本身属性，全力推进标准的国际化。目前，以国际民航组织为核心，国际标准化组织（ISO）、国际自动机工程师学会（SAE）、美国航空无线电委员会（RTCA）、美国材料实验学会（ASTM）、欧洲民用航空设备组织（EUROCAE）6 个国际航空组织涉及无人机系统标准化工作，正在通力协作制定相关标准。国际标准化组织航空航天技术委员会（ISO/TC20）于 2014 年成立了无人机系统分会（SC16），我国国家标准化管理委员会是其成员之一，ISO TC20/SC16 已有中国、美国、俄罗斯等多个参与国，设有无人机系统通用规范（WGI）、生产制造要求（WG2）和运行要求（WG3）3 个工作组，中国航空综合技术研究所是 ISO TC20/SC16 的对口单位。

2021 年 12 月，中国科学院牵头制定的"面向无人机运行的低空空域结构化框架标准"（IEEE Std 1939.1TM-2021）正式出版，这是电气与电子工程师协会（IEEE）首个关于无人机低空运行的国际标准。该标准定义了一种以低空公共航路为核心的低空空域结构，包括网格技术、遥感数据、通信与联网、航路规划、运行和管理等内容。截至 2023 年 5 月，我国牵头制定了《无人驾驶航空器分级分类要求》《民用多旋翼无人机系统试验方法》等 5 项国际标准（见表 15-1）。参与研究制订无人机系统领域标准，加强中外合作有利于推动我国国家标准并引领国际标准制定。

表 15-1　我国牵头制定并已发布国际标准情况

发布时间	标准名称	标准编号	备　　注
2020 年 2 月 7 日	《无人驾驶航空器的分类及分级》	ISO 21895:2020	国家标准 GB/T 35018—2018,2018 年 5 月 14 日发布,2019 年 12 月 1 日实施。我国主导无人机领域第一项国际标准
2022 年 8 月 1 日	《系留无人机系统通用要求》	ISO 24356:2022	同步制定国家标准
2023 年 5 月	《民用多旋翼无人机系统试验方法》	ISO 4358:2023	国家标准 GB/T 38058—2019,2019 年 10 月 18 日发布,2020 年 5 月 1 日实施
2023 年 5 月	《轻小型无人机用电动能源系统技术要求》	ISO 24352:2023	同步制定国家标准
2023 年 5 月 12 日	《民用轻小型多旋翼无人机飞行控制系统通用要求》	ISO 24355:2023	国家标准 GB/T 38911—2020《民用轻小型无人直升机飞行控制系统通用要求》2020 年 7 月 21 日发布,2021 年 2 月 1 日实施

三、规范产用全程管理

在无人机及其系统产品全寿命管理基础上，加强研发、生产、销售、使用等各环节全程管理力度。

（一）突出源头管理

严格市场准入。明确无人机生产资质认证和市场准入标准，严格资质审查，对企业规模、研发能力等提出具体要求；加强销售监管，明确分类购买资格以及实名登记备案制度；建立责任追溯机制，运用技术、行政、法律等手段，从无人机产品设计、元器件生产供应到成品组装、销售、服务等整个产业链构建责任追溯机制。既要通过严格的准入标准限制缺乏生产资质、技术水平低的企业进入市场，也要建立有序竞争机制，充分考虑市场需求以平衡各方利益。

落实安全标准。根据无人机分类标准，建立型号生产认证制度，完善安全标准，规范研产过程：

① 机体设计。强化以气动特性、结构强度为核心的固有安全特性，提高设计上的安全余量，增强本机固有安全要求、包线裕度等，以及对恶劣环境的适应能力等。

② 系统冗余。采用故障容错设计，提高元器件质量和可靠性水平，持续监控系统及部件工作状态，提高整机安全冗余。在操控系统发生故障时，仍能自主安全返航着陆，避免单点失效导致严重后果。针对可靠性与经济性固有矛盾，加强飞行控制系统冗余设计可以提高可靠性，但冗余一旦超过门限值，则将显著降低成本优势。同时，对中小型无人机来说，增加冗余十分困难，而大型机通常具有双余度飞行控制和通信系统，这些需要在研发产生过程中综合平衡。

③ 整机安全。综合考虑无人机制造成本、使用环境，全面加强安全设计，避免设计缺陷。美军早期"捕食者"无人机在设计中，发动机启动开关与起落架收放开关并排设置，曾造成一名驾驶员把发动机启动开关，误认为起落架开关，造成无人机坠毁。落实飞控系统定高定向、定位悬停、自动返航、敏感区域禁飞等技术管理措施，强制加装精度高、成本低的 GPS/北斗导航模块，通过技术手段固化数据、设置固定频率、安装自动关停装置，对于不符合标准的不得生产销售。

突出生产监督。以生产单位为主体，依托企业质量管理体系和质量监督系统，加强资格审查、体系审核、检验验收、过程监控、产品交付等环节，及时发现不安全因素，在第一时间消灭安全隐患。

做好出厂验收。明确验收方法，细化验收标准规范。除本身部件、系统质量外，主要通过检验飞行、性能飞行、安全飞行试验等方式，对无人机系统总体的控制增稳、飞行边界限制、迎（攻）角特性、姿态保持、航向保持及改变、机动飞行、起飞回收性能、数据链路、等性能进行验收，并通过飞行试验确定系统参数，演示全部功能，进行综合验收。

（二）加强适航审查

适航性主要是指航空器在预期的运行环境（机场、气象、航路、空中交通）和使用限制（速度、高度、重量、平衡）下的安全性和物理完整性，是保持航空器运行最低可接受安全水平的一种固有品质，需要通过航空器全寿命周期内设计、制造、试验、使用、维护和管理的多个环节来实现和保持。《无人驾驶航空器飞行管理暂行条例》第八条明确，"从事中型、大型民用无人驾驶航空器系统的设计、生产、进口、飞行和维修活动，应当依法向国务院民用航空主管部门申请取得适航许可。"

民用无人机系统适航具有特殊性，不仅包括无人机本身，还包括相关综合保障设备，同时还应考虑人机关系。因此，需要根据民用航空局 2019 年 1 月《基于运行风险的无人机适航审定指导意见》、2022 年 12 月《民用无人驾驶航空器系统适航审定管理程序》《民用无人驾驶航空器系统适航审定分级分类和系统安全性分析指南》等文件要求，借鉴有人驾驶航空器适航规章，针对无人机运行场景丰富、运行风险多样的特点，面向运行场景、基于运行风险、实施分类管理，开展基于运行风险的适航管理，围绕建立完善无人机适航管理办法、适航标准、审查程序和审查方法，推动形成基于运行风险的民用无人机适航管理模式，建设适航管理体系。在审定思路上，坚持基于运行风险原则，保证安全底线，对不同风险等级无人机的审查方法、审查重点、技术标准各有区别侧重；在审定方法上，运行审定和适航审定结合，在企业建立委任机构，承担适航主体责任和安全责任，并从源头搜集安全运行数据；在审定路径上，采取从工业标准提炼审定标准的正向审定路线。

建立基于运行风险的无人机风险等级划分方法，开展无人机适航审定分级管理。从条款审查向制造厂家体系审查转变，引导厂家建立、完善无人机设计生产企业适航体系，促使无人机制造厂家主动承担适航主体责任。同时依照"工业标准→行业标准→适航标准"的路径，建立我国自主的无人机适航标准体系。将民用无人机运行风险等级划分为低中高三个等级，对于生产低运行风险等级无人机的厂家，民用航空局以备案和事后监管为主；对于生产高运行风险无人机的厂家，对具体项目进行评估，确定介入程度；对于生产中等运行风险无人机的厂家，审查基于风险确定介入程度。同时依托实名登记系统，并结合民用航空局无人机运行管理系统（UOM），建设无人机审定模块，实现全流程网上申请和批复。

将适航要求逐步融入设计制造全过程，对无人机设计、制造和试验进行有效指导和规范，逐步实现无人、有人机同一空域混合飞行。型号研制过程开展初始适航管理，在研制阶段关注型号设计规范，在设计定型中突出适航验证，在节点评审中融入适航审查，并监督、检查系统适航要求落实情况；生产制造过程做好适航生产审定和适航审定，以企业为主体，依托企业质量管理和监督体系，在资格审查、体系审核、检验系统、过程监控、交付验收等方面，融入适航审定相关要求，在生产制造体系各关键节点突出适航生产许可证、生产检验系统批准书、零部件制造人批准书、适航证、特许飞行证等关键要求；后期使用维护过程开展持续适航管理，收集使用中出现的故障、问题、事故等不利于持续适航的信息，进行分析和评估，提出应对改进措施。

2023 年 10 月 13 日，我国亿航 EH216-S 无人驾驶载人航空器系统获颁民用航空局型号合格证，这是 eVTOL 领域世界首证。它表明该机符合我国安全标准与适航要求，具备了载人商业运营资格。这一成功实践对世界航空业具有重要的借鉴意义，必将推动此类无人机适航审定规则、标准和规范的建立。

（三）落实注册制度

《无人驾驶航空器飞行管理暂行条例》第十条明确，"民用无人驾驶航空器所有者应当依法进行实名登记，具体办法由国务院民用航空主管部门会同有关部门制定。涉及境外飞行的民用无人驾驶航空器，应当依法进行国籍登记。"2017 年，民用航空局即发布了《民用无人驾驶航空器实名制登记管理规定》，明确自当年 6 月 1 日起，对购买的质量在 250 克以上的无人驾驶航空器要在"无人驾驶航空器实名登记系统"进行实名登记注册，之前购买的必须在 2017 年 8 月 31 日前完成实名登记。美国联邦航空局 FAA 在 2016 年开启网上无人机注册通道 15 个月内收到 77 万份申请。我国民用航空局实名登记系统首页如图 15-6 所示。

图 15-6 我国民用航空局实名登记系统首页

无人机实名注册登记信息，主要包括静态信息和动态信息。其中，静态信息包括制造商、无人机类型、机身序列号、出厂日期、拥有者、操作者等。动态信息主要包括地理位置、飞行状态、高度速度、作业类型、整机状态等。无人机零部件由于实现了模块化，零部件互换性较好，因此传统登记管理方式，需要向基于物联网、大数据和身份芯片植入的信息化管理方式转变，通过内置具有身份信息的识别卡，网络登陆身份识别管理系统进行认证。

无人机身份信息固化的责任主体是生产制造厂商。技术上，每一架无人机均应安装唯一的身份识别芯片；每一架无人机均具备"根据其唯一身份识别标志实时获取其静态信息和动态信息"的能力。管理上，制造商应建立信息管理机制，将所有无人机静态信息实时传送至国家级无人机信息管理系统，并具备上传动态信息功能。管理部门应加强底数摸排，从生产、销售、使用等各个方面入手，全面摸清责任区内无人机底数，掌握其型号、编号、所有人、联系方式及使用、转让情况，做到情况清、底数明。

在使用过程中，可以通过无人机及系统定期检验、飞行执照核验等措施，确保注册无人机系统以及操控员良好的安全飞行状态。

（四）简化报批程序

基于健全完善的无人机使用管理规定，针对不同无人机类型和飞行需求，为申请飞行单位和个人提供详细明确、便捷高效的程序指引，简化审批手续，加快审批时效，为行业应用人员、飞行爱好者，乃至未来城市空中交通提供快速申报、审批、监控和保障服务。

建立国家和区域级无人机飞行管理系统，持证无人机操控员可以通过互联网和手机应用 APP 直接在管理系统网上提报航空器注册证号、飞行目的、飞行区域、飞行高度、飞行时段，操控人员及合格证明等飞行申请资料。空管部门依托系统进行网上批复，动态释放飞行空域和飞行边界，并对飞行过程实施全流程跟踪、记录和监管，实现无人机飞行空域的动态保障，在保证飞行安全基础上最大限度满足人民群众日益增长的飞行需求。

（五）监控使用过程

修订完善无人机及其系统使用手册、维护手册、维修大纲等技术文件，明确无人机系统检查要点和维修保养程序方法，为使用者提供技术指导；为提高安全水平，运用飞行监控和系统监控设施设备对无人机及其子系统运行状态进行监控，对系统和部件进行功能危险性分析；收集使用过程中各种影响因素并进行分析评估，对使用中出现的故障、问题、事故等信息进行实时动态分析，及时判定并保证无人机处于可控状态；采取有针对性的措施，降低可能产生的各种风险；依据现有管理法规，严格限制管理无人机私自改装、调整飞行参数等行为，规范无人机的注销、销毁等回收报废程序方法。

（六）　突出临时管理

在重大活动、特殊时期、应急救援时，通过临时公告等方式，在重点地区、特定时段加强无人机管理，除军用、警务等特殊用途备案特批飞行外，严禁其他类型、用途的无人机在相关时段和空域内飞行，确保空中安全。2017 年"两会"期间，为维护北京地区空中安全、杜绝各类违法违规飞行活动发生，北京市公安局发布了包括无人机在内的《关于加强北京地区"低慢小"航空器管理工作的通告》，其中明确：依据《中华人民共和国飞行基本规则》第三十五条规定，所有飞行必须预先提出申请，经批准后方可实施。开展"低慢小"航空器飞行活动，应当预先向中部战区空军或民航空中管制部门提出申请，经批准后方可实施。按照上级要求，自 2017 年 3 月 1 日零时至 3 月 16 日 24 时期间，在本市行政区域内，高度从地面至无限高，划设临时空中限制区，禁止一切单位、组织和个人进行各类体育、娱乐、广告性飞行活动和施放气球活动；对于其他性质的飞行活动，应当经北京地区空中管制部门审批同意后，方可实施。各地在重大活动时，经常发布此类临时管理措施，对于保证重大活动、关键时节空中安全发挥了重要作用。

（七）　加强用频管理

《无人驾驶航空器飞行管理暂行条例》第十五条明确，"生产、维修、使用民用无人驾驶航空器系统，应当遵守无线电管理法律法规以及国家有关规定。但是，民用无人驾驶航空器系统使用国家无线电管理机构确定的特定无线电频率，且有关无线电发射设备取得无线电发射设备型号核准的，无需取得无线电频率使用许可和无线电台执照。"第二十七条明确，无人驾驶航空器飞行活动申请应当包括"指挥控制链路无线电频率以及占用带宽。"第五十四条明确，"除根据本条例第十五条的规定无需取得无线电频率使用许可和无线电台执照的情形以外，生产、维修、使用民用无人驾驶航空器系统，违反无线电管理法律法规以及国家有关规定的，由无线电管理机构依法处罚。"因此，需要加强无人机系统和通信频率使用监控与评估，研究制定无人机无线电管理方案，引导无人机生产企业合法合规使用用频；适应组网运用、集中管理、按需调配需求，组织制定无人机系统频率规划，科学设计控制系统频率，统一分配频谱资源，合理预置储备使用频率，实现通信资源按需动态分配和智能切换；利用信息栅格技术建立分布式测控与数据传输网络，探索"一站多机""多站一机"测控模式，实现对无人机的远程不间断遥测遥控，提升无人机用频管理能力。

（八）突出隐私保护

使用无人机从事飞行活动需要严格遵守与信息收集、使用、保留和传播有关的政策规定，加强隐私保护，确保个人和机构信息安全。西方国家十分强调公民个人信息保护问题。美国 2015 年 2 月份发布的《总统备忘录：提升国内使用无人机系统的经济竞争力，同时保障隐私、民权和公民自由》中提及，在将无人机系统纳入国家航空系统时考虑隐私保护问题，强调宪法、联邦法律和其他条例和政策对于信息的收集、使用、保留和传播的规定仍然适用于无人机领域。同年 12 月 18 日，美国国土安全部《保护无人机系统项目中隐私、民权和公民自由的最佳实践》文件，明确个人可对不合适的数据信息收集行为提出异议。我国民用航空局发布的《轻小无人机运行规定（试行）》明确，用于记录、回放和分析飞行过程的飞行数据记录系统，且数据信息至少保存三个月[⊖]。这有利于事后信息溯源追查与分析。

从保护隐私角度看，无人机所有者或机构，在开展飞行活动前，应了解飞行区域情况，根据飞行任务、无人机类型报批飞行计划；在规定许可范围内收集、使用、传播和保留无人机获取的各类数据；建立飞行责任机制，开展相关隐私和信息保护培训，使用无人机获取的信息应记录备案；注重安全保管和存储获取的各类信息，防止信息丢失、非法使用和有害信息无授权对外传播。

"无人机云"等管理系统，应在用户协议中告知相关注册数据和飞行活动信息的收集、使用、传播和保留情况；无人机动态数据库系统，应为航空管制、公安、安全等部门提供数据输入接口，与其他管理系统、管理机构，以及有关企业建立数据按需共享机制；明确信息备份权限和保存期限。同时，加强相关信息保护，避免非法使用。

（九）分担安全风险

从无人机的定义可以看出，机上没有操控员既是其最大优点，也是它最致命的缺点。以飞行员为核心的现行有人驾驶飞机的一系列制度设计，在无人机飞行活动中是不适用的。无人机由于数量庞大、种类繁多，轻小型机"炸机"等情况频发，自身安全和造成安全事故的数量远多于通用航空总体水平。

如何通过多种手段降低风险、减少损失是无人机行业需要创新应对的问题。《无人驾驶航空器飞行管理暂行条例》第十二条明确，"使用民用无人驾驶航空器从事经营性飞行活动，以及使用小型、中型、大型民用无人驾驶航空器从事非经营性飞行活动，应当依法投保责任保险。"第四十八条明确，"违反本条例规

⊖ 中国民用航空局飞行标准司. 轻小无人机运行规定（试行）. 2015-12-29.

定，民用无人驾驶航空器未依法投保责任保险的，由民用航空管理部门责令改正，处 2000 元以上 2 万元以下的罚款；情节严重的，责令从事飞行活动的单位停业整顿直至吊销其运营合格证。"通过保险保障无人机潜在伤害与损失已经成为一种新的必需的分担风险的手段。

为了提供更安心的飞行体验，一些无人机公司在售后服务计划中增加了有关保险条款，可以保障无人机空中相撞事故运营人和公众人身、财产损失等权益[一]。目前，无人机保险对象可以分为"机"和"人"，即无人机的机体险和无人机操控员意外伤害险以及第三方责任险。其中，机体险主要承保无人机在飞行、滑行及地面停放时，无论任何原因造成的机体及其附件意外损坏的理赔；意外伤害保险则承保无人机操控员遭受意外伤害事故导致的伤残或者死亡时的理赔；第三方责任险承保发生的对第三方人员及财物造成的伤害或损失的理赔，保险公司按照合同约定负责赔偿。

作为新兴事务，由于无人机相关政策细则不完备，各国都缺乏无人机安全运营的权威标准和管理制度，这增加了民用无人机保险的难度。一是定损难。与汽车不同，无人机品种繁多、技术复杂，缺乏类似汽车 4S 店支撑，绝大部分故障只能寄回厂家维修，具体零部件与维修价格在市场上没有统一的标准，一旦发生事故，理赔定损是难题。二是价格高。现在一般的消费级无人机都在 3000 元以上，一些行业应用型可达数万元甚至更高，保费太贵有时甚至不如买新机。三是审核程序复杂。由于无人机的高技术性，保险公司需要聘请专业人员对无人机的状态、飞行性能、造成后果进行一系列审核，人力成本很高，这也会增加投保费用。这些可以在国家安全法规和无人机管理法规制度的约束下，通过市场化的手段逐步研究解决。

随着网络技术的发展，基于网络智能分析的保险平台开始成为分担无人机安全飞行风险的新渠道。美国一家公司已开始按飞行时间提供基于驾驶风险付费的无人机责任险。它可以根据天气图、三维空域、人群密度图等各种数据源，通过人工智能算法进行风险分析，从而提供保障服务[一]。

四、依法进行违规处罚

（一）明确处罚细则

我国民用航空局出台的《民航公安行政处罚裁量基准》[一]，针对无人机违法

○ 如深圳大疆创新公司 DJI Care 第三者责任险。在服务计划有效期内，对正常使用、操控无人机过程中，因意外事故造成第三者人身伤害或财产损失提供保险服务。

○ 按小时收费的无人机保险平台 SkyWatch 融资 200 万美元. 无人机微信公众号，2018-02-03.

○ 中国民用航空局公安局. 民航公安行政处罚裁量基准（MD-SB-2018-001），2018-01-02.

违规飞行，危害民航运输安全与秩序的违法犯罪行为提出了指导意见。作为行业管理文件，这一处罚裁量基准实际应用效力仍显不足。《无人驾驶航空器飞行管理暂行条例》共63条，其中用了13条的篇幅强调了违反规定相关的处罚细则，对加强无人机精细化管理提供了法规基准和处罚细则，是做好违规行为查处的重要依据。

针对无人机快速发展、违法违规飞行高频发生、对公共安全造成现实威胁的情况，未来在刑法、民用航空法、治安管理处罚法[⊖]等国家法律法规修订时，可进一步明确无人机违法违规飞行查处职责，明确军队、地方处置权限，增加对违规飞行活动的具体处罚条款，为依法处理违规飞行行为提供有力的法律依据。

（二）加大处罚力度

按法律法规加强对违法违规行为的查处力度。对企业、商户、个人违规生产、购买、改装、使用无人机行为追究法律责任。

2017年1月16日，公安部发布《中华人民共和国治安管理处罚法（修订公开征求意见稿）》征求意见公告，增加规定：违反国家规定在低空飞行无人驾驶航空器、动力伞、三角翼等通用航空器、航空运动器材，或者升放无人驾驶自由气球、系留气球等升空物体的，处五日以上十日以下拘留；情节较重的，处十日以上十五日以下拘留。《民航公安行政处罚裁量基准》依据《治安管理处罚法》明确的无人驾驶航空器违规飞行：情节较重，处五日以上十日以下扣留，可以并处500元以下罚款；对于大型活动期间，在民用机场范围内和机场净空保护区域内，违规飞行的处十日以上十五日以下拘留，并处500元以上1000元以下罚款[⊖]。

《无人驾驶航空器飞行管理暂行条例》第5章法律责任中明确，未取得运营合格证或者违反运营合格证的要求实施飞行活动的，处罚额度高至50万元；生产者未按规定设置唯一产品识别码的，处罚额度高至30万元；非法拥有、使用无人驾驶航空器反制设备的，处罚额度高至20万元。而违反规定，外国无人驾驶航空器或者由外国人员操控的无人驾驶航空器在我国境内实施测绘飞行活动情节严重的，处罚额度高至100万元，并由公安机关、国家安全机关按照职责分工决定限期出境或者驱逐出境。这是目前最权威的违规处罚依据。

美国在这方面的处罚力度也很大。美联邦航空局曾宣布，2016年任何未登记的无人机被发现之后，用户民事处罚金额可达2.75万美元，刑事处罚包括高

⊖ 2005年8月全国人大常委会通过了《中华人民共和国治安管理处罚法》，共6章119条，并于2012年10月进行了修订。

⊖ 见中国民用航空局公安局《民航公安行政处罚裁量基准》第14条。

达 25 万美元罚款和 3 年监禁。

（三）强化守法意识

国家和不少省市地方政府颁布了无人机违法违规处罚规定。要将这些规定落到实处，需要通过多种手段加强宣传，提高无人机相关人员的守法意识。从持证人员资质看，无人机使用者主要年龄段集中于 19~36 岁[一]，这个年纪心智已经比较成熟，具有完全民事行为能力。通过宣传教育，易于培养形成较好的守法意识。

同时，要发动社会组织和广大群众监督无人机使用情况，强化人民群众维护国家安全、公共安全和飞行安全的主人翁意识，对发现违规飞行举报有功人员予以奖励。2016 年 9 月 1 日，四川省公安厅联合多部门发布的《关于加强全省军民航机场净空区域安全保护的通告》第 5 条明确，对举报违法飞行线索一经查实，公安机关将给予举报人不低于 1 万元人民币的奖励。云南省依据《民用机场管理条例》《云南省民用运输机场保护条例》《昆明市人民政府关于加强昆明国际机场净空保护区域管理的若干规定》等法规，对于在机场净空保护区域内违规施放无人机等升空物，情节严重的，将处 2 万元以上 10 万元以下的罚款。昆明机场还明确，对举报影响昆明机场运行安全的"低慢小"航空器，将给予人民币 1000 元/人次的奖励。

一　中国民用航空局飞行标准司. 中国民航驾驶员发展年度报告（2017 年版）. 2018-02-09.

。。。。。。

第十六章
基于分类管理模式，科学
设计分类标准

无人机用途广泛、数量众多、功能千差万别，从不同的角度可以有不同的类型划分，直接影响到具体的管理主体、管理方式、管理手段、管理措施，需要根据使用场景和空中威胁，科学设计分类标准，为指导无人机研发生产、法规标准制定和实施科学管理奠定基础。

一、当前分类标准

分类标准是无人机管理的前提和基础。借鉴国际上不同分类方法，根据不同管理需求，近年来我国逐步研究提出了无人机分类标准，作为加强管理的重要依据，并不断更新完善。

（一）《民用无人驾驶航空器系统驾驶员管理暂行规定》中的分类标准

民用航空局 2013 年 11 月发布的《民用无人驾驶航空器系统驾驶员管理暂行规定》将无人机分类微型、轻型、小型和大型 4 类，见表 16-1。

表 16-1 《民用无人驾驶航空器系统驾驶员管理暂行规定》有关分类

分类	表　述
微型无人机	空机质量小于或等于 7 千克的无人机
轻型无人机	空机质量大于 7 千克，但小于或等于 116 千克的无人机，且全马力平飞中，校正空速小于 100 千米/小时(55 海里/小时)，升限小于 3000 米
小型无人机	空机质量小于或等于 5700 千克的无人机,微型和轻型无人机除外
大型无人机	空机质量大于 5700 千克的无人机

（二）《轻小无人机运行规定（试行）》中的分类标准

民用航空局 2015 年 12 月发布的《轻小无人机运行规定（试行）》，将民用无人机分为 7 类，见表 16-2。

表 16-2　《轻小无人机运行规定（试行）》分类

分类	空机重量/千克	起飞全重/千克
Ⅰ	$0<W\leqslant 1.5$	
Ⅱ	$1.5<W\leqslant 4$	$1.5<W\leqslant 7$
Ⅲ	$4<W\leqslant 15$	$7<W\leqslant 25$
Ⅳ	$15<W\leqslant 116$	$25<W\leqslant 150$
Ⅴ	植保类无人机	
Ⅵ	无人飞艇	
Ⅶ	可 100 米之外超视距运行的Ⅰ、Ⅱ类无人机	

注：1. 实际运行中，Ⅰ、Ⅱ、Ⅲ、Ⅳ类分类有交叉时，按照较高要求的一类分类。

　　2. 对于串、并列运行或者编队运行的无人机，按照总重量分类。

　　3. 地方政府（例如当地公安部门）对于Ⅰ、Ⅱ类无人机重量界限低于本表规定的，以地方政府的具体要求为准。

（三）《民用无人机驾驶员管理规定》中的分类标准

2016 年 7 月版《民用无人机驾驶员管理规定》，将无人机分为 9 类。该规定较《轻小无人机运行规定（试行）》中的分类办法，前 7 类完全一致，另外增加了第Ⅺ、第Ⅻ类，留出Ⅷ、Ⅸ、Ⅹ 3 类拟作为今后行业无人机类别。与其前一版本《民用无人驾驶航空器系统驾驶员管理暂行规定》中的 4 类变化较大，见表 16-3。

表 16-3　2016 年《民用无人机驾驶员管理规定》分类

分类	空机重量/千克	起飞全重/千克	一般表述
Ⅰ	$0<W\leqslant 1.5$		超微型
Ⅱ	$1.5<W\leqslant 4$	$1.5<W\leqslant 7$	微型
Ⅲ	$4<W\leqslant 15$	$7<W\leqslant 25$	小型
Ⅳ	$15<W\leqslant 116$	$25<W\leqslant 150$	轻型
Ⅴ	植保类无人机		
Ⅵ	无人飞艇		
Ⅶ	超视距运行的Ⅰ、Ⅱ类无人机		
Ⅺ	$116<W\leqslant 5700$	$150<W\leqslant 5700$	中型、大型
Ⅻ	$W>5700$		重型

注：1. 实际运行中，Ⅰ、Ⅱ、Ⅲ、Ⅳ、Ⅺ类分类有交叉时，按照较高要求的一类分类。

　　2. 对于串、并列运行或者编队运行的无人机，按照总重量分类。

　　3. 地方政府对于Ⅰ、Ⅱ类无人机重量界限低于本表规定的，以地方政府的具体要求为准。

2018 年 8 月版《民用无人机驾驶员管理规定》，又简化为 7 类，见表 16-4。

表 16-4 2018 年《民用无人机驾驶员管理规定》分类

分类等级	空机重量/千克	起飞全重/千克
Ⅰ	0<W≤0.25	
Ⅱ	0.25<W≤4	1.5<W≤7
Ⅲ	4<W≤15	7<W≤25
Ⅳ	15<W≤116	25<W≤150
Ⅴ	植保类无人机	
Ⅺ	116<W≤5700	150<W≤5700
Ⅻ	W>5700	

（四）《无人驾驶航空器飞行管理暂行条例》中的分类标准

2018 年《无人驾驶航空器飞行管理暂行条例（征求意见稿）》。划分为"两级"，即按实际用途，分为国家和民用两级；"三类"，即按飞行管理方式，分为开放类、有条件开放类、管控类。"五型"，即按运行风险大小，分为微、轻、小、中、大型五个型别，见表 16-5。

表 16-5 《无人驾驶航空器飞行管理暂行条例（征求意见稿）》分类

分类	空机重量/千克	起飞全重/千克
微型	W<0.25	—
轻型	0.25≤W≤4	0.25≤W≤7
小型	4<W≤15	7<W≤25
中型	W>15	25<W≤150
大型	—	W>150

2023 年《无人驾驶航空器飞行管理暂行条例》。通过梳理我国近年来的分类方法，借鉴多数国家按重量分类、区分运行场景进行限制的经验，考虑不同无人机在适航与制造管理、人员资质要求、空域使用、飞行计划申请等区别，以重量和性能为基本维度，综合飞行高度、速度、距离等条件，将无人驾驶航空器明确为微型、轻型、小型、中型和大型五型。

二、"五型"标准分析

从加强管理的角度看，"五型"分类标准更加符合当前无人机高效管理的需求。

（一） 五型设计总体考虑

无人机的本质属性为航空器，航空器的运行风险主要来自飞行高度、水平活动范围，其次是动能。飞行高度方面的风险包括空域占用和空中碰撞；水平活动范围的风险主要是敏感地区安全防护，包括核心要害目标安全、重要设施保护；动能方面的风险主要是对地面人员、车辆、建筑物等生命财产的破坏。在这方面，无人机与有人机明显不同。在飞行高度上，无人机数量庞大、种类繁多，既有可与有人机混合运行的，也有必须强制隔离运行的。

无人机管理的复杂性主要源于自身特点。把无人机与车辆对比可见一斑。微型无人机类似玩具自行车，基本没有危害，除禁止飞行空域均可自由飞行；轻型无人机类似自行车或电动自行车，危害较小且总体可控，给予较为宽松的管理政策，通常限制在适飞空域运行，类似自行车限制不允许上高速公路；小型无人机类似摩托车，给予适度简化程序管理，也可进入飞行安全高度以上高度飞行，但必须满足一定条件；中型、大型无人机类似汽车，均应按有人机飞行管理模式进行严格管理，同时有关安全性能指标、航行精度保持等，基本同有人机，即遥控站与无人机、无人机与飞行管制部门均应保持持续稳定的双向通信联络。为保障常规有人机顺畅运行，无人机应当主动避让有人机，强化有人驾驶航空活动优先，突出公共航空运输的安全性。

"五型"分类法与欧美等的"三分类"法对比，则微型、轻型无人机属于开放类，且比"三分类"法以唯一重量维度进行区分严格，显著降低了安全风险；小型无人机接近特许运行类，大多情况下需要进行风险评估；中、大型无人机近似于审定类，经过适航审定，安全性得到有效保障。"五型"分类法的优点是分类更加清晰，直接对应产品性能指标，有利于疏解数量庞大、主要用于消费娱乐的无人机管理，聚焦运行风险相对较大的小型、中型、大型无人机，避免"一刀切"。

（二） 要素数值设定分析

1. 重量设定

微型无人机的重量限制。借鉴大多数国家对重量小于 0.25 千克无人机放开管理的做法，将开放类无人机空机重量上限定为 0.25 千克且设计性能满足一定要求。

轻型、小型、中型无人机的重量限制。"最大起飞重量"概念多用于有人机，是适航管理工作监测认证的重要指标，很多国家在无人机立法时，直接沿用了这一概念。但由于小型、轻型无人机没有适航要求，不一定能够提供经过官方检测的最大起飞重量数值。为易于管理，可以把"最大起飞重量""空机重量"

作为轻型、小型、中型无人机的两个重要分类条件。吸收国内外碰撞试验成果，结合国内大多数消费娱乐级无人机空机重量不超过 4 千克（甚至低得多）的实际，将有条件开放类无人机空机重量确定为不超过 4 千克（最大起飞重量不超过 7 千克）且运行性能满足一定条件。

大型无人机的重量限制标准。大型无人机强制要求适航，必然有最大起飞重量，因此可以根据最大起飞重量进行分类，参考我国民航现行规章制度，并借鉴美国、欧盟等国家做法，将这一重量定为 150 千克。这些无人机分类条件，既充分考虑了当前主要用于消费娱乐的无人机飞行需求和安全风险，也有利于促进产业健康安全有序发展。

2. 速度设定

微型无人机最大平飞速度设计不超过 40 千米/小时。主要是为了限制微型无人机动能从而最大限度地控制危害。经普查统计，我国现有微型无人机速度均在 40 千米/小时以下，且这一速度不会制约行业发展，毕竟重量有限，电池电量有限，速度不会太快。

轻型无人机飞行速度不超过 100 千米/小时。主要是根据动能不宜过大的要求，结合统计数据、碰撞试验结果以及汽车在高速公路行驶通常限速 100～120 千米综合设定的。经了解，国内主流消费娱乐无人机最大速度约 27 米/秒即 97 千米/小时，设定速度不超过 100 千米/小时对行业发展影响不大。

3. 高度设定

微型无人机最大飞行真高不超过 50 米。借鉴不少国家对 250 克以下无人机完全开放的政策，对微型无人机可以采取基于安全底线严格控制产品性能、出厂验证合格后放开的思路。产品性能指标包括无线电发射功率（遥控距离）、飞行速度、飞行真高等。主要理由：

① 公共航空运输以及军航在非人口稀少地带的超低空飞行极少低于 50 米；真高 50 米的大部分空间除通航特殊作业飞行外，几乎没有其他航空器活动，通用航空仅有在非人口稀少地带的特殊作业飞行需保持 50 米左右高度，因此限定 50 米基本能够避免与有人机飞行高度上的冲突，实现隔离运行。

② 微型无人机基本类似于玩具，允许其飞行真高最高 50 米，一般能够满足应用需求。

③ 国际上普遍认为微型无人机没有危害，即使与其他航空器发生了碰撞，通常不会导致严重事故。

④ 我国通航管制条例对无人驾驶气球高度 50 米以下不管的规定，也说明把这部分空间释放给玩具类无人机合情合理合法。

轻型无人机适飞空域真高上限 120 米。轻型无人机以消费娱乐为主，将适飞空域真高上限确定为 120 米，主要基于：

① 航路和固定航线以 600 米为起始飞行高度层。

② 有人机除因起降、特殊任务、作业，以及经批准的特殊航线飞行外，不得低于 150 米高度。

③ 无人机管理平台等统计数据表明，国内轻型无人机飞行低于 120 米高度的占比超过 90%[⊖]。

④ 通用航空飞行管制条例明确系留气球可以升至 150 米高度运行。

⑤ 多数国家将类似无人机的飞行活动限定真高不超过 120 米（400 英尺）。目前一些轻型机在性能设计上，飞行高度可达 6000 米。对于有更高飞行需求的用户，可以通过正常申报飞行计划方式实现按需飞行。

4. 水平范围设定

对于无须申报飞行计划的无人机飞行，都要有直接的或者间接的飞行距离限制，以防控可能产生的风险。

微型无人机飞行的水平距离。由于微型无人机在禁止飞行空域外属自由飞行，因此设置水平距离的限制非常重要，特别是当前都带有照相功能的无人机，不应因重量轻、速度慢而放松管理，限制其活动范围可以确保机随人走、人机近距离捆绑。由于这类无人机不要求提供被监视能力，有的也没有水平距离控制能力，因此必须通过使用短距离微功率无线电发射设备（如 25 毫瓦以内）限制水平飞行距离。

轻型机的水平距离控制。很多国家明确轻型机要在"目视视距内"，对于这一模糊界定，在实际飞行中很难成为操控员的行为自觉。考虑到轻型无人机需要可监视且通常限制在适飞空域飞行，虽然条例未明确具体范围，但其水平飞行距离在一般城市环境下以 500 米左右、不超过 1000 米较为合理。

农用无人机水平范围。虽然其活动空间主要是农牧近地空域，但其重量较大，运行风险不能忽略。因此可强制限制其水平飞行半径不超过 2000 米，具备空域保持能力和可靠被监视能力，全程可以随时人工介入操控。

其他无人机均需经过申请、获得批准后方可飞行，水平范围无须出厂控制，由其性能和应用性质决定。

三、特殊机型管理方法

特殊类型无人机主要包括无人驾驶飞艇、系留无人机、试验阶段无人机、自主航空器和穿越机等。

⊖　2018 年第二季度多家无人机云系统数据统计表明，飞行高度在 120 米以下的总小时数的 92.31%。引自中国民航科技研究院柏艺琴的报告。无人机监管微信公众号，2018-07-13.

（一）无人驾驶飞艇

该类航空器具有空飘类无人机性质，但因其具备自主飞行潜质，带有动力和方向、高度控制能力，且这些特性更为重要，因此将其归为无人机。目前均为遥控型，未来使用自主控制方式的可能性也极小。考虑到其重量均超过 150 千克，将其按重量区分机型并实施管理是可行的。

（二）系留无人机

该类无人机与系留气球的系留性质不同。无人机系留线缆主要是持续供电、提供动力，同时起到拴系即控制飞行活动范围的作用，属于通过遥控站（台）控制的遥控驾驶航空器。考虑到电源线缆重量问题，系留长度一般不长，因此在分类上可以把系留长度作为飞行高度数值进行综合管理。

（三）试验阶段无人机

大中型无人机定型前、微轻小型无人机完成质量认证之前，都存在试验飞行需求。因其尚处于性能试验期，相关飞行审批应当经过评估且通常不得混合运行。

（四）自主航空器

从目前技术手段来看，自主航空器出现问题很难追查到操控员，因此应当严格管理，不论重量多少都不宜开放或有条件开放，即在研制生产上，除部分军用产品外，民用型号不能生产微型、轻型自主航空器，只能是小、中或大型机，在生产制造管理的基础上，均需强制人员资质、空域使用和计划审批管理。

（五）穿越机

即第一视角功能无人驾驶航空器，是业界人士对安装 FPV（First Person View）系统无人驾驶航空器的俗称。通常体积较小、速度较快、机动灵活，具有"穿越"特性，因此人们形象将之称为"穿越机"。从本质上看，FPV 系统拓展至无人驾驶航空器，并不影响航空平台的属性，没有位置自行保持飞行功能的无人驾驶航空器依然是模型航空器，相反的则为无人机。为便于区分，可将这类无人驾驶航空器分别称为第一视角模型航空器、第一视角无人机，分别进行管理：细化明确第一视角模型航空器运行办法，加大违规处罚力度；对第一视角无人机进行全寿命周期监管，最大限度降低安全隐患。

第十七章
围绕空域高效利用，科学 规划空域管理

在无人机快速发展的大背景下，确保飞行安全、维护空域秩序、提高空域资源使用效益成为空中交通管理面临的新挑战。《无人驾驶航空器飞行管理暂行条例》第五条明确，"国家在确保安全的前提下积极创新空域供给和使用机制，完善无人驾驶航空器飞行配套基础设施和服务体系。"空域管理[⊖]需要针对无人机的飞行特点，根据管制服务能力和飞行需求，通过一系列的手段、措施、制度等对空域资源进行科学规划，保障空域资源高效使用与规范运行。主要包括空域规划、空域使用和空域评估三个方面，分别解决空域结构、空域效率和空域容量问题，通过构建军民兼容、覆盖高中低全空域全时段、适应全谱系无人机安全飞行的空域系统，实施科学高效的空域管理。

一、加强空域规划

空域规划是为达到预期的空域建设和管理目标而进行的空域资源配置总体筹划，它在一定基础设施支撑和航空法规规范下，通过构建科学的空间结构和合理的飞行秩序，在保证飞行安全前提下最大限度满足各类飞行活动需求，是空域管理的重要组成部分（见图 17-1）。

空域规划的核心问题是建立科学合理的空域结构，在满足国家安全、公共安全和飞行

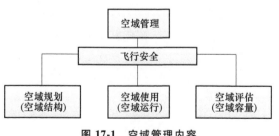

图 17-1　空域管理内容

⊖　国际民航组织空中交通服务计划手册（Doc9426）明确，空管管理的目的是在给定空域结构内，根据不同用户的需要，通过时间和空间的划分，以最大程度地利用空域资源。

安全要求前提下，挖掘空域资源利用潜力，为各类有人机和无人机飞行提供支撑。

（一）分析空域使用需求

不同类型无人机有着不同的空域使用需求，可划分为超低空、低空、中高空和超高空四种。

1. 超低空使用需求

民用航空局2004年5月印发的《民用航空使用空域办法》第四十三条明确，中低空管制区的下限通常在距离地面或者水面200米以上；2007年2月颁发的《一般运行和飞行规则》第91.119条"最低安全高度"中，针对有人驾驶飞行规定，"在人口稠密区以外地区的上空，航空器不得低于离地高度150米（500英尺）"。即有人机在此高度以下禁止飞行。这表明对无人机而言，高度150米以下的空域相对隔离性较好。按目前条例规定，微型、轻型无人机主要飞行高度限制为50米和120米以下空域，基本能够满足大部分的飞行需求。在与有人机冲突风险较低的超低空区域划定微型、轻型无人机适飞空域，可简化无人机空域使用审批流程，满足大批量无人机用空需求。

2. 低空使用需求

目前，我国将真高1000米（含）以下空域定义为低空空域，分为管制空域、监视空域、报告空域和目视飞行航线⊖。少量轻小型无人机和大量执行探测监测类任务的大中型无人机主要飞行在100米以上、1000米以下的低空空域。随着城市空中交通（UAM）和城市高层建筑直升机起降场发展，低空空域使用管理的边界将进一步拓展。

在低空飞行的大中型无人机典型作业类型有监视监测、巡线检测、测绘物探和短途载人飞行等。前三类作业通过接近监测对象，获得更高分辨率的影像和更准确的判断，短途载人飞行通过低空甚至超低空飞行，建立便捷的人员运输通道。用空主要分为五种情况：一是测绘物探类，主要在我国中西部地区，用空频率较低，用空方式为区域往复栅格飞行，具备一定的隔离运行条件；二是电力巡线，除应急巡检外，大通道常规巡检一般2次/年，用空频次较低，但因需沿输

⊖ 国务院、中央军委2010年8月《关于深化我国低空空域管理改革的意见》明确：按照管制空域、监视空域和报告空域划设低空空域，区分不同模式实行分类管理试点。管制空域，航空用户申请飞行计划，空管部门掌握飞行动态，实施管制指挥；监视空域，航空用户报备飞行计划，空管部门监视飞行动态，提供飞行情报和告警服务；报告空域，航空用户报备飞行计划，向空管部门通告起飞和降落时刻，自行组织实施，空管部门根据用户需要，提供航行情报服务。各类低空空域垂直范围原则为真高1000米以下，可根据不同地区特点和实际需要，具体划设低空空域高度范围，报批后严格掌握执行。

电线路规划用空，未来在通航繁忙区域作业时存在融合运行的可能；三是战术火情监测，可能在我国任意地区，但以东北、西部山林地区为主，属于突发性用空需求，虽然用空频次较低且在有人机非密集区域，但不排除需与应急有人机低空共域飞行的可能；四是起飞后经通航目视航线或横线穿越空域进入低空作业区域，随着通航飞行量增长，很可能需要与通航有人机融合运行；五是机场区域用空，与有人机相比，大中型无人机对起降条件要求相对较低，根据作业位置和停放情况，可使用民航支线机场、通航机场甚至起降点，随着民航、通航及无人机飞行量增长，大中型无人机在机场区域需与有人机共域融合飞行。

大中型无人机低空用空需求主要包括民航机场、终端区、低空航线以及通航机场等。由于无人机本身的特性，部分无人机的发射/回收需要火箭助推进行弹射或者母机投放的方式进行，与有人机滑跑起飞、程序降落差异较大，作业方式与空域使用需求与有人机不同，同时大多数无人机性能与有人机差异巨大，机载装备不能满足民航空域准入要求。因此，不能按照标准仪表进离场程序（SIDs/STARs）飞行的无人机，允许在通航临时起降点、通航机场以及非繁忙民航机场按照 VFR/IFR 飞行规则运行，并且进离场阶段必须是隔离空域运行。飞离机场管制区域，由管制员按照管制间隔，调配无人机及其周边航空器的飞行，保证无人机安全进入作业空域运行。融合空域内无人机必须能够自主保持与其他航空器的安全间隔。能够按照有人机标准仪表进离场程序飞行的无人机，可以在通航机场、非繁忙民航机场按照 IFR 飞行规则运行，完成进离场程序后，按照有人机方式加入民航航路航线飞行，并在需要时进入相应的作业空域运行，完成作业依同样的方式返回机场。整个飞行过程中，都应由管制员负责调配飞行间隔，无人机必须能自主保持安全间隔，保证飞行安全。

3. 中高空使用需求

按现行规定，中高空一般指 1000~6000 米，以及 6000~18000 米空域。使用中高空的主要为大型无人机，具有以下特点：一是所需空间范围较大。大中型无人机具有续航时间长、任务半径大的优势，可以持续在大区域内进行长航程飞行。军用型号任务半径需求不断增大，并可根据作战任务需要执行远程作战任务，占用空域范围越来越大。未来大型货运型无人机使用区域可能遍布全国各个角落，并向世界各地延伸。二是占用多个高度层。无人机在垂直空间内占用空域的范围完全可与有人机相提并论，甚至超过有人机，涵盖了所有军民航飞行空域。特别是大型军用型号巡航高度通常在 15000~20000 米，远高于商用载人飞行器，使用空域范围大，垂直机动占用高度层多。尤其在起飞上升和下降着陆阶段，由于大多采用直线方法，经常需要穿越多条民航航路，存在起降过程或紧急故障再入空域使用需求。三是空域占用时间长，由于无人机执行任务时不用考虑飞行人员疲劳问题，随着性能不断提升，无人机具备了长航时昼夜间飞行和遂行侦察监视、预警探测、气象水文探测、军事测绘、通信保障、电子干扰、反辐射和火力打击等多种任务能力，飞行时间从数十分钟到数十小时，空中飞行持续时间越来越长。四是空域使用灵活，由于无人机的发射与回收形式多种多样，就发射而言有空中发射和地面发射，地面发射又有跑道起飞、火箭助推发射、手抛发射以及垂直起飞等。回收可采用垂直降落、伞降回收、撞网回收、跑道着陆等方式。这些特点为无人机的机动使用创造了灵活的条件，即在很多情况下摆脱了机场和跑道的限制，对空域的使用更为灵活（见图 17-2）。

为满足中高空使用需求，无人机需要按照规定要求和程序报批飞行计划。

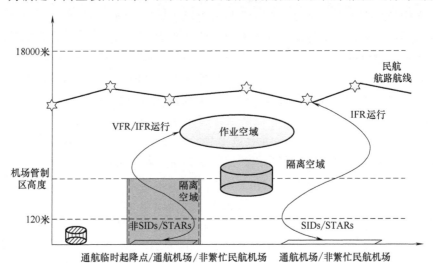

图 17-2　无人机低空／中高空空域使用示意图

4. 超高空运行

部分 10 吨以上大型长航时无人机需要在 18000 米以上超高空空域运行。按照无人机能否满足航路航线、机场空域运行需求，分为指定机场起降和通航机场/非繁忙民航机场起降两种类型，指定机场起降需要制定特殊的进离场程序。同时大型无人机完成起飞后，需要穿越隔离空域、融合空域上升到 18000 米以上进入作业空域运行。由于大型无人机上升、下降穿越民航主用空域的频次较低，因此可以基于空域灵活使用方法，划设临时隔离空域，甚至随着无人机上升高度变化的动态隔离空域（见图 17-3）。

（二）借鉴空域分类方法

从国内外航空发展实践历程看，实行空域分类是优化空域结构的有效办法。空域分类是指将连续空域划分为若干个不同类别的空域，不同类别的空域对航空器的使用条件要求不同，管制单位对在不同类型空域内活动的航空器提供的空中

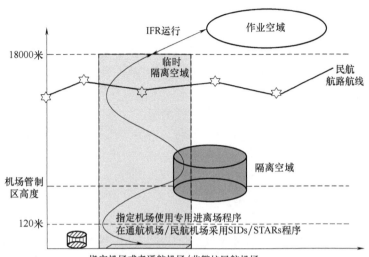

图 17-3 无人机超高空空域使用示意图

交通服务类别也不相同。它不是简单的命名规则，而是对人员、设备、服务和管理的综合要求，是复杂的系统性标准和系统运行软硬件框架的集合。目的是建立一个更为简单、有效的国家空域系统，使空域用户更加容易理解不同类型空域对飞行规则、所需性能、空管服务的要求，从而满足不同空域用户的需求和空域资源的最优配置，确保空域安全、有序和充分利用。

无人机飞行，要实现空域资源最优配置，安全、合理、充分、有效利用，就需要从无人机特性出发，研究明确无人机特殊的空域规划方法。国内外空域分类方法，可以作为未来规划设计无人机空域，或直接基于现有空域分类方法直接融合运行的借鉴。

1. 国外空域分类方法

（1）国际民航组织推荐的空域分类标准　国际民航组织将空中交通服务空域分为 A、B、C、D、E、F、G 七个基本类型。从 A 类到 G 类空域，逐步放松对目视飞行的限制。

A 类空域：只允许 IFR（仪表飞行规则）飞行，所有航空器之间配备间隔，提供空中交通管制服务。要求实现空地双向通信，进入空域需要空中交通管制许可，没有速度限制。

B 类空域：允许 IFR 飞行和 VFR（目视飞行规则）飞行，所有航空器之间配备间隔，提供空中交通管制服务。要求实现空地双向通信，进入空域需要空中交通管制许可，没有速度限制。

C 类空域：允许 IFR 飞行和 VFR 飞行，IFR 飞行之间、IFR 与 VFR 飞行之间配备间隔并提供空中交通管制服务，VFR 飞行之间提供交通情报服务。要求实现空地双向通信，进入空域需要空中交通管制许可，VFR 飞行有速度限制。

D 类空域：允许 IFR 飞行和 VFR 飞行，对所有飞行均提供空中交通管制服务，只要求 IFR 飞行之间配备间隔并接收关于 VFR 飞行的交通情报，VFR 飞行接收关于所有其他飞行的交通情报。要求实现空地双向通信，进入空域需要空中交通管制许可，IFR 和 VFR 飞行均有速度限制。

E 类空域：允许 IFR 飞行和 VFR 飞行，对 IFR 飞行提供空中交通管制服务，与其他 IFR 飞行之间配备间隔。所有飞行均尽可能接收交通情报。IFR 要求实现空地双向通信，IFR 进入空域需要空中交通管制许可，IFR 和 VFR 飞行均有速度限制。E 类空域不得用于管制地带。

F 类空域：允许 IFR 飞行和 VFR 飞行，对所有按 IFR 飞行者均接受空中交通咨询服务，要求所有飞行接受飞行情报服务。IFR 和 VFR 飞行均有速度限制。

G 类空域：允许 IFR 和 VFR 飞行，如要求，接受飞行情报服务。IFR 和 VFR 飞行均有速度限制。

以上 VFR 飞行均对能见度和离云的距离有要求。不同类型的空域垂直相邻时，在共用飞行高度层的飞行应当遵守限制较少的空域类型的要求，同时空域服务机构提供适合该类空域要求的服务。

（2）美国空域分类标准　美国联邦航空局 1993 年部分采纳国际民航组织建议的空域分类标准，将美国的空域分为管制空域（A、B、C、D、E 类）、非管制空域（G 类）和特殊使用空域，没有 F 类空域（见图 17-4）。

A 类空域：高空航路空域，只限于仪表飞行（IFR），高度范围为海拔 18000 英尺至 60000 英尺。

B 类空域：大型枢纽机场的终端区空域，标准的 B 类空域呈三层环阶形状，从下向上半径分别为 10 海里、20 海里、30 海里，高度分别为海拔 3000 英尺⊖、5000 英尺和 10000 英尺，同时还有半径 30 海里的应答机保护区，防止没有安装应答机的航空器进入。

C 类空域：中型机场的终端区空域，呈两层环阶形状，上下半径分别为 10 海里和 5 海里，高度分别为地面高度 1200 英尺和 4000 英尺。C 类空域主要保护中型机场的进近程序。

D 类空域：小型机场的塔台管制空域，呈圆柱形状，半径为 4.3 海里，高度为地面高度 2500 英尺。

E 类空域：剩下的其他空域范围。

G 类空域：非管制空域，主要为地面高度 1200 英尺以下的空域。由于美国

⊖　1 英尺 = 0.3048 米

西部落基山脉属于高山地区，此地区统一规定 G 类空域为海拔 14500 英尺以下。

美国无人机在国家空域系统中以隔离运行为主。为确保空中安全，无人机（主要是国家无人机或称公用无人机）飞行主要通过使用航行通告（NOTAM）[⊖]、授权证书（全部为公用无人机）和特殊适航证书方式等与其他航空器分离。2018 年 5 月，FAA 推出受理小型无人机管制空域申请的 LANNC 系统，在 2020 财年这一系统批准了多达 14.1 万次的空域申请。针对无人机空中交通管理 UTM 和城市空中交通管理 UAM 空域配置，美国提出了 UTM、UAM 隔离运行方案。即划设 UTM+UAM 的无人机运行空域。通过分类隔离运行，避免不同类型无人机运行冲突。对于 250 克以上、25 千克以下非娱乐用途无人机按照《小型无人航空器系统运行和审定》，运行空域限定在 400 英尺以下；对于 UAM 无人机，运行空域限定在 400 英尺以上，考虑到城市楼群、发射塔等障碍物具体情况，实际运行巡航高度设定为 1500 英尺到 4000 英尺空域范围内，并划定边界范围。

2022 年美国波音公司公布了城市空中交通（UAM）运行概念。对 UAM 飞机空域使用，明确主要在不受管制的 G 类和受管制的 B、C、D 和 E 类空域中运行（见图 17-4）。

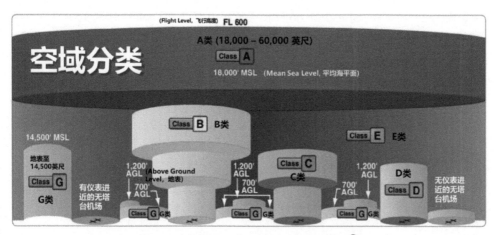

图 17-4 美国空域分类及 UAM 运行空域[⊖]

（3）欧洲空域分类 欧洲各国目前已按 ICAO 空域分类标准进行了空域分类，但由于空域分类标准各异，空域管理比较复杂。欧洲航空安全组织于 2000 年提出欧洲空域战略，把欧洲空域划设为 N、K、U 三类空域，最终划设为 N、U 两类空域，以统一成员国空域分类标准。

N 类空域：已知交通环境空域，相当于国际民航组织标准中 A、B、C、D 类

⊖ FSF editorial staff. what's sharing your airspace. Flight Safety Digest, 2005, 24（5）：1-26.
⊖ 示意图引自安擎科技. 城市空中交通（UAM）运行概念（ConOps）系列之空域篇. 2022-10-08.

空域，对 IFR 飞行、IFR 和 VFR 飞行之间提供间隔服务，对所有航空器提供空中交通管制服务。

K 类空域：部分获知交通环境的空域，相当于 E、F 类空域，仅对 IFR 飞行之间提供间隔服务，仅对 IFR 飞行提供空中交通管制服务。

U 类空域：未知空中交通环境空域，属于非管制空域，相当于 G 类空域，不提供间隔服务和空中交通管制服务。

欧洲航空安全组织针对无人机 150 米以下低空飞行管理，提出了 U-space 概念。它并不单指空域的概念，而是指用以支持大量无人机安全、有效融入空域的一系列新的服务和特别设计的程序[⊖]，涵盖地面以上 150 米的空间范围。在该空间内，建设具有活力的无人机服务市场的主体空间，确保个人和企业的平等进入权；设想实现无人机城市间运行，解决影响极低空域无人机系统运行问题，包括超视距（BVLOS）运行，以及目视飞行规则（VFR）环境，以最大程度释放其经济潜力。相应"欧洲单一天空空管研究计划"（SESAR）联合执行体启动了一系列项目，将 150 米以下空域作为无人机使用的主体空域，同时预测 2050 年将有 1.2 万架无人机进入欧洲高空空域，与有机驾驶运输机共域飞行，占总运输机队规模的 28%，飞行时间 700 万小时、距离 40 亿千米，而同时期 150 米以下无人机飞行时间则为 3.5 亿小时、距离 170 亿千米。

2. 我国空域分类情况

2023 年 6 月前，我国并未进行明确的空域分类，空域结构参考了国际民航组织划设标准，结合自身实际，分为飞行情报区、管制区、特殊空域（限制区、危险区、禁区）、航路航线。各类空域的划分，主要是符合航路的结构、机场的布局、飞行活动的性质和提供空中交通管制的需要。其中，提供空中交通服务的管制空域根据空域内航路结构和通信、导航、气象、监视能力划分，设置为高空管制区、中低空管制区、终端（进近）管制区和机场塔台管制区，分别称为 A、B、C、D 四类，我国管制空域划分情况见表 17-1，我国空域划分示意图如图 17-5 所示。

表 17-1 我国管制空域划分情况

管制空域类别	下限	上限	允许的飞行种类
A	6600 米(含)	巡航高度层上限	仪表飞行
B	最低飞行高度层	6600 米(不含)	仪表飞行、目视飞行
C	最低飞行高度层	6000 米(含)	仪表飞行、目视飞行
D	地面	第一等待高度层(含)	仪表飞行、目视飞行

A 类空域：高空管制空域。在我国境内 6600 米（含）以上的空间，划分为

⊖ U-space Blueprint. SESAR Joint Undertaking, 2017：3.

若干个高空管制空域，在此空域内飞行的航空器必须按照 IFR 飞行并接受空中交通管制服务。

B 类空域：中低空管制空域。在我国境内 6600 米（不含）以下最低高度层以上的空间，划分为若干个中低空管制空域。在此空域内飞行的航空器，可以按照 IFR 和 VFR 飞行，并接受空中交通管制服务。

C 类空域：进近管制空域。通常是指在一个或几个机场附近的航路汇合处划设的便于进场和离场航空器飞行的管制空域。它是中低空管制空域与塔台管制空域之间的连接部分，其垂直范围通常在 6000 米（含）以下最低高度层以上；水平范围通常为半径 50 千米或走廊进出口以内的除机场塔台管制范围以外的空间。在此空域内飞行的航空器，可以按照 IFR 和 VFR 飞行，并接受空中交通管制服务。

D 类空域：塔台管制空域，通常包括起落航线、第一等待高度层（含）及其以下地球表面以上的空间和机场机动区。在此空域内运行的航空器，可以按照 IFR 和 VFR 飞行，并接受空中交通管制服务。

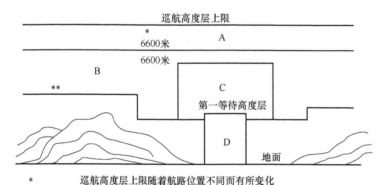

* 巡航高度层上限随着航路位置不同而有所变化
** 管制空域的下限随着地域不同也会有所变化

图 17-5　我国空域划分示意图

2023 年 8 月，我国参照国际民航组织标准和航空发达国家成熟做法，明确了新的《国家空域基础分类方法》。依据航空器飞行规则和性能要求、空域环境、空管服务内容等要素，将空域划分为 A、B、C、D、E、G、W 共 7 类，其中前 5 类为管制空域、后 2 类为非管制空域，为充分利用国家空域资源，规范空域划设和使用管理提供了基本依据。其中，除涉及空域服务内容和相关限制要求外，G 类主要是真高 120 米至 300 米空域，W 类主要是真高 120 米以下空域。

总体来看，目前各国主要空域分类基本做法：一是综合考虑军民航空域使用需求，将国家空域系统地划分为管制空域（空中交通服务空域）和特殊使用空域两大类，在国家安全、飞行安全与运行效率之间寻找平衡点；二是采纳国际民航组织空域分类标准，分类划设空中交通服务空域并对社会公众开放，建设空管保障设施，提供空中交通服务，促进航空事业发展；三是结合实际情况灵活变通，对管制空域进行选择和完善；四是在低空空域根据运输与通用航空飞行需求，划设其他类型的空域，放松对通用航空目视飞行的运行限制。这些可以作为无人机空域分类使用的借鉴。

（三）基于空域规划现状

目前，我国没有为无人机专门分类划设空域。《民用无人驾驶航空器系统空中交通管理办法》第四条明确规定：民用无人驾驶航空器仅允许在隔离空域内飞行。对于依法在航路航线、进近（终端）和机场管制地带等民用航空使用空域范围内，开展民用无人驾驶航空器系统飞行活动的，第五条明确为机场净空保护区以外。

《特定类无人机试运行管理规程（暂行）》将不同空域空中相遇风险等级从低到高划分为 a、b、c、d 四类，见表 17-2。在适飞空域内的运行安全风险最小，地面 120 米以上的非隔离空域内运行风险最大。因此基于空域运行安全，需要对于大中型无人机按照有人驾驶飞机管理，在管制空域提供空中交通服务，即有人机/无人机融合飞行；小微型机主要在隔离空域运行，未来将会向全空域有人机/无人机融合运行发展。

表 17-2　空中安全风险等级表

空域相遇类别	运行空域	航空风险等级
1	地面 120 米以上，非隔离空域内的运行	d
2	地面 120 米以上，隔离空域内的运行	c
3	120 米以下，管制空域内的运行	d
4	120 米以下，非管制空域，非隔离空域内的运行	c
5	120 米以下，非管制空域，隔离空域内的运行	b
6	18000 米以上空域内的运行	b
7	适飞空域内的运行	a

《无人驾驶航空器飞行管理暂行条例》第十九条明确，国家根据需要划设无人驾驶航空器管制空域。真高 120 米以上空域，空中禁区、空中限制区以及周边空域，军用航空超低空飞行空域，以及机场、军事禁区、铁路电气化线路等以及周边一定范围的区域上方的空域应当划设为管制空域。管制空域的具体范围由各级空中交通管理机构按照国家空中交通管理领导机构的规定确定，由设区的市级以上人民政府公布，民用航空管理部门和承担相应职责的单位发布航行情报。未经空中交通管理机构批准，不得在管制空域内实施无人驾驶航空器飞行活动。管制空域范围以外的空域为微型、轻型、小型无人驾驶航空器的适飞空域。

对于融合飞行空域，条例第二十二条明确，无人驾驶航空器通常应当与有人驾驶航空器隔离飞行。属于下列情形之一的，经空中交通管理机构批准，可以进行融合飞行：根据任务或者飞行课目需要，警察、海关、应急管理部门辖有的无人驾驶航空器与本部门、本单位使用的有人驾驶航空器在同一空域或者同一机场区域的飞行；取得适航许可的大型无人驾驶航空器的飞行；取得适航许可的中型无人驾驶航空器不超过真高 300 米的飞行；小型无人驾驶航空器不超过真高 300 米的飞行；轻型无人驾驶航空器在适飞空域上方不超过真高 300 米的飞行。

《国家空域基础分类方法》的发布，特别是 G 类、W 类空域的划设，为未来无人机空域规划提供了基本依据。

（四）构想规划无人机空域

规划无人机飞行空域，需要在我国空域结构和分类基础上，根据《无人驾驶航空器飞行管理暂行条例》的具体要求，基于各种无人机类型、不同运行场景和军民用属性，遵循整体设计、统筹配置、灵活使用、安全高效原则，充分考虑国家安全、社会效益和公众利益，区分不同机型飞行特点，明确飞行空域的水平、垂直范围和使用时限，以隔离运行为主、兼顾融合飞行需求，未来向融合空域运行发展，为无人机飞行提供安全、高效、便捷、灵活的空中交通服务和管理。

1. 进行整体规划设计

着眼促进产业发展和提高无人机运行服务水平，国家空管领导机构顶层决策，民用航空主管部门发挥主导作用，军民航通力协作，产生企业、科研单位、行业协会等提供技术支持，基于各领域用户日常实践统筹研究提出军事航空、民用运输航空、通用航空和无人机运行不同的用空需求；综合考虑有人与无人机空域使用特点，在国家安全、飞行安全与运行效率之间找到平衡点，在对全国空域进行梳理优化的基础上，建立完善布局合理、配置灵活、运行安全高效的空域结构，统一规划设计各类无人机空域，释放部分限制空域；在无人机使用空域建设先进通信导航监视设施设备，探索建立统筹配置空域资源、联合实施空管运行、共享空域使用的融合运行模式，提高空中交通服务能力，拓展空域使用效率，提高飞行安全性；收集汇总并共享发布全国空域划设信息，使不同类型无人机用户能够更好地理解各类空域对操控员飞行执照、无人机系统、空中交通管理服务的要求，使无人机运行更加灵活、高效、安全。

2. 建立无人机空域分类标准

立足我国国情，借鉴国外成功经验，在国家空域分类基础上，基于无人机运行风险、空中交通容量和运行效率，探索扩大 120 米以上适飞空域范围，建立满足无人机飞行空域需求并与空域管理体制相匹配的无人机空域分类标准；设计微型、轻型、小型、中型、大型无人机在不同飞行高度上的空域类型，提出所需交通管制服务及运行保障能力要求；科学合理规划设计空域范围、进出方法和飞行程序，不同等级机型在不同类别空域中飞行，使用不同的管制方法。

3. 划设隔离空域

《民用无人驾驶航空器系统空中交通管理办法》第十、十一条明确规定，对依法在航路航线、进近（终端）和机场管制地带等民用航空使用空域范围内，或者对以上空域内运行存在影响的民用无人机系统活动，应当为其单独划设隔离空域。因此，在不改变现行空域结构情况下，可在民航使用空域内为民用无人机划设隔离空域；飞行密集区、人口稠密区、重点地区、繁忙机场周边空域，原则上不划设民用无人机飞行空域；隔离空域由空管单位会同运营人共同划设。隔离空域划设应综合考虑民用无人机通信导航监视能力、航空器性能、应急程序等因素，并符合下列要求：隔离空域边界原则上距其他航空器使用空域边界的水平距离不小于 10 公里；隔离空域上下限距其他航空器使用空域垂直距离 8400 米（含）以下不得小于 600 米，8400 米以上不得小于 1200 米。

4. 明确无人机飞行空域的水平、垂直范围和使用时限

探索扩大管制空域划设标准和适飞空域高度上限，如在目前真高 120 米以下、管制空域以外轻型无人机适飞空域基础上，在中西部地广人稀地区提高自由开放空域上限；针对无人机城市空中交通需求，可在 300～1000 米低空空域划设明确航路高度范围；为可能出现的无人机专用机场、专用起降点，划设专用空域；区别不同类型、任务、运行场景明确无人机禁飞限飞空域，对不同等级禁飞区域分类管理，设置不同等级禁飞限飞空域安全距离、禁飞限飞时间，以及特殊飞行任务申请审批要求等。

5. 制定无人机飞行管制间隔标准

重点围绕大中型无人机，参照国内外 ADS-B 运行指导性文件和雷达管制程序，论证我国无人机 ADS-B 管制服务运行规范，确定基于 ADS-B、雷达、网络云监控等技术体制下的无人机管制间隔标准，以及与有人机之间的安全间隔标准。对于飞行安全高度及以上、跨越飞行安全高度的隔离空域间隔，应当高于现行空域间隔规定，低于飞行安全高度的隔离空域间隔，可以适当低于现行空域间隔规定。在此基础上，进一步明确无人机飞行避撞规则，主要是无人机与有人机之间、不同性能无人机之间的避撞原则，以优化空域资源利用，保证飞行安全。

6. 探索建设无人机低空航线网络

低空航线网络是一种精细的空域结构。基于先进的云监管、低空监视、航路气象预报等基础设施。规划和建设面向低空无人机的低空公共航线航路网，对于无人机商业运营、发挥城市空中交通和大规模应用具有重要意义。需要探索实践基于目视自主飞行的低空空域融合运行模式，划设固定空域和低空目视航线，高

效动态利用空域资源，满足旅游观光、应急救援、商务出行、中短途运输等飞行需求。对于有固定计划的物流运输、城市空中交通等长期无人机应用场景，可根据任务性质和飞行特点，避开危害国家安全、公共安全、飞行安全区域上空，如机场、航路航线、禁区、重要目标和人口密集等区域，沿作业线路划设低空飞行航线、飞行走廊或带状隔离空域，实行与有人机隔离运行。需要从法律法规、关键技术和数据获取共享等层面深化理论研究和应用实践，《民用无人驾驶航空法规标准体系构建指南 V1.0》明确的 34 项具体标准中，即包括了《民用无人驾驶航空器低空航线网络规划技术规范》。

（五）优化隔离空域划设方法

针对不同飞行需求划设隔离空域，通过限制其他航空器进入，避免航空器飞行矛盾冲突和相互碰撞风险。

1. 划设需求

无人机隔离空域划设需满足安全性、快速反应能力、通信导航监视能力和国家法规文件的要求。

从安全性上看，要保证隔离空域的划设不影响城市和重要目标的安全，保证附近航空活动安全，尽量减少对其他飞行活动的限制和影响；要尽量保证有人机误入和无人机误出隔离空域，并在其发生误入误出行为时，管制人员或其他相关人员能够及时发现，并有比较充裕的时间引导相关航空器改航或改高度，以尽快脱离隔离空域，防止危及航空器飞行安全。

从快速反应能力上看，要确保有人机飞行员和无人机操控员能够及时意识到可能存在的危险，管制人员能够及时发现可能的误入误出事件，同时还要保证各种有用信息的及时传递和发布。

在划设无人机隔离空域时，应确保整个隔离空域具有完整的双向通信覆盖、无缝的监视覆盖以及导航覆盖，以便根据有人机和无人机的空中飞行动态，保证在周边飞行的航空器能够及时准确的定位，防止误入隔离空域，并及时通报有关信息和实施相关处置。

当前还应满足《民用无人驾驶航空器系统空中交通管理办法》第十一条要求：隔离空域由空管单位会同运营人划设。划设隔离空域应综合考虑民用无人驾驶航空器通信导航监视能力、航空器性能、应急程序等因素，并符合下列要求：隔离空域边界原则上距其他航空器使用空域边界的水平距离不小于 10 公里；隔离空域上下限距其他航空器使用空域垂直距离 8400 米（含）以下不得小于 600米，8400 米以上不得小于 1200 米。

执行特殊任务的国家无人机飞行，经过安全认证的中型、大型无人机飞行，轻型无人机在适飞空域上方不超过飞行安全高度飞行，具备可靠被监视和空域保持能力的小型无人机在轻型无人机适飞空域及上方不超过飞行安全高度飞行的，可不划设隔离空域。

2. 划设方法

（1）名称　地名加"无人机隔离空域"，如：深圳南山无人机隔离空域。

（2）编号　隔离空域编号：以字母加数字的形式表示，字母的第一位为 Z（表示中国）；第二位表示所在飞行情报区的代字，北京 B，兰州 L……；第三位为隔离空域属性，（G）代表长期隔离空域，（GL）代表临时隔离空域；后三位数字表示该隔离空域的编号。如深圳市长期临时隔离空域的编号为"ZG（G）005"。

（3）有效时间　长期隔离空域的有效时间通常是 1 年；临时隔离空域的时限主要应根据用户的需求确定，还要综合考虑空域的利用率，尽量缩短临时隔离空域的使用时间。

隔离空域有效时间的标注格式为：

yyyy/mm/dd hh：mm—YYYY/MM/DDHH：MM

其中：yyyy/mm/dd hh：mm 为隔离空域起始日期与时间。YYYY—MM—DDHH：MM 为隔离空域的截止日期与时间。

（4）划设位置　可以在国家的领土或领水上空划设，通常划设在人口非密集、视野开阔地区的上空，划设位置通常以地标名称或经度、纬度坐标表示。

（5）几何形状　虽然隔离空域几何形状通常是多种多样的，但由于其主要取决于作业任务的需求，建议在全面满足空域用户需求前提下，尽量对基本形状做出规范。相关研究表明，凸多边形空域比凹多边形空域的利用率高，因此在隔离空域划设过程中多边形的形状最好以凸状图形为主，尽量少用凹状图形，以方便其周边空域划设，提高空域利用率。

由于轻小型无人机的典型作业场景是专业航拍、农林植保、电力巡线和终端物流等，作业空域通常为多边形、圆形、扇形等。

（6）水平范围　隔离空域从几何空间上可分为水平和垂直范围，水平和垂直范围又可分为作业飞行区和安全保护区两部分。通常，隔离空域的作业飞行区大小应主要考虑用户需求，同时还应考虑作业任务所需范围大小、与周边空域的间隔与位置关系，通信、导航、监视系统的覆盖范围等，以及与地面相关单位的协调关系。因此，用户在确定隔离空域作业飞行区水平实际范围时应精打细算，严格按照实际需求，防止"宽打窄用"。水平范围可以以各经纬度点的连线形成的多边形表示，也可以以中心点加半径的方式给出，或者以扇形、长圆形等表示。目前，隔离空域作业飞行区水平范围通常由用户单位申报，并经空域管理部门批准，在空域矛盾不突出的情况下，通常隔离空域安全保护区部分的水平范围应依据无人机的类型、机载设备能力、性能，以及管制员和无人机操控员水平情况而定。

（7）与周边空域间隔　《中华人民共和国飞行基本规则》的第十四条、十五条对空域间隔的规定是：仪表（云中）飞行空域的边界距离航路、空中走廊以及其他空域的边界，均不得小 10 公里。航路的宽度为 20 公里，其中心线两侧各 10 公里；航路的某一段受到条件限制的，可以减少宽度，但不得小于 8 公里。航路还应当确定上限和下限。

二、优化空域使用

空域使用是空域用户在时间和空间上对空域资源的占有和使用，是在国家空域网络结构下，空域管理方根据空域用户的用空需求，在确保国家安全、公共安全和飞行安全前提下，通过制定相关法律法规，设计空域使用协调制度等，为各类用户提供空域使用服务，最大限度利用空域资源。面对日益增长的航空需求与有限的空域容量之间的矛盾，我国尚处在无人机空域服务的起步阶段，需要不断研究优化利用好空域资源。

（一）两种空域使用模式

现行空域使用分别由军民航双方按分工分别组织实施。民用航空多集中于航路航线飞行，通常按照高度进行分类；军用航空多集中于航路航线外空域。现行军民航协调机制由三级组成：顶层为国家空管委架构下的军民航空管部门战略性协调；中层为地区空管协调委架构下的军民航地区航空管理部门预战术性协调；底层为民航空中交通管理单位与军航飞行管制部门的战术性实时运行协调。近年来，为促进通用航空发展，我国在部分地区低空范围进行了空域分类的改革试点并进行了有益尝试，但空域使用仍然以粗放式的静态管理模式为主。

在有人机空域使用方面，军民航作为两类主要使用者，不仅在航空器机型、飞行性能、机动性等方面有较大差异，而且对空域的要求也不相同，各有特点：民用航空器遵从严格的飞行程序及规则，以便在流畅有序的空中交通中安全高效飞行并降低运营费用；军用航空器训练飞行通常使用固定航线和训练空域，而担负战备值勤时为保卫领空实时查证处置空中威胁，出航路线、飞行间隔、巡逻空域等会根据空中情况变化有较多的灵活性。

除国家无人机外，无人机空域使用行业化、个人化趋势明显，它与通用航空共同构成低空空域使用的主体力量，需要满足空域使用的安全性、便利性和良好的用户体验。主要包括两种模式，一是大中型无人机与民用航空融合运行，遵循空中交通管理服务运行模式，另一种是在专门划设的隔离空域、适飞空域内运行，遵循无人机飞行管理服务模式。

1. 融合空域运行

以现有民航有人机运行规则为基础，无人机运营企业、空管部门、机场等按照国家和民航空管运行规定，补充无人机融合运行所需的航空器适航管理、空域管理、管制服务、情报服务、经营许可、无人机操控员执照管理等运行管理规章；同时，在现有通信、导航、监视技术的基础上，考虑无人机空域态势感知、无人机空地数据链情况，完成特定作业任务参与航路航线、进近、起飞和降落等飞行过程。该模式下，民航主管部门需制定中大型无人机适航认证、无人机运营许可、无人机操控员执照管理、大中型无人机空管运行管理等规定，明确飞行计划申报审批程序方法，及空域态势感知、空地数据链、自主间隔保持等支撑技术。

2. 隔离空域运行

为提高飞行安全性，无人机在航路航线以外的隔离空域、适飞空域内运行，采取军民协同、管放结合、空地联合的方式，以综合监管平台为依托，军民空管部门从飞行计划申请审批、空域管理、身份识别、动态监控、飞行间隔、应急处置等方面进行运行管理，以提高飞行安全性。隔离空域的选取，必须与无人机运行所需通信、导航、监视和气象等设施覆盖情况相适应，以便得到有效的空中交通服务。

（二）优化空域使用模式

空域使用的关键是灵活和高效，需要针对无人机特性和空域使用需求，通常围绕采集需求、制订方案、评估方案、上报审批、开展准备、组织实施、反馈控制共7个阶段的空域使用工作程序，突出运行效率、军事经济效益和安全效果，采用科技创新手段对无人机空域使用进行动态管理。

1. 低空、超低空空域使用

通过多种通导监设备和无人机管理系统，抓好真高1000米以下低空空域管理，对于提高空域利用率、保证空防安全、最大化提升使用效益具有重要作用。主要优化三种模式：一是视距运行模式，无人机在目视条件下，操控人员通过遥控设备或手机等方式，在飞行目视范围内操控无人机飞行活动，视距范围一般为500米的距离。二是同场超视距运行模式，经航空管制部门批准，无人机在提前划定的隔离空域内飞行。此种模式下，无人机在同一地点起降，不威胁有人机安全，基本不增加管制工作负荷，但占用较大的空域资源，在飞行繁忙地区影响比较明显。三是空中走廊运行模式，此种模式主要用于无人机航线飞行，通过提前划定空中走廊，实现从一地到另一地的作业飞行。《无人驾驶航空器飞行管理暂行条例》充分尊重现有空域管理特点，在保持现有空域管理体制不变和保障飞行安全前提下，向轻型和微型无人机释放120米和50米以下超低空空域，可以疏导正常合理的飞行需求。同时，无人机在解决与有人机同一空域融合运行的态势感知避撞、安全防护、空地数据链等技术后，对于低空、超低空空域使用将更加灵活高效。湖南省3000米以下低空空域分类划设管制、监视、报告和灵活转换空域171个，规划常态化低空目视飞行航线97条，为通用航空和无人机空域使用提供了技术保障。

2. 强制性限飞空域外使用

《无人驾驶航空器飞行管理暂行条例》第三十二条明确规定，操控无人驾驶航空器实施飞行活动前应做好安全飞行准备，检查无人驾驶航空器状态，并及时更新电子围栏等信息。基于无人机GPS或北斗等卫星定位，以电子围栏形式在机内或遥控系统固化禁飞、限飞空域，有利于保障飞行安全，避免进入相关限飞空域。以大疆公司产品为例，其产品预装了全球范围内超过6800座主要机场的地理坐标信息。通常采用电子围栏技术，以机场每条跑道两端中点为圆心、半径最高4.5千米，各划定一个圆形区域，两个圆及两圆之间组成的近似椭圆范围为禁飞区域（见图17-6）。无人机在禁飞区内无法起飞，从外部闯入禁飞区则会立即自动降落。从半径为4.5千米的禁飞区边缘再向外延伸2.5千米划圆、外加跑道两端15千米延长线，设定为限飞区，无人机在限飞区内飞行，其飞行受到强制性限制。

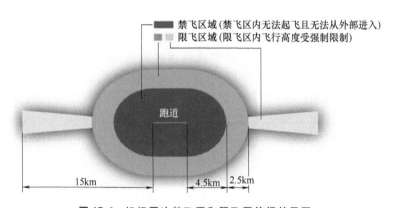

图 17-6 机场周边禁飞区和限飞区俯视效果图

3. 精细化灵活使用

围绕服务未来无人机产业发展目标，以空域动态化精细管理调配为重点，探索建立有人机/无人机联合运行模式，适应民用航空发展和产业爆发需要；变革运行管理方式，制定空域释放响应、协调通报、预先审批、动态管理、灵活使用、重大活动空管保障等机制，推动管理模式由粗放式向精细化转变；加强灵活使用空域动态化管理，改进飞行调配方法，采取区域调整、高度避撞、错峰使用等方法，减少空域使用矛盾冲突，及时释放可用空域和航路航线供无人机使用，提升空域使用效率；针对不同任务和场景，在无人机管理系统基础上，适时融合采用民航通用电子放行系统、数字通播系统等手段组织运行管理，提升运行调配效益。

（三）探索融入国家空域系统

国家空域系统是空域自然属性和社会属性综合集成的公共网络，是空域空间结构、机场或着陆区、基础设施设备，以及法律法规规章、运行程序标准、人员资质条件的集合，也是安全顺畅高效组织开展飞行活动的物质基础。以美国联邦航空局统计数据为例，2005 年美国国家空域系统包括：超过 690 个空中交通管制设施设备提供通信和监视服务；运行所需程序和安全标准，以及提供高效率服务的专业人员；为超过 19800 个机场提供起降服务，部分能够按照仪表飞行规则运行；大约 45800 名员工提供空中交通管制、飞行、安全、机场维护、人员培训及其他服务；大约 13000 个仪表飞行程序等。我国目前虽然还没有明确提出国家空域系统的概念，但组织支撑安全顺畅高效飞行活动所必需的基础设施设备、软硬件系统、法律法规体系和人员管理等要素是齐全的。

随着技术成熟、成本下降和普及化应用，无人机融入国家空域系统已成全球趋势。国际民航组织专门成立了遥控驾驶飞行器系统事务委员会，制定了《全球空中航行计划》《全球航空安全计划》，明确在 2023—2027 年期间，将无人机纳入空中交通系统，实施更加精准的运行程序。美国航空航天局 2012 年提出《无人机融入国家空域系统》，2013 年美国国防部和联邦航空局分别颁布《无人机系统融入国家空域系统路线图》。欧盟也在 2013 年提出了《将无人机融入欧洲航空系统的路线图》。2020 年 9 月，美国航空航天局完成了无人机系统融入国家空域系统项目，试验验证了相关技术和程序。国际民航组织一直推动 500～60000 英尺（150～20000 米）高度运行的无人机通过使用仪表飞行规则融入常规空中交通管理。

在航空器无人化、航空应用个人化、空管智能化迅猛发展的今天，传统意义上的军事航空、运输航空、通用航空的界线日趋模糊，同一空域结构下共存着民航空中交通管理系统、军航空中作战指挥系统，乃至下一层级的无人机综合管理服务系统。要做到随时随地"自由飞"、实现无人机/有人机大规模共域飞行，需要在现有有人机交通管理系统基础上，针对无人机融合运行需求，进行功能增补和升级改造，实现有人机/无人机共域融合运行交通管理与服务，主要包括：融合飞行的申请与审批、无人机飞行计划申报与管理、无人机不间断飞行监视、无人机融合运行管制指挥、电子围栏及告警服务、感知与避撞、管制员/无人机操控员管制话语与数据通信、无人机相关情报保障等功能；针对运行场景丰富、运行风险多样的特点，开展基于运行风险的适航管理，推动形成基于运行风险的民用无人机适航管理模式，确保飞行安全；明确不同空域准入条件和无人机系统空管保障设备配置和能力要求，让有需求的机型都能够"自由飞"；加强操控员培训，明确飞行资格标准条件；健全无人机空域管理和监控手段，建立形成试验、试点、试行的机制，做到应用场景全域覆盖、日常运行无缝衔接、突发情况（战时）平稳转换，有序推进无人机融入国家空域系统。

三、组织试验验证与评估

为适应未来无人机融合运行和监管需要，我国作为无人机大国，可以通过组织空域试验验证与风险评估，催生新的技术手段，促进空管系统和技术保障手段升级，全面提高空域管理水平。无人机空域管理问题是一个技术难点，相关研究比较少。如 2013 年全国无人机系统峰会出版的论文集，没有一篇涉及无人机空域管理问题[⊖]，2015 年的论文集也只有一篇相关论文。为有效利用空域资源，提高使用效率，推进无人机融入国家空域体系，需要由小到大、由少到多、由军用到民用，做好顶层设计，通过试验、试点、试行，逐步总结经验，不断完善运行规则，最终形成无人机隔离空域运行与融入国家空域系统的管理规范。

（一）进行空域规划运行试验验证

无人机空域规划设计是一个循序渐进、循环迭代、逐步优化的过程，需要通过试验验证不断检验，运用新技术、新法规、新政策迭代更替，这是一个长期的实践探索过程，不可能一蹴而就。欧洲航空安全局为建立全套监管体系，制定了到 2028 年长达 15 年的工作规划。我国民用航空局 2020 年 5 月下发《民用无人驾驶航空试验基地（试验区）建设工作指引》，2021 年 3 月印发《民用无人驾驶航空试验基地（试验区）管理办法》，并在北京延庆（综合应用拓展）、陕西榆林（支线物流）、上海金山（岛屿场景）、浙江杭州（城市场景）等多地建设民用无人驾驶航空试验区，在体制机制、政策法规等方面，为有序开展无人机空域规划运行试验验证奠定了基础，对促进无人驾驶航空行业管理与社会管理深度融合，统筹协调低空空域资源、提高资源使用效率具有重要意义。

2022 年 5 月，主要针对通用航空飞行活动，湖南省编制实施国内第一部低空空域划设方案——《湖南省低空空域划设方案》。在 3000 米以下划设了管制、监视、报告三类 171 个空域，97 条常态化低空目视航线，大大地拓展了通航飞行可用空域范围；同时，军地民联合印发全国第一个低空空域协同运行办法，以确保空域划设方案顺利实施；发布全国第一个覆盖全省的专项低空航图、编制全

⊖　谢海斌. "2013 中国无人机系统峰会"情况总结. 国防科大三院，2013.

国第一部低空空域目视飞行方法，进一步明确了"怎么飞"的问题。这些都为无人机空域划设使用探索了方法和思路。

组织无人机使用空域仿真试验和验证测试，开展禁飞区、限飞区、运行区、专用航线，以及常态化隔离空域划设、审批、发布与管理等无人机空域规划运行试验验证。美国根据《2012 年联邦航空局修订法案》，成立了无人机系统整合办公室，综合考虑地理气象、地面设施、研究需求、空域、安全风险等因素，选择了 6 个州作为无人机飞行测试的场所，围绕空域规划、空域分类使用、飞行安全、适航性、避免空域限制[⊖]等问题，研究无人机融入空中交通体系相关问题。我国可由国家空域主管部门牵头，根据无人机空域运行管理需求，梳理分类管理模式与流程，探索制定无人机空域管理标准体系框架和相关法规标准，为无人机空域管理体系建设探索可行的技术方案，同时也为空域管理体制深化改革提供借鉴。

一是充分利用研发机构、生产企业飞行器实验场地和专家队伍方面优势，跨单位、跨部门、跨企业建立无人机试验场，开放、匹配一定范围的空域，研究空域运行模式，测试飞行性能数据，探索无人机适航管理、登记注册、运行监管等实施办法，促进无人机飞行管理机制优化完善。如美国无人机试验中心——俄克拉荷马无人驾驶系统训练中心，就是由俄克拉荷马大学和切诺基实验室联合成立的一个国有非商业联合体，拥有 81 公顷的操控员训练区域，高度 6000 米以下、520 平方千米的训练空域，以及一个装备齐全的机场用于飞行试验。

二是建立专门试点空域及试验基地，为无人机执行多种不同类型任务、感知避撞技术、适航性研究试验提供条件。试飞空域及飞行场地划设，可以依托具有试飞试验能力的大型企业现有的资源；普通飞行空域及飞行场地试点划设在远离机场、人口稠密区等重要目标区域的偏远地区；不断扩大试验基地（实验区）范围，在对现有典型无人机应用场景和综合应用拓展试验成果和验证经验进行总结的基础上，逐步扩大试点范围和进行典型应用场景应用示范推广，为无人机生产研发提供可飞场所和试验空间，激发全社会科技创新活力。2018 年 8 月 30日，国家首批民用无人机试飞运行基地之一的华东无人机基地[⊜]正式对外开放；截至 2023 年 5 月，位于陕西榆林靖边的民用无人驾驶航空试验基地占地 5063

⊖ 美国空域限制类型：①敏感空域限制，对一些特定空域禁止 400 英尺以下所有类型、目的的无人机飞行。②临时飞行限制，限定了由于野火、化学品泄漏等临时危险状况、事件等而限制空中飞行的特定领域，包括有效范围、高度、时间段以及限制和允许的操作类型。③限制或特殊用途空域，包括禁区、受限区域、警告区域、军事行动区、警戒区域、控制射击区域、体育场和体育赛事。如在职棒大联盟等赛事前后一小时，禁止在体育场馆 3 海里半径范围内无人机作业。

⊜ 华东无人机基地位于上海市金山工业区，占地 1 平方千米，拥有 2 条长 800 米跑道，空域面积 58平方千米。

亩，跑道长 2400 米、宽 45 米，不限高度空域面积达到 5000 平方千米。这些试验基地为探索民用无人机合法合规运行、空域试点试飞提供了场地条件。

三是兼顾国土防空和飞行安全需要，为不同类型无人机飞行划设试航与飞行训练空域，为可能出现的无人机专用机场、起降点备留相应空域，或筹划设计用于穿越空中交通繁忙区域的空中走廊。2021 年 1 月，欧洲在比利时、法国、德国、西班牙等国启动了大型城市空中交通验证项目 CORUS-XUAM，进行大规模城市交通飞行以验证 U-space 概念。

四是在飞行需求相对集中的部分大城市建设专业飞行公园，开展与无人机飞行相关的专业推广、竞赛等活动，为无人机俱乐部和个人飞行提供开放共享的场地和飞行空域。

（二）加强空管保障设施设备试验

无人机固有特征，决定了其对空管服务保障设施设备的新要求，需要通过提高空管保障设备性能水平，实现空域精细化管理，进而提高空域利用率，满足各类用户空域需求。

在各级空管中心无人机管理系统基础上，建设完善相关空中交通管制保障设施，配置飞行计划和空管监视终端，实现无人机测控中心与管制系统之间飞行计划、监视数据的互联互通。飞行计划终端完成飞行情报信息编辑、发送和储存，进行飞行计划及任务的申报和协商；空管监视终端从管制中心系统获取监视数据，通过测控数据链获取无人机位置数据，经过数据融合处理，向无人机操控员提供飞行态势显示和告警服务，实现管制单位对无人机飞行的有效监视。通过空管保障设施建设和试验验证，试验无人机监视和指挥技术手段，提出无人机空管保障设备配置和能力要求，为空管保障设施建设提供指导。

试验验证无人机系统融入空管体系功能性能要求。为保障无人机所使用空域中其他用户的安全和自身飞行安全，无人机应当满足一定标准的通信、导航和监视性能要求，才能进入相应空域飞行。其性能要求应根据机型和空域使用需求进行分类，确定各类机型通信、导航和监视性能标准。对于进入航路航线或融合空域飞行的大中型机相应的通信、导航和监视性能要求需要经过充分的试验验证。

试验验证无人机精细化通导监能力。低空地理、电磁环境复杂多变，需要研究解决无人机空域运行，特别是低空公共航路相关地理要素快速识别与精准提取、三维净空范围确定等空管保障问题。湖南省强化低空监管网络建设，基本实现低空空域监视通信省域全覆盖。在新技术迅速发展背景下，需要加强以低空公共航路为核心的通信、导航、监视和航路气象服务等专用能力试验验证，利用高精度导航、新一代移动通信网等重要基础设施提高服务能力，为城市空中交通基础设施建设和安全高效运行提供关键技术解决方案。

（三）组织空域管理运行风险评估

无人机虽有特殊性，但在空域管理上应适应现有空域分类使用管理规则，针对不同类型、不同任务无人机，在多领域、全流程试验验证基础上，参考《民航空中交通管理安全评估管理办法》《民用无人驾驶航空器系统适航审定分级分类和系统安全性分析指南》《民用无人驾驶航空器系统安全要求》等，系统组织无人机空域运行风险评估，推进无人机有效融入我国国家空域体系，提高空域运行安全和资源使用效率。

组织无人机运行风险源分析。一是空中风险，即无人机对飞行中的飞机上人员造成的有害影响；二是地面风险，即对地面人员造成的有害影响；三是重要目标风险，如对重要首脑人物，以及桥梁、铁路、医院、发电站等关键基础设施造成的损害；四是环境风险，如噪声和视觉污染等环境危害。各种风险可能相互交织，如空中风险受空中交通密度、航空器类型等因素的影响，地面风险受人口密度、遮蔽物和障碍物、航空器的类型等因素的影响。空域运行中地面风险和空中风险在一定程度上是对应的，特别是人口稠密地区，空中相撞频率较高的地区也会带来较高的地面风险。

组织空域运行风险评估。一是围绕提升无人机安全性，建立科学规范的无人机空域规划、管理与运行风险评估机制，提升无人机空域管理信息化水平；二是借鉴国外无人机空域管理成熟经验和现有法规标准要求，综合评估无人机在现有空域结构、使用密度、作业类型、可能引起的安全风险和对军航活动造成的影响，以及无人机通信、导航、监视等能力；三是围绕空域分类设计、隔离空域规划、空域使用方法、空域安全风险、军民航空域协调机制等关键问题，设置空域结构、空域容量、飞行速度、飞行间隔、飞行高度等评估指标，建立相应综合评估模型，形成无人机空域管理运行风险评估指标体系；四是结合我国空域特点和无人机典型运行场景，研发包括空域分类设计、隔离空域规划与评估、进离场飞行程序设计、空域安全风险评估、空域准入要求验证等功能在内的无人机空域规划设计与评估系统和验证环境，支撑运行管理评估科学高效；五是注重采取专家定性评估与仿真定量评估结合的方法，分析空域安全性、经济性、灵活性、使用效率，实现无人机空域运行优化完善，推动无人机科学运行、高效运行、安全运行。

第十八章
发展信息化手段，提高管理效率

科学技术是第一生产力。无人机作为信息时代的产物，在加强多方监管的同时，需要充分运用信息化手段，针对不同类型无人机和应用场景，研发装备科学高效的预警、探测、通信、管理系统，物化"软"干扰压制和"硬"摧毁技术手段，建设一体化综合监管服务平台，形成基于信息网络的覆盖全空域、全谱系、智能化的信息化管理和服务体系。

一、有机融入空管监控体系

与有人机相比，无人机虽然存在特殊性，但只有通过安装、发展机载通信、导航设备，提高融入现有空管监控体系能力，才能让自己飞得更安全、更自由。

（一）构建完善探测监控体系

提高空中探测监控和跟踪掌握能力，需要根据无人机产品特性和应用情况，研究建立探测识别、跟踪监视、防御反制"三位一体"无人机监控与防范技术体系。随着我国低空空域进一步开放，监控系统建设应围绕无人机应用需求，从原来的以航路为主向全空域转移，加快对新一代监视技术的研究与应用，高空中低空兼顾，逐步实现对全空域所有无人机目标的覆盖与监视，并据此进行实时跟踪监控和处置。

完善低空监视体系。围绕无人机监视、识别与反制，基于传统预警监控体系构建多层次低空空域监视网络，集中力量探索创新技术手段，固定与机动监视相结合，陆基与星基监视相结合，并利用软硬结合反制手段，逐步建立低空、超低空预警监控防御体系，解决低空、超低空监管盲区问题，实现对合作和非合作目标的有效监控和主动防控。

多手段融合互补。在重要的政治、经济、军事设施设备周围和城市重点区域，综合应用一次雷达、二次雷达、ADS-B、多点定位、C2链路、4G/5G移动蜂窝网络、北斗导航通信和网络云系统等技术手段，解决"合作"目标的监视问题。开展无源定位技术、三坐标雷达、电磁频谱探测等技术研究与应用，以应对"非合作"目标。

通过人工智能技术降低虚警识别能力。为进一步提升目标识别和验证能力，使系统能够自主确定所发现的无人机是否构成威胁，可通过大数据、云计算和人工智能技术，降低对人工判断的依赖。美国 2016 年研制的 UAVX 反无人机系统中，利用多普勒雷达、红外摄像机等多种不同技术来探测、识别和跟踪无人机，通过人工智能技术对无人机自动分类，可有效降低虚警，减少对人在回路识别判别的要求。

（二）提高机载导航系统性能

区分不同类型，无人机机载导航系统主要有惯性导航系统、无线电导航系统、卫星导航系统、组合式导航系统等。针对单一导航方式的缺点不足，无人机导航多应用组合导航方式。比较典型的如 GPS/INS、GPS/北斗等组合导航系统。组合导航系统余度大、可靠性好、整体效能高，可以综合利用来自不同传感器、不同渠道的多种信息源，使其自主导航、抗干扰能力等大大增强。因此可将北斗卫星导航系统与 GPS 导航系统、惯性导航系统深度融合，进一步加强无人机导航的可靠性和精确性。

（三）构建人机实时联络通道

《无人驾驶航空器飞行管理暂行条例》第二十四条明确规定，"除微型以外的无人驾驶航空器实施飞行活动，操控人员应当确保无人驾驶航空器能够按照国家有关规定向无人驾驶航空器一体化综合监管服务平台报送识别信息。微型、轻型、小型无人驾驶航空器在飞行过程中应当广播式自动发送识别信息。"对不同类型无人机构建人机实时联络通道提出了具体的要求。

实现管制员与无人机操控员之间高效联系。有人机管制过程中，管制员与飞行员之间能够通过多种途径建立有效联系，飞行员可以执行来自 ATC 服务和 TCAS 给出的避撞建议。而无人机主要由操控员进行远程控制，无法主动接收并执行来自 ATC 的服务。因此在无人机飞行监控过程中，可通过无人机空中交通管制系统或无人机云系统，建立飞行管制员与无人机操控员之间的有效联系，使无人机操控员能够及时接收执行管制命令，或者来自空中交通管制服务、空中交通告警与防撞系统给出的避撞措施及建议。同时，按照《民用无人驾驶航空器系统空中交通管理办法》要求，飞行活动中使用无线电频率、无线电设备应当遵守国家无线电管理法规和规定，且不得对航空无线电频率造成有害干扰。未经批准，不得在民用无人机上发射语音广播通信信号。

通过测控数据链提高联络能力。国内无人机数据链系统经过多年发展，研制装备了视距数据链、通信中继数据链或卫星中继数据链，通过数据链回传载机位置、高度和其他飞行参数，实现对近程、短程、中程和远程无人机的遥控、遥测、跟踪定位和载荷信息传输。目前，用于视距链路的主要是 UHF、L、C、Ku 频段，用于卫星中继链路主要是 S、Ka 频段，通信中继数据链主要是 C、Ku 频段，并开始采用 Ka 频段。目前视距数据链作用距离可达 400 千米，超视距卫星链路作用距离超过 2000 千米。地面测控站根据测控数据链回传的位置等信息，实现管制单位对无人机的有效监视。

使用北斗短报文功能构建联通渠道。与 GPS 等导航系统不同，北斗卫星导航系统除提供无源导航、定位、授时服务外，还具有短报文服务功能，最新北斗三号区域短报文通信服务最长可达 1000 个汉字。在无人机飞行监控过程中，可使用北斗短报文服务功能建立管制员与无人机控制人员之间的有效联系，使管制人员能够为无人机及其操控员提供更直接的服务和指挥。

（四）提高感知避撞防撞能力

民用航空领域防撞体系，主要包括程序防撞、ATC 服务、空中交通告警与防撞系统（TCAS）和"看见避撞（See and Avoid）"原则等。无人机上由于没有操控员，应主要采取"感知避撞"运行原则。目前无人机隔离运行方式属于程序防撞策略，无法应对偏离预定飞行计划、突然闯入隔离空域的飞机。受成本、重量、功耗等限制，大多数轻小型无人机没有装备高精度惯导、雷达、光电吊舱等防撞及传感器系统。有效规避空中风险，需要通过开发和应用与无人机相匹配的自主感知规避技术，实时感知周围环境，并根据获取的信息自主实施机动规避以消除安全隐患。根据运行方式不同，可以通过合作型感知探测和非合作型感知探测两种方式提高感知避撞能力。

合作型感知探测主要包括空中交通告警与防撞系统（TCAS）和广播式自动相关监视（ADS-B），能够直接精确获取目标飞机的状态信息。TCAS 主要用于有人机，价格昂贵，无法在中小型无人机上广泛采用。为了解决日益增多的无人机空中碰撞风险问题，需要在降低价格、减轻重量和减少能耗基础上，重点围绕移动蜂窝网络通信技术、ADS-B 设备（UAT⊖和 1090ES 数据链模式）、LTE 无线通信、北斗卫星导航通信等，研发高分辨率、高灵敏度的小型雷达、红外、激光探测、快速自动检测与识别、自主规避等先进技术，以及空中交通告警、防撞系统和广播式自动相关监视设备，使其能够及时探测、识别正在逼近的各种飞行器及其他障碍物，并在飞控系统控制下做出相应机动规避动作，从而提高无人机"感知与规避"能力，避免发生碰撞事故。

⊖　通用访问收发信机数据链是专为 ADS-B 通信设计的 L 波段数据链路。

当前应借鉴民航空中交通管制实践经验，加强 ADS-B 技术无人机监管应用。针对相关技术难点，通过在飞行量大或特定区域、航路航线建设使用地面接收站，未来基于低轨星座 ADS-B 技术，天地联网构建形成全域监控态势，解决无人机监视范围受限的问题；通过增加 GPS、移动通信基站、WiFi 热点等联合定位的方案，解决定位失效问题；运用 ADS-B 与视觉避障相结合方法，提高对周围其他飞机的位置感知能力，实现无人机自主避障飞行；通过测向定位以及数据库网络查证等方式，解决无人机假目标、假航迹问题。同时将自身的位置、速度等信息传输给其他航空器和地面监控中心，实现对无人机的精确监视。随着 ADS-B 应答机小型化技术快速发展[⊖]，无人机配备 ADS-B 技术成为重要发展趋势。

强制加装电子标识。《无人驾驶航空器飞行管理暂行条例》第九条明确规定，民用无人驾驶航空器系统生产者应当按照国务院工业和信息化主管部门的规定为其生产的无人驾驶航空器设置唯一产品识别码。为了满足中小型无人机低空管制需要，这类识别码不只是注册和信息标识，而是物化为唯一可用于监管系统识别的电子标识。可参考物联网和车联网技术，选择运用紫蜂协议（ZigBee）[⊜]和 4G、5G 移动通信网络定位技术，提高低空超低空环境下的识别能力。

非合作型感知探测系统中飞行器彼此间不通信，只能采用一次雷达、光电等主动检测方法，感知探测视场范围内的所有物体包括飞机以及地形、障碍物、鸟类等非合作型目标。需要加强基于惯性测量、激光雷达等非合作式感知避撞技术研发，提高探测精度、计算能力和轨迹预测能力；充分发挥高分辨率相机作用距离远、分辨率高、抗干扰、体积小、重量轻的优点，在中小型无人机上安装运用紧凑、低重量、低功率的光电传感器，整体改善无人机的感知避撞能力。

此外，还可以通过为无人机地面控制站配备观测员的方式，提高无人机防撞能力。经过专门培训，这些观测员具备无人机系统设备知识和操作技能，熟悉相关航空法规。在无人机飞行或起降过程中，可以协助操控员加强飞行空域观测，避免发生碰撞事故。

（五）增强信息交互服务能力

《无人驾驶航空器飞行管理暂行条例》第二十三条明确规定，空中交通管理机构和民用航空、公安、工业和信息化等部门、单位按照职责分工采集无人驾驶航空器生产、登记、使用的有关信息，依托无人驾驶航空器一体化综合监管服务

⊖ Sagetech 公司研发的 XP ADS-B 应答器重量只有 100 克左右，体积只有信用卡大小。

⊜ ZigBee 技术是一种短距离、低功耗的无线通信技术，是基于 IEEE 802.15.4 标准的低功耗局域网协议。其全球频段为 2.4GHz、欧洲频段为 868MHz、北美频段为 915MHz。来源于蜜蜂的八字舞，由于蜜蜂（Bee）是靠飞翔和嗡嗡（Zig）抖动翅膀的舞蹈与同伴传递花粉所在方位信息，从而构成了群体中近距离、低复杂度、自组织、低功耗、低数据速率的通信网络。

平台共享，并采取相应措施保障信息安全。这为加强无人机信息共享和提高交互服务能力提供了法规保障。

建立完善信息共享交互体系。无人机管理涉及单位多，协同关系复杂，信息交互多样。为确保管理体系高效顺畅运转，需要综合考虑国家空管机构以及民用航空、工业、市场监督管理、公安以及无线电管理等机构部门之间的无人机综合监管信息共享需求，空域管理、军民航运行管理、低空飞行服务、机场运行保障以及空防警戒等部门之间的无人机运行管理信息交互需求，以及无人机运营相关方和社会公众的公共信息管理与发布需求，完善无人机信息交互、共享流程，建立多级信息共享交互体系，打通相关信息壁垒，推进无人机管理系统与有人机空管系统、通航飞行服务系统有效集成与融合，为支撑多方协同共管提供管理信息管理、交互与服务支撑能力。

以点带面实现信息融合。根据相关区域无人机飞行密度、空管设施、地形条件、气象条件等实际情况，合理配置与运用多种监视手段，并行获取监视数据；通过数据组网传输系统技术，将不同区域、多种监视手段获得的数据实时传输至空管服务平台；通过数据融合处理系统，实现各类数据信息的接收、解析、融合，以及综合显示及其他扩展应用功能，满足无人机监管需求。

以信息共享推动主动融入。无人机加装空管设备将提高制造成本，减少载荷能力，提高飞行成本。在非强制情况下，无人机拥有者和使用者不会主动加装相关设备。因此只有使无人机相关方能够通过加装 ADS-B 应答机、感知避撞等设备，获得飞行自由和实际应用中的效率和便利，才能真正调动其主动加装的意愿。空管系统将融合处理后的无人机相关空域和其他目标监视信息，实时反馈发送给无人机操控员和所有者，增加其对飞行区域飞行情况实时感知能力，了解飞行流量密度，主动避撞其他飞行活动，令其飞行更加安全高效，从而推动前期研发设计和后期主动加装空管设备的意愿。

二、构建"软硬"结合反制体系

应对低空飞行的无人机，传统的地面防空武器打击或直升机空中捕获，成本高效果不佳，而且可能对地面目标和人员造成附带损伤。自古有"矛"便有"盾"，对于无人机这种低慢小航空器，随着技术与装备发展，对其探测跟踪能力不断提升，干扰、拦截、诱控非合作无人机的手段日益丰富，呈现出多样化、专业化、智能化和低成本的特点，具有快速、灵活和效费比高的优势。通过构建"软硬"结合的综合体系以实现高效反制，正在军事、反恐、安保以及民用等领域发挥着越来越重要的作用。《无人驾驶航空器飞行管理暂行条例》第六十二条第十四项定义的无人驾驶航空器反制设备是指，"专门用于防控无人驾驶航空器违规飞行，具有干扰、截控、捕获、摧毁等功能的设备"，也表明无人机反制是由软硬两种手段共同构成的。

（一）创新"软"干扰欺骗手段

软干扰主要是通过运用光电对抗、控制信息干扰、数据链干扰等技术，实施定向"软"干扰压制，使无人机自动驾驶与控制、通信、动力等系统失效，从而降低甚至丧失其主要功能。

阻塞压制干扰。在无人机飞行区域附近，部署电子干扰设备，针对无人机任务载荷、导航系统、测控及数传链路，特别是针对 400MHz 到 5.8GHz 范围内特定频段进行大功率压制阻塞式干扰，破坏无人机和操控员之间的控制与通信链路，甚至切断远程控制、定位及图传信号，使其接收不到真实信号，迫其飞行失控、自行降落或自动返航。

无线欺骗劫持。围绕卫星导航欺骗劫持、遥控信号欺骗劫持、黑客技术欺骗劫持等方式，通过发射无线电欺骗信号，实现对非合作无人机导航遥控系统的诱骗劫持。同时，还可与区域电磁环境管理系统相结合，通过发射区域增强导航遥控信号保障授权无人机正常飞行的同时，实现对非合作无人机的驱离、劫持与迫降。当无人机未按原申报计划飞行，飞出隔离空域或违规飞入重要目标、重大活动场所等禁入空域时，飞行管理平台向无人机地面站发出预警告警信息，提示其返航，但若此时无人机操控员仍未按照提示操控无人机，或无人机未按操控飞行，并进行可能产生危险的活动，地面管理端可以采用技术手段接管或迫降无人机，以保证国家重要目标和人民生命财产安全。

（二）构建"硬"打击防卫体系

很多情况下，常规干扰通信链路、导航定位和机载设备的"软"手段有时效果并不明显，还需要依托"硬"打击手段构建形成体系化网络化综合防卫体系，依据侦察测控系统提供的情报信息，运用合理的战术战法，对无人机实时实施硬摧毁。

使用传统弹炮防空系统。传统小口径高炮、防空导弹等常规拦截打击武器，是打击违规飞行无人机、特别是军用无人机的有力武器，杀伤力大、震慑力强、技术成熟，但其缺点也很明显：成功率和效费比低，且有误伤误炸可能，属于"大炮打蚊子"，不适用于城市街区、会场赛场等人员密集场所。近年来，国外发展的反无人机武器系统主要有，美国陆基"密集阵"系统、德国"螳螂"系统、意大利"德拉古"76 毫米防空系统、俄罗斯"莫尔菲"防空导弹系统等多管联装微小导弹及速射武器系统等。以色列军方和安全部门研制的小型"硬"打击手段，如 Hero30 自杀式无人机，能够自动寻找目标无人机并将其撞毁。俄罗斯"铠甲"弹炮一体防空系统，可拦截飞行速度不超过 500 米/秒的无人机，导弹和高炮的最大射程分别为 12 千米和 4 千米。

研发新概念武器。激光和微波武器等新概念定向能武器，具有快速、精准、灵活、高效、性价比高的优势，可实现对无人机的精确毁伤，可以成为反无人机的利器。防御一方可以在重大活动、重要目标、关键时段，与其他反制武器装备一起，共同构建高低互补、整体联动的主动防卫网络。

以"机"反"机"。以其人之道还治其人之身，是中国的传统战法。利用无人机灵活、快速、机动、高效的优点，空中打击或网捕违规无人机，可有效避免对地面人员及财产造成伤害，在一定程度上解决传统火力打击方案存在的过度毁伤问题。此类系统安全有效、成本较低、部署方便、操作简单、机动力强，可作为政府应急指挥、空域监管、公安和地方执法机构等执行安全保卫、反恐防暴、打击走私、边境巡逻等多领域任务的重要手段。

构建综合防卫体系。基于"软"杀伤手段，组合传统弹炮打击、激光武器、微波武器、网捕装备等硬杀伤设备，实现远、中、近程的打击手段的合理布局；通过信息数据组网传输系统，将不同位置、不同功能的监视设备、反制设备联网协同，形成中远程预警、识别和末端防卫打击的无人机低空防卫体系；对于重大活动中可能出现的动态变化区域，根据反制需要，通过车载基站、网捕无人机和末端打击武器系统，使用定向高速机动方式，提高防卫能力。

（三）明确反制行动法律适用性

根据《中华人民共和国民法典》，无人机的所有权属于个人，其他任何人无权进行干扰劫持。根据《中华人民共和国行政处罚法》《中华人民共和国治安管理处罚法》，公权力对私权利的介入有严格的边界，否则将造成对私权利的侵犯。从地面管理端劫持无人机，对私权利的使用权将构成侵犯。

对此，《无人驾驶航空器飞行管理暂行条例》第四十三条指出，"军队、警察以及按照国家反恐怖主义工作领导机构有关规定由公安机关授权的高风险反恐怖重点目标管理单位，可以依法配备无人驾驶航空器反制设备，在公安机关或者有关军事机关的指导监督下从严控制设置和使用。无人驾驶航空器反制设备配备、设置、使用以及授权管理办法，由国务院工业和信息化、公安、国家安全、市场监督管理部门会同国务院有关部门、有关军事机关制定。任何单位或者个人不得非法拥有、使用无人驾驶航空器反制设备。"需要注意的是，装备使用单位不包括空管相关单位，即空管单位实施在运行管理过程中无权接管和反制无人机。

这一管理条例，一方面，为军队、警察以及授权单位从严设置使用无人机反制设备、组织反制行动提供了法规支持。另一方面，无人机反制装备与反制行动条文还比较粗放，未来还需要进一步明确无人机反制设备部署、装备范围，完善针对干扰、截控、捕获、摧毁等接管反制任务，细化法律法规条文和政策支持，使执法人员在有法可依的基础上，提高应对处置的操作性。

三、发展网络化智能管理系统

空中交通管理（ATM）系统的起源可以追溯到 20 世纪 50 年代。随着无人机快速发展，网络化智能化无人机空中交通管理系统作为服务无人机运行和管理的重要基础平台，对于加强无人机飞行管理具有重要作用。

（一）确立建设思路

2016 年 5 月，国务院办公厅印发《关于促进通用航空业发展的指导意见》，明确由民用航空局负责建设通用航空安全监管平台，实现飞行动态实时监控。2023 年 6 月公布的《无人驾驶航空器飞行管理暂行条例》第二十三条明确，国家空中交通管理领导机构统筹建设无人驾驶航空器一体化综合监管服务平台，对全国无人驾驶航空器实施动态监管与服务。这对于整合前期研究成果和系统功能，实现统一监管，发挥好规划、监视、控制、处置，以及统计、分析、评估、建议的作用，通过技术手段推动解决无人机"看不见、摸不着、管不好"的问题，具有重要的指导作用。

我国无人机管理系统建设，要以"互联网+"战略为指引，充分考虑各类无人机管理要求，需求牵引技术、技术推动需求，在工商、工信等部门生产、用频许可基础上，充分运用先进技术手段，借鉴无人机云系统成果，接入完整准确实时的通信、导航、监视、情报等信息，研究建立基于数据链、卫星导航、地基星基 ADS-B、网络云等新技术，由军民航空管部门，公安、体育、气象等政府监管部门，运营公司和普通用户间相互协作的具有智能网络管理功能的综合监管系统。

建立健全地理信息、航图系统、管制区域、任务监管、数据收集与存储等系列数据库，按照统一标准和协议进行信息融合处理，突出在线注册管理、飞行任务审批、飞行诸元接收与符号化展示、任务匹配与预警等功能，为用户提供及时高效的注册认证、计划申报、空域使用、气象、救援等空管服务，培育守法飞行、有序飞行、安全飞行环境，为监管部门提供有效管理平台，实现资源科学高效规划、配置、调度和飞行安全管理。

提高系统开放性，全面兼容各种军民用无人机，适应多种管理机制，应对多种不同情况。在空管系统建立完善管理服务系统的同时，在公安部门建立民用无人机公共安全监管系统，有关注册登记、飞行动态等信息相关监管机构共享。

充分利用国家空管科技创新体系力量，发挥好分布于国家科研机构、高等院校的国家空管新航行系统、飞行流量管理、通信导航、运行安全、自动化系统技术等重点实验室，工程技术、论证评估、法规标准等研究论证中心、空管科技自主创新基地等作用，全面系统推进无人机管理系统建设发展。

（二）研究建设需求

在运行管理机制上，基于无人机各项政策法规和建设标准，针对我国无人机发展现状，着眼不同地区、不同行业，研究不同飞行平台、不同载荷在常规、应急模式下无人机的飞行管理要求；设计适用于我国国情的无人机系统注册、任务申报、空域分级释放、飞行监管、信息资源数据实时发布等机制；优化系统审批功能，提高用户空域审批的时效性、便捷性和规范性，使用户能够实时关注空域管理动态，自觉服从和纳入空管部门统一管理；研究与现有空管机制对接或映射策略，明确无人机管理系统运行管理机制。

在系统功能实现上，通过提供生产企业及终端用户注册登记、飞行申请审批、监视预警信息处理、空域规划和动态配置、地形及恶劣天气规避、飞行路径规划调整、飞行间隔调配等服务，为大中小等多种类型和植保、电力巡线、遥感测绘以及警备飞行、海关缉私等不同飞行任务提供管理和保障支持，确保无人机安全飞行和有效操控。

在监视信息处理上，利用卫星导航网络与4G/5G无线通信技术，借鉴现有空管系统雷达监测管理模式，分析无人机系统任务类型、飞行范围和高度、任务执行单位、选用机型和传感器型号等信息；在体积和重量允许情况下，通过安装机载S模式应答机、GPS和ADS-B设备以及相关数据链地面站，监视信息接收处理、按需共享无人机位置、速度、飞行路径等飞行参数；系统对于相互接近的有人或无人飞行器，做出潜在风险方位和冲突级别预警，自动根据相对距离、航向以及当前的飞行高度等信息评估风险，提供不同风险应对策略。

在空域服务管理上，基于无人机加装主动避障、遇险报警等功能设备和电子围栏、限飞区域等固化软件，根据空域划分使用情况，将部队机场、日常训练飞行、战备巡逻等军航主用空域，机场、航路航线等民航主用空域，以及空中危险区、空中限制区等特殊使用空域，写入系统功能模块，形成基于网络、可实时更新的空域管理功能，提高无人机自主规避和区域限飞能力，防止空中相撞或误入禁飞限飞空域。

在飞行任务规划上，设置空中交通规划员，基于通用的地理信息和航图系统，对无人机飞行任务进行规划，通过自动化智能化支持决策工具，进行动态规划和航迹控制，预警干预越界飞行，实现快速任务规划和实时飞行落点管理。如发现存在冲突可能，系统能够提前规划飞行路线或做出避撞动作，及时强制其下降高度或迫使其降落。

在信息管理共享上，聚焦国家层面无人机综合监管对全域数据汇聚、多方信息共享、权威信息发布等需求，构建国家、区域、分区多级国家无人机综合监管与信息服务体系；按照用户权限和管制需求共享信息、协同决策，形成无人机空管数据统一管理、监管信息共享交互、面向管理方和用户的信息按需服务三大能力；基于三维地理空间数据库、飞行管制空域数据库、飞行器注册数据库、飞行任务监管数据库、信息元数据库等相关数据库，全流程管理无人机数据的收集、贮存、积累、检索、使用、更新、管理，实现分类管理功能，监管部门可按需查询使用，支撑无人机空管顶层决策和协同监管。

在组网接口规范上，基于传统空管系统数据格式，统一无人机相关数据格式标准；研究基于卫星导航/GPRS/4G/5G 网络的飞机编号、位置、速度、高度、航向等飞行诸元与管理平台之间的接口协议，制定空管信息映射数据接口规范。

（三）分步开展建设

以需求牵引技术、技术推动需求，基于前期积累的无人机管理技术及系统试点验证经验，采用数据链、卫星、计算机、网络等相关领域新技术，分步建设全国无人机综合监管与服务平台。

围绕统筹发挥各级通航机场和无人机专用起降点作用建设发展智能化数字塔台，提升无人机空管综合保障能力，促进地方产业转型升级。利用高清摄像头和视景增强、AI 等技术，采用多种监视手段和视频直播等方式将空中飞行和机场态势引入远程管制中心，打破物理条件限制，实现远程空中交通管制服务；通过引入增强全景视屏和人工智能安全网络，在低能见度条件下提升空中、跑道和站坪安全性；多个机场共用一个管制中心，实现对多机场并行管制，缓解机场成本压力，解决通航机场或无人机起降区域相关专业管制员短缺、体系建设不完善等问题。

继续推进省域（市域）无人机综合监管平台试点工作，在总结深圳、海南无人机综合监管平台（见图 18-1）建设经验和建设成果基础上，选取条件成熟的低空空域管理改革试点省（市），进行无人机综合监管平台与低空通航飞行服务平台的区域融合建设探索，助力低空空域改革和低空产业经济发展。

抓紧全国无人机综合监管体系及平台建设，构建集空域管理、飞行安全管理、公共安全管理、公共信息服务于一体的，涵盖军航、民航、地方政府（公安、工信、市场监管等）多要素的无人机综合监管体系，建设涵盖国家级无人机综合监管系统、区域级分区级无人机空域管理系统、省级无人机行业监管终端的全国无人机综合监管平台，打通军航、民航、公安、工信、通航等系统间的信息协同共享渠道，实现跨部门、跨行业、跨系统的无人机综合监管。

图 18-1　海南省无人机综合监管平台首页

■■■■■■

第十九章
加强联合力量建设，提高
协同处置能力

　　无人机安全事件影响主要在空中，而管理的源头在地面。若地面监管不力，升空后再处理，往往事倍功半。需要依据无人机管理法规，综合使用军队含武警、公安等执法处置力量，基于空管部门后台支撑，优化管控程序方法，利用专业管控手段，齐心协力抓好无人机管理工作，最大限度地减少对国家安全、飞行安全和公共安全的影响。

一、完善军地联合管控机制

　　军队空防力量的主要任务是应对外部军事威胁，维护国家领空主权和安全，无法也没必要专门针对无人机常态担负应对处置任务。对于无人机，特别是轻小型无人机低空违法违规行为管理，在工信、工商、海关等行业管理部门研发生产管理基础上，主要依靠公安和武警力量进行空中特情处置。

（一）分析违规行为属性

　　分析近年有关事件，无人机违规飞行问题主要体现在两个方面：
　　一是合作目标违法违规飞行，主要是消费级无人机，以及测绘、航拍等行业应用级无人机操控人员，因不了解合法飞行知识、不具备操控能力，或为了避免申报程序、心存侥幸心理，误入管制空域和重要目标上空。如 2013 年 12 月首都机场以东空域无人机非法航拍，2014 年 5 月 31 日不明无人机误入北京中南海区域，2017 年 4 月成都地区双流机场附近连续 9 起无人机扰航事件等。
　　二是敌对或非合作目标有意侵扰或主动攻击行动。如 2018 年 8 月委内瑞拉总统马杜罗在首都加拉加斯遭 3 架无人机攻击，2023 年 5 月后多起无人机对俄罗斯首都莫斯科的袭击事件等。这类行动均可能因政治敏感性被放大强化，损害国家地位形象，造成重大政治影响。

（二）明确联合管控职能

《无人驾驶航空器飞行管理暂行条例》第三十九条指出，空中交通管理机构、民用航空管理部门以及县级以上公安机关应当制定有关无人驾驶航空器飞行安全管理的应急预案，定期演练，提高应急处置能力。县级以上地方人民政府应当将无人驾驶航空器安全应急管理纳入突发事件应急管理体系，健全信息互通、协同配合的应急处置工作机制。第四十二条，无人驾驶航空器违反飞行管理规定、扰乱公共秩序或者危及公共安全的，空中交通管理机构、民用航空管理部门和公安机关可以依法采取必要技术防控、扣押有关物品、责令停止飞行、查封违法活动场所等紧急处置措施。进一步明确了相关职能部门协调配合履行监管的重要职责，是做好无人机管理特别是地面管理工作的基本依据。

军队力量的职能主要是对外。主要任务是应对外部军事威胁，维护国家领空主权和安全。应对处置无人机违规违法飞行主要是基于体系化的军队空防力量，建立多层次、远中近、低中高空结合的综合防御体系，应对大中型非合作目标有意侵扰，重要时节、重大活动期间可以同步担负首都核心区或其他重点地区低空应对处置任务。

公安、武警力量的职能是对内。主要依靠其合理布局、人员众多、快速反应能力应对处置小微型合作目标无意违规违法飞行。不断加强包括无人机空中违法违规行为在内的安全监管，是法律法规赋予公安机关的职责，也是维护社会稳定、确保公共安全的现实需要。《无人驾驶航空器飞行管理暂行条例》第四十一条指出，"对空中不明情况和无人驾驶航空器违规飞行，公安机关在条件有利时可以对低空目标实施先期处置，并负责违规飞行无人驾驶航空器落地后的现场处置。有关军事机关、公安机关、国家安全机关等单位按职责分工组织查证处置，民用航空管理等其他有关部门应当予以配合。"既明确了军队、公安和空管等职能部门协调配合履行监管的职责，又强调了公安机关在低空管理联合执法中落地处置、违规查处、地面管控等方面的执法地位和作用，这是做好无人机违规违法飞行应对处置工作的基本依据。

民航空管部门是飞行管理的主体。空管部门依托空管和无人机管理系统，开放有关通信、导航、雷达设备，为民用无人机飞行提高飞行服务和保障；全程评估飞行风险，在发生空中紧急情况或违规飞行时，提示或协助操控员将无人机机动至预定空域，视情协调相关机场调整起降架次和飞行流量，调配在空航空器相互避撞；若无人机失去控制，启动应急程序措施，保证空中安全。

（三）建立联合管控机制

建立责任清晰、措施有效、齐抓共管的联合管理机制。《无人驾驶航空器飞行管理暂行条例》第三十九条要求，"县级以上地方人民政府应当将无人驾驶航空器安全应急管理纳入突发事件应急管理体系，健全信息互通、协同配合的应急处置工作机制。"需要在国家联合对空防御大体系下，建立完善军地互相通报、联合排查和应对处置等机制，制定军地联合处置防控行动方案，加强情况掌握、应对处置和行动督导。

建立完善地面管理指挥处置机制，以公安部门为主体，军队、民航、体育、海关、工商等部门参加，强化地面管理，安全关口前移，把不安全因素和各种风险化解在地面，将违法者控制在地面，为守法者提供方便、快捷、周到的飞行保障；在军队指挥机构支持下，联合地方政府、当地军民航建立军地联合监管、空地联合应对处置工作机制，特别是县级以上人民政府建立完善相关应急处置机制；涉及无人机生产、销售、经营、培训、使用、管理的行政机关、企事业单位和社会团体，建立本行业、本系统无人机应急处置机制，完善应急处置预案；基于全国及区域性无人机管理系统，以及公安指挥系统建立民用无人机公共安全监管系统，建立完善责任清晰、措施有效、齐抓共管的联合管理机制，提高联合监管和快速处置能力，做到有章可循、有法可依、无缝衔接、实时高效。

（四）组织联合管控行动

基于大区域动态联合管控体系，组织联合管控行动。军队空防战备力量常态化警戒执勤，随时应对无人机等不明空情或违法违规飞行。充分发挥公安力量分布范围广、获情渠道多、具有民事执法权的优势，加强地面排查，建立可靠通联手段，对于危及公共秩序或者公共安全的，依法采取拦截、迫降、捕获等技术防控措施，迫使其强制着陆或返航。对于飞行安全意外事故，公安、应急管理等部门配合飞行管制、民航部门依法开展的调查处置。同时，赋予警卫警备部队、机动作战部队和民兵应急分队等，重点对军事禁区、军事管理区等区域内的无人机侦测处置任务。

发挥民航空管部门飞行管理主体作用。空管部门依托空管和无人机管理系统，开放有关通信、导航、雷达设备，为民用无人机飞行提高飞行服务和保障；全程评估飞行风险，在可能发生空中紧急情况时，协助操控员将无人机应急机动至预定空域，视情协调相关机场调整起降架次和飞行流量，调配在空航空器相互避撞；若无人机失去控制，启动应急程序措施，保证空中安全。

优化发现、通报、拦阻、处置程序方法。相关各方不断优化查处方案、指挥与调度、应急预案准备与执行等程序方法，军地各方同步协同处置。军队出动有关执勤值班兵力，主要采取地面监控、升空拦截、空中击落等措施，将其迫降或击落后，派出地方人武部民兵应急分队，协助地方公安人员及时进入肇事空域地区，及时查扣、管制违法违规人员、装备，依法处理相关人员。当国家举行重大活动期间，提前发布通报，公布限飞区域和限飞时段，对有关区域进行全程监控。

组织临机专项应急管控。在加强日常监控的同时，组织重大活动前，加强核心区域、重要时段地面排查，临机设置电子干扰装备或划设电子围栏，提前预置无人机主动监测设施设备，限制违法违规无人机升空或接近核心区域。对于已经升空的，可采取无线干扰"软"打击和激光、网捕等"硬"打击手段将其"击落"，或就近选择迫降场实施迫降。为应对临机管控需求，一些地方政府和公安机关均比较重视重大节庆和活动期间的无人机管理。2017年2月9日至12日福建泉州元宵灯展期间，当地公安部门在展区设立观察瞭望哨，成立了无人机反制小组，加强违规无人机管理。

二、强化公安机关处置力量

2022年，全国各地公安部门都建立起警用无人机飞行队伍，警用无人机保有量超过一万架[⊖]，为有效执行各类任务提供了新的技术手段。从应对处置角度考虑，需要针对无人机快速发展形势，进一步为公安力量列装侦察、干扰、捕获、摧毁等无人机专用管控装备，有针对性地加强管控训练，不断提高新时代无人机管理能力。

（一）研发列装专业管控装备

配备加装侦测设备。针对无人机飞行特性，在重要目标区域围墙、建筑物顶端加装红外侦测报警设备，在户外监控探头加装画面动态检测报警模块，及时发现入侵无人机；装备具有专用雷达、声学、光学传感器无人机综合探测系统，提前发现违规无人机；配备低空"千米眼"，如航程短、任务区域相对空旷且比较固定的系留式旋翼无人机，利用地面连线供电，长时间不间断滞空工作，及时反馈实时监控态势，为某些特定区域无人机监视和反制行动，提供相对长期而使用灵活的监视手段。

配备加装专用反制装备。通过装备各型无人机干扰反制装备，全面覆盖监控范围内的无线电干扰器和移动通信信号，切断干扰范围内无人机与操控员的联系，打造安全的"金钟罩""铁布衫"；装备手持式以及车载机动式察打一体激光武器，增加应对处置手段。

⊖　中国人民警察大学警务装备技术学院朱红伟院长在深圳第六届世界无人机大会上的讲话。我国警用无人机保有量已突破一万架. 智能科技网，2022-08-15.

强化警航直升机、无人机力量。在部分重点城市，组建警用航空特种应对处置分队[⊖]，装备电子干扰、激光打击等专用无人机反制装备，作为空中执法利器。一旦发生无人机等"低慢小"目标风险事故，空中与地面警力协同，快速升空查证处置。

配备无人机"捕手"。根据防卫反制需求，装备小型便携、使用灵活的专用无人机反制"捕手"，一旦发现入侵无人机，在实施电子、声波等干扰后，及时起飞将其拦截擒获，完成任务立即撤收。2015 年 12 月 10 日，日本针对无人机修订的《航空法》正式生效，根据新的《航空法》，如果无人机闯入禁飞区，且在警方发出警告后仍不离开，警方便会使用底部挂载的 2 米×3 米面积捕网的无人机，拦捕违法无人机，为此日本东京警视厅专门成立了无人机分队。

一些国家还研究了"天敌式"无人机反制手段的可行性。荷兰警方与一家公司合作，通过训练老鹰把无人机当作潜在猎物，从而进行抓捕并带回到鸟巢。虽然训练成本高昂、缺乏稳定性，但强烈的反制需求使其成为反制选项之一。为了提高敏感地区低空处置能力，法国也训练了一批猛禽对付在核电站附近出没的无人机。在训练中，一只凶猛的金雕和一架无人机在空中缠斗多个回合，最后金雕抓住了无人机。从现实发展情况看，这种反制手段训练的难度、使用的范围和应用的可行性等，难以在大范围内推广成为高效的无人机反制手段。

（二）突出平战一体管控训练

顺应低空空域安全保障和无人机管控需要，优化公安力量部署，制定无人机管控预案，并通过对方案预案、系统装备、操控水平的训练演练，强化无人机防范处置能力。

突出公安力量地面防控训练。将查处无人机空中威胁列入年度训练计划，实现违规违法无人机处置行动制度化、规范化；明确空中特情处置方法程序，建立和完善无人机应对处置流程和方式方法；推动人员思维方式由传统二维平面向三维立体型转变，加强快速机动、空中监控、软硬打击等实战应用训练和综合演练，提高处置技能，强化心理素质，保持常备不懈，随时做好应对处置准备；与民用航空局、工业和信息化部、体育总局等行业主管部门，以及主要无人机生产

⊖ 大多数警用无人机采用碳纤维材料制造、安装专业云台、可搭载精密仪器，具有实时图传和数传、高度灵活性、高度适应性、易操纵性、安全稳定性、低成本等特点。它既是民用无人机的重要组成部分，也是无人机技术开始军民融合的重要体现，不仅用于反制无人机，而且可以在多个领域广泛应用。2022 年 1 月，公安部警用装备采购中心公布的警用航空器入围 29 家公司 90 款产品，探测反制装备入围 70 家公司 282 款产品。

商合作，围绕快速获取空中飞行动态信息，快速进至事发现场区域，选择具有代表性的无人机类型进行针对性模拟处置演练，熟悉各种情况，提高应对能力。

加强警用无人机及反制装备运用训练。作为软硬件结合的新型警用装备系统，公安部门装备的警用无人机系统包含了无人机、任务设备、地面控制站、地面配套设备，既可巡察监视，也能快速应对处置，已成为公安业务系统的重要组成部分。快速高效使用对人员专业技能提出了更高的要求，需要突出无人机系统与公安现有成熟业务系统的融合运用训练，系列专用管理装备的实际运用训练，大型活动的综合演练，不断提高空中情况搜集掌握、违规违法情况预判、应对查处命令下达等指挥决策效能和实时应对处置能力。

三、提高军队低空处置能力

与公安力量相比，军队防空力量应对中高空非合作目标具有先天优势。在此基础上，加强军队低空超低空应对处置能力，提高现有防空系统使用效率，可以进一步增强军队作为反制无人机专业力量的作用。

（一）加强低空防空部署

军队防空力量主要是地空导弹、弹炮合一防空系统和高炮，以及用于空中作战的歼击机、直升机等。通过优化编成结构、科学部署力量、挖掘武器装备潜能，提高对中低空小型目标探测距离、识别速度和精度，快速准确捕获、跟踪、锁定并进行打击，可以在常态化担负国家空天防御任务的同时，用于防范各类无人机威胁。俄罗斯军队特别重视莫斯科地区对空防御。莫斯科市防空兵力部署共分为四层：最外层距市中心 130～150 千米，重点监视周边 500 千米、高度 60～50 千米空域；第二层距市区 70～80 千米；第三层距市区 30～40 千米，可同时拦截 180 个空中目标；最内层距市中心 5～10 千米，部署空天防御兵指挥所和 3 个防空旅指挥所。2014 年索契冬奥会期间，俄罗斯空军在索契周边部署了 6 套"铠甲-S"防空系统，重点防范恐怖组织利用无人机等"低慢小"飞行器袭击。2023 年 5 月后，莫斯科市连续遭到无人机袭击，表明对于低空和超低空无人机防御，仍是一个世界性难题。

同时，注重发挥各种力量优长。赋予警卫警备、机动作战、武警、预备役部队和民兵应急分队等兼负低空和末端防控处置任务，形成高中低空互补、侦打防控一体的反无人机体系部署。中部战区作为首都地区空防主要力量，常年担负空防战备任务，应对无人机等"黑飞"行为的成功处置实践，可以作为借鉴⊖。

⊖　杨清刚，刘军．严惩"黑飞"，依法守护空防安全：中部战区依法查处地方人员违规飞行事件纪实．解放军报，2018-04-10.

（二）组建专门处置力量

党和国家重大活动期间，军队可以抽组专门力量，担负特定时期、特定范围内无人机等"低慢小"目标防卫战备值班执勤和应对处置任务。围绕特定防卫任务，成立专门空中安保指挥机构、运用固定与机动式指挥信息平台、划定临时空中管制区域、调整监视雷达部署、增设近程防空武器、增加直升机执勤起降点，优化应对处置战术、技术和程序方法，提高早期预警、快速反应和应急处置能力，加强对包括无人机在内的非合作"低慢小"目标的监视和管控。

（三）配备专用武器装备

根据防卫任务和防卫目标特点，为相关战区空军、陆军及武警部队，装备手持式与车载式激光武器、专用电子干扰设备、网捕无人机，以及直升机机载察打一体激光武器等专用无人机反制武器装备。小型固定式（含车载式）察打一体激光武器，可以安置在执勤制高点或主要建筑物顶端，缩短从识别到打击的反应时间，快速反制违规进入警戒区域的无人机。

（四）加大联合演训力度

组织室内推演。根据联合作战条令条例、无人机法律法规要求和年度训练计划安排，借鉴以往无人机违规违法飞行处置案例，围绕重点区域、重点方向，紧密结合防卫实际，设置演练背景，构想演练课题，设计演练想定，研究建立各种力量间指挥协同关系，检验完善指挥流程、反制战术、技术保障的程序方法，探索军地联合保卫重要目标空中安全和反制非合作无人机目标的方法和思路。

组织实兵演练。基于联合防卫任务，组织军队防空力量、武警部队以及地方公安应对处置力量，围绕无人机空中突发情况，演练早期预警、目标发现和应对处置程序方法，提高全系统全要素快速反应和实战应对能力。例如，俄罗斯军队在举办 APEC 峰会、冬奥会等大型活动前，多次举行拦截无人机等"低慢小"目标演练，动用米-8 型直升机和雅克-18 型初级教练机，扮演低空入侵目标，组织米-24 型直升机、苏-25 型强击机及防空导弹系统，对入侵目标进行搜索、拦截和模拟攻击，取得了较好的训练效果。

组织演训交流。通过多种方式，组织不同部门、不同单位无人机处置力量，围绕处置想定、处置案例、处置程序方法、手段运用等，进行实际中低空对空防御行动和空中特情应对处置演练，相互学习借鉴，提高各单位各部门全系统、全要素、多场景反制违规无人机的能力水平。

第二十章
完善培训教育体系，营造知法守法氛围

无人机作为一种智能硬件产品，在为用户提供多种应用功能的同时，也对操控人员提出了特殊的要求，其飞行安全很大程度取决于操控员的使用习惯、操控技能、安全意识与社会责任，需要监管部门、科研机构、生产厂商、终端用户等各方共同努力，不断完善培训教育体系，营造知法守法氛围，把各类用户和人民群众对无人机的巨大热情，转化为知法守法框架下合规有序的具体行为。

一、加强飞行安全教育

加强无人机使用管理规章宣传和安全意识养成，引导主流传媒渠道和自媒体正确解读政策和宣传法规常识。

（一）纳入教育培训体系

无人机虽然"无人"驾驶，但作为飞行器依然需要"有人"操控和保障，所不同的是驾驶方式变了，对任务规划、空域选择、现场操控、危险避撞等能力素质提出了很高的要求。即使是消费娱乐级微轻型无人机使用人员，也需要了解航空法规、熟悉操作手册、掌握操控技能、能够应急处置。2016 年至 2020 年间，无人机操控员理论考试的通过率为 65.55% ~ 93.21%。这说明无人机操控员队伍的理论基础总体上还比较薄弱。没有理论指导的实践，势必对无人机安全飞行造成影响，而当事人有时还不自知。因此需要通过加强宣传教育和系统培训，使相关的理论知识、安全标准、政策法规等在相关人群中家喻户晓，打牢无人机安全飞行的基础。

纳入教育体系。加强法律法规宣传和安全教育，将普及航空知识、提高空防意识教育纳入大中小学国民教育和国防教育体系，提高公众航空法制意识；建立完善教育培训体系，在体系框架内加强从业人员培训和安全教育，增强守法和规章规则意识；航空社会团体开展专业教育培训，强化相关人员基础理论知识和实际使用技能。

宣传安全常识。通过广泛的宣传教育，让相关人员了解常见无人机的种类、特点和功能及其可能带来的危害，认清当前空域使用的复杂形势和违规飞行可能引发的重大安全问题，剖析无人机事故案件典型案例及其利害关系，澄清模糊认识，争取广泛理解支持，在社会层面营造知法守法和合法飞行的良好氛围。不违规飞行，不在禁飞区、机场净空保护区等场所放飞无人机等常识，应成为无人机使用人员和运营单位恪守的安全底线。

引导社会认知。通过各类媒体、地方宣传部门，将无人机飞行管理规定、空域管理规定等航空法规，纳入年度宣传工作计划，通过电视、报纸以及电子媒体等进行有意识、有组织、有步骤的宣传报道；在商场、网店等售卖无人机场所设置宣传警示标志和安全用语，引导用户按规定购买和使用；加强沟通协调，发挥无人机生产厂家、相关协会等社团群体作用，发放教育宣传材料，提高领域宣传效果；根据有关规定，在机场、要害部门、部队等重点区域，张贴明显的禁飞标牌标语，明确行为规范，争取理解支持。

强化职业责任。无人机的每一次飞行都会有风险，鲁莽、蛮干、出风头都是飞行大忌。应通过强化职业责任、专业精神、科学态度，使无人机操控员的每次飞行既要对自己负责、对无人机负责，更要对飞行安全负责，在头脑中强化安全责任、固化安全理念。

（二）拓宽信息交互渠道

对于个人和单位等终端用户，通过网络、报刊、广播电视等媒体，利用国家权威网站、无人机专业论坛及微信公众号，专项普法宣传等方式⊖，行业展会、年会、论坛⊖等时机场合，以及民用航空局、无人机研发生产单位等网站，发布权威政策规章、探讨空域使用、警示飞行安全事件、交流安全使用心得，不断提高安全意识。

互联网络平台。利用民航资源网、无人机网、宇辰网（见图20-1）、中国民航网（见图20-2）、百度贴吧等官方和非官方开放共享式互联网公众平台，加强航空政策法规宣传教育，广泛宣传违法飞行查处事件，在公众中树立依法飞行的正确舆论导向。通过发布要地防空区域、保护区、禁区、限制区、机场净空保护区等限制区域和相关航空法规，为用户划设包含时间、水平和纵向范围的四维禁飞空域红线，使无人机用户能够提前识别安全风险，减少违规飞行发生。

⊖ 如2017年3月5日，华东空管局启动上海民用无人机安全飞行普法宣讲，向无人机使用者普及无人机持证飞行、安全制度规定等知识，并围绕如何保障无人机应用安全科学发展进行交流研讨。

⊖ 如"尖兵之翼"中国无人机大会暨展览会已经连续举办多届。

图 20-1　宇辰网首页

图 20-2　中国民航网无人机频道

手机应用程序。随着移动互联网用户快速增长,手机应用 APP 方式已成为传统计算机互联网平台的替代者。美国 FAA 为了使无人机飞行员能够知晓无人机的合法飞行区域,获得最新的安全飞行区域资讯,将"B4UFLY"应用(APP)免费发布于 iTunes 和 Google Play 平台,苹果 iOS 和安卓 Android 操作系统,智能手机用户可以免费下载使用。我国大量民用航空和无人机相关网站也推出了自己的手机 APP,如"优凯飞行(U-CARE)"等,可以作为无人机政策、资讯、法规、学习等的宣传平台。

微信、微博等新媒体。国内政府机关、社会团体、专业传媒、知名领域大 V 等建立了很多关于无人机的微信公众号、微博,如无人机、无人机杂志、无人机世界、无人机监管、环球无人机等,可以成为宣传推广无人机安全飞行、守法飞行、科学飞行的舆论、安全与技术的阵地。

传统纸制媒体。通过编辑出版《中国空管》《空中交通》《无人机》等民航及无人机相关研究专著、专业教材、行业期刊等资料,发挥其系统专业化媒介教育宣传作用。

生产企业平台。对于研发生产企业,可以围绕无人机产业各个环节,贯穿产销用管全过程,通过行业规章、行业标准、行业准则、行业倡议和学习培训等方式[一],加强无人机生产、销售、运营、使用等安全理念,强化安全责任,加深法规理解,提升守法意识,促使研发生产者和终端使用者更加自觉地在法律法规允许的范围内行动,防止因不熟悉相关制度规定而违法。

二、健全专业培训体系

不同于传统有人驾驶飞机,大多数轻小型无人机系统为机、站、链一体化设计,操控员在地面进行操纵,起飞、着陆等飞行阶段和执行任务需要地面操控人员直接控制。期间只能通过数据链路从遥控设备获得无人机当前的状态参数、外围环境信息,存在直观信息少、时间有延迟、动态信息量大等问题,对操控员和操控机组提出了较高要求,而大中型无人机的专业性操控强度更大[二]。因此,要针对不同类型无人机特点,加快制定教育培训大纲,建立完善的教育培训体系,通过系统化、模块化培训,由低到高、由易到难、循序渐进,不断提高无人机操控、管理和保障人员水平。

⊖ 如 2017 年 3 月 16 日,民航华北局在京举办了"华北地区无人机企业安全运行管理培训班",邀请民用航空局飞标司、中部战区空军、北京市公安局和 AOPA 协会专家现场授课,辖区 80 多家无人机企业代表参加了培训。

⊖ 根据俄罗斯联邦 B23534-79"人-操作员国家标准,体力繁重和脑力繁重程度标准",属于脑力和体力繁重程度 3-4 级(3 级为繁重的、紧张的;4 级为非常繁重的、非常紧张的)。

（一）强化持证飞行

统计表明，人的因素是影响无人机飞行安全[⊖]主要因素之一。虽然还没有比较权威的民用无人机统计数据，但军用无人机统计数据可以作为参考。美国空军2000—2012 年 82 起无人机 A 级飞行事故原因主要是 6 大类（操纵原因、意外危害、原因不明、飞行器原因、地面站、链路）和 6 小类（飞行器原因细分为机体结构、发动机、飞控、航姿、电气、软件），近 80% 的与操纵原因和飞行器原因有关。其中，2004—2006 年，共有 15 架"捕食者"无人机坠毁，其中的 12 架由人为过失造成。这反映出人的因素在事故中所占比例很高，对于操控大中型无人机，必须通过专业化的训练，熟练掌握操控技能，取得飞行执照才能成为一名合格的无人机操控员。

经过正规训练的航模爱好者大都非常注重飞行安全，很少主动或意外造成安全事故甚至触犯法律。对于无人机也是如此，只有具备了基本的航空知识、操控技能和安全常识，才知道什么该做、什么不该做，更好地把握飞行安全，成为空中安全体系中的合格成员。因此，需要考虑操控员培训情况、飞行经验，针对不同类型、不同用途无人机，加强相关人员培训和资格证管理，明确执照管理制度，对考取执照人员，进行必要的背景调查，建立相关数据库并定期更新，确保安全可控。未来会同一些航空大国建立执照互认制度，让依法取得证照的人员充分享受自由飞行和融入空域系统的利益。加强对无证、无照或者其他违法飞行的查处，通过因势利导、区别对待和规范化的证书、执照管理，提高飞行水平和守法意识。

目前，按照《无人驾驶航空器飞行管理暂行条例》第十六、十七条相关要求，操控小型、中型、大型民用无人驾驶航空器飞行的人员应当具备一定条件，并取得相应民用无人驾驶航空器操控员执照；从事常规农用无人驾驶航空器作业飞行活动的人员无须取得操控员执照，但应当由农用无人驾驶航空器系统生产者按照国务院民用航空、农业农村主管部门规定的内容进行培训和考核，合格后取得操作证书；操控微型、轻型民用无人驾驶航空器飞行的人员，无须取得操控员执照，但应当熟练掌握有关机型操作方法，了解风险警示信息和有关管理制度。

近年来，民用航空局飞标司逐步推出相关政策，如调整大型无人机操控员执

⊖ 衡量飞行安全水平的主要参数是飞行事故率，对于有人驾驶飞机来说，军民航有不同的统计标准。我国空军是按每万飞行小时严重飞行事故（包括一等事故机毁人亡、二等事故飞机损毁人员安全）的次数来统计的。美国空军以每 10 万飞行小时 A 级飞行事故（含机毁人亡和损失在 100 万美元以上的飞行事故）的次数来统计。国际民航组织既按架次，也按飞行小时来统计飞行事故率，通常为每百万架次事故率，折合成每百万飞行小时事故率约减半。

照训练和考试要求，提出采用基于胜任力模型的训练方法，引入执照训练飞行模拟机标准，提出自动化执照实践考试相关要求和部署实践，不断细化实践考试标准执行要求等，为强化持证飞行打下了良好的基础。根据 2018 年 8 月民用航空局飞标司《关于调整无人机驾驶员证照管理模式的通知》，目前个人申请执照和等级流程如下：

① 个人通过访问"飞行人员信息咨询"网站（http：//pilot. caac. gov. cn）无人机栏目，登录"民用无人机驾驶员执照个人申请"页面。点击注册按钮以注册个人账户，同时通过个人手机短信完成验证。

② 后台审核通过后，单击"报名考试"按钮，按照系统要求选择不同执照或等级及考试地点后，上传相应资料提交考试申请。单击"报名结果"按钮获取本人报名审批的结果。

③ 满足咨询通告《民用无人机驾驶员管理规定》（AC-61-FS-2018-20R2）中取得相关无人机驾驶员执照或等级的要求后，民用航空局将颁发云执照。

注意：自 2023 年 6 月开始，个人申请执照和等级可以登录民用无人驾驶航空器综合管理平台（UOM）系统（https：//uom. caac. gov. cn）进行个人账户注册和提交考试申请。

（二）完善培训体系

随着无人机操控员队伍需求快速增长，需要建立健全科学高效、正规有序、循序渐进的无人机及其系统操控员培训体系，通过系统的教育培训，大量培养合格的无人机系统操控员，满足消费娱乐和行业应用需要。目前，针对无人机行业的快速发展，在统一部署安排下，无人机人员培训体系可以设置研发生产单位、航空及高等职业院校和行业协会学会⊖三类。

1. 研发生产单位

依赖生产制造企业强大的技术力量，对无人机用户进行出厂前基础培训，辅助用户采购后专项培训，帮助用户熟悉基本性能、主要结构、操控要点，针对承担的航空拍摄、电力巡线、农业植保、安保警卫等专业任务，掌握实际操控技能。无人机用户也可以在使用过程中，围绕实际应用中发现的问题和不足，选派人员到研发生产单位学习，或聘请研制单位、生产企业专家担任兼职教师，到终端用户进行辅助授课，以不断提高理论素质和实操能力。

⊖ 依照《社会团体登记管理条例》，学会和协会同属于社会团体，具有一定程度的相似和交叉，但两者也有区别。协会主要是企业家或相关单位自愿组成的产业性、行业性社会团体，根本任务是通过统计行业信息、企业运行情况，市场调研与价格协调、制定行业标准等达到行业自律的效果，更多地代表企业与政府沟通，参与国家产业政策的研究与制定，反映企业要求，维护企业权益。相对而言，学会由于远离经济利益和商业经营，科学性、中立性和权威性更好一些。

在民用航空局统一部署下，大型企业可以充分利用研发实力，围绕产品特点，建立专门培训机构，增加培训数量，提升培训质量，满足市场快速发展的需求。

2. 航空及高等职业院校

无人机及其系统覆盖政府、军队和民航等多个领域，具有技术密集、创新快速、技术综合和行业应用范围广泛的特点，可以由代表航空领域科技发展水平，引领航空科技未来发展趋势的军地相关航空院校，以及高等职业院校，承担无人机人才培训任务。多年来，我国已建立了一批适应航空现代化发展的专业院校，健全和完善了教学体制，造就了大批航空专业人才，无论是硬件还是软件建设，都有相当坚实的基础[⊖]。同样，近来高等职业院校十分重视无人机专业，并取得快速发展。根据教育部公布的数据，2020 年、2021 年、2022 年，开设无人机专业的高等职业院校分别为 312 所、391 所、469 所，上涨趋势非常明显。利用这些教学资源，可以全面设置无人机学科，增加无人机培训班次，建立相关研究机构，用于无人机专业人才培养。同时，也可依托由中国航空学会与各地政府合办的航空特色学校，培养无人机人才。

对于无人机管理专业人员培养，可以依托中国民航大学、北京航空航天大学、南京航空航天大学、中国民航飞行学院等院校空管相关专业院系，开设无人机管理专业，充实师资力量，编写、发行专业教材，扩大人才培养规模。

军队航空专业院校也可以发挥军民融合优势，建立军民融合人才培养体系，培训军地通用型无人机操纵、运营、研发、管理等相关人员，实现地方建设、国防动员和军队现役、预备役人才建设同步推进。

普通中等专业学校和高等职业技术学院可以通过增加无人机专业，丰富人才培训渠道。2019 年 6 月教育部研究确定《中等职业学校专业目录》新增补的 46 个专业中，包括了航空摄影测量、无人机操控与维护 2 个无人机相关专业。前者包括无人机测绘方向，后者包括无人机装配、修理、应用和操控四个方向。2021 年 3 月，教育部印发《职业教育专业目录（2021 年）》，又新增了"无人机测绘技术"专业，而高等职业教育本科专业新增的是"无人机系统应用技术"（见表 20-1）。

3. 行业协会学会

《无人驾驶航空器飞行管理暂行条例》第六条明确规定：无人驾驶航空器有关行业协会应当通过制定、实施团体标准等方式加强行业自律，宣传无人驾驶航

⊖ 截至 2020 年 12 月 31 日，我国境内符合中国民航 CCAR-141 部的飞行学校共有 41 所。此外，美国、澳大利亚、法国、加拿大等国有 35 所境外航校持有有效的 CCAR-141 认可证书。中国民用航空局飞行标准司. 中国民航驾驶员发展年度报告（2020 年版）. 2021-03-11.

表 20-1　中高职院校开设无人机专业情况

分　　类	专　业　类	代码与专业名称
中等职业教育专业	62 资源环境与安全大类 6203 测绘地理信息类	620304 航空摄影测量
	66 装备制造大类 6606 航空装备类	660601 无人机操控与维护
高等职业教育专科专业	42 资源环境与安全大类 4203 测绘地理信息类	420307 无人机测绘技术
	46 装备制造大类 4606 航空装备类	460609 无人机应用技术
高等职业教育本科专业	26 装备制造大类 2606 航空装备类	260604 无人机系统应用技术

空器管理法律法规及有关知识，增强有关单位和人员依法开展无人驾驶航空器飞行以及有关活动的意识。行业协会、学会，作为专业学科发展的重要组织者和引领者，具有专家群体、信息汇聚、灵活高效等优势，能够快速跟踪掌握并传播最新前沿科技，可以面向广大会员和公众开展无人机相关人员基础培训，提供建议咨询。能够部分承接政府转移职能，不仅可以发挥行业协会学会跨部门、跨地区、跨行业的组织优势，而且可以展现协会学会等在政府和社会之间的中介桥梁作用。

2012 年开始，中国航空器拥有者及驾驶员协会（AOPA）起草了民用无人机驾驶员资质管理规范，从人员、设施要求、训练课目、考试权限和运行规则等方面，对训练机构提出了明确要求，组织编制了相关培训教材，开展了培训及考核，搭建了训练合格证管理系统，并与民用航空局有人驾驶飞机执照管理系统联网，初步形成一套比较规范的民用无人机操控员资质管理体系和制度机制。这些探索为民用航空局统一无人机操控员执照培训体系发挥了重要作用。

同时，行业协会也可以授权委托飞行俱乐部、生产企业、民营公司等，组织无人机宣传与培训，通过课程讲授、实际操控、答疑咨询、体验飞行等方式，了解无人机知识，掌握操控技能，感受飞行乐趣。最终经民用航空局审定合格的训练机构，可以作为独立法人按照市场化原则自主招生，赋予开放、充分的市场空间，让更多的飞行爱好者通过系统专业的培训，成为合格的无人机操控员。

（三）明确技能需求

无人机及其系统是"人、机、站、链"高度融合的复杂系统。作为无人机专业人员，应具有宽厚的基础理论和扎实的专业知识，如飞行器常识、空气动力学、空域和航路航线、空管保障，以及气象学、法律法规等航空专业知识，以便更好地理解飞行、规范飞行。在扎实的理论基础上，提高操控技能。主要需求如下：

机长及操控员，掌握无人机构造及飞行原理，通信及遥控技术，发射回收操作技能，空域申请与空管通信、航线规划、系统检查程序，以及规避航空器、发动机故障、链路丢失、回收迫降等应急飞行程序指挥等，可以安全准确完成任务飞行操控，能够查找并修复简单故障，具备准确分析和解决飞行实际问题的能力。

地面基站人员，能够勘测选定基站位置并进行架设调试，掌握航线设计验证方法，熟悉无人机地面检查程序方法，可以利用相关设备对飞行轨迹进行实时监控。

保障人员，熟悉无人机系统结构，熟练掌握无人机组装调试、维护保养，能进行无人机故障判断与维修处理等。

管制人员，熟练使用无人机管理系统，掌握所在地区空域情况，实时监控辖区无人机飞行情况，通晓飞行计划申请、审批和空域临时调控程序方法，能够快速查证处置无人机相关空中突发情况。

无人机培训机构要根据能力需求，根据不同无人机类型，编写、修订无人机操控员培训教材，建立基于网络的考试题库，丰富并完善考试系统，严控考核质量，培养符合能力需求的合格无人机操控员。

（四）规范培训内容

从培训内容上看，有人机、无人机操控员的共同点是：能够熟练、安全地操控航空器在三维空间内飞行，完成既定的飞行任务。不同点是：有人机主要用脑、眼、手、脚采用"第一人称视角"驾驶方式，无人机主要用脑、眼、手采用"第三人称视角"驾驶方式操控航空器。民用航空局无人机驾驶员管理相关规定，对其航空知识和飞行技能培训内容做出了比较具体的要求，可以成为无人机操控员培训的基本规范。

基础理论。主要包括航空法规、无人机系统概论、航空器空气动力学基础和飞行原理；机场周边飞行、防撞、无线电通信、夜间运行、高空运行、飞行要求与程序等知识；识别临界天气状况，获得气象资料的程序，以及航空天气报告和预报的使用等气象学知识。

专业理论。主要包括无人机飞行控制、任务载荷、导航定位、航电和通信、遥控系统、地面站设备、任务及航迹规划、无人机系统运行管理等内容。

模拟训练。区分不同训练要求，逐步运用由小型至大型、低速到高速、简单到复杂，高低搭配的不同类型无人机模拟训练平台，既包括操控员专用技术训练型模拟器，也包括针对无人机系统各岗位的综合模拟训练系统，进行综合仿真环境下虚拟飞行训练和多岗位人机组合训练，充分发挥模拟训练安全、经济、可控、可重复、无风险、不受气候条件和场地空间限制的优点，快速提升操控技能，积累空中特情处置经验，缩短训练周期，降低训练风险，提高训练效益。

飞行训练。通过地面训练，完成与所申请无人机系统等级相应的训练课程：起飞和着陆要求、正常和应急飞行程序操作；操控完成飞行速度、续航能力、爬升率、转弯率等飞行性能；航空通信、导航、监视等通信、导航和监视功能运用。训练方式上，采用中小型无人机进行先期培训，逐步过渡至大中型机。培养团队协作能力，多架无人机操控员之间在适应飞行任务、执飞空域间的协调、适应随机情况变化，逐步达到"放单飞"水平，具备独立操控无人机起降与飞行的能力。

行业应用训练。通过模拟器及行业应用型无人机开展专业科目训练，如森林防火无人机火情探测、灭火剂投放训练，电力无人机日常巡线、特情处置、机组协同等专项训练，提升操控员专业操控水平。

围绕各类培训内容，加强系统支撑保障。针对培训电子记录，明确记录数据规范，辅之以经批准的无人机云系统作为科学有效的管理手段，实时获取无人机飞行信息，同时记录在操控员个人训练档案中并进行持续跟踪记录，为无人机操控员培训质量提供依据和保障。

未来，随着无人机系统智能化水平不断提升，过去以前端作业人员为主的无人机操控服务将转化为以后台自主控制为主，使对无人机专业人才的需求从无人机操控员逐步升级为任务执行工程师或任务规划设计员。这种需求转变也将对无人机专业学科建设、培训内容体系优化、操控员培训带来实质性影响。

结　语

2018 年 2 月 15 日，中国传统春节联欢晚会，300 架无人机组成 3D 立体海豚，跃过港珠澳大桥，变幻出 "新时代" 三个巨型大字，为人们献上了一场新奇壮丽的视觉盛宴。整齐的编队、复杂的造型，克服了现场高功率灯光、无线信号对定位系统的干扰，以高难度的集群控制技术，向全球展示了中国制造和中国创造的实力。

2021 年 5 月 18 日，深圳龙岗大运体育中心，5164 架无人机同时飞行表演，再次刷新了一个多月前 3281 架 "最多无人机同时飞行" 的吉尼斯世界纪录……这场竞赛将随着技术的发展永远进行下去——数量已不是技术发展的极限。

2021 年 7 月河南发生特大水灾期间，国产翼龙-2H 应急救灾无人机于 21 日 14 时 22 分从贵州安顺机场起飞，经过长途飞行，18 时 21 分进入河南省巩义市米河镇上空，通过融合空中组网、多点中继技术，建立了覆盖 15000 平方千米的音视频通信网络，实现了图像、语音、数据互联，累计接通用户 3572 个。无人机不仅仅是人们手中的娱乐和生产工具，它已深入社会生活的方方面面，深刻影响着新时代国家建设发展和人民幸福生活的方向。

2023 年 10 月 13 日，亿航 EH216-S 无人驾驶载人航空器系统获颁我国民用航空局型号合格证，这是世界电动垂直起降无人机的世界首证。它表明该机符合我国安全标准与适航要求，具备了载人商业运营资格。这是我国在世界 eVTOL 领域取得的超越西方发达国家的跨越性进步，对于培育航空产业新业态、探索绿色航空新赛道必将产生重要影响和巨大推动作用。

无人机产业的发展，与国家科技实力的提升密切相关，我们必须坚定不移地走军民融合式创新之路，在更广范围、更高层次、更深程度上把无人机产业纳入国家创新体系之中，实现两个体系相互兼容同步发展，使产业创新得到强力支持和持续推动。无人机管理能力的全面提升，则是这一产业得以健康发展的重要保证。

面对无人机安全与管理的诸多问题，需要立足我国航空产业发展方向、无人机产业发展大势、空中交通管理实际和空管空防现实需求，把握用户、服务和监管多元视角，通过政府机关、生产企业、行业部门、使用人员等方面共同努力，借鉴体系思想和工程化方法，从产业政策、法规标准、管理体系、信息系统、资源规划、试点验证、教育培训等方面进行统筹规划和顶层设计，政策、技术和管理协调推动，从而逐步建立起安全、高效、科学的无人机管理体系，为产业长期良性发展搭建指导框架，为应对发展中的新矛盾、新问题提供思路，为我国无人机依法管理、科学管理、高效管理提供源源不断的动力。

无人机的广泛应用正在重构空中交通管理新格局。以飞行管理为核心的无人机综合管理是一个新兴的全球性、系统性课题。在可预见的未来，我们将可能建设智能化的、基于网络的国家数字天空，依托国家政策牵引、科技突破和市场化力量，通过大数据、云计算、区块链、人工智能技术，汇集、融合、共享各类航空数据信息，规划设计融合飞行空域，拓展共用、专用航路航线，为包括无人机在内的各类航空航天器，提供优质的空中交通管理与服务，占据未来无人空中交通管理的制高点。

沈威力

附 录

附录 A 《无人驾驶航空器飞行管理暂行条例》

2023 年 06 月 28 日，中华人民共和国国务院、中华人民共和国军事委员会令第 761 号公布，自 2024 年 1 月 1 日起施行。

第一章 总 则

第一条 为了规范无人驾驶航空器飞行以及有关活动，促进无人驾驶航空器产业健康有序发展，维护航空安全、公共安全、国家安全，制定本条例。

第二条 在中华人民共和国境内从事无人驾驶航空器飞行以及有关活动，应当遵守本条例。

本条例所称无人驾驶航空器，是指没有机载驾驶员、自备动力系统的航空器。

无人驾驶航空器按照性能指标分为微型、轻型、小型、中型和大型。

第三条 无人驾驶航空器飞行管理工作应当坚持和加强党的领导，坚持总体国家安全观，坚持安全第一、服务发展、分类管理、协同监管的原则。

第四条 国家空中交通管理领导机构统一领导全国无人驾驶航空器飞行管理工作，组织协调解决无人驾驶航空器管理工作中的重大问题。

国务院民用航空、公安、工业和信息化、市场监督管理等部门按照职责分工负责全国无人驾驶航空器有关管理工作。

县级以上地方人民政府及其有关部门按照职责分工负责本行政区域内无人驾驶航空器有关管理工作。

各级空中交通管理机构按照职责分工负责本责任区内无人驾驶航空器飞行管理工作。

第五条 国家鼓励无人驾驶航空器科研创新及其成果的推广应用，促进无人驾驶航空器与大数据、人工智能等新技术融合创新。县级以上人民政府及其有关部门应当为无人驾驶航空器科研创新及其成果的推广应用提供支持。

国家在确保安全的前提下积极创新空域供给和使用机制，完善无人驾驶航空器飞行配套基础设施和服务体系。

第六条 无人驾驶航空器有关行业协会应当通过制定、实施团体标准等方式加强行业自律，宣传无人驾驶航空器管理法律法规及有关知识，增强有关单位和人员依法开展无人驾驶航空器飞行以及有关活动的意识。

第二章 民用无人驾驶航空器及操控员管理

第七条 国务院标准化行政主管部门和国务院其他有关部门按照职责分工组织制定民用无人驾驶航空器系统的设计、生产和使用的国家标准、行业标准。

第八条 从事中型、大型民用无人驾驶航空器系统的设计、生产、进口、飞行和维修活动，应当依法向国务院民用航空主管部门申请取得适航许可。

从事微型、轻型、小型民用无人驾驶航空器系统的设计、生产、进口、飞行、维修以及组装、拼装活动，无需取得适航许可，但相关产品应当符合产品质量法律法规的有关规定以及有关强制性国家标准。

从事民用无人驾驶航空器系统的设计、生产、使用活动，应当符合国家有关实名登记激活、飞行区域限制、应急处置、网络信息安全等规定，并采取有效措施减少大气污染物和噪声排放。

第九条 民用无人驾驶航空器系统生产者应当按照国务院工业和信息化主管部门的规定为其生产的无人驾驶航空器设置唯一产品识别码。

微型、轻型、小型民用无人驾驶航空器系统的生产者应当在无人驾驶航空器机体标注产品类型以及唯一产品识别码等信息，在产品外包装显著位置标明守法运行要求和风险警示。

第十条 民用无人驾驶航空器所有者应当依法进行实名登记，具体办法由国务院民用航空主管部门会同有关部门制定。

涉及境外飞行的民用无人驾驶航空器，应当依法进行国籍登记。

第十一条 使用除微型以外的民用无人驾驶航空器从事飞行活动的单位应当具备下列条件，并向国务院民用航空主管部门或者地区民用航空管理机构（以下统称民用航空管理部门）申请取得民用无人驾驶航空器运营合格证（以下简称运营合格证）：

（一）有实施安全运营所需的管理机构、管理人员和符合本条例规定的操控人员；

（二）有符合安全运营要求的无人驾驶航空器及有关设施、设备；

（三）有实施安全运营所需的管理制度和操作规程，保证持续具备按照制度和规程实施安全运营的能力；

（四）从事经营性活动的单位，还应当为营利法人。

民用航空管理部门收到申请后，应当进行运营安全评估，根据评估结果依法作出许可或者不予许可的决定。予以许可的，颁发运营合格证；不予许可的，书面通知申请人并说明理由。

使用最大起飞重量不超过 150 千克的农用无人驾驶航空器在农林牧渔区域上方的适飞空域内从事农林牧渔作业飞行活动（以下称常规农用无人驾驶航空器作业飞行活动），无需取得运营合格证。

取得运营合格证后从事经营性通用航空飞行活动，以及从事常规农用无人驾驶航空器作业飞行活动，无需取得通用航空经营许可证和运行合格证。

第十二条 使用民用无人驾驶航空器从事经营性飞行活动，以及使用小型、中型、大型民用无人驾驶航空器从事非经营性飞行活动，应当依法投保责任保险。

第十三条 微型、轻型、小型民用无人驾驶航空器系统投放市场后，发现存在缺陷的，其生产者、进口商应当停止生产、销售，召回缺陷产品，并通知有关经营者、使用者停止销售、使用。生产者、进口商未依法实施召回的，由国务院市场监督管理部门依法责令召回。

中型、大型民用无人驾驶航空器系统不能持续处于适航状态的，由国务院民用航空主管部门依照有关适航管理的规定处理。

第十四条 对已经取得适航许可的民用无人驾驶航空器系统进行重大设计更改并拟将其用于飞行活动的，应当重新申请取得适航许可。

对微型、轻型、小型民用无人驾驶航空器系统进行改装的，应当符合有关强制性国家标准。民用无人驾驶航空器系统的空域保持能力、可靠被监视能力、速度或者高度等出厂性能以及参数发生改变的，其所有者应当及时在无人驾驶航空器一体化综合监管服务平台更新性能、参数信息。

改装民用无人驾驶航空器的，应当遵守改装后所属类别的管理规定。

第十五条 生产、维修、使用民用无人驾驶航空器系统，应当遵守无线电管理法律法规以及国家有关规定。但是，民用无人驾驶航空器系统使用国家无线电管理机构确定的特定无线电频率，且有关无线电发射设备取得无线电发射设备型号核准的，无需取得无线电频率使用许可和无线电台执照。

第十六条 操控小型、中型、大型民用无人驾驶航空器飞行的人员应当具备下列条件，并向国务院民用航空主管部门申请取得相应民用无人驾驶航空器操控员（以下简称操控员）执照：

（一）具备完全民事行为能力；

（二）接受安全操控培训，并经民用航空管理部门考核合格；

（三）无可能影响民用无人驾驶航空器操控行为的疾病病史，无吸毒行为记录；

（四）近 5 年内无因危害国家安全、公共安全或者侵犯公民人身权利、扰乱公共秩序的故意犯罪受到刑事处罚的记录。

从事常规农用无人驾驶航空器作业飞行活动的人员无需取得操控员执照，但应当由农用无人驾驶航空器系统生产者按照国务院民用航空、农业农村主管部门规定的内容进行培训和考核，合格后取得操作证书。

第十七条　操控微型、轻型民用无人驾驶航空器飞行的人员，无需取得操控员执照，但应当熟练掌握有关机型操作方法，了解风险警示信息和有关管理制度。

无民事行为能力人只能操控微型民用无人驾驶航空器飞行，限制民事行为能力人只能操控微型、轻型民用无人驾驶航空器飞行。无民事行为能力人操控微型民用无人驾驶航空器飞行或者限制民事行为能力人操控轻型民用无人驾驶航空器飞行，应当由符合前款规定条件的完全民事行为能力人现场指导。

操控轻型民用无人驾驶航空器在无人驾驶航空器管制空域内飞行的人员，应当具有完全民事行为能力，并按照国务院民用航空主管部门的规定经培训合格。

第三章　空域和飞行活动管理

第十八条　划设无人驾驶航空器飞行空域应当遵循统筹配置、安全高效原则，以隔离飞行为主，兼顾融合飞行需求，充分考虑飞行安全和公众利益。

划设无人驾驶航空器飞行空域应当明确水平、垂直范围和使用时间。

空中交通管理机构应当为无人驾驶航空器执行军事、警察、海关、应急管理飞行任务优先划设空域。

第十九条　国家根据需要划设无人驾驶航空器管制空域（以下简称管制空域）。

真高 120 米以上空域，空中禁区、空中限制区以及周边空域，军用航空超低空飞行空域，以及下列区域上方的空域应当划设为管制空域：

（一）机场以及周边一定范围的区域；

（二）国界线、实际控制线、边境线向我方一侧一定范围的区域；

（三）军事禁区、军事管理区、监管场所等涉密单位以及周边一定范围的区域；

（四）重要军工设施保护区域、核设施控制区域、易燃易爆等危险品的生产和仓储区域，以及可燃重要物资的大型仓储区域；

（五）发电厂、变电站、加油（气）站、供水厂、公共交通枢纽、航电枢纽、重大水利设施、港口、高速公路、铁路电气化线路等公共基础设施以及周边一定范围的区域和饮用水水源保护区；

（六）射电天文台、卫星测控（导航）站、航空无线电导航台、雷达站等需要电磁环境特殊保护的设施以及周边一定范围的区域；

（七）重要革命纪念地、重要不可移动文物以及周边一定范围的区域；

（八）国家空中交通管理领导机构规定的其他区域。

管制空域的具体范围由各级空中交通管理机构按照国家空中交通管理领导机构的规定确定，由设区的市级以上人民政府公布，民用航空管理部门和承担相应职责的单位发布航行情报。

未经空中交通管理机构批准，不得在管制空域内实施无人驾驶航空器飞行活动。

管制空域范围以外的空域为微型、轻型、小型无人驾驶航空器的适飞空域（以下简称适飞空域）。

第二十条 遇有特殊情况，可以临时增加管制空域，由空中交通管理机构按照国家有关规定确定有关空域的水平、垂直范围和使用时间。

保障国家重大活动以及其他大型活动的，在临时增加的管制空域生效 24 小时前，由设区的市级以上地方人民政府发布公告，民用航空管理部门和承担相应职责的单位发布航行情报。

保障执行军事任务或者反恐维稳、抢险救灾、医疗救护等其他紧急任务的，在临时增加的管制空域生效 30 分钟前，由设区的市级以上地方人民政府发布紧急公告，民用航空管理部门和承担相应职责的单位发布航行情报。

第二十一条 按照国家空中交通管理领导机构的规定需要设置管制空域的地面警示标志的，设区的市级人民政府应当组织设置并加强日常巡查。

第二十二条 无人驾驶航空器通常应当与有人驾驶航空器隔离飞行。

属于下列情形之一的，经空中交通管理机构批准，可以进行融合飞行：

（一）根据任务或者飞行课目需要，警察、海关、应急管理部门辖有的无人驾驶航空器与本部门、本单位使用的有人驾驶航空器在同一空域或者同一机场区域的飞行；

（二）取得适航许可的大型无人驾驶航空器的飞行；

（三）取得适航许可的中型无人驾驶航空器不超过真高 300 米的飞行；

（四）小型无人驾驶航空器不超过真高 300 米的飞行；

（五）轻型无人驾驶航空器在适飞空域上方不超过真高 300 米的飞行。

属于下列情形之一的，进行融合飞行无需经空中交通管理机构批准：

（一）微型、轻型无人驾驶航空器在适飞空域内的飞行；

（二）常规农用无人驾驶航空器作业飞行活动。

第二十三条 国家空中交通管理领导机构统筹建设无人驾驶航空器一体化综合监管服务平台，对全国无人驾驶航空器实施动态监管与服务。

空中交通管理机构和民用航空、公安、工业和信息化等部门、单位按照职责分工采集无人驾驶航空器生产、登记、使用的有关信息，依托无人驾驶航空器一体化综合监管服务平台共享，并采取相应措施保障信息安全。

第二十四条 除微型以外的无人驾驶航空器实施飞行活动，操控人员应当确保无人驾驶航空器能够按照国家有关规定向无人驾驶航空器一体化综合监管服务平台报送识别信息。

微型、轻型、小型无人驾驶航空器在飞行过程中应当广播式自动发送识别信息。

第二十五条 组织无人驾驶航空器飞行活动的单位或者个人应当遵守有关法律法规和规章制度，主动采取事故预防措施，对飞行安全承担主体责任。

第二十六条 除本条例第三十一条另有规定外，组织无人驾驶航空器飞行活动的单位或者个人应当在拟飞行前 1 日 12 时前向空中交通管理机构提出飞行活动申请。空中交通管理机构应当在飞行前 1 日 21 时前作出批准或者不予批准的决定。

按照国家空中交通管理领导机构的规定在固定空域内实施常态飞行活动的，可以提出长期飞行活动申请，经批准后实施，并应当在拟飞行前 1 日 12 时前将飞行计划报空中交通管理机构备案。

第二十七条 无人驾驶航空器飞行活动申请应当包括下列内容：

（一）组织飞行活动的单位或者个人、操控人员信息以及有关资质证书；

（二）无人驾驶航空器的类型、数量、主要性能指标和登记管理信息；

（三）飞行任务性质和飞行方式，执行国家规定的特殊通用航空飞行任务的还应当提供有效的任务批准文件；

（四）起飞、降落和备降机场（场地）；

（五）通信联络方法；

（六）预计飞行开始、结束时刻；

（七）飞行航线、高度、速度和空域范围，进出空域方法；

（八）指挥控制链路无线电频率以及占用带宽；

（九）通信、导航和被监视能力；

（十）安装二次雷达应答机或者有关自动监视设备的，应当注明代码申请；

（十一）应急处置程序；

（十二）特殊飞行保障需求；

（十三）国家空中交通管理领导机构规定的与空域使用和飞行安全有关的其他必要信息。

第二十八条 无人驾驶航空器飞行活动申请按照下列权限批准：

（一）在飞行管制分区内飞行的，由负责该飞行管制分区的空中交通管理机构批准；

（二）超出飞行管制分区在飞行管制区内飞行的，由负责该飞行管制区的空中交通管理机构批准；

（三）超出飞行管制区飞行的，由国家空中交通管理领导机构授权的空中交通管理机构批准。

第二十九条 使用无人驾驶航空器执行反恐维稳、抢险救灾、医疗救护等紧急任务的，应当在计划起飞 30 分钟前向空中交通管理机构提出飞行活动申请。空中交通管理机构应当在起飞 10 分钟前作出批准或者不予批准的决定。执行特别紧急任务的，使用单位可以随时提出飞行活动申请。

第三十条 飞行活动已获得批准的单位或者个人组织无人驾驶航空器飞行活动的，应当在计划起飞 1 小时前向空中交通管理机构报告预计起飞时刻和准备情况，经空中交通管理机构确认后方可起飞。

第三十一条 组织无人驾驶航空器实施下列飞行活动，无需向空中交通管理机构提出飞行活动申请：

（一）微型、轻型、小型无人驾驶航空器在适飞空域内的飞行活动；

（二）常规农用无人驾驶航空器作业飞行活动；

（三）警察、海关、应急管理部门辖有的无人驾驶航空器，在其驻地、地面（水面）训练场、靶场等上方不超过真高 120 米的空域内的飞行活动；但是，需在计划起飞 1 小时前经空中交通管理机构确认后方可起飞；

（四）民用无人驾驶航空器在民用运输机场管制地带内执行巡检、勘察、校验等飞行任务；但是，需定期报空中交通管理机构备案，并在计划起飞 1 小时前经空中交通管理机构确认后方可起飞。

前款规定的飞行活动存在下列情形之一的，应当依照本条例第二十六条的规定提出飞行活动申请：

（一）通过通信基站或者互联网进行无人驾驶航空器中继飞行；

（二）运载危险品或者投放物品（常规农用无人驾驶航空器作业飞行活动除外）；

（三）飞越集会人群上空；

（四）在移动的交通工具上操控无人驾驶航空器；

（五）实施分布式操作或者集群飞行。

微型、轻型无人驾驶航空器在适飞空域内飞行的，无需取得特殊通用航空飞行任务批准文件。

第三十二条 操控无人驾驶航空器实施飞行活动，应当遵守下列行为规范：

（一）依法取得有关许可证书、证件，并在实施飞行活动时随身携带备查；

（二）实施飞行活动前做好安全飞行准备，检查无人驾驶航空器状态，并及时更新电子围栏等信息；

（三）实时掌握无人驾驶航空器飞行动态，实施需经批准的飞行活动应当与空中交通管理机构保持通信联络畅通，服从空中交通管理，飞行结束后及时报告；

（四）按照国家空中交通管理领导机构的规定保持必要的安全间隔；

（五）操控微型无人驾驶航空器的，应当保持视距内飞行；

（六）操控小型无人驾驶航空器在适飞空域内飞行的，应当遵守国家空中交通管理领导机构关于限速、通信、导航等方面的规定；

（七）在夜间或者低能见度气象条件下飞行的，应当开启灯光系统并确保其处于良好工作状态；

（八）实施超视距飞行的，应当掌握飞行空域内其他航空器的飞行动态，采取避免相撞的措施；

（九）受到酒精类饮料、麻醉剂或者其他药物影响时，不得操控无人驾驶航空器；

（十）国家空中交通管理领导机构规定的其他飞行活动行为规范。

第三十三条 操控无人驾驶航空器实施飞行活动，应当遵守下列避让规则：

（一）避让有人驾驶航空器、无动力装置的航空器以及地面、水上交通工具；

（二）单架飞行避让集群飞行；

（三）微型无人驾驶航空器避让其他无人驾驶航空器；

（四）国家空中交通管理领导机构规定的其他避让规则。

第三十四条 禁止利用无人驾驶航空器实施下列行为：

（一）违法拍摄军事设施、军工设施或者其他涉密场所；

（二）扰乱机关、团体、企业、事业单位工作秩序或者公共场所秩序；

（三）妨碍国家机关工作人员依法执行职务；

（四）投放含有违反法律法规规定内容的宣传品或者其他物品；

（五）危及公共设施、单位或者个人财产安全；

（六）危及他人生命健康，非法采集信息，或者侵犯他人其他人身权益；

（七）非法获取、泄露国家秘密，或者违法向境外提供数据信息；

（八）法律法规禁止的其他行为。

第三十五条 使用民用无人驾驶航空器从事测绘活动的单位依法取得测绘资质证书后，方可从事测绘活动。

外国无人驾驶航空器或者由外国人员操控的无人驾驶航空器不得在我国境内实施测绘、电波参数测试等飞行活动。

第三十六条 模型航空器应当在空中交通管理机构为航空飞行营地划定的空

域内飞行，但国家空中交通管理领导机构另有规定的除外。

第四章 监督管理和应急处置

第三十七条 国家空中交通管理领导机构应当组织有关部门、单位在无人驾驶航空器一体化综合监管服务平台上向社会公布审批事项、申请办理流程、受理单位、联系方式、举报受理方式等信息并及时更新。

第三十八条 任何单位或者个人发现违反本条例规定行为的，可以向空中交通管理机构、民用航空管理部门或者当地公安机关举报。收到举报的部门、单位应当及时依法作出处理；不属于本部门、本单位职责的，应当及时移送有权处理的部门、单位。

第三十九条 空中交通管理机构、民用航空管理部门以及县级以上公安机关应当制定有关无人驾驶航空器飞行安全管理的应急预案，定期演练，提高应急处置能力。

县级以上地方人民政府应当将无人驾驶航空器安全应急管理纳入突发事件应急管理体系，健全信息互通、协同配合的应急处置工作机制。

无人驾驶航空器系统的设计者、生产者，应当确保无人驾驶航空器具备紧急避让、降落等应急处置功能，避免或者减轻无人驾驶航空器发生事故时对生命财产的损害。

使用无人驾驶航空器的单位或者个人应当按照有关规定，制定飞行紧急情况处置预案，落实风险防范措施，及时消除安全隐患。

第四十条 无人驾驶航空器飞行发生异常情况时，组织飞行活动的单位或者个人应当及时处置，服从空中交通管理机构的指令；导致发生飞行安全问题的，组织飞行活动的单位或者个人还应当在无人驾驶航空器降落后 24 小时内向空中交通管理机构报告有关情况。

第四十一条 对空中不明情况和无人驾驶航空器违规飞行，公安机关在条件有利时可以对低空目标实施先期处置，并负责违规飞行无人驾驶航空器落地后的现场处置。有关军事机关、公安机关、国家安全机关等单位按职责分工组织查证处置，民用航空管理等其他有关部门应当予以配合。

第四十二条 无人驾驶航空器违反飞行管理规定、扰乱公共秩序或者危及公共安全的，空中交通管理机构、民用航空管理部门和公安机关可以依法采取必要技术防控、扣押有关物品、责令停止飞行、查封违法活动场所等紧急处置措施。

第四十三条 军队、警察以及按照国家反恐怖主义工作领导机构有关规定由公安机关授权的高风险反恐怖重点目标管理单位，可以依法配备无人驾驶航空器反制设备，在公安机关或者有关军事机关的指导监督下从严控制设置和使用。

无人驾驶航空器反制设备配备、设置、使用以及授权管理办法，由国务院工业和信息化、公安、国家安全、市场监督管理部门会同国务院有关部门、有关军事机关制定。

任何单位或者个人不得非法拥有、使用无人驾驶航空器反制设备。

第五章　法律责任

第四十四条　违反本条例规定，从事中型、大型民用无人驾驶航空器系统的设计、生产、进口、飞行和维修活动，未依法取得适航许可的，由民用航空管理部门责令停止有关活动，没收违法所得，并处无人驾驶航空器系统货值金额 1 倍以上 5 倍以下的罚款；情节严重的，责令停业整顿。

第四十五条　违反本条例规定，民用无人驾驶航空器系统生产者未按照国务院工业和信息化主管部门的规定为其生产的无人驾驶航空器设置唯一产品识别码的，由县级以上人民政府工业和信息化主管部门责令改正，没收违法所得，并处 3 万元以上 30 万元以下的罚款；拒不改正的，责令停业整顿。

第四十六条　违反本条例规定，对已经取得适航许可的民用无人驾驶航空器系统进行重大设计更改，未重新申请取得适航许可并将其用于飞行活动的，由民用航空管理部门责令改正，处无人驾驶航空器系统货值金额 1 倍以上 5 倍以下的罚款。

违反本条例规定，改变微型、轻型、小型民用无人驾驶航空器系统的空域保持能力、可靠被监视能力、速度或者高度等出厂性能以及参数，未及时在无人驾驶航空器一体化综合监管服务平台更新性能、参数信息的，由民用航空管理部门责令改正；拒不改正的，处 2000 元以上 2 万元以下的罚款。

第四十七条　违反本条例规定，民用无人驾驶航空器未经实名登记实施飞行活动的，由公安机关责令改正，可以处 200 元以下的罚款；情节严重的，处 2000 元以上 2 万元以下的罚款。

违反本条例规定，涉及境外飞行的民用无人驾驶航空器未依法进行国籍登记的，由民用航空管理部门责令改正，处 1 万元以上 10 万元以下的罚款。

第四十八条　违反本条例规定，民用无人驾驶航空器未依法投保责任保险的，由民用航空管理部门责令改正，处 2000 元以上 2 万元以下的罚款；情节严重的，责令从事飞行活动的单位停业整顿直至吊销其运营合格证。

第四十九条　违反本条例规定，未取得运营合格证或者违反运营合格证的要求实施飞行活动的，由民用航空管理部门责令改正，处 5 万元以上 50 万元以下的罚款；情节严重的，责令停业整顿直至吊销其运营合格证。

第五十条　无民事行为能力人、限制民事行为能力人违反本条例规定操控民用无人驾驶航空器飞行的，由公安机关对其监护人处 500 元以上 5000 元以下的罚款；情节严重的，没收实施违规飞行的无人驾驶航空器。

违反本条例规定，未取得操控员执照操控民用无人驾驶航空器飞行的，由民用航空管理部门处5000元以上5万元以下的罚款；情节严重的，处1万元以上10万元以下的罚款。

违反本条例规定，超出操控员执照载明范围操控民用无人驾驶航空器飞行的，由民用航空管理部门处2000元以上2万元以下的罚款，并处暂扣操控员执照6个月至12个月；情节严重的，吊销其操控员执照，2年内不受理其操控员执照申请。

违反本条例规定，未取得操作证书从事常规农用无人驾驶航空器作业飞行活动的，由县级以上地方人民政府农业农村主管部门责令停止作业，并处1000元以上1万元以下的罚款。

第五十一条 组织飞行活动的单位或者个人违反本条例第三十二条、第三十三条规定的，由民用航空管理部门责令改正，可以处1万元以下的罚款；拒不改正的，处1万元以上5万元以下的罚款，并处暂扣运营合格证、操控员执照1个月至3个月；情节严重的，由空中交通管理机构责令停止飞行6个月至12个月，由民用航空管理部门处5万元以上10万元以下的罚款，并可以吊销相应许可证件，2年内不受理其相应许可申请。

违反本条例规定，未经批准操控微型、轻型、小型民用无人驾驶航空器在管制空域内飞行，或者操控模型航空器在空中交通管理机构划定的空域外飞行的，由公安机关责令停止飞行，可以处500元以下的罚款；情节严重的，没收实施违规飞行的无人驾驶航空器，并处1000元以上1万元以下的罚款。

第五十二条 违反本条例规定，非法拥有、使用无人驾驶航空器反制设备的，由无线电管理机构、公安机关按照职责分工予以没收，可以处5万元以下的罚款；情节严重的，处5万元以上20万元以下的罚款。

第五十三条 违反本条例规定，外国无人驾驶航空器或者由外国人员操控的无人驾驶航空器在我国境内实施测绘飞行活动的，由县级以上人民政府测绘地理信息主管部门责令停止违法行为，没收违法所得、测绘成果和实施违规飞行的无人驾驶航空器，并处10万元以上50万元以下的罚款；情节严重的，并处50万元以上100万元以下的罚款，由公安机关、国家安全机关按照职责分工决定限期出境或者驱逐出境。

第五十四条 生产、改装、组装、拼装、销售和召回微型、轻型、小型民用无人驾驶航空器系统，违反产品质量或者标准化管理等有关法律法规的，由县级以上人民政府市场监督管理部门依法处罚。

除根据本条例第十五条的规定无需取得无线电频率使用许可和无线电台执照的情形以外，生产、维修、使用民用无人驾驶航空器系统，违反无线电管理法律法规以及国家有关规定的，由无线电管理机构依法处罚。

无人驾驶航空器飞行活动违反军事设施保护法律法规的，依照有关法律法规的规定执行。

第五十五条 违反本条例规定，有关部门、单位及其工作人员在无人驾驶航空器飞行以及有关活动的管理工作中滥用职权、玩忽职守、徇私舞弊或者有其他违法行为的，依法给予处分。

第五十六条 违反本条例规定，构成违反治安管理行为的，由公安机关依法给予治安管理处罚；构成犯罪的，依法追究刑事责任；造成人身、财产或者其他损害的，依法承担民事责任。

第六章 附　则

第五十七条 在我国管辖的其他空域内实施无人驾驶航空器飞行活动，应当遵守本条例的有关规定。

无人驾驶航空器在室内飞行不适用本条例。

自备动力系统的飞行玩具适用本条例的有关规定，具体办法由国务院工业和信息化主管部门、有关空中交通管理机构会同国务院公安、民用航空主管部门制定。

第五十八条 无人驾驶航空器飞行以及有关活动，本条例没有规定的，适用《中华人民共和国民用航空法》《中华人民共和国飞行基本规则》《通用航空飞行管制条例》以及有关法律、行政法规。

第五十九条 军用无人驾驶航空器的管理，国务院、中央军事委员会另有规定的，适用其规定。

警察、海关、应急管理部门辖有的无人驾驶航空器的适航、登记、操控员等事项的管理办法，由国务院有关部门另行制定。

第六十条 模型航空器的分类、生产、登记、操控人员、航空飞行营地等事项的管理办法，由国务院体育主管部门会同有关空中交通管理机构，国务院工业和信息化、公安、民用航空主管部门另行制定。

第六十一条 本条例施行前生产的民用无人驾驶航空器不能按照国家有关规定自动向无人驾驶航空器一体化综合监管服务平台报送识别信息的，实施飞行活动应当依照本条例的规定向空中交通管理机构提出飞行活动申请，经批准后方可飞行。

第六十二条 本条例下列用语的含义：

（一）空中交通管理机构，是指军队和民用航空管理部门内负责有关责任区空中交通管理的机构。

（二）微型无人驾驶航空器，是指空机重量小于 0.25 千克，最大飞行真高不超过 50 米，最大平飞速度不超过 40 千米/小时，无线电发射设备符合微功率短距离技术要求，全程可以随时人工介入操控的无人驾驶航空器。

（三）轻型无人驾驶航空器，是指空机重量不超过 4 千克且最大起飞重量不超过 7 千克，最大平飞速度不超过 100 千米/小时，具备符合空域管理要求的空域保持能力和可靠被监视能力，全程可以随时人工介入操控的无人驾驶航空器，但不包括微型无人驾驶航空器。

（四）小型无人驾驶航空器，是指空机重量不超过 15 千克且最大起飞重量不超过 25 千克，具备符合空域管理要求的空域保持能力和可靠被监视能力，全程可以随时人工介入操控的无人驾驶航空器，但不包括微型、轻型无人驾驶航空器。

（五）中型无人驾驶航空器，是指最大起飞重量不超过 150 千克的无人驾驶航空器，但不包括微型、轻型、小型无人驾驶航空器。

（六）大型无人驾驶航空器，是指最大起飞重量超过 150 千克的无人驾驶航空器。

（七）无人驾驶航空器系统，是指无人驾驶航空器以及与其有关的遥控台（站）、任务载荷和控制链路等组成的系统。其中，遥控台（站）是指遥控无人驾驶航空器的各种操控设备（手段）以及有关系统组成的整体。

（八）农用无人驾驶航空器，是指最大飞行真高不超过 30 米，最大平飞速度不超过 50 千米/小时，最大飞行半径不超过 2000 米，具备空域保持能力和可靠被监视能力，专门用于植保、播种、投饵等农林牧渔作业，全程可以随时人工介入操控的无人驾驶航空器。

（九）隔离飞行，是指无人驾驶航空器与有人驾驶航空器不同时在同一空域内的飞行。

（十）融合飞行，是指无人驾驶航空器与有人驾驶航空器同时在同一空域内的飞行。

（十一）分布式操作，是指把无人驾驶航空器系统操作分解为多个子业务，部署在多个站点或者终端进行协同操作的模式。

（十二）集群，是指采用具备多台无人驾驶航空器操控能力的同一系统或者平台，为了处理同一任务，以各无人驾驶航空器操控数据互联协同处理为特征，在同一时间内并行操控多台无人驾驶航空器以相对物理集中的方式进行飞行的无人驾驶航空器运行模式。

（十三）模型航空器，也称航空模型，是指有尺寸和重量限制，不能载人，不具有高度保持和位置保持飞行功能的无人驾驶航空器，包括自由飞、线控、直接目视视距内人工不间断遥控、借助第一视角人工不间断遥控的模型航空器等。

（十四）无人驾驶航空器反制设备，是指专门用于防控无人驾驶航空器违规飞行，具有干扰、截控、捕获、摧毁等功能的设备。

（十五）空域保持能力，是指通过电子围栏等技术措施控制无人驾驶航空器的高度与水平范围的能力。

第六十三条　本条例自 2024 年 1 月 1 日起施行。

附录 B　主要术语及缩略语表

序号	关键词	解　释
1	AAM	先进空中交通
2	ABSAA	机载感知与避撞
3	ADS-B	广播式自动相关监视系统
4	ADS-C	合约式自动相关监视系统
5	AFRL	美国空军研究实验室
6	ANSI	美国国家标准学会
7	AOPA	中国航空器拥有者及驾驶员协会
8	ARC	美国微型无人机系统航空规则制定委员会
9	ASTM	美国材料实验协会
10	ATAR	航空自动报告
11	ATC	空中交通管制
12	ATM	空中交通管理
13	ATS	控制与通信
14	BVLOS	超视距运行
15	C2	命令与控制
16	CA	碰撞防止
17	CAAI	以色列民航局
18	CDTI	驾驶舱交通信息显示
19	CNPC	控制与非载荷通信
20	DAA	探测与避让
21	EASA	欧洲航空安全局
22	EO/IR	光电/红外
23	EPC	电子产品代码
24	EUROCONTROL	欧洲航空安全组织
25	eVTOL	电动垂直起降
26	FAA	美国联邦航空局
27	FCS	飞行控制系统

（续）

序号	关键词	解　释
28	FIMS	飞行信息管理系统
29	GBSAA	地基感知与避撞
30	GPS	全球定位系统
31	GUTMA	全球无人机交通管理协会
32	ICAO	国际民航组织
33	IFR	仪表飞行规则
34	IMEI	国际移动设备识别码
35	INS	惯性导航系统
36	ITU	国际电信联盟
37	JARUS	无人系统规则制定联合体
38	LTE	通用移动通信长期演进技术
39	MOPS	最低运行性能要求标准
40	NASA	美国国家航空航天局
41	NEXTGEN	美国下一代航空运输系统
42	NOTAM	航行通告
43	OID	对象标识符
44	PSA	程序级间隔保障
45	RA	决策咨询
46	RNSS	卫星导航系统
47	RNAV/RNP	区域导航/所需导航性能
48	RPA/ RPAS	远程驾驶航空器/远程驾驶航空器系统
49	RTCA	美国航空无线电技术委员会
50	SAA	感知与避撞
51	SASP	美国联邦航空局感知避撞工作组
52	SS	自主间隔保持
53	TA	交通咨询
54	TCAS	空中交通预警和防撞系统
55	TSA	战术级间隔保障
56	UA/UAV	无人机、无人驾驶航空器
57	UAM	城市空中交通
58	UAS/UAVS	无人机系统、无人驾驶航空器系统
59	UAT	通用访问收发信机

（续）

序号	关键词	解　　释
60	UOM	无人机综合管理系统
61	UTM	无人机交通管理
62	UTMISS	无人机空中交通管理信息服务系统
63	USS	无人机服务提供商
64	VFR	目视飞行规则
65	VHF	甚高频通信
66	VLOS	视距内运行

参 考 文 献

[1]　国家空管委办公室. 空管行业术语［M］. 北京：星球地图出版社，2013.

[2]　李春锦，文泾. 无人机系统的运行管理［M］. 北京：北京航空航天大学出版社，2011.

[3]　陈金良. 无人机飞行管理［M］. 西安：西北工业大学出版社，2014.

[4]　孙明权. 无人机飞行安全及法律法规［M］. 西安：西北工业大学出版社，2018.

[5]　廖小罕，许浩. 无人机运行监管技术发展与应用［M］. 北京：科学出版社，2020.

[6]　吴建端. 航空法学［M］. 北京：中国民航出版社，2007.

[7]　吴建端. 无人机及其规制［M］. 北京：法律出版社，2019.

[8]　《世界无人系统大全》编写组. 世界无人系统大全［M］. 北京：航空工业出版社，2015.

[9]　《中国航空百科词典》编辑部. 中国航空百科词典［M］. 北京：航空工业出版社，2000.

[10]　宇辰网. 无人机：引领空中机器人新革命［M］. 北京：机械工业出版社，2017.

[11]　郝英好，严晓芳，白蒙，等. 无人机发展概览［M］. 北京：国防工业出版社，2017.

[12]　蔡志洲，林伟，等. 民用无人机及其行业应用［M］. 北京：高等教育出版社，2017.

[13]　中国无人机大会论文集编审组. 尖兵之翼：第三届中国无人机大会论文集［C］. 北京：航空工业出版社，2010.

[14]　张传超. 2015中国无人机系统峰会论文集［C］. 北京：航空工业出版社，2015.

[15]　高海超，严勇杰，陈平. 空中交通管理常用术语及缩略语解析［M］. 北京：航空工业出版社，2018.

[16]　董襄宁，赵征，张洪海. 空中交通管理基础［M］. 北京：中国民航出版社，2022.

[17]　康斯坦丁·达拉玛凯迪斯，等. 无人机融入国家空域系统［M］. 2版. 谢海斌，等译. 北京：国防工业出版社，2015.

[18]　亚当·罗斯坦. 无人机时代：即将到来的无人机革命［M］. 王志欣，姚建民，译. 北京：机械工业出版社，2017.

[19]　刘泽坤. 浅论民用无人机的安全管控［J］. 无人机，2016（1）：33-35.

[20]　朱铁林，张志芳，杨晨. 民用无人机空中避撞位置报告技术研究［J］. 无人机，2016（1）：57-58.

[21]　王潇一. 无人系统数据链路现状及发展方向［J］. 无人机，2016（1）：59-61.

[22]　张洋. 美国空军发布未来20年小型无人机系统路线图［J］. 无人机，2016（3）：12-13.

[23]　樊国玮，肖后飞，王云. 面向民用无人机的低空空域监视系统研究［J］. 无人机，2016（3）：62-64.

[24]　黄贞静. 推动中国无人机系统标准的国际化［J］. 无人机，2016（4）：22-23.

[25]　丛书全. 无人机安全性发展思路探讨［J］. 无人机，2016（4）：33-35.

[26]　徐浩. 无人机知识产权保护［J］. 无人机，2016（4）：54-56.

[27] 张浩驰，吴桂林，杨淼. 构建基于身份识别的无人机安全管理系统和机制 [J]. 无人机，2016 (6)：29-31.

[28] 王红雨，鹿存跃. 用高性能无人机反无人机 [J]. 无人机，2016 (6)：59-61.

[29] 唐小明，李友华，杨彬彬. ADS-B 在无人机上的应用 [J]. 无人机，2016 (6)：62-64.

[30] 栾爽. 欧洲无人机运行监管问题研究 [J]. 无人机，2017 (1)：18-20.

[31] 蔡志洲. 民用无人机的管理现状分析与建议 [J]. 无人机，2017 (2)：22-25.

[32] 星辉. 无人机交通管理系统的现状及发展前景 [J]. 无人机，2017 (2)：30-31.

[33] 赵宝军. 论无人机专业建设 [J]. 无人机，2017 (2)：63-64.

[34] 张聚恩，王英勋. 无人机名称探究及使用建议 [J]. 无人机，2017 (9)：14-19.

[35] 孙明权，武治河. 民用无人机监管技术进展 [J]. 无人机，2018 (2)：30-33.

[36] 杨燕. 无人机或将重构空中交通管理新格局 [J]. 无人机，2021 (13).

[37] 林晓宇，王夏峥，孟祥飞. 加强民用无人机驾驶员培训体系建设的思考 [J]. 无人机，2022 (8)：16-19.

[38] 贺强，杨晓强，颜影. 民用无人机操作人员培养模式 [J]. 中国民用航空，2015 (6)：15-16.

[39] 李凯. 民用无人驾驶航空器的定义和分类 [J]. 中国民用航空，2015 (6)：51-52.

[40] 吕人力. 全球民用无人机融入空域战略与我国对策 [J]. 中国民用航空，2021 (6)：6-11.

[41] 张亚男，黄晓林. 民用无人机市场发展和创新中的隐私保护 [J]. 信息安全与通信保密，2017 (2)：89-96.

[42] 张晋武. 无人机编队飞行技术研究 [J]. 舰船电子工程，2015 (8)：9-12.

[43] 杨筱华. 民用无人机监管规则和安保技术 [J]. 国际航空，2017 (2)：52-54.

[44] 赵云雨，常晋聘. 对低空无人机的探测与管控新技术综述 [J]. 电子对抗，2016 (4)：47.

[45] 周航，戴苏榕. 无人机低空域安全飞行管理概述 [J]. 航空电子技术，2015, 46 (2).

[46] 刘朝君，孙颖飞. 无人机飞行员培训方法研究 [J]. 中国科技信息，2016 (24).

[47] 张君. 无人机技术和应用发展与监管研究 [J]. 现代电信科技，2016, 46 (3)：69-72, 78.

[48] 郑晓惠，王颉. 无人机事故中人的因素 [J]. 中华航空航天医学杂志，2012, 23 (2)：144-150.

[49] 刘玉文，廖小兵，等. 反无人机技术体系基本框架构建 [J]. 信息对抗资料文选，2016 (1)：17-19, 27.

[50] 王烨. 反无人机市场需求日增亟待规范发展 [J]. 中国安防，2016 (9)：28-30.

[51] 丛书全，丛琳. 无人机产品用户飞行验收试验规范研究 [J]. 标准化研究，2015 (4)：7-9, 56.

[52] 徐智明，栾奕，栾大龙. 军民融合背景下无人机产融结合发展展望 [J]. 飞航导弹，

2015 (4): 9-12, 17.

[53] 祁圣君, 吴欣龙, 孙健. 无人机系统适航发展现状及挑战 [J]. 无人系统技术, 2016 (1): 5-12.

[54] 薛鹏, 阳再清. 军用无人机目标特性综述 [J]. 指挥控制与仿真, 2016, 38 (3): 76-78.

[55] 沈威力, 林晓宇, 楼喆. 物流无人机空域保障研究 [J]. 中国空管, 2022 (6): 8-12.

[56] 廖小罕, 徐晨晨, 叶虎平, 等. 无人机应用发展关键基础设施与低空公共航路网规划 [J]. 中国科学院院刊, 2022, 37 (7): 977-988.

[57] 朱永文, 陈志杰, 蒲钒, 王琦. 空中交通智能化管理的科学与技术问题研究 [J]. 中国工程科学, 2023 (1).

[58] Headquarters United States Air Force. United States Air Force Unmanned Aircraft Systems Flight Plan 2009-2047 [R]. [2009-5-18].

[59] Headquarters United States Air Force. United States Air Force RPA Vector: Vision and Enabling Concepts 2013-2038 [R]. [2014-2-17].

[60] Introduction of a Regulatory Framework for the Operation of Drones. [R/OL]. [2015-07-31]. https://www.easa.europa.eu/document-library/notices-of-proposed-amendment/npa-2015-10 # group-easa-downloads.

[61] ICAO. Unmanned Aircraft Systems Traffic Management (UTM)-A Common Framework with Core Principles for Global Harmonization (Edition 3) [R]. 2021.

[62] EASA. Development of Acceptable Means of Compliance and Guidance Material to Support the U-Space Regulation [R]. [2021-12-16].

[63] Flight Safety Digest. See What's Sharing Your Airspace [J]. 2005, 24 (5).

[64] David Sacharny, Thomas C. Henderson. Lane-Based Unmanned Aircraft Systems Traffic Management [M]. Berlin: Springer, 2022.

[65] Zhu G D, WEI P. Low-Altitude UAS Traffic Coordination with Dynamic Geofencing [C] // 16th AIAA Aviation Technology, Integration, and Operations Confence. Washington: AIAA, 2016: 1-12.

[66] RTCA, Inc. Minimum Operational Performance Standards (MOPS) for Detect and Avoid (DAA) Systems: No. 045-20/PMC-1986 [S]. Washington D.C.: RTCA, 2020.

[67] European Commission. A Drone Strategy 2.0 for a Smart and Sustainable Unmanned Aircraft Eco-System in Europe [R]. [2022-11-29].

[68] ICAO. Unmanned Aircraft Systems Traffic Management (UTM)-A Common Framework with Core Principles for Global Harmonization (Edition 4) [R]. 2023.